2023년 보건직공무원 시험대비

김희영 공중보건

알Zip

YouTube 김희영의 **널스토리**

기출예상문제

2023년 시행 보건직공무원 시험대비,

『공중보건학 기출예상문제집』 초판을 내면서...

공중보건학은 조직화된 지역사회의 공동노력을 통하여 질병을 예방하고 수명을 연장시킴과 더불어 신체적 · 정신적인 효율을 증진시키는 기술이며 과학이라고 정의할 수 있으며, 이와 같은 조직화된 지역사회의 구체적인 공중보건 활동노력은 “환경위생 개선, 감염병의 관리, 개인위생 교육, 질병의 조기진단과 예방을 위한 의료서비스의 조직화, 자신의 건강유지를 위해 적합한 생활수준을 보장하는 사회제도의 개선 등”을 들 수 있습니다.

이렇듯 공중보건학의 범위는 환경관련 분야, 질병관리 분야, 보건관리 분야 등 많은 분야가 공중보건의 범위에 포함되며, 최근에는 보건의료 정보관리 및 응급안전, 공중보건 응용의학 등으로까지 공중보건학의 범위가 확대되어 가는 등 사회나 국가가 선진국으로 진입할수록 사회적 문제 해결을 위한 공중보건의료서비스의 제공이 더욱더 요구된다고 할 수 있습니다.

실례로 우리나라에서는 2020년 9월 12일자로 새롭게 질병관리청 출범과 함께 보건복지부 복수차관제를 시행하여 중앙행정기관으로 승격된 질병관리청은 코로나 19 극복에 총력을 다하도록 하는 한편, 보건복지부 보건분야 전담 복수차관을 신설하여 보건의료정책 기능을 강화하였습니다. 이렇게 새롭게 출범한 질병관리청은 3대 핵심사업으로 “① 감염병으로부터 국민 보호 및 안전사회 구현, ② 효율적 만성질환 관리로 국민 질병부담 감소, ③ 보건의료 R&D 및 연구 인프라 강화로 질병극복”을 제시하였으며, 9대 중점 보강기능으로 “① 24시간 위기상황 감시, ② 감염병 위기분석, ③ 감염병 총괄대응, ④ 감염병 진단분석 강화, ⑤ 의료안전 예방 강화, ⑥ 건강 위해요인 예방, ⑦ 미래 의료연구 선도, ⑧ 백신치료제 개발, ⑨ 지역단위 방역강화”를 새롭게 제시한 바가 있습니다.

또한, 2021년 1월 27일 보건복지부는 향후 10년의 건강정책의 방향과 과제를 담은 제5차 국민 건강증진종합계획(Health Plan 2030, ’21~’30년)을 발표하였는 바, 2030년까지 건강 수명을 연장(’18년 70.4세 → ’30년 73.3세)하고 소득 및 지역 간 건강형평성을 제고할 수 있는 건강증진정책이 강화됩니다.

특히 제20대 대통령으로 당선된 윤석열 대통령의 10대 공약 중 주요 보건복지공약을 보면, 최우선으로 『코로나 극복 긴급구조 및 포스트 코로나 플랜 마련』이라는 보건의료공약과 함께, 『출산 준비부터 산후조리 · 양육까지 국가책임 강화』라는 복지공약으로 2022년도 보건복지부의 기본방향을 제시하고 있습니다. 또한 2022년 8월 19일 새롭게 발표한 보건복지부 새정부 업무 계획에서도 『사회적 약자 보호는 ‘두텁게’, 국민 건강은 ‘안전하게’』라는 캐치프레이 하에, 6대 핵심 추진과제로 “① 촘촘하고 두터운 지원으로 취약계층 보호, ② 복지-성장 선순환을 위한 복지투자 혁신, ③ 복지 지속가능성 제고, ④ 코로나19 ‘정밀방역’으로 일상 속 안전관리, ⑤ 국민 생명보호를 위한 필수의료 확대, ⑥ 글로벌 바이오헬스 중심국가 도약'을 선정하고 있습니다. 하지만 이 또한 2023년부터는 실행과정에서 또다시 새롭게 대폭적인 정책적인 변화가 있을 것으로 예상되고 있습니다.

따라서 금번 2023년 보건직공무원 시험에 합격하고자 하는 수험생이라면 무엇보다도 먼저 첫째, 새롭게 변화되는 주요 보건의료정책 방향에 대한 이해가 먼저 있어야 할 것이며, 둘째, 공중보건학이 지향하는 본래 의미를 먼저 충분히 이해하고, 실제 보건의료 현장에서 벌어지고 있는 사례중심의 문제해결에 보다 많은 관심을 갖고 내공을 쌓는 노력에 열중해야 할 것입니다.

이에 따라 금번 2023년 시행 보건직 공무원 시험대비 공중보건학 기출예상문제집에서는 가장 최근에 바뀐 정부의 보건의료정책과 개정된 법규내용을 적극 반영하고자 노력하였습니다.

- 첫째, 공중보건학 기출예상문제집을 공부하시면서 이해가 잘 안되거나 심도 깊은 설명이 필요할 때에는 http://cafe.daum.net/yulimgosi를 이용하면 온라인 상 저자의 답변을 직접 이메일을 통해 받을 수 있도록 수험생-저자 간 커뮤니케이션 채널을 마련해 놓았습니다.
- 둘째, 수험생 지원 차원에서 저자의 유튜브 채널인 "**김희영의 널스토리**"에서는 핵심이론 영상 강좌를 제공하고 있으니 반드시 '**구독**'하여 동냥공부를 하다 보면 본인도 모르게 지식이 상식화되고, 시험 합격은 물론 최종 면접에도 많은 도움이 되실 것으로 기대합니다.

시험이 쉽지 않다는 말씀을 자주 합니다. 특히 2023년부터는 공무원 시험의 채용인원도 감소하여 경쟁률도 높아짐에 따라 시험문제 난이도 또한 높아져서 더욱더 전문적인 지식을 요구하게 될 것이고, 따라서 공중보건직 공무원 진출은 더욱더 어려워질 것으로 예상되는 상황입니다. 하지만 수험생의 길!, 수많은 선배님들이 지나간 길입니다. 비록 지금 이 순간이 혼자 견디고 극복해 나가야만 하는 외로운 과정으로만 느껴지시겠지만 결코 혼자가 아니라는 사실을 명심하고 끝까지 자신을 믿고 노력하여 치열한 경쟁 속에서 반드시 합격의 결실을 맺으시기 바랍니다.

끝으로 공중보건학을 공부하는 많은 수험생들에게 이 책이 기본을 확고히 하고 공무원 고시 합격의 지름길이 되기를 진심으로 기원하며, 이같이 수험생들에게 진정으로 도움이 되는 베스트셀러 수험서가 될 수 있도록 물심양면으로 애써주신 마지원 편집부와 대방열림고시학원에게 진심으로 감사를 드립니다.

편저자 김 희 영

CONTENTS

김희영 공중보건 알Zip 기출예상문제

01 개론

01 Lalonde가 제시한 건강에 영향을 미치는 요인으로 가장 중요한 것은? 2022. 경기

① 환경 ② 생활습관
③ 유전 ④ 보건의료서비스

해설 Lalonde(1974) 제시한 건강에 영향을 미치는 요인 : 생활습관(50%), 환경(20%), 인체생리(20%), 보건의료서비스(10%)

02 다음에서 설명하고 있는 건강개념으로 올바른 것은? 2020. 보건복지부 특채

- 사회적으로 자신의 역할과 기능을 잘 수행할 수 있는 상태
- 1948년 WHO 헌장 전문에서 강조된 개념

① 사회적 건강 ② 영적건강
③ 신체적 건강 ④ 정신적 건강
⑤ 정서적 건강

해설 사회적 건강 : 자신이 소속되어 생활하고 있는 집단이나 사회에서 그 일원으로서의 역할을 충분하게 하고 있는지에 대한 건강 상태

03 Dunn이 제시한 건강의 정의에 해당되는 것은? 2020. 제주시

① 건강과 불건강으로 나누어진 것이 아니라 건강–불건강의 연속 상에서 변화한다.
② 유기체가 외부환경조건에 부단히 잘 적응해 나가는 상태이다.
③ 외부환경의 변화에 대하여 내부환경의 항상성이 유지되는 상태이다.
④ 각 개인이 사회적인 역할과 임무를 효과적으로 수행할 수 있는 최적의 상태이다.

해설 Dunn의 건강 : 동적인 건강개념을 최초로 말한 사람으로 건강–불건강의 연속선이라는 개념을 제시

04 1974년 캐나다 보건부장관인 라론드는 『캐나다 국민의 건강에 관한 새로운 시각』이라는 보고서를 발표하였다. 이 보고서에서 건강에 가장 큰 영향을 준다고 제시한 건강결정요인으로 올바른 것은? 2019. 보건복지부 특채

① 특정질환에 걸리기 쉬운 소인을 결정하는 유전적 및 생물학적 요인
② 질병을 유발할 수 있는 흡연, 음주 등의 생활양식과 건강 행동
③ 주거와 생활터의 환경요인
④ 보건의료서비스의 범위와 특성
⑤ 교육, 고용 상태 등 건강상태에 영향을 미칠 수 있는 사회경제적 상태

해설 라론드가 제시한 건강결정요인에는 생물학적 요인(유전적 요인), 환경적 요인, 생활양식, 보건의료체계가 있으며 가장 큰 영향을 주는 것은 음주, 흡연 등 생활양식이라 보았다.

05 건강에 대하여 다음과 같이 정의한 학자로 올바른 것은? 2019. 대전시

> 건강이란 외부환경의 변화와 내부환경의 항상성이 유지된 상태이다.

① 와일리(Wylie) ② 버나드(Bernard)
③ 뉴만(Newman) ④ 파슨스(Parsons)

해설 학자들의 건강개념

Claude Bernard	외부환경의 변동에 대하여 내부환경의 항상성이 유지되는 상태
Newman	단순히 질병이 없다는 것만으로 건강이라 할 수 없고 모든 자질, 기능, 능력이 신체적으로나 정신적으로, 도덕적인 면에서도 최고로 발달하고 완전히 조화된 인간만이 진실한 건강이다.
Wylie	유기체가 외부환경조건에 부단히 잘 적응해 나가는 상태
Parsons	각 개개인이 사회적인 역할과 임무를 효과적으로 수행할 수 있는 최적의 상태

06 WHO가 가장 강조하는 건강 개념으로 올바른 것은? 2018. 충북

① 신체개념 ② 심신개념
③ 생활개념 ④ 영적개념

해설 WHO : 건강이란 "단순히 질병이 없거나 허약하지 않은 상태를 뜻하는 것만이 아니라 신체적 · 정신적 · 사회적 안녕이 완전한 상태에 놓여 있는 것"이라는 생활개념을 제시하였다.

07 라론드의 건강 결정요인에 해당하지 않는 것은? 2018. 부산시

① 사회경제적 요인 ② 환경적 요인
③ 생활습관요인 ④ 보건의료체계

해설 라론드가 제시한 건강결정요인 : 생물학적 요인(유전적 요인), 환경적 요인, 생활양식, 보건의료체계

Answer / 01 ② 02 ① 03 ① 04 ② 05 ② 06 ③ 07 ①

08 다음 중 건강증진 사업을 통해 건강행태를 바꾸고자 할 때 가장 강조되는 것은? 2017. 서울시

① 소인요인 ② 가능요인
③ 강화요인 ④ 인지요인

해설 건강행태를 바꾸기 위해 가장 중요한 것은 대상자의 지식이나 믿음으로, 이는 앤더슨의 소인요인에 해당된다.

09 건강을 설명하는 총체적 모형의 구성요소 중 1974년 라론드의 보고서에서 건강에 가장 큰 영향을 미친다고 제시한 요소는? 2017. 경기

① 환경 ② 생활습관
③ 인체생리 ④ 보건의료서비스

해설 라론드가 제시한 건강결정요인에는 생물학적 요인(유전적 요인), 환경적 요인, 생활양식, 보건의료체계가 있으며 가장 큰 영향을 주는 것은 음주, 흡연 등 생활양식이라 보았다.

10 건강 결정요인에 대한 다음의 설명 중 옳지 못한 내용은? 2017. 전남

① 사회경제적 요인에는 직업과 교육수준이 내포되어 있다.
② 환경적 요인에는 생물학적 환경과 물리적 환경이 포함된다.
③ 생물학적 요인에는 개인의 식습관과 유전이 포함된다.
④ 생활습관에는 운동과 스트레스가 포함된다.

해설 건강 결정요인

요인	내용
유전적 요인	유전적 요인 자체를 결정요인으로 분류하기보다는 감수성 요인으로 인식한다.
환경적 요인	생물학적 환경, 물리 화학적 환경, 사회적 환경
개인의 행동요인 (습관적 요인)	운동부족, 영양관리, 흡연, 스트레스, 비만, 알코올 남용, 약물남용 등
문화적 요인	서로 다른 문화가 서로 다른 가치와 행동 양식, 생활습관을 형성한다.
사회경제적 요인	직업의 종류 및 유무, 교육수준, 재산 보유 정도 등
정치적 요인	한 국가의 정치체계는 보건의료체계에 영향을 미치며, 이로 인해 전체 인구집단의 건강에 중요한 영향을 미친다.
보건의료 전달체계 요인	보건의료전달체계가 질병중심 체계라면 적정기능수준에 도달하기 어려울 것이다.

11 세계보건기구에서 제시한 건강의 현대적 개념으로 올바른 것은? 2016. 경기

① 심신 개념 ② 예방적 개념
③ 치료적 개념 ④ 생활개념

해설 생활개념 : 건강이란 “단순히 질병이 없거나 허약하지 않은 상태를 뜻하는 것만이 아니라 신체적 · 정신적 · 사회적 안녕이 완전한 상태에 놓여 있는 것

12 WHO가 제시한 건강의 정의는 다음과 같다. ( )의 건강의 정의를 올바르게 설명하고 있는 것은?

> 1948년 : 건강이란 "단순히 질병이 없거나 허약하지 않은 상태를 뜻하는 것만이 아니라 (가) · (나) · (다) 안녕이 완전한 상태에 놓여 있는 것이다."라고 정의

① 가 : 학습능력, 합리적 사고능력과 지적 능력
② 나 : 사회에서 그 사람 나름대로의 역할을 충분히 수행하는 상태
③ 다 : 신체의 크기와 모양, 감각의 예민성, 질병에 대한 감수성, 신체기능, 회복능력, 특정 업무의 수행능력
④ 가 : 보건학적 개념으로는 물리적으로 쾌적한 공해 없는 환경이라는 의미로도 사용된다.

해설 WHO 정의

1948년 : 건강이란 "단순히 질병이 없거나 허약하지 않은 상태를 뜻하는 것만이 아니라 신체적 · 정신적 · 사회적 안녕이 완전한 상태에 놓여 있는 것이다."라고 정의

신체적 안녕	신체의 크기와 모양, 감각의 예민성, 질병에 대한 감수성, 신체기능, 회복능력, 특정 업무의 수행능력 보건학적 개념으로는 물리적으로 쾌적한 공해 없는 환경이라는 의미로도 사용된다.
정신적 안녕	학습능력, 합리적 사고능력과 지적 능력
사회적 안녕	사회에서 그 사람 나름대로의 역할을 충분히 수행하는 상태

13 다음에서 제시하고 있는 학자들의 건강개념이 올바르게 짝지어진 것은?

> 가. 외부환경의 변동에 대하여 내부환경의 항상성이 유지되는 상태
> 나. 건강-불건강의 연속선 개념을 제시
> 다. 유기체가 외부환경조건에 부단히 잘 적응해 나가는 상태
> 라. 각 개개인이 사회적인 역할과 임무를 효과적으로 수행할 수 있는 최적의 상태

① 가 : Wilson
② 나 : Claude Bernard
③ 다 : Dunn
④ 라 : Parsons

해설 학자들의 건강개념

Claude Bernard	외부환경의 변동에 대하여 내부환경의 항상성이 유지되는 상태
Dunn	건강-불건강의 연속선 개념을 제시
Wylie	유기체가 외부환경조건에 부단히 잘 적응해 나가는 상태
Parsons	각 개개인이 사회적인 역할과 임무를 효과적으로 수행할 수 있는 최적의 상태

Answer 08 ① 09 ② 10 ③ 11 ④ 12 ④ 13 ④

14 앤더슨의 의료이용모형 요인 중 예를 들어 박○○씨가 고혈압을 20년 전부터 앓고 있었는데 근처에 병원이 없어서 제대로 치료를 못 받다가 최근에 보건소가 생기면서 쉽게 치료를 받을 수 있었다면 이에 해당하는 이용행태 요인은?

① 가능성 요인 ② 소인요인
③ 의료이용 요인 ④ 필요요인

해설 Anderson모형 : 최근에 보건소가 생긴 것은 지역사회자원이 생긴 것이므로 이는 가능요인에 해당된다.

소인요인	질병발생 이전에 존재하는 것 인구학적 변수(성, 연령, 결혼상태 등) 사회구조적 변수(직업, 교육정도, 인종 등) 개인의 건강 믿음(질병과 보건의료에 대한 태도)
가능요인	㉠ 가족자원 : 가구소득, 재산, 의료보험 등 ㉡ 지역사회자원 : 의료자원, 의료기관까지의 교통시간
필요요인	㉠ 환자가 느끼는 필요(Perceived Need = Want) ㉡ 의학적 필요(Evaluated Need = Need)

15 다음 A씨의 경우 캐슬 & 콥의 건강 행위 중 어느 단계에 속하는가?

> A씨는 며칠 전 간암이라는 진단을 받은 후 치료를 위해 휴직을 하는 등 사회적 일탈을 하고 치료에 전념하기로 하였다.

① 아픔의 행태 ② 예방보건 행태
③ 환자치료 행태 ④ 의존적인 환자역할 행태

해설 캐슬 & 콥의 건강행위

아픔의 행태 (질병행태)	스스로 아프다고 생각하는 사람이 의사의 조언을 얻고 관련된 행동을 하는 행위
환자치료 행태 (환자역할행태)	치료를 받는 과정에서 치료지침에 대한 반응
예방보건 행태 (건강행태)	스스로 건강하다고 믿고 있는 사람들이 증상이 없을 때 하는 행위 예 체중 조절, 지방섭취 기피, 금연, 예방접종

16 다음 중 건강관련 행태와 구체적인 예가 옳게 조합된 것은?

> 가. 건강행태 – 아무 증상이 없는 상태에서 정기검진을 받는다.
> 나. 환자역할행태 – 뇌졸중으로 인한 하반신 마비의 재활치료를 받는다.
> 다. 질병행태 – 평소 계속된 두통의 원인을 알기 위해 병원을 방문한다.
> 라. 건강행태 – 질병예방을 위해 정기적으로 운동을 한다.

① 가, 나, 다 ② 가, 다
③ 나, 라 ④ 가, 나, 다, 라

해설 캐슬 & 콥의 건강행위

아픔의 행태 (질병행태)	스스로 아프다고 생각하는 사람이 의사의 조언을 얻고 관련된 행동을 하는 행위
환자치료 행태 (환자역할행태)	치료를 받는 과정에서 치료지침에 대한 반응
예방보건 행태 (건강행태)	스스로 건강하다고 믿고 있는 사람들이 증상이 없을 때 하는 행위 예 체중 조절, 지방섭취 기피, 금연, 예방접종

17 Lalonde(1974)가 제시한 건강에 영향을 미치는 요인을 가장 큰 것과 가장 작은 것으로 올바르게 짝지어 진 것은?

① 생활습관 – 보건의료 서비스
② 환경 – 유전
③ 생활습관 – 환경
④ 유전 – 보건의료서비스

해설 Lalonde(1974) 제시한 건강에 영향을 미치는 요인 : 생활습관(50%), 환경(20%), 인체생리(20%), 보건의료 서비스(10%)

18 건강개념에 대한 설명으로 옳지 못한 것은? 2020. 대구시

① 정적개념에서 동적개념으로
② 운명론적 사고에서 사회적 책임요구로
③ 생태학적 개념에서 심신개념으로
④ 불연속성 개념에서 연속성 개념으로

해설 건강개념의 변천
㉠ 신체 개념(19세기 이전) → 심신 개념(19세기) → 생활개념(20세기)
㉡ 정적 개념 → 동적 개념
㉢ 병리학적 개념(신체개념) → 심신개념 → 생태학적 개념
㉣ 불연속성 개념 → 연속성 개념
㉤ 운명론적 사고, 개인책임 한계 → 사회적 책임 요구(건강권)

19 현대적 건강개념에 대한 설명으로 올바르게 연결된 것은? 2018. 부산시

> 가. 절대적 개념이 아니라 상대적 개념으로 본다.
> 나. 주어진 여건 속에서 최적의 건강을 목표로 한다.
> 다. 임상적 관점보다는 기능적 관점을 중요시한다.
> 라. 해부생리학적으로 이상이 없는 상태를 의미한다.

① 가, 나, 다
② 가, 나
③ 나, 라
④ 가, 나, 다, 라

해설 현대적 건강 개념
㉠ 상대적이고 역동적 개념
㉡ 건강을 임상적인 관점으로 보다는 기능적인 관점으로 본다.
㉢ 주어진 여건 속에서 대상자 스스로가 자신의 건강문제를 최대한으로 해결할 수 있는 상태

Answer 14 ① 15 ③ 16 ④ 17 ① 18 ③ 19 ①

20 **건강개념의 변천과정으로 옳지 못한 것은?** 2017. 전남 특채

① 병리학적 개념 → 생태학적 개념 ② 정적 개념 → 동적 개념
③ 연속성 개념 → 비연속성 개념 ④ 심신개념 → 생활수단 개념

해설 건강개념의 변천
㉠ 신체 개념(19세기 이전) → 심신 개념(19세기) → 생활개념(20세기)
㉡ 정적 개념 → 동적 개념
㉢ 병리학적 개념(신체개념) → 심신개념 → 생태학적 개념
㉣ 불연속성 개념 → 연속성 개념
㉤ 운명론적 사고, 개인책임 한계 → 사회적 책임 요구(건강권)

21 **현대로 오면서 과거의 건강 개념이 많이 변화되었다. 다음 중 옳지 못한 내용은?**

① 불연속적 건강개념에서 연속적 건강개념으로 변화되었다.
② 신체개념, 심신개념, 생활개념 순으로 변화되었다.
③ 질병이 없는 절대적 건강개념으로 변화되었다.
④ 개인의 책임에서 국가나 지역사회 등의 더 넓은 개념으로 변화되었다.

해설 절대적 개념에서 상대적 개념으로 변화되었다.

22 **다음 중 건강의 정의에 대한 발전과정의 설명으로 올바른 것은?**

① 삶의 질 개념 → 생존개념 → 신체개념
② 생존개념 → 삶의 질 개념 → 정신개념
③ 신체개념 → 정신개념 → 삶의 질 개념
⑤ 정신개념 → 삶의 질 개념 → 신체개념

해설 신체 개념(19세기 이전) → 심신 개념(19세기) →생활개념(삶의 질 개념)(20세기)

23 **숙주, 병인, 환경의 세가지 요인의 상호작용에 의해 결정된다는 건강결정모형은?** 2020. 충남

① 총체적 모형 ② 사회생태학적 모형
③ 생태학적 모형 ④ 생의학적 모형

해설 **생태학적 모형** : 숙주, 병원체, 환경의 3요소가 평형을 이룰 때 건강이 유지된다고 하였으며 이 3요소 중 가장 중요한 것은 환경적 요소라고 하였다.

24 전인적 모형의 구성요소를 올바르게 나열한 것은? 2019. 부산시

가. 보건의료체계	나. 환경
다. 생물학적 특성	라. 생활습관
마. 건강권	바. 영적 특성

① 가, 나, 다, 라 ② 가, 다, 라, 바
③ 나, 라, 마, 바 ④ 다, 라, 마, 바

해설 전인적 모형의 구성요소 : 생물학적 특성, 환경, 생활습관, 보건의료시스템

25 다음에서 제시하고 있는 건강결정모형으로 올바른 것은? 2019. 광주시 · 전남 · 전북

- 건강과 질병은 인간을 포함하는 생태계 각 구성요소들 간의 상호작용의 결과가 인간에게 나타나는 것이다.
- 역학적으로는 숙주, 병인, 환경의 세 가지 요인의 상호작용에 의하여 결정된다.

① 원인망 모형 ② 생태학적 모형
③ 사회생태학적 모형 ④ 생의학적 모형

해설 건강모형

생의학적 모델		정신과 육체를 분리하는 데카르트의 정신 · 육체 이원론에서 출발하여 19세기 말에 Pasteur와 Koch에 의해 확립되었으며 육체를 기계나 부품처럼 생각하고 질병은 이 기계의 고장이고, 의사는 기계를 고치는 기술자의 역할을 수행하는 것으로 간주
생태학적 모델	숙주	병원과의 접촉상태, 개인 또는 집단의 습관, 체질 · 유전, 방어기전, 심리적 생물학적 특성
	병원체	병원체의 특성, 민감성에 대한 저항, 전파조건
	환경	물리 · 화학적 환경, 사회적 환경, 경제적 환경, 생물학적 환경
사회생태학적 모델	숙주요인 (내적요인)	선천적(유전적) 소인과 후천적(경험적) 소인이 있으며, 이러한 숙주요인은 질병에 대한 감수성과 관련이 있음
	외부환경요인 (외적요인)	• 생물학적 환경 : 병원소, 활성전파체인 매개곤충, 기생충의 중간숙주의 존재 등 • 사회적 환경 : 인구밀도, 직업, 사회적 관습, 경제생활의 상태 등 • 물리 · 화학적 환경 : 계절의 변화, 기후, 실내외의 환경 등
	개인행태요인	현대에 와서 질병의 양상이 예전과 달라졌기 때문에 개인의 행태적 측면이 중요시됨
총체적 모델	환경	물리적 환경뿐만 아니라 사회적 · 심리적 환경까지를 포함
	생활습관	여가활동, 소비패턴, 식생활습관 등이 개인의 건강에 지대한 영향
	인체생리	유전적 소인 등과 같은 내적요인은 질병발생에 영향을 주는 중요한 요인
	보건의료 시스템	이 요소가 다른 모델과의 차이점이 되며, 보건의료시스템은 포괄적 개념으로 예방적 요소, 치료적 요소, 재활적 요소 등을 포함

Answer 20 ③ 21 ③ 22 ③ 23 ③ 24 ① 25 ②

26 건강에 영향을 미치는 모든 요인들을 총체적으로 고려할 때 시너지 효과가 발생하여 효율적인 건강관리를 할 수 있다는 총체적 모형에서 제시하고 있는 4가지 구성요소를 올바르게 나열한 것은?

2019. 경남

① 병인, 환경, 숙주, 자기효능감
② 병원체, 숙주, 지역사회체계, 커뮤니케이션
③ 병인, 환경, 개인행태, 개방적 상호작용
④ 생활습관, 보건의료체계, 인체생리, 환경

해설 전인적 모형의 4가지 구성요소 : 환경, 생물학적 특성, 보건의료체계, 생활습관

27 건강을 바라보는 개념으로서 사회문화적 모델에 대한 설명으로 옳은 것은?

2018. 지방직

① 건강은 질병이 없는 것이다.
② 보건의료서비스는 질병자와 장애자를 치료하는 것이다.
③ 전문의 중심의 관리가 중요하다.
④ 스스로의 건강통제를 위해 의료 종사자의 도움이 중요하다.

해설 사회문화적 모델 : 건강판단의 주체는 사회의 주도적 집단이나 준거집단이 된다. 건강–질병의 이분법적 사고로 접근하며 건강과 질병의 판단의 척도는 상대적이게 된다.

28 개인의 사회적, 심리적, 행태적 요인을 특히 중시하는 건강모형에서 제시하고 있는 구성요소로 옳지 못한 것은?

2018. 부산시

① 숙주요인
② 개인행태요인
③ 내부환경요인
④ 외부환경요인

해설 사회생태학적 모델 : 숙주요인(내적요인), 외부환경요인(외적요인), 개인행태요인

29 건강과 질병을 이분법적으로 분리해서 건강을 질병의 잔여적 개념으로 설명하고 있는 모형은?

2018. 인천시

① 생의학적 모형
② 생태학적 모형
③ 사회생태학적 모형
④ 역학적 모형

해설 생의학적 모형은 정신과 육체를 분리하는 정신 · 육체 이원론에서 출발하여 건강을 질병의 잔여적 개념으로 본다.

30 다음에서 설명하고 있는 건강-질병모형으로 올바른 것은? 2018. 전남 특채

- 건강은 단지 질병의 부재를 의미한다.
- 데카르트의 심신이원론에서 출발하였다.
- 질병은 육체라는 기계가 고장난 것이다.

① 생의학적 모형 ② 생태학적 모형
③ 사회생태학적 모형 ④ 총체적 모형

해설 건강-질병모형은 건강을 질병의 부재로 보고 질병을 육체라는 기계가 고장난 것으로 본다.

31 다음 중 프리든의 건강영향 피라미드에서 개인에게 미치는 영향을 적지만 인구 집단의 건강 수준에 미치는 영향이 가장 큰 구성요소로 올바른 것은? 2018. 제주시

① 오래 지속되는 예방대책 ② 임상적 개입
③ 건강한 선택을 할 수 있는 환경 조성 ④ 상담과 교육

해설 건강영향피라미드(Frieden) : 총 5개의 층으로 이루어져 있는데, 아래쪽으로 갈수록 인구집단에 미치는 영향이 크고, 위쪽으로 갈수록 개인의 노력이 더 요구된다.

㉠ 사회경제적 요인 ㉡ 건강한 선택을 할 수 있는 환경 조성
㉢ 장기간 지속할 수 있는 예방대책 ㉣ 임상적인 개입
㉤ 상담과 교육

32 다음에서 제시하고 있는 건강-질병모형으로 옳은 것은? 2017. 광주시

- 인체를 영혼이 배제된 기계와 같은 존재라고 데카르트는 인식하였다.
- 질병을 건강상태에서 벗어난 생물학적 일탈로 보았다.

① 생태학적 모형 ② 생의학적 모형
③ 전인적 모형 ④ 총체적 모형

해설 생의학적 모형은 정신과 육체를 분리하는 정신 · 육체 이원론에서 출발하여 질병을 건강상태에서 벗어난 일탈로 보았다.

Answer 26 ④ 27 ① 28 ③ 29 ① 30 ① 31 ③ 32 ②

33 다음에서 제시하고 있는 건강모형으로 올바른 것은? 2017. 보건복지부 특채

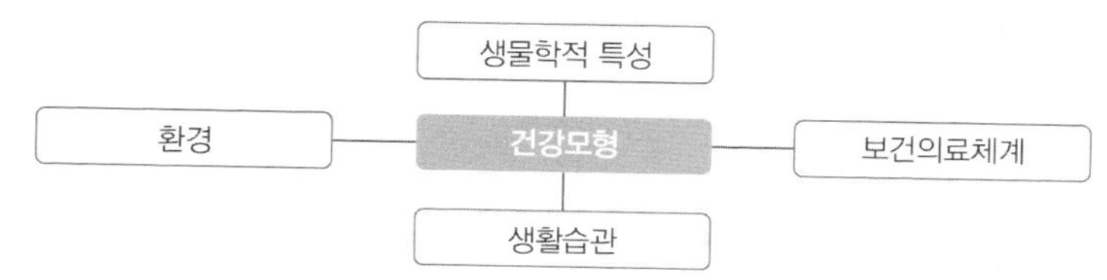

① 생의학적 모형
② 사회생태학적 모형
③ 생태학적 모형
④ 전인적 모형

해설 전인적 모형의 구성요소 : 생물학적 특성, 환경, 생활습관, 보건의료시스템

34 인간은 사회체계의 구성원이며 각 개인의 육체와 정신은 외부환경과 다양한 상호작용을 이루고 있다고 보는 건강-질병 모형은? 2016. 인천시

① 총체적 모델
② 생의학적 모델
③ 생태학적 모델
④ 사회생태학적 모델

해설 총체적 모형 : 인간은 가정과 지역사회 등의 사회체계의 구성원이며 각 개인의 육체와 정신은 그들 간에 또는 외부환경과 다양한 상호작용을 하고 있다.

35 숙주, 병인, 환경이 평형을 이룰 때 건강하지만, 평형이 깨진다면 불건강 상태가 될 것이며 이 중 환경요인을 가장 중요하게 여긴 건강모형은? 2016. 전북

① 생의학적 모형
② 생태학적 모형
③ 사회생태학적 모형
④ 총체적 모형

해설 생태학적 모형은 숙주, 병원체, 환경이 평형을 이룰 때 건강하고 평형이 깨지면 건강하지 아니한 상태가 된다고 보며 특히 환경요인을 중요시 하였다.

36 건강과 질병을 설명하는 이론인 생의학적 모형(biomedical model)의 설명으로 옳은 것은? 2014. 서울시

① 정신과 신체가 분리될 수 없다는 이원론을 주장한다.
② 질병을 주로 생물학적 구조와 기능의 이상(비정상)으로 해석한다.
③ 만성 퇴행성 질환의 발생과 관리를 설명하는데에 적합하다.
④ 지역과 문화가 다르면 의학지식과 기술이 달라진다는 특수성을 강조한다.

해설 ① 정신과 신체가 분리될 수 있다는 심신이원론을 주장한다.
③ 만성 퇴행성 질환의 발생과 관리를 설명하는데 부적합하다.
④ 지역과 문화가 달라도 의학지식과 기술은 변함이 없다는 일반성을 강조한다.

37 다음에서 설명하는 건강모형은 무엇인가?

> • 데카르트의 정신 육체이원론에서 출발한다.
> • 인체를 마치 기계처럼 이해한다.

① 전인적 모형
② 역학적 모형
③ 웰니스모형
④ 생의학적 모형

해설 생의학적 모형은 정신과 육체를 분리하는 정신 · 육체 이원론에서 출발하여 질병을 육체라는 기계가 고장난 것으로 본다.

38 건강의 사회생태학적 모델에 대한 설명으로 옳은 것은?

① 파스퇴르와 코흐의 영향을 받고 확립되었다.
② 숙주와 병원체, 환경 간에 균형이 깨지면 질병이 발생한다.
③ 개인의 사회적, 심리학적, 행태적 요인을 중시한다.
④ 건강과 질병을 그 정도에 따라 연속선상에 있는 것으로 파악하고 있다.

해설 사회생태학적 모형 : 숙주요인, 외부환경요인, 개인행태요인 3요소 중 특히 개인의 행태적 측면을 강조하고 있다.
① 파스퇴르와 코흐의 영향을 받은 모형은 생의학적 모형이다.
② 숙주와 병원체, 환경 간의 균형이 깨지면 질병이 발생하다는 모형은 생태학적 모델이다.
④ 건강과 질병을 그 정도에 따라 연속선상에 있는 것으로 보는 모형은 총체적 모형이다.

39 보건의 장(Health Field) 이론 4요소 중 질병에 미치는 영향은?

① 생활방식 > 인적요인 > 보건의료제도 > 환경
② 생활방식 > 인적요인 > 환경 > 보건의료제도
③ 생활방식 > 환경 > 인적요인 > 보건의료제도
④ 인적요인 > 생활방식 > 보건의료제도 > 환경

해설 총체적 모델 : 생활습관(43%) > 인체생리(25%) > 환경(19%) > 보건의료시스템(11%)

40 다음에서 설명하고 있는 모형으로 올바른 것은?

> • Dunn에 의해 처음 소개된 개념
> • 개인의 생활환경 내에서 각자의 가능한 잠재력을 극대화하는 통합된 기능수단
> • 전통적 의료 외에 개인의 건강에 대한 신념 혹은 가치에 근거해서 대체요법이 추구되기도 한다.

① 총체적 모형
② 사회문화적 모형
③ 생의학적 모형
④ 웰니스 모형

해설 웰니스 모형

㉠ 던(Dunn HL)에 의해 처음 소개된 개념으로, 그는 웰니스(Wellness)를 '개인의 생활환경내에서 각자의 가능한 잠재력을 극대화하는 통합된 기능수단'으로 정의하였다.

㉡ 건강은 '충만하고 유익하며 창조적인 생활을 영위하기 위한 개인의 이상적인 상태'이며, '건강의 예비적 준비상태인 불건강을 극복하기 위한 힘과 능력'으로 정의된다.

㉢ 상위수준의 웰니스는 개인이 고차원적인 기능을 하고, 미래와 개인의 잠재력에 대하여 긍정적인 시각을 가지며, 개인적 기능에 있어서 신체적 · 정신적 · 영적인 영역에서 전인적인 통합을 포함하는 개념이다.

㉣ 건강은 단순히 질병이 없는 것이 아니고 안녕상태, 활력, 작업능력, 그리고 효율 등의 긍정적 차원들을 포괄하는 개념이며, 많은 수의 질병들이 신체의 정화작용 자체만으로 치료가 되는 것으로 본다.

㉤ 이 모형에서는 전통적 의료 외에 개인의 건강에 대한 신념 혹은 가치에 근거해서 대체요법이 추구되기도 한다.

41 프리든(Frieden)은 건강영향 피라미드에서 인구집단에 미치는 영향이 가장 큰 단계는?

① 임상적 개입
② 사회경제적 요인
③ 상담 및 교육
④ 건강한 선택을 할 수 있는 환경 조성

해설 **건강영향 피라미드에서 인구집단에 미치는 영향** : 사회경제적 요인 > 건강한 선택을 할 수 있는 환경조성 > 장기간 선택을 할 수 있는 예방대책 > 임상적인 개입 > 상담과 교육

42 질병발생설의 역사적 발전 단계를 올바르게 제시하고 있는 것은?

2019. 전북

① 점성설 – 종교설 – 감염설 – 다인설 – 세균설 – 장기설
② 정령설 – 점성설 – 장기설 – 접촉감염설 – 세균설 – 탈미생물설
③ 복수병인론 – 감염설 – 다인설 – 세균설 – 종교설 – 점성설
④ 장기설 – 세균설 – 접촉감염설 – 탈미생물설 – 우주설

해설 질병 발생설의 역사적 변천

종교설(정령설) 시대	인간이 악신(惡神)과 선신(善神)에 의존하던 시대
점성설 시대	별자리의 이동에 따라 질병, 기아, 전쟁발생 등을 예측
장기설 시대	감염병은 오염된 공기로 발생한다는 설 • miasma theory = mi(bad) + asma(air)
접촉감염설 시대	사람과 접촉에 의해 전파한다는 설
미생물 병인설(세균설) 시대	레벤후크의 현미경발견, 파스퇴르의 미생물설, 코흐의 결핵균, 탄저균, 콜레라 병원체 발견
탈미생물 시대(다인설)	맥마흔(Macmahon), 질병에 관계있는 모든 요소가 연결되어 있다는 설

43 **다음에서 설명하고 있는 질병발생설이 순서대로 제시되어 있는 것은?**

> 가. 감염병은 오염된 공기로 발생한다는 설
> 나. 질병에 관계있는 모든 요소가 연결되어 있다는 설
> 다. 별자리의 이동에 따라 질병, 기아, 전쟁발생 등을 예측할 수 있다는 설
> 라. 귀신이나 악령이 우리 몸에 들어와 고통을 일으킨다는 설

① 장기설 – 다인설 – 점성설 – 정령설
② 다인설 – 점성설 – 정령설 – 장기설
③ 점성설 – 정령설 – 장기설 – 다인설
④ 접촉감염성 – 다인설 – 정령설 – 장기설

해설 가. 감염병은 오염된 공기로 발생한다는 설 – 장기설
나. 질병에 관계있는 모든 요소가 연결되어 있다는 설 – 다인설
다. 별자리의 이동에 따라 질병, 기아, 전쟁발생 등을 예측할 수 있다는 설 – 점성설
라. 귀신이나 악령이 우리 몸에 들어와 고통을 일으킨다는 것 – 정령설

44 **질병의 발생단계에 따른 예방 수준을 1, 2, 3차로 구분할 때, 코로나19와 같은 호흡기계 감염병에 대한 2차 예방활동에 해당하는 것은?** 2022. 서울시 · 지방직

① 예방접종
② 올바른 손씻기와 마스크 착용
③ 접촉자 추적을 통한 질병의 조기검진
④ 방역수칙 준수 등에 대한 홍보 및 보건교육

해설 감염병 예방활동
㉠ 1차적 예방 : 예방접종, 올바른 손씻기, 마스크 착용, 방역수칙 준수 및 홍보와 보건교육
㉡ 2차적 예방 : 접촉자 추적을 통한 질병의 조기검진, 악화방지를 위한 치료
㉢ 3차적 예방 : 재활, 건강의 회복 및 사회복귀

45 **레벨과 클락이 제시한 자연사 중 감염은 되었으나 증상이 발현되지 않은 시기의 예방조치로 올바른 것은?** 2022. 경북 의료기술직

① 조기진단과 치료, 집단검진
② 재활, 사회 복귀
③ 건강증진, 환경위생
④ 예방접종, 특수예방

해설 레벨과 클라크(Leavell & Clark)의 질병의 자연사

질병의 과정	병인–숙주–환경의 상호작용(비병원성기)	병인 자극의 형성 (초기병원성기)	숙주의 반응 (불현성기)	질병 (현성기)	회복/사망 (재활)
예비적 조치	환경위생, 건강증진을 위한 적당한 운동이나 식이 등의 적극적 활동	안전관리, 예방 접종 등의 소극적 예방활동	조기 발견 조기치료	악화방지를 위한 치료	재활
예방차원	1차적 예방		2차적 예방		3차적 예방
적용범위	70~75%		20~25%		5%

Answer 41 ② 42 ② 43 ① 44 ③ 45 ①

46 질병 예방적 관점에 따른 보건의료의 분류로 가장 옳은 것은? 2021. 서울시

① 재활치료는 이차예방에 해당한다.
② 금주사업은 일차예방에 해당한다.
③ 예방접종은 이차예방에 해당한다.
④ 폐암 조기진단은 일차예방에 해당한다.

해설 ① 재활치료는 삼차예방에 해당한다.
③ 예방접종은 일차예방에 해당한다.
④ 폐암 조기진단은 이차예방에 해당한다.

47 직장 내 스트레스로 인하여 우울증을 호소하는 직장인 증가하고 있다. 다음 중 직장 내 우울증에 대한 2차예방으로 가장 적절한 것은? 2020. 경기

① 직장인에 대한 우울증 선별검사 실시
② 업무스트레스 방지를 위한 직장 내 환경 개선
③ 우울증 재활프로그램 실시
④ 업무 복귀 후 직무적합성 검사 진행

해설 ② 1차 ③ · ④ 3차

48 레벨과 클라크(Leavell & Clark)의 질병의 자연사에서 불현성 감염기에 취해야 할 예방조치로 가장 옳은 것은? 2020. 서울시

① 재활 및 사회복귀
② 조기진단과 조기치료
③ 악화방지를 위한 적극적 치료
④ 지역사회 전체에 대한 예방접종

해설 불현성기(숙주의 반응) : 조기 발견, 조기 치료

49 레벨과 클락이 제시한 2차 예방에 해당하는 것은? 2020. 부산시

① 예방접종
② 환경관리
③ 선별검사
④ 재활

해설 감염병 예방활동
㉠ 1차적 예방 : 예방접종, 올바른 손씻기, 마스크 착용, 방역수칙 준수 및 홍보와 보건교육
㉡ 2차적 예방 : 접촉자 추적을 통한 질병의 조기검진, 선별검사, 악화방지를 위한 치료
㉢ 3차적 예방 : 재활, 건강의 회복 및 사회복귀

50 레벨과 클락의 질병예방과 관련하여 건강증진은 몇 차 예방인가? 2020. 인천시

① 1차 예방
② 2차 예방
③ 3차 예방
④ 4차예방

해설 1차적 예방 : 건강검진, 예방접종, 올바른 손씻기, 마스크 착용, 방역수칙 준수 및 홍보와 보건교육

51 레벨과 클락의 질병의 자연사와 예방 단계 중 환경위생과 건강증진을 강조하는 적극적 예방에 해당되는 단계는? 2020. 대전시

① 비병원성기
② 초기병원성기
③ 불현성질환기
④ 현성질환기

해설 비병원성기 : 환경위생, 건강을 위한 적당한 운동이나 식이 등 적극적 활동

52 질병의 잠복상태로 증상이 나타나지 않을 때 적절한 예방조치로 알맞은 것은? 2020. 충북

① 건강증진
② 예방접종
③ 조기진단, 조기치료
④ 재활

해설 질병이 잠복상태로 증상이 나타나지 않은 불현성기는 조기발견, 조기치료를 실시한다.

53 다음에 해당하는 레벨과 클락이 제시한 질병위 자연사 단계로 올바른 것은? 2020. 충남

• 해부학적 또는 기능적 변화가 있으며 이에 대한 적절한 치료가 필요한 시기이다. • 질병의 악화 및 방지를 위한 예방활동을 하여야 한다.

① 비병원성기
② 초기병원성기
③ 발현성질환기
④ 재활

해설 발현성 질환기에는 질병의 악화방지를 위한 치료를 하는 시기이다.

54 레벨과 클락의 예방 개념에 대한 다음의 설명으로 올바른 것은? 2020. 경북

① 1차 예방은 질병이 발생하기 전에 미리 예방하거나 만일 발병하더라도 그 정도를 약하게 하는 활동이다.
② 2차 예방은 질병에 대한 치료를 하였음에도 불구하고 심신의 장애를 갖게 된 사람들에게 물리치료를 실시하여 신체기능을 회복시키는 활동이다.
③ 3차 예방은 집단검진을 통해서 임상질환자를 조기에 발견하여 치료함으로써 질병이 더 이상 진전되지 않도록 하는 활동이다.
④ 과거에는 1차 예방에, 현대의료는 1차 및 2차 예방에 중점을 두고 있다.

Answer 46 ② 47 ① 48 ② 49 ③ 50 ① 51 ① 52 ③ 53 ③ 54 ①

해설 ② 2차 예방은 질병을 조기에 발견하여 조기에 치료하는 활동이다.
③ 3차 예방은 재활과 사회복귀를 위한 활동이다.
④ 과거에는 2차 예방에 중점을 두었으나 현재의료는 1, 2, 3차 예방이 모두 포함된 포괄적 의료에 중점을 두고 있다.

55 **리벨과 클라크는 질병을 종합적이고 포괄적으로 관리하기 위해 세 가지 차원의 예방 수준을 설명하였다. 옳은 것을 모두 고른 것은?**
2019. 서울시

> 가. 1차 예방은 맨 처음 의료인력과 접촉할 때 제공되는 기본적인 활동이다.
> 나. 1차 예방은 건강한 개인에게 적용되는 건강증진 활동이다.
> 다. 2차 예방은 질병에 걸렸을 경우 병이 중증으로 되는 것을 예방한다.
> 라. 3차 예방은 진단과 치료를 중심으로 하는 임상의학이다.

① 가, 나
② 가, 다
③ 나, 다
④ 나, 라

해설 가. 2차 예방은 맨 처음 의료인력과 접촉할 때 제공되는 기본적인 활동이다.
라. 2차 예방은 진단과 치료를 중심으로 하는 임상의학이다.

56 **리벨과 클락의 예방 중 다음 글은 몇 차 예방에 해당하는가?**
2019. 부산시

> 건강한 개인을 대상으로 보건교육 등을 통해 적절한 영양섭취, 적절한 운동을 하게 하고, 흡연이나 과음 등 건강의 위해요인을 피하도록 하며, 예방접종, 개인위생관리, 안전한 식수 공급과 하수처리 등 환경위생관리를 통해 질병을 예방한다.

① 1차 예방
② 2차 예방
③ 3차 예방
④ 고위험 예방전략

해설 1차적 예방 : 건강검진, 예방접종, 올바른 손씻기, 마스크 착용, 방역수칙 준수 및 홍보와 보건교육

57 **레벨과 클라크가 제시한 것 중 조기검진과 조기치료를 하는 과정으로 올바른 것은?**
2019. 경기 의료기술직

① 비병원성기
② 초기병원성기
③ 불현성감염기
④ 현성감염기

해설 불현성기(숙주의 반응) : 조기 발견, 조기 치료

58 레벨과 클락의 예방개념으로 옳지 못한 내용은? 2019. 인천시

① 소음작업장에서 근로자의 소음성난청을 예방하기 위하여 소음 감소 조치를 하고, 근로자에게 귀마개와 귀덮개 등을 착용하게 하는 것은 1차예방에 해당된다.
② 근로자의 성인병 예방을 위하여 직장 구내식당에서 저염식이 식단을 늘리고, 다양한 채소와 과일을 제공하는 것은 1차 예방에 해당된다.
③ 자궁경부암의 조기발견을 위하여 pop smear test는 1차 예방에 해당된다.
④ 류마티스관절염 퇴원환자에게 일상생활 동작, 물리치료, 작업 치료 등의 재활치료를 하는 것은 2차 예방에 해당된다.

해설 3차 예방은 재활과 사회복귀이다.

59 레벨과 클락의 질병발생 5단계와 예방개념을 연결한 것으로 옳지 못한 것은? 2019. 충북

① 초기병원성기 – 예방접종 – 2차 예방
② 비병원성기 – 환경위생 개선 – 1차 예방
③ 불현성감염기 – 조기진단 및 조기치료 – 2차 예방
④ 불현성질환기 – 악화방지를 위한 치료 – 2차 예방

해설 1차적 예방 : 건강검진, 예방접종, 올바른 손씻기, 마스크 착용, 방역수칙 준수 및 홍보와 보건교육

60 Leavell과 Clark의 질병자연사 단계에 따른 2차 예방에 속하는 것은? 2018. 경기

① 조기발견 및 조기검진
② 무능력의 예방, 재활
③ 환경위생, 건강증진
④ 예방접종, 영양관리

해설 2차 예방은 질병을 조기에 발견하여 조기에 치료하는 활동이다.

61 질병의 1차적 예방단계에 해당하는 것으로만 연결된 것은? 2017. 경기

① 환경개선 – 조기진단 – 건강검진
② 조기발견 – 영양개선 – 건강검진
③ 안전관리 – 예방접종 – 환경개선
④ 재활 – 조기진단 – 예방접종

해설

예방차원	1차적 예방		2차적 예방		3차적 예방
예비적 조치	환경위생, 건강증진을 위한 적당한 운동이나 영양개선 등의 적극적 활동	안전관리, 예방접종 등의 소극적 예방활동	조기 발견 조기치료	악화방지를 위한 치료	재활

Answer 55 ③ 56 ① 57 ③ 58 ④ 59 ① 60 ① 61 ③

62 Leavell & Clark 교수의 질병예방활동에서 40세 이상 여성을 대상으로 유방암 검진을 위한 유방 조영술을 시행한 것은 몇 차 예방인가? 2016. 서울시

① 1차예방
② 2차예방
③ 3차예방
④ 4차예방

해설 고위험군(40세 이상 여성)을 대상으로 실시하는 유방암 검진이므로 조기발견, 조기치료인 2차예방에 해당된다.

63 리벨과 크락(Leavell & Clark, 1965)이 제시한 질병의 자연사 5단계 중에서 병원체에 대한 숙주의 반응이 시작되는 조기 병적 변화기에 해당하는 단계에서 건강행동으로 가장 적절한 것은?

① 예방접종
② 환경위생 개선
③ 치료 및 재활
④ 조기진단

해설 숙주의 반응이 시작되는 조기 병적 변화기는 불현성기를 의미하므로 조기진단, 조기 치료를 행하여야 한다.

64 다음 글에 해당하는 내용은 레벨과 클라크가 제시한 몇 차 예방에 속하는가?

- 신생아를 대상으로 페닐케톤뇨증과 같은 선천성 대사이상, 선천성 갑상선 기능저하증 등을 찾아내어 조기에 적절한 치료를 함으로써 장애를 방지한다.
- pop smear test로 자궁경부암을 조기에 발견할 수 있다.

① 1차 예방
② 2차 예방
③ 3차 예방
④ 1, 3차 예방

해설 조기발견해서 조기 치료하는 행위이므로 2차 예방에 해당된다.

65 윈슬로우 교수가 제시한 조직적 지역사회 노력을 모두 제시한 것은? 2022. 경북 의료기술직

가. 감염병 관리
나. 개인위생 관련 보건교육
다. 환경위생 관리
라. 질병 조기진단을 위한 의료 및 간호서비스의 조직화

① 가, 나, 다
② 가, 나
③ 나, 라
④ 가, 나, 다, 라

해설 조직적인 지역사회의 노력

㉠ 환경위생 개선
㉡ 감염병 관리
㉢ 개인 위생교육
㉣ 질병의 조기진단 및 치료를 위한 의료 및 간호봉사의 조직화
㉤ 모든 사람들이 자신의 건강 유지에 적합한 생활수준을 보장받도록 사회제도 개선

66 윈슬로우의 조직적인 지역사회의 노력으로 옳은 것은? 2020. 인천시

가. 환경위생 개선
나. 감염병 관리
다. 개인위생 교육
라. 질병의 조기 진단 및 예방 치료를 위한 의료 및 간호사업의 체계화

① 가, 나
② 나, 라
③ 가, 나, 다
④ 가, 나, 다, 라

해설 조직적인 지역사회의 노력
㉠ 환경위생 개선
㉡ 감염병 관리
㉢ 개인 위생교육
㉣ 질병의 조기진단 및 치료를 위한 의료 및 간호봉사의 조직화
㉤ 모든 사람들이 자신의 건강 유지에 적합한 생활수준을 보장받도록 사회제도 개선

67 Winslow가 정의한 공중보건의 정의 중 공중보건의 3가지 목적으로 올바른 것은? 2020. 경북 교육청

① 질병예방, 질병치료, 수명연장
② 질병예방, 질병치료, 신체적 · 정신적 건강과 효율 증진
③ 질병치료, 수명연장, 신체적 · 사회적 건강과 효율 증진
④ 질병예방, 수명연장, 신체적 · 정신적 건강과 효율 증진

해설 C. E. A. Winslow 정의(1920, Yale大) : 조직적인 지역사회의 노력을 통하여
㉠ 질병을 예방하고
㉡ 수명을 연장시킴과 더불어
㉢ 신체적 · 정신적인 효율을 증진시키는 기술과 과학이라고 정의

68 공중보건의 특성에 대한 다음의 설명 중 가장 올바른 것은? 2020. 경기 의료기술직

① 공중보건은 개인과 가족의 질병을 예방하는 데 중점을 두고 있다.
② 공중보건은 진료와 투약을 통한 3차 예방에 중점을 두고 있다.
③ 공중보건은 보건통계자료와 지역건강조사를 통해 지역을 진단한다.
④ 공중보건은 지역사회 진단을 통해 질병을 치료한다.

해설 공중보건과 의학의 차이

구분	공중보건	의학
연구 대상	지역주민	개인
진단 방법	보건 통계	임상 진단
질병 관리	보건 교육 및 관리, 봉사	투약, 수술
연구 목표	사회적인 환경 요인	병인의 생물학적 요인

Answer 62 ② 63 ④ 64 ② 65 ④ 66 ④ 67 ④ 68 ③

69 공중보건에서 가장 능률적이고 효과적인 사업수단으로 올바른 것은? 2020. 강원

① 보건교육
② 보건법규
③ 보건행정
④ 보건통계

해설 공중보건사업 수행의 3요소(Anderson)

보건교육	조장 행정(가장 중요한 구성요소)으로 가장 효과적인 방법이며 주로 선진국에서 많이 수행하고 있다.
보건행정	봉사행정
보건법규	통제행정으로 주로 후진국에서 효과적인 접근방법이라 할 수 있다.

70 공중보건사업의 내용 중 보건관리분야에 해당하는 것은? 2020. 전남 특채

① 학교보건
② 감염병관리
③ 역학
④ 성인병관리

해설 공중보건사업의 내용

환경보건분야	환경위생학, 위생곤충학, 환경학, 의복보건, 주택보건, 식품위생학, 보건공학, 산업보건학, 환경오염관리
보건관리분야	보건행정, 보건교육, 학교보건, 국민영양, 모자보건, 간호학, 인구보건, 정신보건, 보건법규, 보건통계, 성인병 관리, 정신병 관리
질병관리분야	역학, 전염병관리, 보건기생충관리, 성인병관리

71 미국 예일대학교 윈슬로우(1920) 교수가 제시한 공중보건의 정의 중 '조직적인 지역사회의 노력'에 해당하는 것은? 2019. 대구시

① 질병의 치료
② 식품위생관리
③ 만성병 관리
④ 개인위생에 관한 보건교육

해설 조직적인 지역사회의 노력은 개인에 대한 질병치료가 아닌 지역사회를 위한 교육이 이에 해당한다.

72 윈슬로우의 공중보건학의 내용으로 옳지 못한 것은? 2018. 대전시

① 감염병관리
② 환경위생관리
③ 정신보건
④ 개인위생교육

해설 윈슬로우의 공중보건학 : 환경위생관리, 감염병관리, 개인위생관리, 질병조기진단과 예방치료

73 임상의학과 공중보건을 비교한 내용으로 옳게 짝지어진 것은? 2018. 전북

	임상의학	공중보건
① 대상 :	인구집단	환자 개인
② 학문 :	예방의학	치료의학
③ 장소 :	의료기관	지역사회
④ 인력 :	지역사회 조직	임상의사

해설

		임상의학	공중보건
①	대상	환자 개인	인구집단
②	학문	치료의학	예방의학
④	인력	임상의사	지역사회 조직

74 예방의학, 치료의학, 공중보건학의 공통 목적은? 2018. 세종시

① 질병예방
② 수명연장
③ 건강회복
④ 건강보호와 건강증진

해설 공중보건학, 예방의학, 임상의학 비교

구분	공중보건학	예방의학	임상(치료)의학
목적	질병의 예방, 수명의 연장, 육체적 · 정신적 건강과 능률의 향상	질병의 예방, 생명의 연장, 육체적 · 정신적 건강과 능률의 향상	조기 진단, 조기 치료
진단방법	보건통계	임상진단	임상진단
연구 대상	지역사회, 국가, 인류	각 개인과 가족	개인, 환자
질병관리	보건교육, 보건관리, 보건법규	환경위생, 예방접종, 행동변화촉진	투약, 수술, 재활, 상담
내용	불건강의 원인이 되는 사회적 요인 제거, 집단건강의 향상	질병의 발생원인 규명, 질병 예방, 건강 증진	치료, 재활, 불구예방

75 공중보건학에서 제시하고 있는 공중보건사업의 대상자로 올바른 것은? 2017. 인천시

① 개인
② 지역사회 전체 주민
③ 감염병 및 만성질환자
④ 모성, 아동 등의 특수집단

해설 공중보건사업의 대상자는 감염병 및 만성질환자, 건강인, 모성, 아동, 성인, 노인 등 지역사회 전체 주민이다.

76 우리나라의 공중보건 및 의료제도를 규정하는 다음의 법 중 가장 최근에 제정된 법은? 2017. 서울시

① 지역보건법
② 공공보건의료에 관한 법률
③ 농어촌 등 보건의료를 위한 특별조치법
④ 국민건강증진법

Answer 69 ① 70 ① 71 ④ 72 ③ 73 ③ 74 ② 75 ② 76 ②

해설

지역보건법	1956년 12월 13일 제정, 시행
공공보건의료에 관한 법률	2000년 1월 12일 제정, 2000년 7월 13일 시행
농어촌 등 보건의료를 위한 특별조치법	1980년 12월 31일 제정, 시행
국민건강증진법	1995년 1월 5일 제정, 1995년 9월 1일 시행

77 예방의학에 대한 다음의 설명으로 옳지 못한 것은? 2016. 울산시

① 투약, 수술, 재활, 상담 등 임상치료를 주 내용으로 한다.
② 개인과 가족을 대상으로 한다.
③ 질병예방, 수명연장, 육체적 정신적 건강과 능률의 향상을 목적으로 한다.
④ 임상적 진단방법을 주로 이용한다.

해설 투약, 수술, 재활, 상담은 임상의학에 관한 내용이고 예방접종, 환경위생, 행동변화촉진 등은 예방의학에 속한다.

78 공중보건학에 대한 다음의 설명으로 올바른 것은? 2016. 경기 의료기술직

① Winslow 교수의 정의 : 질병예방, 수명연장, 신체적 정신적 효율증진의 치료과학
② 궁극적 목표 – 주민의 모든 질병치료를 우선 실현
③ 유사학문 – 예방의학, 지역사회의학, 건설의학, 사회의학
④ 연구대상 – 지역사회 주민 중 특정 집단(결핵, 모자보건 등)

해설 공중보건의 특성

Winslow 교수의 정의	조직적인 지역사회의 노력을 통하여 질병을 예방하고 수명을 연장시킴과 더불어 신체적 · 정신적인 효율을 증진시키는 기술과 과학
궁극적 목표	질병예방, 수명연장, 신체적 · 정신적 건강 및 효율의 증진
유사학문	사회의학, 예방의학, 건설의학, 지역사회의학, 포괄보건의학
연구대상	지역사회 전체 주민
진단 방법	보건통계

79 다음 중 공중보건에 대한 설명으로 올바르지 못한 것은? 2015. 경기

① 공중보건의 목적 달성을 위해서는 일부 전문가의 노력이 가장 중요하다.
② 공중보건의 목적은 질병예방, 수명연장, 신체적 · 정신적 건강과 효율 증진이다.
③ 공중보건 수행의 대상은 개인이 아닌 지역사회주민이다.
④ 공중보건 수행의 최소단위는 지역사회이다.

해설 공중보건의 목적 달성을 위해서는 지역주민의 적극적인 참여가 가장 중요하다.

80 **공중보건의 특성으로 옳지 않은 것은?**

① 대상은 지역사회 전체 주민이다.
② 목적은 질병예방, 수명연장, 신체적 · 정신적 건강 및 효율의 증진이다.
③ 유사 학문에는 지역사회보건학, 예방의학, 건설의학 등이 있다.
④ 조직적인 국가와 지방자치단체 등 공공기관의 노력으로 달성된다.

해설 공중보건목표는 조직적인 지역사회 노력으로 달성된다.

81 **한 나라의 보건수준을 다른 나라와 비교할 수 있는 종합적인 보건지표로서 세계보건기구가 제시하는 세 가지 지표에 해당하지 않는 것은?** 2020. 경북 · 인천 · 부산시, 2015. 전남

① 조사망률
② 평균수명
③ 비례사망지수
④ 의료인력 및 시설

해설 WHO의 3대 보건지표

조사망률	0세의 평균여명
평균수명	보통사망률 = (총사망자수 / 연앙인구) × 1,000
비례사망지수	(50세 이상의 사망수 / 총사망자수) × 100

82 **국가 또는 지역사회 간 보건수준을 비교하기 위한 3대 지표는?** 2019. 충남, 2017. 경기

① 모성사망률, 알파지수, 조출생률
② 모성사망률, 알파지수, 조사망률
③ 영아사망률, 비례사망지수, 평균수명
④ 영아사망률, 비례사망지수, 질병이환율

해설

국가 간 보건수준을 비교하기 위한 3대 지표	WHO가 제시한 3대 지표
• 영아사망률 • 평균수명 • 비례사망지수	• 조사망률 • 평균수명 • 비례사망지수

83 **아래 내용은 WHO가 제안한 3대 보건수준평가지표중 하나인 'A'에 관한 설명이다. 다음 중 옳지 않은 것은?**

가. 조사망률	나. 'A'	다. 평균수명

① 건강수준이 높아지면 'A'는 낮아진다.
② 영아사망률이 높아지면 'A'는 낮아진다.
③ 저출산 · 고령화사회가 되면 'A'는 높아진다.
④ 평균수명이 높아지면 'A'도 높아진다.

Answer 77 ① 78 ③ 79 ① 80 ④ 81 ④ 82 ③ 83 ①

해설 A는 비례사망지수이다.

비례사망지수는 $\frac{\text{50세 이상의 사망자 수}}{\text{총 사망자 수}} \times 100$ 이므로 건강수준이 높아지면 A는 높아진다.

84 평균수명에서 질병이나 부상으로 활동하지 못한 기간을 뺀 기간을 무엇이라 하는가?

2020. 충남 · 세종

① 기대수명 ② 기대여명
③ 장애연수 ④ 건강수명

해설

기대수명	특정 연도의 출생자가 향후 생존할 것으로 기대되는 평균 생존연수를 의미한다. 정확하게는 '0세의 기대여명'을 나타낸다.
기대여명	X세의 생존자가 X세 이후 생존할 수 있는 평균연수로, 평균여명과 동일한 의미
장애연수	일찍 죽지는 않지만 장애를 안고 살아가는 기간을 의미
건강수명	기대수명에서 질병이나 부상으로 활동하지 못한 유병기간을 뺀 기간
평균수명	특정 시기에 사망한 인구의 수명이라고 할 수 있다. '0세의 기대 여명'이라고도 한다.

85 다음에서 설명하는 세계보건기구의 종합적인 건강지표는?

2019. 강원

- 생명표 상 0세인 출생아가 앞으로 생존할 것으로 기대되는 평균생존 연수를 말한다.
- 인구의 연령구성비의 영향을 받지 않는 사망수준을 나타내는 좋은 지표이다.
- 질병이나 부상으로 활동하지 못한 기간이 반영되지 않아 삶의 질을 측정하기 어렵다.

① 조사망률 ② 건강수명
③ 비례사망지수 ④ 평균수명

해설 **평균수명** : 특정 시기에 사망한 인구의 수명으로 사망수준을 나타내는 좋은 지표이다. 출생아가 앞으로 생존할 것으로 기대되는 평균생존연수이다.

86 다음 빈칸에 들어갈 용어로 올바른 것은?

2018. 보건복지부 특채

- 영유아 사망의 감소는 (   )을 증가시키는 데 기여하였다.
- (   )은 인구의 연령구성의 영향을 받지 않는 사망수준을 나타내는 좋은 지표이다.

① 평균수명 ② 영아사망률
③ 보통사망률 ④ 주산기 사망률
⑤ 비례사망률

해설 영유아사망률이 저하됨으로서 평균수명이 연장되었다. 또한 평균수명은 특정 시기에 사망한 인구의 수명이라고 할 수 있으며 연령구성의 영향을 받지 않는 사망수준을 나타내는 지표이다. 생명표에 의해 도출되며 '0세의 기대 여명'이라고도 한다.

87 다음 중 수명의 양적인 측면보다 질적인 측면을 잘 반영하는 것은? 2018. 경기

① 평균수명
② 평균여명
③ 건강수명
④ 기대여명

해설 **건강수명** : 기대수명에서 질병이나 부상으로 활동하지 못한 유병기간을 뺀 기간으로, "단순히 오래 사는가?(양적인 측면)"가 아닌 "얼마나 건강하게 오래 사는가?(질적인 측면)"를 나타내는 지표

88 수명과 관련된 (가), (나)에 해당하는 용어를 순서대로 옳게 나열한 것은? 2018. 부산시

> 가. 출생 직후 0세가 앞으로 생존할 것으로 예상되는 수명
> 나. 질병이나 부상없이 사는 수명

① 평균여명 – 삶의 질(QOL)
② 기대수명 – 삶의 질
③ 기대수명 – 건강수명
④ 평균여명 – 건강수명

해설 가. 기대수명 : 출생자가 향후 생존할 것으로 기대되는 평균 생존연수
나. 건강수명 : 기대수명에서 질병이나 부상으로 활동하지 못한 유병기간을 뺀 기간

89 사망관련 지표 중 생명표에서 생후 1년 미만 영아(0세)의 기대여명을 의미하는 것은? 2017. 경남

① 조사망률
② 비례사망지수
③ 유아사망률
④ 평균수명

해설 **평균수명** : 특정 시기에 사망한 인구의 수명이라고 할 수 있으며 '0세의 기대 여명'이라고도 한다

90 다음 글에 해당하는 보건지표는? 2020. 복지부 7급

> • 국가나 지역사회의 보건수준을 비교하는 지표로 대표적으로 사용된다.
> • 이 지표가 낮아질수록 보건수준이 높다.
> • 환경위생과 모자보건 수준과 밀접한 관계이기 때문에 통계적 유의성이 높다.

① 조사망률
② 영아사망률
③ 평균수명
④ 신생아사망률

해설

영아사망률	(출생 후 1년 미만에 사망한 영아 수 / 연간 총 출생 수) × 1,000
	• 한 국가의 보건학적 상태뿐만 아니라 사회적 경제적 문화적 조건과 관계가 있으므로 한 나라의 사회 경제적 지표로 사용된다. • 모자보건 수준과 환경위생과 밀접한 관계가 높다. • 이 수치가 낮을수록 보건수준이 높은 상태이다.

Answer 84 ④ 85 ④ 86 ① 87 ③ 88 ③ 89 ④ 90 ②

91 국가 간 또는 지역사회 간 건강수준을 나타내는 대표적인 지표를 구하는 공식은? 2019. 충북

① (해당기간 12개월 미만의 사망자수/어떤 연도의 출생아수)×1,000
② (해당기간 28미만의 사망자수/어떤 연도의 출생아 수)×1,000
③ (해당기간 50세 이상의 사망자수/어떤 연도의 총사망자수)×100
④ (해당기간 임신, 분만, 산욕으로 인한 모성사망자수/어떤 연도의 출생아수)×1,000

해설

영아사망률	(출생 후 1년 미만에 사망한 영아 수 / 연간 총 출생 수) × 1,000
	한 국가의 보건학적 상태뿐만 아니라 사회적 경제적 문화적 상태, 건강수준을 나타내는 대표적인 지표

92 국가 간 보건수준을 비교하는 데 가장 대표적인 보건지표는 무엇인가? 2019. 경북 의료기술직

① 주산기 사망률
② 영아사망률
③ 모성사망률
④ 신생아사망률

해설 국가 간 보건수준을 비교하는 데 가장 대표적인 보건지표는 영아사망률이다.

93 다음 중 지역보건 비교 시 조사망률 대신 영아사망률을 보건지표로 사용하는 이유로 옳은 것은?

2018. 경기 의료기술직

① 통계작성 하기가 쉽다.
② 통계적 유의성이 낮다.
③ 공중보건수준에 영향을 덜 받는다.
④ 보건수준을 잘 반영한다.

해설 ① 통계작성 하기가 조사망률보다 더 어렵다.
② 통계적 유의성이 높다.
③ 공중보건수준에 영향을 많이 받는다.

94 다음 중 영아 사망과 신생아 사망 지표에 대한 설명으로 옳은 것은? 2016. 서울시

① 영아 사망률과 신생아 사망률은 저개발 국가일수록 차이가 적다.
② 영아 사망은 보건관리를 통해 예방 가능하며, 영아 사망률은 각 국가 보건수준의 대표적 지표이다.
③ 영아 후기사망은 선천적인 문제로 예방이 불가능하다.
④ α-index가 1에 가까울수록 영유아 보건수준이 낮음을 의미한다.

해설 ① 영아 사망률과 신생아 사망률은 선진국일수록 차이가 적다.
③ 신생아사망은 선천적인 문제로 예방이 불가능하다.
④ α-index가 1에 가까울수록 영유아 보건수준이 높음을 의미한다.

95 **보건통계지표 중 분모에 출생아수가 들어가지 않는 것은?**

① 보통 사망률
② 영아사망률
③ 신생아사망률
④ 영아후기사망률

해설 ① 보통 사망률＝(사망자 수 / 중앙 인구수)×1,000
② 영아사망률＝(출생 후 1년 미만에 사망한 영아 수 / 연간 총 출생 수) × 1,000
③ 신생아사망률＝(28일 미만의 사망아 수 / 연간 총 출생 수) × 1,000
④ 영아후기사망률＝(생후 28일~1년 미만 사망아 수 / 연간 출생아 수) × 1,000

96 **공중보건 수준의 평가지표에 대한 다음의 설명으로 가장 올바른 것은?** 2018. 부산시

① 건강수명과 평균수명은 그 차이가 클수록 바람직하다고 볼 수 있다.
② 인구구조가 다른 두 지역의 보통사망률을 직접 활용하는 데 제한을 받는다.
③ 비례사망지수는 연간 총사망자수에 대한 50세 이하의 사망자수의 분율을 의미한다.
④ 영아사망률은 자료수집이 용이하여 국가 간 보건수준의 차이를 잘 설명한다.

해설 ① 건강수명과 평균수명은 그 차이가 적을수록 바람직하다고 볼 수 있다.
② 인구구조가 다른 두 지역의 보통사망률을 직접 활용하는 데 제한을 받아 표준화시킨 후 활용할 수 있다.
③ 비례사망지수는 연간 총사망자수에 대한 50세 이상의 사망자수의 분율을 의미한다.
④ 영아사망률은 자료수집이 용이하지 않지만 국가 간 보건수준의 차이를 잘 설명한다.

97 **다음 A~C 중 보건사업이 가장 시급한 지역과 해당 연령대는?** 2018. 광주시

지역	A	B	C
알파 인덱스	1.0	2.0	3.0

① A지역 – 신생아
② B지역 – 영아
③ C지역 – 신생아
④ C지역 – 영아

해설 알파인덱스는 값이 1에 근접할수록 거의 모든 영아 사망이 신생아 사망이다. 그 지역의 건강수준이 높은 것을 의미하며, 값이 클수록 신생아기 이후의 영아 사망이 크기 때문에 영아 사망에 대한 예방대책이 필요하다.

98 **1세까지의 사망 중 신생아사망률이 50%일 때 알파인덱스는 어떻게 되는가?**

① 0.5
② 1
③ 2
④ 3

해설 알파인덱스＝영아 사망률 / 신생아 사망률＝100 / 50＝2

Answer 91 ① 92 ② 93 ④ 94 ② 95 ① 96 ② 97 ④ 98 ③

99 알파인덱스는 무엇인가?

2018. 세종보건연구사

① 영아사망수 / 신생아사망수
② 신생아사망수 / 영아사망수
③ 영아사망수 / 모성사망수
④ 모성사망수 / 영아사망수

해설 알파인덱스 = $\frac{\text{영아사망수}}{\text{신생아사망수}}$

100 다음 중 수치가 높을수록 보건수준이 높다고 볼 수 있는 것은?

① 표준화사망률
② 영아사망률
③ 비례사망지수
④ 신생아사망률

해설 표준화사망률, 영아사망률, 신생아사망률은 낮을수록 보건수준이 높다고 볼 수 있다.

101 비례사망지수(Proportional mortality indicator, PMI)에 대한 설명으로 가장 옳지 않은 것은?

① 주어진 기간의 평균인구에서 50세 이상의 사망자 수가 차지하는 분율이다.
② 비례사망지수 값이 클수록 건강수준이 높다.
③ 연령별 사망자 수가 파악이 되면 산출이 가능하다.
④ 국가 간 건강수준을 비교할 때 흔히 사용하는 대표적인 지표이다.

해설 ① 주어진 기간의 사망자 수에서 50세 이상의 사망자 수가 차지하는 분율이다.

102 비례사망지수를 계산하는 식으로 가장 옳은 것은?

가. 총출생아 수	나. 연앙인구
다. 총사망자 수	라. 50세 이상의 사망자 수
마. 특정질환에 의한 사망자 수	

① (다 ÷ 나) × 100
② (라 ÷ 다) × 100
③ (마 ÷ 다) × 100
④ (다 ÷ 가) × 100

해설 비례사망지수 = (50세 이상 사망자 수 / 전체 사망자 수) × 100(또는 1,000)

103 비례사망지수에 대한 설명으로 옳지 않은 것은?

① 국가간 보건수준을 비교하는 지표로 사용한다.
② 보건환경이 양호한 선진국에서는 비례사망지수가 높다.
③ 비례사망지수가 높은 것은 평균수명이 낮은 것을 의미한다.
④ 연간 총 사망자 수에 대한 그해 50세 이상의 사망자 수의 비율이다.

해설 ③ 비례사망지수가 높은 것은 평균수명이 높은 것을 의미한다.

104 **다음 중 비례사망률(PMR)에 대한 설명으로 올바르지 못한 것은?**

① 인구집단의 조사망률에 크게 영향을 받는다.
② 주어진 기간의 평균인구에서 특정원인에 의해 사망한 사람의 분율이다.
③ 특정원인 사망위험을 비교하려는 목적으로 사용해서는 안된다.
④ 동일집단에서 사망원인 분포의 경시적 차이를 보는 목적으로 사용될 수 있다.

해설 **비례사망률** : 같은 인구 집단에서 사망원인 분포의 시간적 흐름에 따른 차이를 보거나 동일집단의 층간 사망원인의 차이를 보는 등의 목적으로 사용한다. 인구집단을 분모로 하여 산출하는 것이 아니므로 인구집단의 조사망률에 따라 영향을 받는다. 따라서 특정원인의 사망위험을 비교하는 목적으로 사용해서는 안된다.

105 **사망지표에 관한 설명으로 올바른 것은?**

① 개발도상국에서의 보건수준을 가장 잘 반영하는 자료로 사용되는 것은 직업별 사망률이다.
② 비례사망지수(PMI)는 1년 동안 총사망자 중 50세 이상의 사망자가 차지하는 비율로 정의된다.
③ 사망지표는 주로 병원자료에 의하여 간접적으로 산출한다.
④ 영아 사망률과 신생아 사망률의 비가 1에 가까울수록 지역사회의 건강수준이 낮다고 할 수 있다.
⑤ 조사망률은 지역사회의 건강수준을 가장 잘 나타내는 지표이다.

해설 ① 개발도상국에서의 보건수준을 가장 잘 반영하는 자료로 사용되는 것은 비례사망지수이다.
③ 사망지표는 주로 「가족관계 등록에 관한 법률」에 따라 사망한 신고 자료에 의하여 간접적으로 산출한다.
④ 영아 사망률과 신생아 사망률의 비가 1에 가까울수록 지역사회의 건강수준이 높다고 할 수 있다.
⑤ 영아사망률은 지역사회의 건강수준을 가장 잘 나타내는 지표이다.

106 **개인수준, 개인간 수준, 조직수준, 지역사회 수준, 정책수준 등 다양한 수준들이 모두 합쳐진 모형으로 올바른 것은?** 2019. 전북

① PRECEDE-PROCEED 모형
② 사회생태학적 모형
③ 건강신념모형
④ 범이론벅 모형

해설 사회생태학적 모형

단계		정의
개인적 수준		지식, 태도, 믿음, 기질과 같은 행동에 영향을 주는 개인적 특성
개인 간 수준		가족, 직장동료, 친구 등 공식적·비공식적·사회적 관계망과 지지시스템
지역사회 수준	조직요인	조직원의 행동을 제약하거나 조장하는 규칙, 규제, 시책, 조직 내 환경과 조직문화, 조직원 간의 비공식적 구조 등
	지역사회요인	개인, 집단, 조직 간에 공식적·비공식적으로 존재하는 네트워크, 규범 또는 기준과 지역사회 환경
	정책요인	질병예방, 조기발견, 관리 등 건강관련 행동과 실천을 규제하거나 지지하는 각급 정부의 정책과 법률 및 조례

Answer 99 ① 100 ③ 101 ① 102 ② 103 ③ 104 ② 105 ② 106 ②

107 SWOT 분석의 전략을 옳게 짝지은 것은?

① SO 전략 – 다각화 전략 ② WO 전략 – 공격적 전략
③ ST 전략 – 국면전환 전략 ④ WT 전략 – 방어적 전략

해설 SWOT 전략

내부요인 / 외부요인	강점 (Strength)	약점 (Weakness)
기회 (Opportunity)	SO전략, 공격적 전략 사업구조, 영역 및 시장 확대	WO전략, 국면전환 전략 구조조정, 혁신운동
위협 (Threat)	ST전략, 다각화 전략 신사업 진출, 신기술 신고객 개발	WT전략, 방어적 전략 사업의 축소 폐지 철수

108 다음 글에서 설명하는 SWOT 분석의 요소는?

> 보건소에서 SWOT 분석을 실시한 결과 해외여행 증가로 인한 신종감염병 유입과 기후 온난화에 따른 건강문제 증가가 도출되었다.

① S(Strength) ② W(Weakness)
③ O(Opportunity) ④ T(Threat)

해설 해외여행 증가로 인한 신종감염병 유입과 기후 온난화에 따른 건강문제 증가는 위협(T)으로 분류된다.

109 SWOT 분석의 전략 수집에 대한 설명으로 옳지 않은 것은?

① SO전략은 사업구조, 영역, 시장을 확대하는 방향으로 수립한다.
② ST전략은 신기술 개발, 새로운 대상자를 개발하는 방향으로 수립한다.
③ WO전략은 기존 사업의 철수, 신사업의 개발 및 확산 방향으로 수립한다.
④ WT전략은 사업 축소 또는 폐지하는 방향으로 수립한다.

해설 ① **SO전략** : 기회와 강점을 결합한 공격적 전략으로 사업구조, 영역, 대상을 확대하는 내용을 전략으로 수립
② **ST전략** : 위협과 강점을 결합한 다각화 전략으로 신사업 개발, 신기술, 새로운 대상 집단 개발 등으로 수립
③ **WO전략** : 기회와 약점을 결합한 상황전환 전략으로 구조조정, 혁신운동 등의 내용으로 전략
④ **WT전략** : 위협과 단점을 결합한 방어적 전략으로 사업의 축소 또는 폐지 등의 내용으로 전략

110 보건사업 기획을 위한 MAPP(Mobilizing for Action through Planning and Partnerships) 모형의 첫 번째 단계는?

① 비전 설정
② 목적과 전략 설정
③ 전략적 이슈 선정
④ 지역사회보건을 위한 조직화와 파트너십 개발

해설 MAPP 모형 단계
㉠ 지역사회의 조직화와 파트너십 개발
㉡ 비전 제시
㉢ 사정 : 지역의 건강수준, 지역사회 핵심주제와 장점, 지역보건체계, 변화의 역량 사정
㉣ 전략적 이슈 확인
㉤ 목표와 전략 수집
㉥ 순환적 활동

111 사회생태학적 모형을 적용한 건강증진사업에서 건강 영향 요인별 전략의 예로 옳지 않은 것은?

① 개인적 요인 : 개인의 지식, 태도, 기술을 변화시키기 위한 교육
② 개인 간 요인 : 친구, 이웃 등 사회적 네트워크의 활용
③ 조직 요인 : 음주를 감소시키기 위한 직장 회식문화 개선
④ 정책요인 : 지역사회 내 이벤트, 홍보, 사회 마케팅 활동

해설 정책요인 : 정부의 정책과 법률, 조례 등

112 사회생태학적 모형에서 제시하는 건강결정요인 중 <보기>에 해당하는 것은?

개인이 소속된 학교나 직장에서의 구성원의 행동을 제약하거나 조장하는 규칙이나 규제

① 개인 요인(Intrapersonal factors)
② 개인 간 요인(Interpersonal factors)
③ 조직 요인(Institutional factors)
④ 지역사회 요인(Community factors)

해설 개인 간 요인 : 가족, 동료, 친구 등의 행동을 제약하거나 조장하는 규칙

113 공중보건학의 발전사 중 시기적으로 가장 늦은 것은? 2022. 서울시

① L.Pasteur의 광견병 백신 개발
② John Snow의 「콜레라에 관한 역학조사 보고서」
③ R.Koch의 결핵균 개발
④ Bismark에 의해 세계 최초의 근로자 질병보호법 제정

Answer 107 ④ 108 ④ 109 ③ 110 ④ 111 ④ 112 ② 113 ①

해설

Pasteur (1823~1895)	• 현대의학의 창시자(시조) • 장기설의 폐기 처분 • 닭콜레라 백신(1880) · 돼지단독 백신(1883) · 광견병백신(1885) 발견 • 저온소독법 개발
John Snow (1813~1858, 영국)	콜레라에 대한 역학 조사(1855)
R. Koch (1843~1910)	• 근대의학의 아버지 • 결핵균(1883), 콜레라균(1883), 파상풍균(1878), 연쇄상구균(1878), 탄저균(1883) 발견
Bismarck (1815~1898, 독일)	세계 최초의 근로자 질병보험법(1883), 노동재해보험법(1884), 노령 · 폐질 · 유족연금 보험법(1889)

114 공중보건학의 발전사를 고대기, 중세기, 근세기, 근대기, 현대기의 5단계로 구분할 때 중세기에 대한 업적으로 가장 옳은 것은?

2021. 서울시

① 세계 최초의 국세조사가 스웨덴에서 이루어졌다.
② 프랑스 마르세유(Marseille)에 최초의 검역소가 설치되었다.
③ 영국 런던에서 콜레라의 발생 원인에 대한 역학조사가 이루어졌다.
④ 질병의 원인으로 장기설(miasma theory)과 4체액설이 처음 제기되었다.

해설 ① 근세기(여명기) : 1686년 세계 최초의 국세조사
② 중세기(암흑기) : 1383년 최초의 검역소 설치
③ 근대기(확립기) : 1855년 스노우에 의한 콜레라 역학조사
④ 고대기 : 히포크라테스(BC.460~377)에 의해 장기설과 4체액설 제기

115 다음의 공중보건 역사적 사건 중 가장 최초로 발생한 사건은?

2020. 서울시

① 제너(E. Jenner)가 우두 종두법을 개발하였다.
② 로버트 코흐(R. Koch)가 결핵균을 발견하였다.
③ 베니스에서는 페스트 유행지역에서 온 여행자를 격리하였다.
④ 독일의 비스마르크(Bismarck)에 의하여 세계 최초로 「질병보험법」이 제정되었다.

해설 ① 1789년(근세) : 제너(E. Jenner)가 우두 종두법을 개발
② 1883년(근대) : 로버트 코흐(R. Koch)가 결핵균을 발견
③ 1383년(중세) : 베니스에서는 페스트 유행지역에서 온 여행자를 격리
④ 1883년(근대) : 독일의 비스마르크(Bismarck)의하여 세계 최초로 「질병보험법」이 제정

116 다음 중 여명기에 일어난 사건으로 옳지 못한 것은? 2020. 부산시

① 독일의 프랭크 : 「전의사경찰체계」 공중보건학 출간
② 영국의 제너 : 우두종두법을 개발하여 영국왕립협회에 보고
③ 프랑스의 파스퇴르 : 약독화 백신 닭콜레라 백신 개발
④ 이탈리아의 라마찌니 : 직업병에 관한 저서를 출간하여 산업보건의 기초를 마련

해설 프랑스 파스퇴르의 약독화 백신 닭콜레라 백신 개발은 확립기(근대기)에 해당된다.

117 다음의 공중보건 역사 중 가장 마지막에 발생한 사건은? 2020. 인천시

① Pinel의 인도주의적 정신의료
② Chadwick의 열병 보고서
③ Sydenham의 유행병 발생의 자연사 기록
④ Chadwick의 영국노동자집단의 위생상태에 관한 보고서

해설 ① 1745~1826년(근세기) : Pinel의 인도주의적 정신의료
② 1837~1838년(근세기) : Chadwick의 열병 보고서
③ 1624~1689년(근세기) : Sydenham의 유행병 발생의 자연사 기록
④ 1842년(근대기) : Chadwick의 영국노동자집단의 위생상태에 관한 보고서

118 다음 중 여명기에 발생하였던 사건으로 올바른 것은? 2020. 대전시

① 라마찌니는 직업병에 관한 책을 저술함.
② 페스트 유행을 계기로 프랑스 마르세유에서 최초로 검역소가 설치됨
③ 스노우는 콜레라에 대한 역학조사 실시 후 논문을 발표함.
④ 코흐는 결핵균, 콜레라균, 파상풍균을 발견함.

해설 여명기(1500 ~ 1850)
㉠ 중상주의(1500 ~ 1750) : 르네상스 시대

Vesalius(1514~1564)	근대 해부학의 창시자
세계 최초의 국세조사	스웨덴 1749년(정태조사), 1686년(동태조사)
Thomas Sydenham (1624~1689)	영국의 의사로 장기설(오염된 공기가 질병의 원인)을 여전히 주장, 말라리아 치료 시 키니네 사용을 대중화함
Ramazzini(1633~1714)	직업병에 관한 저서, 산업보건의 시조
Leeuwenhoek(1632~1723)	현미경 발견

㉡ 계몽주의(1760 ~ 1820) : 산업혁명시대

Frank(1745~1821)	『생정통계』, 『군대의학』, 『성병 및 질병의 유행과 감염병』, 『완전한 의사경찰체계』
Pinel(1745~1826)	근대 인도주의적 정신의료 창시자
Jenner(1749~1823)	우두접종법 개발(1798)
E. Chadwick(1800~1890)	『열병보고서』, 『영국 노동자의 발병상태보고서』에 의해 최초의 공중보건법 탄생 계기
1848년	세계 최초의 공중보건법 제정 공포

Answer / 114 ② 115 ③ 116 ③ 117 ④ 118 ①

119 **콜레라의 전파양식을 밝히고 장기설의 허구를 밝힌 학자는?** 2020. 충남

① 존 스노우 ② 레벤후크
③ 존 그랜트 ④ 채드윅

해설 John. Snow(1813~1858, 영국) : 콜레라에 대한 역학조사 보고서(1855)는 장기설의 허구성을 밝혀 감염병의 감염설을 입증하는 계기를 마련하였다.

120 **프랑스 혁명 당시 감옥과 같은 수용시설에서 비인도주의적인 대우를 받고 있던 정신병환자를 쇠사슬로부터 해방시키고 인도적인 치료의 길을 열었던 학자는?** 2020. 울산시

① 채드위크 ② 레벤후크
③ 필립 피넬 ④ 존 그라운트

해설

E. Chadwick(1800~1890)	『열병보고서』, 『영국 노동자의 발병상태보고서』에 의해 최초의 공중보건법 탄생 계기
Leeuwenhoek(1632~1723)	현미경 발견
Pinel(1745~1826)	근대 인도주의적 정신의료 창시자
John Graunt(1620~1674)	최초로 생명표를 작성하고 「사망표에 관한 자연적, 정신적 제 관찰」이라는 사망통계에 관한 책을 저술하였다. 질병을 통계적 방법으로 분석하였다.

121 **1842년 「영국 노동 인구의 위생상태에 관한 보고서(Report on the sanitary condition of the labouring population of Great Britain)」를 작성하여 공중보건활동과 보건행정조직의 중요성을 알린 사람은?** 2019. 서울시

① 레벤후크(Leeuwenhoek) ② 존 그랜트(John Graunt)
③ 채드윅(Edwin Chadwick) ④ 존 스노우(John Snow)

해설 채드윅(Edwin Chadwick)
㉠ 열병보고서 : 1837~1838년 채드윅은 런던을 중심으로 크게 유행한 열병의 참상을 조사하여 『열병보고서』를 영국 정부에 제출
㉡ 『영국 노동자 집단의 위생상태에 관한 보고서』 : 1842년 채드윅을 중심으로 작성
㉢ 위 2개의 보고서에 의해 최초의 공중보건법(1848) 탄생 계기가 되었다.

122 **세계 최초로 이루어진 것들에 대한 설명으로 옳지 못한 것은?** 2019. 경북 연구사

① 미국 – 1935년 사회보장법 제정
② 영국 – 1848년 보건의료서비스
③ 스웨덴 – 1749년 국세조사
④ 독일 – 1883년 근로자 질병보호법 제정

해설 영국 – 1848년 세계 최초의 공중보건법 제정

123 다음은 공중보건학의 발달사이다. 시대순으로 옳게 나열한 것은? 2018. 서울시

가. 히포크라테스(Hippocrates) 학파의 체액설
나. 최초로 검역소 설치
다. 최초로 공중보건법 제정
라. 우두종두법을 제너가 발견
마. 최초로 사회보장제도 실시

① 가 – 나 – 다 – 라 – 마
② 가 – 나 – 다 – 마 – 라
③ 가 – 나 – 라 – 다 – 마
④ 가 – 나 – 라 – 마 – 다

해설 가. **고대** : 히포크라테스(Hippocrates) 학파의 체액설
나. **1383년(중세)** : 최초로 검역소 설치
다. **1848년(근세)** : 최초로 공중보건법 제정
라. **1798년(근세)** : 우두종두법을 제너가 발견
마. **1883년(근대)** : 비스마르크의 근로자 질병보험법 최초로 사회보장제도 실시

124 다음의 내용을 역사적 순서대로 바르게 나열한 것은?

가. 프랑스 마르세유(Marseilles)에서 최초의 검역법이 통과되어 검역소 설치
나. 영국 John Snow의 콜레라에 관한 역학조사 보고서
다. Alma-Ata 회의에서 인류 건강증진을 위한 일차보건의료를 채택
라. 스웨덴에서 세계 최초의 국세조사 실시

① 가 – 나 – 다 – 라
② 가 – 나 – 라 – 다
③ 가 – 라 – 나 – 다
④ 가 – 라 – 다 – 나

해설 가. **1383년(근세)** : 프랑스 마르세유(Marseilles)에서 최초의 검역법이 통과되어 검역소 설치
나. **1855년(근대)** : 영국 John Snow의 콜레라에 관한 역학조사 보고서
다. **1978년(현대)** : Alma-Ata 회의에서 인류 건강증진을 위한 일차보건의료를 채택
라. **1686년(근세)** : 스웨덴에서 세계 최초의 국세조사 실시

125 다음 중 아래 서양보건행정의 역사적 사실이 시대 순서대로 올바르게 나열된 것은?

가. 검역소 설치
나. 제왕절개술
다. 라마찌니의 '직업인의 질병' 발간
라. 백신 개발

① 가 – 나 – 라 – 다
② 가 – 나 – 다 – 라
③ 다 – 라 – 가 – 나
④ 다 – 가 – 나 – 라

해설 가. **1383년(중세)** : 검역소 설치
나. **1668년(근세)** : 살아있는 모체를 대상으로 제왕절개술 실시
다. **근세** : 라마찌니(1633~1714년)의 '직업인의 질병' 발간
라. **근대** : 파스퇴르(1823~1895)의 백신 개발

Answer 119 ① 120 ③ 121 ③ 122 ② 123 ③ 124 ③ 125 ②

126 다음 중 현대의학의 시조로 불리우며 광견병 백신과 저온살균법을 개발한 사람은?

① 스노우
② 코흐
③ 파스퇴르
④ 페텐코퍼
⑤ 프랭크

해설 Pasteur(1823~1895)
㉠ 특정 병원균에 의하여 특정 질병이 발생한다는 사실을 증명
㉡ 탄저균 백신, 닭콜레라균 백신, 광견병 백신 발견
㉢ 미생물 병인론, 예방의학의 선구자, 현대의학의 창시자
㉣ 저온살균법 개발

127 다음 중 "전의사 경찰체계"라는 최초의 공중보건학 저서를 만든 학자와 가장 관계가 깊은 것은?

① 국민의 건강을 확보하는 것은 국가의 책임이다.
② 요람에서 무덤까지
③ 질병의 원인은 환경이며, 병을 낫게 하는 것은 자연이다.
④ 콜레라는 나쁜 공기가 아니라 공동 우물이 원인이다.

해설 Frank : 국민의 건강을 확보하는 것은 국가의 책임이라는 생각을 가지고 의사(위생)행정에 관한 최초의 보건학 12권을 출간하였다.『생정통계』,『군대의학』,『성병 및 질병의 유행과 감염병』,『완전한 의사경찰체계』
② Beveridge(1942년, 현대)
③ Hippocrates(B.C. 460~377, 고대)
④ John Snow(1813~1858, 근대)

128 다음 중 중세기 공중보건의 특징이 아닌 것은?

① 건강의 책임을 개인에게 두었다.
② 검역을 실시했다.
③ 선페스트 등 전염병이 만연했다.
④ 유행병이 만연하여 유행병이라는 단어를 최초로 사용하였다.

해설 유행병(epidemic)이라는 단어를 최초로 사용한 자는 히포크라테스이다.

129 여명기 사건이라 할 수 없는 것은?

① Frank – 공중보건학
② Jenner – 종두법
③ Snow – 콜레라 역학보고서
④ Chadwick – 위생개혁

해설 여명기

㉠ 중상주의(1500 ~ 1750) : 르네상스 시대

Vesalius(1514~1564)	근대 해부학의 창시자
세계 최초의 국세조사	스웨덴 1749년(정태조사), 1686년(동태조사)
Thomas Sydenham (1624~1689)	영국의 의사로 장기설(오염된 공기가 질병의 원인)을 여전히 주장, 말라리아 치료 시 키니네 사용을 대중화함
Ramazzini(1633~1714)	직업병에 관한 저서, 산업보건의 시조
Leeuwenhoek(1632~1723)	현미경 발견

㉡ 계몽주의(1760 ~ 1820) : 산업혁명시대

Frank(1745~1821)	『생정통계』, 『군대의학』, 『성병 및 질병의 유행과 감염병』, 『완전한 의사경찰체계』
Pinel(1745~1826)	근대 인도주의적 정신의료 창시자
Jenner(1749~1823)	우두접종법 개발(1798)
E. Chadwick(1800~1890)	『열병보고서』, 『영국 노동자의 발병상태보고서』에 의해 최초의 공중보건법 탄생 계기
1848년	세계 최초의 공중보건법 제정 공포

130 조선시대 감염병 환자를 담당한 기관으로, 고려의 제도인 동서대비원을 계승하여 도성 밖에 동서로 나누어 각각 하나씩 설치된 기관은? 2020. 광주시 · 전남 · 전북

① 혜민서 ② 활인서
③ 전의감 ④ 내의원

해설 활인서 : 주된 임무는 도성 환자들의 구료였으며, 무의탁 병자를 수용하고, 감염병 발생 때는 병막을 가설하여 환자에게 음식과 약이나 의복 등을 배급하고 간호하였으며, 사망자를 매장하는 일까지도 담당하였다.

※ 조선시대 보건의료기관

전형서	예조에 속한 의약을 담당하는 기관
내의원	왕실의료를 담당, 15세기 중엽 이후에는 조선에서 규모가 가장 크고 가장 급이 높은 의료기관이었으며 갑오개혁 이후에도 존속
전의감	왕실의 의약과 일반 의료행정을 담당하였고, 의원을 선발하는 과거시험인 잡과를 관할함
혜민서	혜민국을 1466년 개칭한 것으로, 일반 의약과 서민의 치료를 담당
활인서	감염병환자 담당기관
제생원	지방에 조직된 의료기관들을 통일적으로 관할할 목적에서 조직된 중앙의료기관으로 향약의 수납과 병자의 구치를 담당
심약	지방의료기관으로 각 지방에서의 향약 채취를 담당
치종청	종기 등의 외부질환의 치료를 담당

131 조선시대 의료기관의 담당업무가 올바르게 연결된 것은? 2020. 전남

① 혜민서 – 빈민구호 ② 전의감 – 서민의료
③ 내의원 – 의료행정 ④ 활인서 – 감염병 관리

Answer 126 ③ 127 ① 128 ④ 129 ③ 130 ② 131 ④

해설

혜민서	조선시대 의약과 일반 서민의 치료를 맡아본 관청
전의감	궁중의약 공급, 의학교육과 의학취재 담당
내의원	조선시대 궁중의 의약을 맡은 관청
활인서	감염병 관리

132 1899년 종기 등을 치료하기 위해 세워진 조선시대 기관은? 2019. 경북 연구사

① 벽온방 ② 치종청
③ 광제원 ④ 전의감

해설

전의감	조선시대 왕실의 의약과 일반 의료행정을 담당하였고, 의원을 선발하는 과거시험인 잡과를 관할함
치종청	조선시대 종기 등을 치료를 관장하였던 조선시대 관서였으나 뒤에 전의감에 병합
벽온방	조선 세종 때 온역(瘟疫: 급성열성감염병에 가까운 질환으로 오늘날의 감염성질환 또는 급성유행성감염병)의 치료에 관하여 서술한 의서
광제원	1900년 서울에서 설치하였던 내부 직할의 국립병원

133 우리나라 보건행정의 역사에서 국가별 보건행정에 대한 설명으로 옳지 않은 것은? 2019. 강원

① 고구려 : 시의는 왕실의 진료를 담당하는 제도이다.
② 신라 : 약제를 조달하는 약부와 의박사, 채약사, 주금사 등의 관직이 있었다.
③ 고려 : 서민의료를 담당하는 혜민국, 빈민을 위한 대비원과 제위보가 있었다.
④ 조선 : 서민의 보건업무를 관장하기 위하여 제생원을 편성하였고, 이 곳에서 의녀가 근무하였다.

해설 ㉠ 고구려, 백제, 신라

고구려	백제	신라
• 시의 : 어의★ • 고구려노사방	• 약부(일종의 의료 기관) → 약제 조달 • 의박사(교수) • 채약사 : 약재 채취 전문가 • 주금사 : 기도로써 질병을 치료하던 의원 • 백제 신집방	• 승의 • 김무약방

㉡ 고려시대

태의감	고려의 대표적인 중앙의료기관으로 의약과 치료의 일을 담당한 의약관청
제위보	빈민구제와 질병치료사업 담당
상약국	궁내 어약담당, 국왕을 비롯한 궁중의 질병 치료
혜민국	서민 의료담당
동서대비원	수도 개성의 동쪽과 서쪽지역에 각각 설치된 국립구료기관
약점	중앙과 지방 각지에 설치되어 백성의 질병치료 담당

134 조선시대 지방의료기관으로 각 지방에서 향약채취를 담당하였던 곳은? 2018. 광주시 · 전남 · 전북

① 혜민서
② 심약
③ 약점
④ 치종청

해설 심약 : 조선 시대 궁중에 진상할 약재를 심사 · 감독하기 위하여 각 도에서 향약 채취 담당

135 고려시대 의료기관에 해당하는 것은? 2017. 부산시

① 전의감
② 활인서
③ 제위보
④ 내의원

해설 고려시대 의료기관 : 태의감, 제위보, 상약국, 혜민국, 동서대비원, 약점 등

136 우리나라에서 최초로 공중보건사업이 시작된 시기로 옳은 것은? 2017. 인천시

① 조선시대
② 일제시대
③ 미군정시대
④ 대한민국 정부 수립 이후

해설 조선 말 갑오개혁이었던 1894년(고종 31년)에 최초의 공중보건 사업이 시작되었다.

137 우리나라 보건행정의 역사로 옳지 못한 것은? 2017. 경남

① 고구려시대의 시의 : 왕실치료를 담당
② 고려시대의 혜민서 : 서민의료를 담당
③ 조선시대 활인서 : 감염병환자를 담당
④ 일제강점기 : 감염병 관련 법규를 제정하여 급성감염성질환을 관리

해설 서민의료를 담당하는 기관 : 고려시대 혜민국, 조선시대 혜민서

138 우리나라 보건행정기관을 시대 순으로 바르게 나열한 것은? 2016. 인천시

가. 약부	나. 약전	다. 약점	라. 심약

① 가, 나, 라, 다
② 가, 나, 다, 라
③ 나, 가, 다, 라
④ 라, 가, 나, 다

해설

약부	백제	질병의 치료와 약재 등의 조달을 관장
약전	통일신라	궁중의료 행정기관
약점	고려시대	중앙, 지방 각지에 설치되어 백성의 질병치료를 담당
심약	조선시대	지방의료기관

Answer 132 ② 133 ② 134 ② 135 ③ 136 ① 137 ② 138 ②

139 **1978년 카자흐스탄에서 열린 일차보건의료에 대한 국제회의에서 채택된 「알마아타 선언(Declaration of Almata-Ata)」에서 정의한 일차보건의료(Primary health care)에 대한 설명으로 가장 옳지 않는 것은?** 2022. 서울시

① 국가와 지역사회의 경제적 · 사회문화적 · 정치적 특성을 반영한다.
② 지역사회 건강문제, 건강증진, 질병 예방, 치료, 재활서비스를 다룬다.
③ 농업, 축산, 식품, 산업, 교육, 주택, 공공사업 등 지역 및 국가개발과 관련된 다양한 분야가 고려된다.
④ 지역사회의 필요에 대응하고자 전문의를 중심으로 한 수준 높은 의료서비스 제공을 강조한다.

해설 일차보건의료

배경 국제회의	구 소련의 알마아타회의(1978)
관련 국내법	1980 농어촌등보건의료를 위한 특별조치법
핵심 개념	건강권
기본원칙	• 실제적이고 과학적으로 건전하며 사회적으로 수용 가능한 방법과 기술에 근거하여 • 지역사회가 받아들일 수 있는 방법으로 • 지역주민들의 적극적인 참여 하에 • 그들의 지불능력에 맞게 • 주민과 가장 가까운 위치에서 지속적으로 실시되는 필수적인 건강관리사업
접근원칙	일차 보건의료의 접근법(WHO의 4A) ㉠ 접근성(Accessible) : 지역주민이 원할 때는 언제나 서비스 제공이 가능해야 함 ㉡ 주민참여(Available) : 지역사회의 적극적 참여를 통해서 이루어져야 함 ㉢ 수용가능성(Acceptable) : 지역사회가 쉽게 받아들일 수 있는 방법으로 제공되어야 함 ㉣ 지불부담능력(Affordable) : 지역사회 구성원의 지불능력에 맞는 보건의료수가로 제공되어야 함
필수사업	㉠ 현존 건강문제의 예방과 관리에 대한 보건교육 ㉡ 가족계획을 포함한 모자보건 ㉢ 식량 공급 및 영양 ㉣ 음료수 공급 및 위생 ㉤ 풍토병 예방 및 관리 ㉥ 그 지역의 주된 감염병의 예방접종 ㉦ 통상질환과 상해의 적절한 관리 ㉧ 정신보건 증진 ㉨ 기초약품 제공 ㉩ 심신장애자의 사회의학적 재활

140 **알마아타 선언에서 제시한 일차보건의료(primary health care)의 필수적인 사업 내용에 해당하는 것은?** 2021. 서울시

① 전문 의약품의 공급
② 직업병 예방을 위한 산업보건
③ 안전한 식수공급과 기본적 위생
④ 희귀질병과 외상의 적절한 치료

해설 일차보건의료가 포괄해야 할 최소한의 범위로 보건 교육, 영양, 물과 위생, 재생산건강, 예방 접종, 풍토병 관리, 흔한 질병 및 외상의 치료, 약물 접근성의 8가지를 제시하고 있으며 일차보건의료의 실현을 위하여 주민의 자주적인 참가가 필수적이며, 행정기관과 지역주민, 보건의료종사자가 모두 노력해야 한다는 것이다.

141 선진국과 후진국의 빈부격차의 심화, 선진국 내에서도 빈부격차가 심해져 상대적 빈곤에 시달리는 현대의 문제를 해결하기 위한 보건의료 전략의 핵심인 일차보건의료의 실천을 결정한 도시와 시기가 올바르게 연결된 것은? 2020. 경남

① 미국 뉴욕, 1970년
② 영국 런던, 1976년
③ 구소련 알마아타, 1978년
④ 캐나다 오타와, 1986년

해설 일차보건의료
㉠ 1978년 9월 12일 구 소련의 알마아타 국제회의에서 '2000년까지 세계 모든 인류에게 건강을(Health for all by the year 2000)'이라는 보건정책 채택 → 알마아타 선언문 채택
㉡ 전 세계의 인구가 보건의료에 대해 평등해야 하고, 국민은 건강할 기본권리를 가지며, 국가는 국민의 건강을 보장하기 위한 책임을 져야 한다. 즉, 건강은 기본권이며(Human right), 국가가 국민의 건강에 책임을 져야 하며(Health right), 인구가 보건의료에 대해 평등해야 한다. 즉, 건강권과 평등권이 1차 보건의료의 기본철학이 된다.

142 일차보건의료의 특성인 '4A'가 아닌 것은? 2020. 강원

① 주민참여
② 지불부담능력
③ 접근성
④ 최상의 진료

해설 4A : 접근성, 주민참여, 수용가능성, 지불부담능력

143 일차보건의료의 특성이라 할 수 없는 것은? 2020. 인천시

① 효율성
② 접근성
③ 수용성
④ 지역사회 재정부담 능력

해설 4A : 접근성, 주민참여, 수용가능성, 지불부담능력

144 일차보건의료에 대한 설명으로 옳지 않은 것은? 2019. 울산시

① 1986년 알마아타 국제회의에서 처음 대두된 개념이다.
② 의료공급자보다 지역사회 전체가 보건의료체계에 대해 책임을 지고 수행한다.
③ 보건의료자원의 평등한 재분배로 건강에서의 사회적 격차를 줄여나간다.
④ 지역사회에서 접근 가능하고, 실용적이며 과학적이고 사회적으로 수용 가능한 적절한 방법과 기술을 사용해야 한다.

해설 일차보건의료는 1974년 세계보건총회에서 처음으로 거론되었다.

1974년	UN총회에서 목표 설정
1977년	WHO 총회에서 목표 설정
1978년	구 소련의 알마아타회의에서 일차보건의료 선택

Answer 139 ④ 140 ③ 141 ③ 142 ④ 143 ① 144 ①

145 1978년 알마아타 선언에서는 일차보건의료가 지역사회주민에게 반드시 제공하여야 하는 필수사업을 제시하였다. 이에 해당하지 않는 것은? 2019. 경남

① 필수의약품의 공급
② 희귀 난치성 질환에 대한 적절한 치료
③ 가족계획을 포함한 모자보건
④ 식량공급과 적절한 영양증진

해설 필수사업
㉠ 현존 건강문제의 예방과 관리에 관한 보건교육
㉡ 가족계획을 포함한 모자보건
㉢ 식량공급 및 영양
㉣ 음료수 공급 및 위생
㉤ 풍토병 예방과 관리
㉥ 그 지역의 주된 감염병의 예방접종
㉦ 통상질환과 상해의 적절한 관리
㉧ 정신보건 증진
㉨ 기초약품 제공
㉩ 심신장애자의 사회의학적 재활

146 1978년 WHO와 UNICEF가 같이한 일차보건의료에 관한 국제회의로 올바른 것은? 2018. 광주 · 전남 · 전북

① 리우회의
② 나이로비 회의
③ 알마아타 회의
④ 오타와 회의

해설 1978년 9월 WHO와 UNICEF가 공동으로 주최하여 134개 국가의 정부 대표 및 관계 전문가 1,200명이 모여 알마아타에서 일차보건의료에 관한 국제회의를 개최하였다.

147 1978년 알마아타선언의 일차보건의료 내용으로 알맞은 것은? 2017. 인천시

가. 보건교육	나. 만성질환 관리
다. 질병의 조기진료	라. 식생활과 영양개선
마. 모자보건	바. 역학조사

① 가 다 라
② 가 라 마
③ 나 다 바
④ 나 마 바

해설 필수사업
㉠ 현존 건강문제의 예방과 관리에 관한 보건교육
㉡ 가족계획을 포함한 모자보건
㉢ 식량공급 및 영양
㉣ 음료수 공급 및 위생
㉤ 풍토병 예방과 관리
㉥ 그 지역의 주된 감염병의 예방접종
㉦ 통상질환과 상해의 적절한 관리

ⓞ 정신보건 증진
ⓩ 기초약품 제공
ⓒ 심신장애자의 사회의학적 재활

148 다음의 내용 중 2차 보건의료에 해당되는 것은?

① 영양개선
② 질병치료
③ 예방접종 사업
④ 노인성 질환

해설 보건의료의 종류

1차 건강문제 → 일차보건의료(PHC, Primary Health Care) : 예방적 보건의료사업
• 1978년, Alma-Ata회의 1차 보건의료 : 예방접종, 식수위생관리, 모자보건, 보건교육, 풍토병관리, 경미한 질병치료, 영양개선 • 주민의 적극적인 참여와 지역사회개발정책의 일환으로 말단부락이 핵심
2차 건강문제 → 이차 보건의료(SHC, Secondary Health Care) : 치료 및 환자관리사업
• 응급처치질병, 급성질환, 입원환자관리 등 전문병원의 활동요구 • 임상전문의와 간호사 등 의료인력의 역할 강조
3차 건강문제 → 삼차 보건의료(THC, Tertiary Health Care) : 재활 및 만성질환사업
• 회복기환자, 재활환자, 노인간호, 만성질환 관리 • 노령화사회, 노인성질병관리

149 다음 설명에 해당하는 것은?

가. 1978년에 세계보건기구(WHO)와 유니세프(UNICEF)가 공동으로 개최한 국제회의에서 채택되었다.
나. "서기 2000년까지 모든 인류에게 건강을(Health for All by the Year 2000)"을 슬로건으로 한다.
다. 건강을 인간의 기본권으로 규정하고, 건강수준 향상을 위해 일차보건의료 접근법을 제창하였다.

① 라론드(Lalonde) 보고서
② 알마아타 선언(Alma-Ata Declaration)
③ 오타와 헌장(Ottawa Charter)
④ 새천년개발목표(Millennium Development Goals, MDGs)

해설 알마아타 선언(Alma Ata Declaration)은 1978년 알마아타에서 열린 일차보건의료에 대한 국제회의에서 채택된 선언문으로 "모든 사람에게 건강을"("Health for All")이라는 표제 아래 2000년까지 일차보건의료를 이용한 인간의 건강 증진을 목표로 하였다.

Answer 145 ② 146 ③ 147 ② 148 ② 149 ②

150 다음 중 1차 보건의료에서 말하는 접근성의 개념은?

① 경제적 · 사회적 · 심리적요인　② 경제적 · 신체적 · 사회적요인
③ 경제적 · 지리적 · 생물학적요인　④ 경제적 · 지리적 · 심리적요인

해설 일차보건의료의 기본원칙
- 실제적이고 과학적으로 건전하며 사회적으로 수용 가능한 방법과 기술에 근거하여
- 지역사회가 받아들일 수 있는 방법으로 → 심리적 요인
- 지역주민들의 적극적인 참여 하에
- 그들의 지불능력에 맞게 → 경제적 요인
- 주민과 가장 가까운 위치에서 지속적으로 실시되는 필수적인 건강관리사업 → 지리적 요인

151 알마아타 일차보건의료 이후에 우리나라에서 시행되지 않은 것은?

① 의료보호법이 시행되었다.
② 농특법이 시행되었다.
③ 보건지소에 공중보건의사가 배치되었다.
④ 보건진료원의 경미한 의료행위가 허용되었다.

해설 일차보건의료 : 1978년
① 1977년 ② 1980년 ③ 1981년 ④ 1980년 이후

152 일차 보건의료(primary health care)의 접근방법이라고 하기 어려운 것은?

① 예방을 중시　② 여러 부문 사이의 협조와 조정 강조
③ 일차진료의사의 역할이 핵심적임　④ 지역특성에 맞는 사업

해설 일차 보건의료의 핵심적인 역할은 일차진료의사의 역할이 아니라 일차 건강관리자라고 할 수 있다.

153 다음 중 포괄적인 보건의료에 대한 설명으로 올바르지 못한 것은?

① 노령화 사회에서는 3차 보건의료사업으로 노인성 질병의 관리가 중요하다.
② 일차 보건의료는 지역주민 모두가 받아들일 수 있는 지역사회 보건의 실천원리이다.
③ 질병의 조기발견, 조기치료, 무능력화 예방, 재활 및 건강 증진활동 등 건강확보를 위한 포괄적인 접근이다.
④ 이차 보건의료사업을 성공적으로 실현하기 위해서는 지역사회의 작은 마을에서부터 자율적으로 참여할 수 있는 비직업적인 요원이 필요하다.

해설 일차 보건의료사업을 성공적으로 실현하기 위해서는 지역사회의 작은 마을에서부터 자율적으로 참여할 수 있는 비직업적인 요원이 필요하다.

154 제5차 국민건강증진종합계획(Health Plan 2030, 2021~2030)에서 제시한 기본원칙에 해당하지 않는 것은?
2022. 서울시

① 건강친화적인 환경 구축
② 전문가와 공무원 주도의 건강 책무성 제고
③ 보편적인 건강수준 향상과 건강 형평성 제고
④ 국가와 지역사회의 모든 정책 수립에 건강을 우선적으로 반영

해설 기본원칙
㉠ 국가와 지역사회의 모든 정책 수립에 건강을 우선적으로 반영한다.
㉡ 보편적인 건강수준의 향상과 건강형평성 제고를 함께 추진한다.
㉢ 모든 생애과정과 생활터에 적용한다.
㉣ 건강친화적인 환경을 구축한다.
㉤ 누구나 참여하여 함께 만들고 누릴 수 있도록 한다.
㉥ 관련된 모든 부문이 연계하고 협력한다.

155 제5차 국민건강증진종합계획(HP2030) 중 건강생활실천분야에 해당하는 것은?
2022. 경북 의료기술직

① 암, 결핵
② 비만, 금연
③ 구강건강, 영양
④ 치매, 신체활동

해설 제5차 국민건강증진종합계획(HP2030)의 중점과제

분과	건강생활 실천	정신건강 관리	비감염성 질환 예방관리	감염 및 환경성 질환 예방관리	인구집단별 건강관리	건강친화적 환경구축
중점 과제	• 금연 • 절주 • 영양 • 신체활동 • 구강건강	• 자살예방 • 치매 • 중독 • 지역사회 정신건강	• 암 • 심뇌혈관 질환 • 비만 • 손상	• 감염병 예방 및 관리 • 감염병 위기 대비 대응 • 기후변화성 질환	•영유아 •청소년(학생) •여성 •노인 •장애인 •근로자 •군인	• 건강친화적 법제도 개선 • 건강정보 이해력 제고 • 혁신적 정보기술의 적용 • 재원 마련 및 운용 • 지역사회 자원(인력, 시설) 확충 및 거버넌스 구축

156 제5차 국민건강증진종합계획(HP2030)의 주요사업 분야의 내용으로 가장 옳지 않은 것은?
2020. 서울시

① 건강친화적 환경구축 – 건강정보 이해력 제고, 건강친화적 법제도 개선
② 정신건강 관리 – 자살예방, 치매, 중독
③ 인구집단별 건강관리 – 영유아, 청소년, 여성
④ 건강생활 실천 – 금연, 절주, 비만관리

해설 건강생활 실천 : 금연, 절주, 영양, 신체활동, 구강건강

Answer 150 ④ 151 ① 152 ③ 153 ④ 154 ② 155 ③ 156 ④

157 타나힐이 제시한 건강증진모형의 3요소가 아닌 것은? 2020. 인천시

① 보건교육 ② 예방
③ 건강보호 ④ 건강평가

해설 타나힐이 제시한 건강증진의 3요소 : 보건교육, 건강보호, 예방
※ Tannahill(1985)의 건강증진 7차원

예방서비스
적극적 보건교육
적극적 건강 보호
예방적 보건교육
예방적 건강보호
적극적 건강보호를 목표로 하는 보건교육
예방적 건강보호를 위한 보건교육

158 오타와헌장의 3원칙 중 다음 글에 해당하는 것은? 2020. 충남 · 세종

> 대중에게는 건강에 대한 관심을 불러일으키고, 정책입안자나 행정가들에게는 보건의료수요를 충족시킬 수 있는 보건정책을 수립해야 한다는 촉구가 필요하다.

① 연합 ② 옹호
③ 가능화 ④ 지속가능성

해설 건강증진

배경 국제회의	캐나다 오타와회의(1986)
관련 국내법	1995년 국민건강증진법
핵심 개념	생활양식의 변화와 보건교육
기본정책	• 건강에 이로운 공공정책 수립 : 안전기준 강화, 식품표시제도, 금연조례 제정 • 건강지향적 환경 조성 : 금연구역 지정, 운동과 여가시설 확대, 안전시설 설치, 공원 조성 • 지역사회 활동 강화 : 주민 참여 활동 체계 구축, 건강동아리 모임, 소비자 활동 • 개개인의 기술개발 : 당뇨 교실, 스트레스 관리 교실, 학교보건교육 • 보건의료사업의 방향 재설정 : 건강정보 제공, 건강증진 병원, 의료인 교육과정 개선
3대 원칙	• 옹호 : 건강한 보건정책을 수립하도록 강력히 촉구하는 것 • 역량강화 : 본인과 가족의 건강을 유지할 수 있게 하는 것을 그들의 원리로써 인정하며, 이들이 스스로의 건강관리에 적극 참여하여 자신들의 행동에 책임을 느끼게 하는 것 • 연합 : 모든 사람들이 건강을 위한 발전을 계속하도록 건강에 영향을 미치는 경제, 언론, 학교 등 모든 관련 분야의 전문가들이 협조하는 것

159 다음에서 설명하고 있는 오타와헌장의 건강증진 활동요소로 올바른 것은? 2020. 보건복지부

> 국가는 안전하고 쾌적한 생활조건, 환경보호를 통해 국민의 건강증진을 위한 환경을 마련해야 한다. 예컨대, 국가는 국민들이 운동할 수 있는 공원을 조성해야 한다.

① 지역사회 활동 강화
② 보건의료서비스의 재정립
③ 지지적인 환경조성
④ 건강한 공공정책 수립

해설 건강지향적 환경조성 : 공원조성, 금연구역 지정, 운동과 여가시설 확대, 안전시설 설치 등

160 제1차 건강증진을 위한 국제회의가 개최된 장소는 어디인가? 2020. 대전시

① 캐나다 오타와
② 인도네시아 자카르타
③ 중국 상하이
④ 스웨단 선즈볼

해설

1974	라론드(Maro Lalonde, 캐나다 보건복지부장관) 보고서	건강증진 4가지 요소 : 환경, 생활방식, 인간생물학, 보건의료체계 중 생활방식이 건강에 미치는 영향 50% 이상 차지
1978	WHO 알마아타 선언	치료 중심에서 예방 강조의 1차 보건의료를 강조
1986	제1차 건강증진국제회의 (캐나다 오타와)	오타와 헌장의 5가지 실행전략 ㉠ 건강에 좋은 공공정책의 확립 ㉡ 건강지향적 환경조성 ㉢ 지역사회 활동의 강화 ㉣ 건강증진에 대한 개인의 기술개발 ㉤ 보건의료사업의 방향 재설정
1988	제2차 건강증진국제회의 (호주 애들레이드)	•건강증진을 위한 건전한 공공정책을 강조 •우선순위 ㉠ 여성건강의 개선 ㉡ 식량과 영양 ㉢ 담배와 알코올 ㉣ 지원적 환경
1991	제3차 건강증진국제회의 (스웨덴 Sundsvall)	자원환경조성의 중요성
1997	제4차 건강증진국제회의 (인도네시아 자카르타)	건강증진을 보건의료 개발에 중점, 공공 및 민간부문의 동반자 관계 강조
2000	제5차 건강증진국제회의 (멕시코 멕시코시티)	형평성 제고를 위한 계층 간 격차 해소
2005	제6차 건강증진국제회의 (태국 방콕)	실천을 위한 정책과 파트너십, '건강 결정요소'가 회의 주요 주제
2009	제7차 건강증진국제회의 (케냐 나이로비)	수행역량 격차해소를 통한 건강증진과 개발★
2013	제8차 건강증진국제회의 (핀란드 헬싱키)	국가 수준에서 건강을 위한 다부문적 활동과 모든 정책에서의 건강 접근 방법의 시행을 강조
2016	제9차 건강증진국제회의 (중국 상하이)	지속가능한 개발 목표(SDGs) 달성을 위한 보건영역의 역할에 대해 논의 강조

Answer / 157 ④ 158 ② 159 ③ 160 ①

161 제1차 건강증진에 관한 국제회의에 대한 설명으로 올바른 것은? 2020. 광주시

① 건강증진의 5대 활동요소로 건강한 공공정책의 수립, 지지적 환경 조성, 지역사회 활동 강화, 개개인의 기술 개발, 실천을 위한 파트너십 구축을 제시하였다.
② 건강 및 건강증진의 개념을 정립하였는데, 생활수단으로서의 건강개념을 제시하였다.
③ 1986년 구소련의 알마아타에서 개최되었다.
④ 건강증진의 3대 원칙으로 옹호, 가능화, 질병치료를 제시하였다.

해설 ① 건강증진의 5대 활동요소로 건강한 공공정책의 수립, 지지적 환경 조성, 지역사회 활동 강화, 개개인의 기술 개발, 보건의료사업의 방향 재설정을 제시하였다.
③ 1986년 캐나다의 오타와에서 개최되었다.
④ 건강증진의 3대 원칙으로 옹호, 역량강화, 연합을 제시하였다.

162 제9차 상하이 국제회의에서 건강도시 실현을 위한 우선순위가 아닌 것은? 2019. 광주 · 전남 · 전북

① 어린이에게 투자하는 것
② 금연 환경을 조성하는 것
③ 여성과 영유아, 노인에게 안전한 환경을 조성하는 것
④ 감염병으로부터 안전한 도시를 만드는 것

해설 제9차 상하이 회의 : 건강도시 실현을 위한 10가지 우선순위
㉠ 교육, 주거, 고용, 안전 등 주민에게 기본적인 욕구를 충족하는 것
㉡ 어린이에게 투자하는 것
㉢ 대기, 수질, 토양오염을 저감하고 기후변화에 대응하는 것
㉣ 도시의 가난한 사람, 이민자, 체류자 등의 건강과 삶의 질을 높이는 것
㉤ 여러 가지 형태의 차별을 없애는 것
㉥ 여성과 청소년 여학생에게 안전한 환경을 조성하는 것
㉦ 금연 환경을 조성하는 것
㉧ 도시의 지속가능한 이동을 위해 디자인하는 것
㉨ 감염병으로부터 안전한 도시를 만드는 것
㉩ 안전한 식품과 건강식품을 제공하는 것

163 오타와 헌장에서 제시한 건강증진의 3대 접근전략에 속하지 않는 것은? 2019. 대전시

① 옹호
② 연합
③ 개발
④ 역량강화

해설 건강증진 3대 접근전략 : 옹호, 연합, 역량강화

164 제5차 국민건강증진종합계획(HP 2030)의 목표로 옳은 것은? 2019. 광주시 · 전북

① 평균수명의 연장(평균수명 82세)과 건강형평성 제고
② 건강수명의 연장(평균수명 73.3세)과 건강형평성 제고
③ 평균수명의 연장(평균수명 75세)과 모든 사람이 평생 건강을 누리는 사회
④ 건강수명의 연장(평균수명 82세)과 모든 사람이 평생 건강을 누리는 사회

해설 제5차 국민건강증진종합계획(HP 2030)
㉠ 비전 : 모든 사람이 평생 건강을 누리는 사회
㉡ 총괄목표 : 건강수명의 연장(73.3세)과 건강형평성 제고

165 제5차 국민건강증진종합계획(HP 2030)에서 제시하고 있는 "감염 및 기후변화성 질환 예방관리" 사업 분과의 중점과제를 모두 고른 것은? 2019. 강원

가. 감염병 예방 및 관리	나. 기후변화성 질환
다. 구강건강	라. 손상
마. 근로자	

① 가, 나
② 가, 나, 다
③ 나, 다, 마
④ 다, 라, 마

해설 감염 및 기후 변화성 질환 예방 관리
㉠ 감염병 예방 : 결핵 이동검진, 에이즈 검진 강화
㉡ 감염병 대응 : 전자검역체계 구축, 국가예방접종지원 질 강화
㉢ 기후변화성 질환 : 기후보건영향평가

166 제5차 국민건강증진종합계획(HP 2030)의 건강생활실천 분과에 포함되지 않는 것은? 2018. 제주시

① 영양
② 신체활동
③ 금연
④ 금주

해설 건강생활 실천 : 금연, 절주, 영양, 신체활동, 구강건강

167 건강지지적 환경 조성에 대해 집중토의를 하였던 제3차 국제건강증진회의가 개최된 장소로 올바른 것은? 2015. 경기

① 호주 – 애들레이드
② 멕시코 – 멕시코시티
③ 스웨덴 – 선즈볼
④ 핀란드 – 헬싱키

해설 제3차 국제건강증진회의는 스웨덴 선즈볼에서 개최되었고 주된 의제는 자원환경조성의 중요성이다.

Answer 161 ② 162 ③ 163 ③ 164 ② 165 ① 166 ④ 167 ③

168 1986년 캐나다에서 개최된 오타와회의의 원칙 중 다음에서 설명하고 있는 것은?

> 가. 건강의 중요성을 널리 알리고 주장함으로써 생활여건들을 건강지향적으로 만들어야 한다.
> 나. 대중의 관심을 불러일으키고, 정책입안자나 행정가들에게 보건의료수요를 충족시킬 수 있는 보건정책을 수립하도록 해야 한다.

① 가능화 ② 옹호
③ 권능부여 ④ 조정

해설 옹호 : 건강한 보건정책을 수립하도록 촉구하는 것

169 다음 중 WHO에서 주장하는 공중보건의 3대 핵심원칙이 아닌 것은?

① 옹호 ② 참여
③ 협동 ④ 형평

해설 WHO에서 제시하고 있는 공중보건의 3대 핵심원칙 : 참여, 협동, 형평

170 우리나라의 건강증진사업 추진방향에 대한 설명으로 옳지 않은 것은?

① 건강장애요소를 최소화하기 위해 보건교육활동을 강화한다.
② 건강증진사업은 건강취약집단을 최우선 순위에 둔다.
③ 국민건강증진을 위해 금연 · 절주운동을 강화한다.
④ 예방중심의 보건의료활동으로 전개한다.

해설 건강증진사업은 건강한 사람을 최우선 순위에 둔다.

171 WHO 코펜하겐 문서라고 알려진 토론문에서 건강증진을 위해 원칙을 제시하였다. 이에 해당하는 것은?

① 특정질환을 위험대상으로 한다.
② 의료서비스의 역할이 중요하다.
③ 건강위해요인에 대처하기 위해 다양한 활동을 추진하여야 한다.
④ 개인이 통제 가능한 개별적인 환경관리가 중요하다.

해설 건강증진을 위한 원칙
㉠ 건강증진은 특정 건강질병을 갖고 있는 사람들만을 대상으로 하기보다는 전체 지역주민들의 일상생활에 관한 전반적인 것을 통합한다.
㉡ 건강증진은 건강문제의 원인이나 결정요인에 초점을 둔 활동이다.
㉢ 건강증진은 건강유해요인들을 감소시키기 위한 의사소통, 교육, 의뢰활동, 경제적 방법, 조직변화, 지역사회개발, 지역의 활동 등의 다양한 활동 등을 포함한다.
㉣ 건강증진은 효과적이고 확실한 지역주민의 참여를 목표로 한다. 일차보건보다 더 적극적
㉤ 건강증진의 활성화에 가장 중점적인 역할을 하는 사람은 의료인력보다는 일차 건강관리자이다.

172 다음 중 오타와헌장에서 아래 내용이 설명하는 것은?

> 건강증진 개념은 보건의료서비스 영역에 국한되지 않고 다른 모든 영역의 정책입안자들이 정책결정의 결과가 건강에 미치는 영향을 인식하게 하고, 자신들의 결정이 국민건강에 대해 책임이 있음을 받아들이게 한다.

① 개인기술의 발달
② 건강한 공공정책 수립
③ 보건의료의 방향 재설정
④ 지역사회활동의 강화

해설 위의 내용은 5가지 기본활동 영역 중 '건강한 공공정책 수립'에 해당된다.

173 다음 국제 건강증진회의 중 최초로 여성보건 지원정책을 제시한 회의는?

① 애들레이드 회의
② 선즈볼 회의
③ 자카르타 회의
④ 멕시코 회의

해설 애들레이드 회의 우선순위
㉠ 여성건강의 개선
㉡ 식량과 영양
㉢ 담배와 알코올
㉣ 지원적 행정

174 타나힐이 제시한 7가지 건강증진 차원에서 제외되는 것은?

① 건강보호
② 보건교육
③ 건강평가
④ 질병예방

해설 티나힐이 제시한 건강증진 7차원
㉠ 예방 서비스
㉡ 적극적 보건교육
㉢ 적극적 건강보호
㉣ 예방적 보건교육
㉤ 예방적 건강보호
㉥ 적극적 건강보호를 목표로 하는 보건교육
㉦ 예방적 건강보호를 위한 보건교육

175 다음 중 수행역량 격차 해소를 통한 건강증진과 개발을 제시하였던 회의와 개최장소로 올바르게 제시하고 있는 것은?

① 3차 스웨덴-선즈볼
② 4차 인도네시아-자카르타
③ 6차 태국-방콕
④ 7차 케냐 – 나이로비

해설 제7차 건강증진국제회의는 케냐 나이로비에서 열렸으며 주제는 수행역량 격차해소를 통한 건강증진과 개발이다.

Answer / 168 ② 169 ① 170 ② 171 ③ 172 ② 173 ① 174 ③ 175 ④

176 국민건강증진종합계획 2030에서 정신 건강관리에 포함되지 않는 것은?

① 자살예방 ② 치매
③ 성인병 발생원인 ④ 지역사회 정신건강

해설 정신건강관리 : 자살예방, 치매, 중독, 지역사회 정신건강

177 다음 중 5차 국민건강증진종합계획(Health Plan 2030)으로 4차 국민건강증진종합계획(Health Plan 2020)과 다른 것은?

① 건강생활 실천 ② 건강형평성 제고
③ 건강 친화적 환경구축 ④ 인구집단 건강관리

해설 4차 Health Plan 2020

건강생활 실천확산	만성퇴행성 질환과 발병위험요인 관리	감염질환관리	안전 환경보건	인구집단별 건강관리	사업체계 관리

5차 Health Plan 2030

건강생활 실천	정신건강 관리	비감염성 질환 예방관리	감염 및 환경성 질환 예방관리	인구집단별 건강관리	건강친화적 환경구축

178 「국민건강증진법」상 국민건강증진사업이 아닌 것은? 2020. 충남 · 세종시

① 질병예방 ② 영양개선
③ 신체활동장려 ④ 작업환경 측정

해설 국민건강증진사업 : 보건교육, 질병예방, 영양개선, 신체활동장려, 건강관리 및 건강생활의 실천등을 통하여 국민의 건강을 증진시키는 사업을 말한다(국민건강증진법 제2조 제1호).

179 「국민건강증진법」상 국민건강증진종합계획에 반드시 포함되어야 하는 것을 모두 고른 것은? 2019. 경기

가. 국민건강증진의 기본목표 및 추진방향
나. 국민건강증진 관련 통계 및 정보의 관리 방안
다. 국민건강증진에 관한 인력의 관리 및 소요재원의 조달방안
라. 국민건강증진기금의 운용방안

① 가, 나 ② 다, 라
③ 가, 나, 다 ④ 가, 나, 다, 라

해설 국민건강증진종합계획에 포함되어야 할 사항(국민건강증진법 제4조 제2항)
㉠ 국민건강증진의 기본목표 및 추진방향
㉡ 국민건강증진을 위한 주요 추진과제 및 추진방법
㉢ 국민건강증진에 관한 인력의 관리 및 소요재원의 조달방안
㉣ 국민건강증진기금의 운용방안
㉤ 아동 · 여성 · 노인 · 장애인 등 건강취약 집단이나 계층에 대한 건강증진 지원방안
㉥ 국민건강증진 관련 통계 및 정보의 관리 방안
㉦ 그 밖에 국민건강증진을 위하여 필요한 사항

180 「국민건강증진법」 상 국민건강증진사업에 관한 설명으로 옳지 않은 것은? 2018. 교육청

① 영양개선이라 함은 개인 또는 집단이 균형된 식생활을 통하여 건강을 개선시키는 것을 말한다.
② 보건교육이라 함은 개인 또는 집단으로 하여금 건강에 유익한 행위를 자발적으로 수행하도록 하는 교육을 말한다.
③ 건강증진은 건강한 상태를 유지하는 것을 말한다.
④ 국민건강증진사업이라 함은 보건교육, 질병예방, 영양개선, 신체활동장려, 건강관리 및 건강생활의 실천 등을 통하여 국민의 건강을 증진시키는 사업을 말한다.

해설 건강관리 : 개인 또는 집단이 건강에 유익한 행위를 지속적으로 수행함으로써 건강한 상태를 유지하는 것을 말한다(국민건강증진법 제2조 제5호).

181 「국민건강증진법」에 의하면 궐련 20개비당 국민건강증진부담금은 얼마인가? 2017. 보건복지부

① 354원
② 410원
③ 525원
④ 750원
⑤ 841원

해설 보건복지부장관은 제조자 및 수입판매업자가 판매하는 담배(담배소비세가 면제되는 것, 담배소비세액이 공제 또는 환급되는 것은 제외한다.)에 다음의 구분에 따른 부담금을 부과 · 징수한다(국민건강증진법 제23조 제1항).
㉠ 궐련 : 20개비당 841원
㉡ 전자담배
　ⓐ 니코틴 용액을 사용하는 경우 : 1밀리리터당 525원
　ⓑ 연초 및 연초 고형물을 사용하는 경우 : 궐련형 : 20개비당 750원, 기타 유형 : 1그램당 73원
㉢ 파이프담배 : 1그램당 30.2원
㉣ 엽궐련(葉卷煙) : 1그램당 85.8원
㉤ 각련(刻煙) : 1그램당 30.2원
㉥ 씹는 담배 : 1그램당 34.4원
㉦ 냄새 맡는 담배 : 1그램당 21.4원
㉧ 물담배 : 1그램당 1050.1원
㉨ 머금는 담배 : 1그램당 534.5원

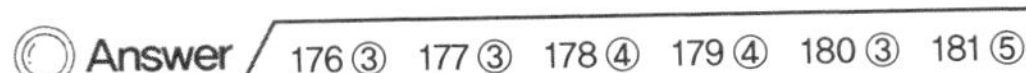
Answer 176 ③ 177 ③ 178 ④ 179 ④ 180 ③ 181 ⑤

182 공중이 이용하는 시설에서 금연구역 지정의 근거는 무엇인가?

① 공중이용시설의 정관
② 국민건강증진법
③ 금연법
④ 시 · 군 · 구의 조례

해설 공중이 이용하는 시설의 소유자 · 점유자 또는 관리자는 해당 시설의 전체를 금연구역으로 지정하고 금연구역을 알리는 표지를 설치하여야 한다. 이 경우 흡연자를 위한 흡연실을 설치할 수 있으며, 금연구역을 알리는 표지와 흡연실을 설치하는 기준 · 방법 등은 보건복지부령으로 정한다(국민건강증진법 제9조 제4항).

183 「국민건강증진법」의 금연조치에 관한 설명으로 옳지 않은 것은?

① 담배에 관한 광고는 지정소매인의 영업소 내부와 외부에 광고물을 전시 혹은 부착할 수 있다.
② 담배 제조자는 담배갑포장지 앞면 · 뒷면 · 옆면 등에 흡연의 위해성, 흡연습관에 따른 타르 흡입량, 발암성 물질 경고에 대한 광고를 부착해야 한다.
③ 담배 제조회사가 사회 · 문화 · 음악 · 체육 등의 행사를 후원할 때 후원자의 명칭은 사용할 수 있으나 담배광고를 하면 안된다.
④ 초등학교 건물과 운동장은 모두 금연구역이다.

해설 담배에 관한 광고는 다음의 방법에 한하여 할 수 있다(국민건강증진법 제9조의4 제1항).
1. 지정소매인의 영업소 내부에서 보건복지부령으로 정하는 광고물을 전시 또는 부착하는 행위. 다만, 영업소 외부에 그 광고내용이 보이게 전시 또는 부착하는 경우에는 그러하지 아니하다.
2. 품종군별로 연간 10회 이내(1회당 2쪽 이내)에서 잡지[등록 또는 신고되어 주 1회 이하 정기적으로 발행되는 제책된 정기간행물 및 등록된 주 1회 이하 정기적으로 발행되는 신문과 외국간행물로서 동일한 제호로 연 1회 이상 정기적으로 발행되는 것을 말하며, 여성 또는 청소년을 대상으로 하는 것은 제외한다]에 광고를 게재하는 행위. 다만, 보건복지부령으로 정하는 판매부수 이하로 국내에서 판매되는 외국정기간행물로서 외국문자로만 쓰여져 있는 잡지인 경우에는 광고게재의 제한을 받지 아니한다.
3. 사회 · 문화 · 음악 · 체육 등의 행사(여성 또는 청소년을 대상으로 하는 행사는 제외한다)를 후원하는 행위. 이 경우 후원하는 자의 명칭을 사용하는 외에 제품광고를 하여서는 아니 된다.
4. 국제선의 항공기 및 여객선, 그 밖에 보건복지부령으로 정하는 장소 안에서 하는 광고

184 「국민건강증진법」상 국민건강증진기금의 명시적인 사용 용도가 아닌 것은?

① 구강건강관리사업
② 국민건강증진기금의 관리 · 운용에 필요한 경비
③ 의료인 질 관리에 관한 사업
④ 암의 치료를 위한 사업

해설 국민건강증진기금의 용도(국민건강증진법 제25조 제1항)
㉠ 금연교육 및 광고, 흡연피해 예방 및 흡연피해자 지원 등 국민건강관리사업
㉡ 건강생활의 지원사업
㉢ 보건교육 및 그 자료의 개발
㉣ 보건통계의 작성 · 보급과 보건의료관련 조사 · 연구 및 개발에 관한 사업

ⓜ 질병의 예방 · 검진 · 관리 및 암의 치료를 위한 사업
ⓑ 국민영양관리사업
ⓢ 신체활동장려사업
ⓞ 구강건강관리사업
ⓙ 시 · 도지사 및 시장 · 군수 · 구청장이 행하는 건강증진사업
ⓒ 공공보건의료 및 건강증진을 위한 시설 · 장비의 확충
ⓚ 기금의 관리 · 운용에 필요한 경비
ⓣ 그 밖에 국민건강증진사업에 소요되는 경비로서 대통령령이 정하는 사업

185 다음과 같은 보건교육 프로그램을 개발할 때 적용된 건강행태 모형은? 2019. 울산시

- 질병에 걸릴 가능성 인지
- 건강행위에 대한 이익과 장애요인 인지
- 건강행위를 무시할 때 나타날 수 있는 질병의 심각성 인지
- 건강행위를 시작할 수 있도록 구체적인 행동 계기 제공

① 지식태도실천모형
② 건강신념모형
③ 범이론적 모형
④ 계획된 행동이론

해설 건강신념모형

개인의 지각	지각된 민감성	자신이 어떤 질병에 걸릴 위험이 있다고 지각하는 것
	지각된 심각성	질병에 걸렸을 경우나 치료를 하지 않았을 때 어느 정도 심각하게 될 것인가에 대한 지각
조정요인	인구학적 변수	연령, 성별, 인종 등
	사회심리적 변수	성격, 사회적 지위, 동료의 압력
	구조적 변수	질병에 대한 지식, 과거의 질병경험
	행동의 계기	의사결정을 하는 데 필요한 자극
행위 가능성	지각된 장애성	특정한 건강행위를 하려고 할 때 그 건강행위를 하지 못하도록 하는 것
	지각된 유익성	특정행위를 함으로써 얻을 수 있는 혜택과 이익에 대한 지각

186 다음 중 건강신념모형의 예시로 옳지 못한 것은? 2019. 경북

① 주치의의 권유로 인해 지각된 유익성이 향상되었다.
② 사회복지사의 상담으로 지각된 장애성이 제거되었다.
③ 운동처방사의 방문상담으로 자기효능감이 향상되었다.
④ 의사와 상담해서 지각된 행위통제가 향상되었다.

해설 지각된 행위통제는 계획된 행위이론의 구성요소이다.

Answer 182 ② 183 ① 184 ③ 185 ② 186 ④

187 **건강신념모형의 구성요소와 예시가 옳지 못한 것은?** 2019. 제주시

① 지각된 민감성 : 과체중으로 인하여 결국 고혈압에 걸릴 것이라 지각함
② 지각된 장애성 : 잦은 출장으로 규칙적인 운동을 하기 어렵다고 지각함
③ 행위의 계기 : 평소 혈압이 높던 내 친구가 심장마비로 사망함.
④ 지각된 유익성 : 1개월 이내에 등산동호회에 가입하기로 결심함

해설 ④ 범이론적 모형에서의 준비단계에 해당된다.

188 **특정 건강행동의 실천에 있어서 질병에 걸릴 가능성, 심각성 및 건강행동의 이익과 실천에 따른 장애요인에 대한 기대수준이 행동에 영향을 준다는 건강행태 모형으로 올바른 것은?** 2018. 전남

① KAP모형 ② 건강믿음모형
③ 사회인지모형 ④ TTM이론

해설 건강믿음모형 : 질병에 대한 지각된 취약성 · 심각성 · 이점 · 장애물에 대한 신념이 크거나 작을수록 건강을 보호하거나 추구하려는 행동을 더 많이 한다고 예측

KAP모형	지식, 태도, 실천모형으로 행위를 바꾸기 위해 대상자의 지식, 태도를 먼저 바꾸어야 한다는 모형
사회인지모형	환경과 행동, 인간의 인지적 능력의 3가지 요소들이 상호작용하여 인간의 행동을 결정한다고 보는 이론
TTM 이론	사람들이 어떻게 문제행위를 수정하는지를 서술하는 모형

189 **다음 중 인간의 건강행동을 예측하기 위해 개발된 모델로 보건교육 대상의 요구도 진단 시 유용한 모델은?** 2017. 서울시

① 건강신념 모델 ② 범이론적 모델
③ 행위변화단계 모델 ④ 생태학적 모델

해설 건강신념모형 : 예방적 건강 행위를 설명하기 위해 1960년대 사회심리학자들에 의해 개발되었고, 후에 질환 행위, 환자역할 행위를 예측하는 데에도 효과가 있음이 입증되었다.

190 **금연을 위한 방법과 건강믿음모형의 구성요인을 짝지은 것으로 가장 옳은 것은?**

① 딸 아이의 금연 독촉 – 장애요인
② 흡연은 폐암의 원인이라는 점을 강조 – 심각성
③ 흡연자 동료 – 계기
④ 간접흡연도 건강에 해롭다는 점을 강조 – 이익

해설 ① 행동의 계기 ③ 장애성 ④ 지각된 민감성

191 **건강신념모형에 의하여 질병에 걸릴 위험에 대한 정의로 올바른 것은?**

① 지각된 민감성이 높은 경우
② 지각된 심각성이 높은 경우
③ 지각된 유익성이 높은 경우
④ 지각된 장애성이 높은 경우

해설 지각된 민감성 : 자신이 어떤 병에 걸릴 위험이 있다고 지각하는 것

192 **다음의 내용에 해당하는 것은?**

가. 건강캠페인
나. 건강상담 및 보건교육
다. 의료인이 보내는 검진안내 엽서

① 질병에 대한 인지된 감수성
② 질병에 대한 인지된 심각성
③ 행위를 위한 중재
④ 행위에 대한 인지된 혜택

해설 행위를 위한 중재 = 행동의 계기

193 **PRECEDE-PROCEED 모델에서 유병률, 사망률, 건강문제 등을 규명하는 단계로 가장 옳은 것은?** 2020. 서울시

① 사회적 진단
② 역학적 진단
③ 교육생태학적 진단
④ 행정 및 정책 진단

해설 PRECEDE-PROCEED 모델

1단계	사회적 사정	상황에 대한 개인의 지각과 인지
2단계	역학적, 행위적, 환경적 사정	㉠ 1단계에서 규명된 건강문제들에 대하여 순위를 매겨 부족한 자원을 사용할 가치가 가장 큰 건강문제를 규명 ㉡ 건강문제의 원인이 되는 행위, 환경을 규명
3단계	교육적, 생태학적 사정	㉠ 성향(소인) 요인 : 행위를 하기에 앞서 내재된 요인 예 지식, 태도, 신념가치, 자기효능, 의도 등 ㉡ 촉진(가능) 요인 : 건강행위 수행을 가능하게 도와주는 요인 예 보건의료 및 지역사회자원의 이용가능성, 접근성, 시간적 여유 제공성, 개인의 기술, 개인의 자원, 지역사회 자원 등 ㉢ 강화요인 : 사회적 유익성, 신체적 유익성, 대리보상, 사회적 지지, 친구의 영향, 충고, 보건의료제공자에 의한 긍정적 또는 부적정 반응
4단계	행정적, 정책적 사정	프로그램 및 시행과 관련되는 조직적 · 행정적 능력과 자원을 검토하고 평가
5단계	시행	
6단계	평가	㉠ 과정평가 : 프로그램이 계획대로 시행되었는가를 평가 ㉡ 영향평가 : 프로그램의 투입으로 인한 결과를 평가 ㉢ 결과평가 : 프로그램의 수행결과로 나타난 결과인 삶의 질을 측정

Answer 187 ④ 188 ② 189 ① 190 ② 191 ① 192 ③ 193 ②

194 PRECEDE-PROCEED 모델 중 제3단계인 교육 및 생태학적 사정단계를 구성하고 있는 3가지 요인이라 할 수 없는 것은? 2019. 경기

① 소인요인 ② 매개요인
③ 가능요인 ④ 강화요인

해설 제3단계 교육 및 생태학적 사정단계 : 소인요인, 가능요인, 강화요인

195 다음에서 설명하고 있는 건강행태관련 모형으로 올바른 것은? 2019. 경남

> 보건교육의 계획, 수행, 평가의 연속적인 단계를 제공하여 포괄적인 건강증진 계획이 가능한 모형으로, 처음의 9단계가 개정되어 8단계로 조정되었다.

① 범이론적 모형 ② 건강신념모형
③ 합리적 행동이론 ④ PRECEDE-PROCEED모형

해설 PRECEDE-PROCEED모형

구 모형	
1 단계	사회적 사정
2 단계	역학적 사정
3 단계	행위적, 환경적 사정
4 단계	교육적, 생태학적 사정
5 단계	행정적, 정책적 사정
6 단계	시행
7 단계	과정평가
8 단계	영향평가
9 단계	결과평가

⇨

개정된 모형	
1 단계	사회적 사정
2 단계	역학적, 행위적, 환경적 사정
3 단계	교육적, 생태학적 사정
4 단계	행정적, 정책적 사정
5 단계	시행
6 단계	과정평가
7 단계	영향평가
8 단계	결과평가

196 행동교정모형 중 행동변화 단계에서 6개월 이내에 변화하겠다는 생각이 없고, 자신의 문제를 인식하지 못하는 단계는?

① 고려 전 단계 ② 고려 단계
③ 실행 단계 ④ 준비 단계

해설 인식 전 단계(고려 전 단계) : 앞으로 6개월 이내에 행동변화의 의지가 없는 단계

197 행동교정모형 중 행동변화 단계에서 6개월 이내에 변화하겠다는 생각이 없고, 자신의 문제를 인식하지 못하는 단계는?

① 보건교육 고려 전 단계 ② 보건교육 고려단계
③ 보건교육 실행 및 유지단계 ④ 보건교육 준비단계

해설 인식 전 단계(고려 전 단계) : 앞으로 6개월 이내에 행동변화의 의지가 없는 단계

198 범이론적 모형 중 다음의 내용에 해당하는 단계는? 2018. 대전

> • 주변 가족이나 친구들에게 자기선언을 하는 것이 효과적이다.
> • 한 달 이내에 행동으로 옮길 계획이 있다.

① 인식전 단계 ② 인식단계
③ 준비단계 ④ 수행단계

해설 횡이론적 변화단계이론(TTM) : 변화의 단계

1단계 (인식전 단계, 계획 전 단계)	㉠ 앞으로 6개월 이내에 행동변화의 의지가 없는 상태 ㉡ 교육전략 • 인식을 갖도록 하기 위해 문제점에 대한 정보를 주어야 한다. • 문제의 심각성을 일깨워주는 교육과 홍보가 중요
2단계 (인식단계, 계획단계)	㉠ 앞으로 6개월 이내에 행동변화의 의지가 있는 단계로 문제의 장 · 단점과 해결책의 장 · 단점을 고려하기 시작. ㉡ 교육전략 • 구체적인 계획을 세울 수 있도록 긍정적인 부분을 강조한다. • 개인의 의식을 강화하고 정서적 지지를 제공한다.
3단계 (준비단계)	㉠ 앞으로 1개월 내에 행동변화의 의지를 가지고 있으며 적극적으로 행동변화를 계획하는 단계 ㉡ 교육전략 : 기술을 가르쳐 주고, 실천계획을 세울 수 있도록 도와주고, 할 수 있다는 자신감을 준다. 예 금연서약서 쓰기
4단계 (행동단계)	㉠ 지난 6개월 내의 자신의 생활양식에 수정을 한 경우로 실행에 옮기는 단계이다. ㉡ 교육전략 : 칭찬을 하며 실패를 막을 수 있는 방법을 가르치며 이전의 행동으로 돌아가려는 자극을 조절하는 계획을 세우도록 해야 한다. 예 금연실행, 금연유혹을 위한 전략, 용기를 북돋워 주기, 금연성과에 대해 보상, 실패를 막을 수 있는 방법을 가르쳐 주기
5단계 (유지단계)	㉠ 새로운 습관이 6개월 이상 지속되는 단계이다. ㉡ 유지단계는 고정되어 있는 것이 아니어서 다시 이전단계로 되돌아 갈 수도 있다. ㉢ 교육전략 : 유혹을 어떻게 조절해야 하는지 긍정적인 부분을 강조한다. 예 금연상태 유지, 자아존중감 기르기, 내부의 적 극복하기, 협조자 만들기, 긍정적인 강화를 함

199 개인 수준의 건강행태 모형에 해당하지 않는 것은? 2019. 서울시

① 건강믿음모형 ② 범이론적 모형
③ 계획된 행동이론 ④ 의사소통이론

해설 개인수준, 개인 간 수준 보건교육, 지역사회 수준 보건교육

개인 수준 보건교육	개인 간 수준 보건교육	지역사회 수준 보건교육
• 인지조화론 • 지식, 태도, 실천 모형 • 건강신념 모형 • 건강증진 모형 • 합리적 행위이론 • 계획된 행위이론 • 귀인이론 • 범이론적 모형	• 사회학습 이론 • 사회적 관계망과 사회적 지지 이론 • 정보 처리와 설득적 커뮤니케이션 • 의사소통이론	• 프리시드 프로시드 모형 • MATCH 모형

Answer 194 ② 195 ④ 196 ① 197 ① 198 ③ 199 ④

200 아래 내용은 범이론적 모형(Trans-Theoretical Model)의 변화과정 중 하나에 대한 설명이다. 이에 해당하는 것은?

> 개인의 건강습관 유무가 어떻게 사회적 환경에 영향을 미치는 지를 정서적, 인지적으로 사정한다.

① 인식 제고 ② 자극 통제
③ 자아 재평가 ④ 환경 재평가

해설 횡이론적 변화단계이론(TTM) : 변화과정

인지과정	의식고양	높은 수준의 의식과 관련된 정확한 정보를 찾는 과정
	극적전환	문제행위의 결과에 대한 감정을 경험하고 느끼는 것
	자기 재평가	계획단계에서 준비단계로 이동할 때 사용하는 것
	사회적 해방	사회 내에서 생활방식에 대한 개인의 인식
	환경재평가	흡연이 환경에 미치는 영향을 재평가하는 것
행위과정	조력관계	타인과의 행동에 대한 지지관계를 형성하는 것
	자극통제	행동을 유발시키는 자극이나 상황을 조정하는 행동
	강화관리	예 만약 내가 안전한 성행위를 한다면 다른 사람으로부터 칭찬을 받을 것을 기대할 수 있다
	역조건형성	문제행위를 보다 긍정적 행위나 경험으로 대치
	자기해방	변화할 수 있다고 믿고 결심하는 것이다.

201 다음 건강행위 변화를 위한 보건교육이론 중 개인차원의 교육이론이 아닌 것은?

① 건강신념모형 ② 귀인이론
③ 범이론적 모형 ④ PRECEDE-PROCEED 모형

해설 PRECEDE-PROCEED 모형은 지역사회 수준의 보건교육이다.

202 인구집단을 대상으로 보건교육을 실시할 때 적용하는 이론은?

① 건강신념모델 ② 합리적 행동론
③ 행동단계별 이론 ④ PRECEDE-PROCEED 모델

해설 PRECEDE-PROCEED 모형은 지역사회 수준의 보건교육으로 인구집단을 대상으로 한다.

02 역학 및 감염병 관리와 성인 및 노인보건

01 역학이 추구하는 목적으로 옳지 않은 것은? 2022. 서울시 · 지방직

① 질병발생의 원인 규명
② 효과적인 질병치료제 개발
③ 질병예방 프로그램 계획
④ 보건사업의 영향 평가

해설 역학의 목적
㉠ 질병의 원인 파악 및 지속적인 관리
㉡ 질병의 자연사에 대한 지식 습득
㉢ 질병 예방프로그램의 계획 및 개발
㉣ 질병으로 인한 경제적인(보건사업) 영향 평가

02 다음 보기 중 감염병 관리를 위한 역학조사에 포함되어야 할 내용으로 묶여진 것은? 2017. 경기

가. 감염병 환자의 인적사항	나. 감염병 환자의 발병일 및 발병장소
다. 감염병의 감염원인 및 감염경로	라. 감염병 환자에 관한 진료기록

① 가
② 나, 다
③ 가, 나, 다
④ 가, 나, 다, 라

해설 역학조사에 포함되어야 하는 내용(감염병의 예방 및 관리에 관한 법률 시행령 제12조 제1항)
㉠ 감염병환자등 및 감염병의심자의 인적 사항
㉡ 감염병환자등의 발병일 및 발병 장소
㉢ 감염병의 감염원인 및 감염경로
㉣ 감염병환자등 및 감염병의심자에 관한 진료기록
㉤ 그 밖에 감염병의 원인 규명과 관련된 사항

03 역학의 정의로 (A), (B)에 해당하는 것은?

> 역학이란 인구집단에서 발생하는 질병의 (A)을 파악하고 이러한 결과에 영향을 미치는 (B)을 평가하여 질병의 예방적 정책수립이 가중하도록 하는 과학적 학문 분야이다.

① A : 전파기전, B : 위해성
② A : 위해성, B : 전파기전
③ A : 결정요인, B : 위해성
④ A : 분포특성, B : 결정요인

해설 역학 : 인구집단의 질병에 관한 학문이며, 구체적으로는 인구집단에서 질병의 분포 양상과 이 분포양상을 결정하는 요인을 연구하는 학문

Answer 200 ④ 201 ④ 202 ④ / 01 ② 02 ④ 03 ④

04 역학에 대한 설명으로 옳은 것을 모두 고른 것은?

가. 질병의 치료와 기술개발이 목적이다.
나. 질병의 요인들과 질병의 관련성을 파악한다.
다. 질병의 분포를 파악하여 질병의 양상을 비교한다.
라. 공중보건사업의 기획, 집행 및 평가 등에 중요한 역할을 한다.

① 가, 나
② 가, 다
③ 가, 나, 다
④ 가, 다, 라
⑤ 나, 다, 라

해설 역학의 목적
㉠ 질병의 원인 파악 및 지속적인 관리
㉡ 질병의 자연사에 대한 지식 습득
㉢ 질병 예방프로그램의 계획 및 개발
㉣ 질병으로 인한 경제적인 영향 평가

05 다음 중 역학의 가장 중요한 역할은?

① 보건사업 평가의 역할
② 연구전략 개발의 역할
③ 질병발생과 유행의 감시 역할
④ 질병발생의 원인규명의 역할
⑤ 질병의 자연사에 대한 기술적 역학

해설
- 역학의 가장 중요한 목적 : 질병발생의 원인규명
- 역학의 궁극적인 목적 : 연구전략의 개발

06 역학연구를 위한 자료에는 1차 자료와 2차 자료가 있다. 다음 중 1차 자료에 해당하는 것은?

① 국민건강보험공단의 상병조사 자료
② 국민구강건강실태 조사자료
③ 면접조사 자료
④ 통계청의 사망통계 자료

해설 자료의 종류

2차 자료	간접정보, 공곡기관의 보고서, 통계자료, 회의록, 조사자료, 건강기록 등을 이용하는 방법
1차 자료	직접 정보, 정보원 면담, 차창 밖 조사, 설문지 조사, 참여관찰

07 다음 중 역학연구에서 인과관계의 판단근거로 적합하지 않은 것은? 2017. 경기

① 원인과 결과의 시간적 순서
② 통계적 연관성의 강도
③ 연관성의 보편성
④ 원인과 결과 사이의 생물학적 설득력

해설 원인적 연관성을 확정짓기 위한 9가지 조건

시간적 선후관계	요인에 대한 노출은 항상 질병발생에 앞서 있어야 함.
연관성의 강도	요인과 결과 간의 연관성 강도가 클수록 인과관계일 가능성이 높다는 증거가 된다.
연관성의 일관성	요인과 결과 간의 연관성이 관찰대상 집단과 연구방법, 그리고 연구시점이 다를 때도 비슷한 정도로 존재하는 경우
연관성의 특이성	어떤 질병이 여러 요인과 연관성을 보이지 않고 특정 요인과 연관성이 보일 경우
양-반응관계	요인에 대한 노출의 정도가 커지거나 작아질 때 질병발생 위험도 이에 따라 더 커지거나 더 작아지는 경우
생물학적 설명 가능성	역학적으로 관찰된 두 변수 사이의 연관성을 분자생물학적 기전으로 설명 가능한 경우
기존 학설과 일치	추정된 위험요인이 기존 지식이나 소견과 일치하는 경우
실험적 인증	실험을 통해 요인에 노출할 때 질병발생이 확인되거나 요인 제거로 질병발생이 감소하는 경우
기존의 다른 인과관계와의 유사성	임신 초기 풍진감염이 태아 선천기형의 원인이 된다는 인과관계가 밝혀져 있는데, 유사한 종류의 바이러스에 노출된 임산부에서 선천성 기형을 가진 아이가 태어날 위험이 컸다면 인과적 연관성을 가질 것이라고 추론

08 역학연구 중 인과관계를 판정하는 주요 기준 가운데에서 예를 들어 "담배를 많이 피는 사람들이 폐암에 걸린다. 그러므로 담배가 폐암의 원인이다."라는 가설이 설정되는 기준이라면 어느 인과관계를 인용한 것인가?

① 공통점에 근거한 추론
② 동시 변화성에 근거한 추론
③ 유사성에 근거한 추론
④ 차이성에 근거한 추론

해설 담배를 많이 피우는 사람이 폐암에 걸린다는 공통점에 기인하여 담배가 폐암의 원인이 된다는 인과관계를 인용한 것이다.

09 질병 발생이 어떤 요인과 연관되어 있는지 그 인과관계를 추론하는 것은 매우 중요하다. 다음에서 의미하는 인과관계는?

> 서로 다른 지역에서 다른 연구자가 동일한 가설에 대하여 서로 다른 방법으로 연구하였음에도 같은 결론에 이르렀다.

① 연관성의 강도
② 생물학적 설명 가능성
③ 실험적 입증
④ 연관성의 일관성

해설 연관성의 일관성 : 요인과 결과 간의 연관성이 관찰대상 집단과 연구방법, 연구시점이 다를 때에도 비슷하게 나타나는 것

Answer / 04 ④ 05 ④ 06 ③ 07 ③ 08 ① 09 ④

10 흡연을 하는 사람이 흡연을 하지 않는 사람에 비해 폐암발생률이 5배로 높을 경우, 다음 중 Hill이 제시한 인과관계 판정기준은?

① 시간적 선후관계
② 연관성의 강도
③ 연관성의 일관성
④ 용량-반응관계

해설 연관성의 강도 : 요인과 결과 간의 연관성의 강도가 클수록 인과관계일 가능성이 높다는 것

11 다음 중 아래 설명에 해당하는 Hill의 9가지 기준은?

> 어떤 지역에서 한 연구자가 신생아를 대상으로 혈중 콜레스테롤 수치가 높은 고지혈증과 허혈성 심장질환간의 환자-대조군 연구를 진행하였는데, 얼마 후 다른 지역에서 다른 연구자가 40대 이상 성인을 대상으로 고지혈증과 허혈성 심장질환간의 코호트 연구를 진행하였다. 그런데 두 연구결과가 비슷하게 나왔다.

① 시간적 선후관계
② 연관성의 강도
③ 연관성의 일관성
④ 연관성의 특이성

해설 연관성의 일관성 : 요인과 결과 간의 연관성이 관찰대상 집단과 연구방법, 연구시점이 다를 때에도 비슷하게 나타는 것

12 역학 연구방법 중 코호트 연구의 장점으로 옳지 않은 것은? 2022. 서울시 · 지방직

① 질병발생의 위험도 산출이 용이하다.
② 위험요인의 노출에서부터 질병 진행 전체 과정을 관찰할 수 있다.
③ 위험요인과 질병발생 간의 인과관계 파악이 용이하다.
④ 단기간의 조사로 시간, 노력, 비용이 적게 든다.

해설 코호트연구의 장단점

장점	단점
㉠ 질병발생의 위험률, 발병 확률, 시간적 속발성, 상대위험의 양 반응관계를 비교적 정확히 구할 수 있음. ㉡ 편견이 비교적 적으며 신뢰성이 높은 자료를 구할 수 있음. ㉢ 질병의 자연사를 파악할 수 있음. ㉣ 인과관계를 구체적으로 확인 가능. ㉤ 부수적으로 다른 질환과의 관계를 알 수 있음. ㉥ 일반화가 가능.	㉠ 시간, 노력, 비용이 많이 요구됨. ㉡ 관찰기간이 길고 대상자가 다수이어야 하므로 발생률이 낮은 질병에의 적용이 곤란 ㉢ 장기간의 추적조사로 탈락자가 많아 정확도에 문제가 발생 ㉣ 연구기간이 길어짐에 따라 연구자의 잦은 변동으로 차질이 발생할 수 있음. ㉤ 진단방법과 기준에 변동이 생길 수 있음. ㉥ 질병분류에 착오가 생길 수 있음.

13 **흡연시 폐암의 발생확률은 10배가 높아지고, 지역사회 오염으로 인한 폐암의 발생확률은 1.5배가 높아진다. 다음 중 이 때 흡연이 폐암에 미치는 영향이 높다고 할 수 있는 확정조건은?**

① 기존지식과의 유사성
② 상관관계
③ 연관성의 강도
④ 연관성의 특이도

해설 연관성의 강도 : 요인과 결과 간의 연관성의 강도가 클수록 인과관계일 가능성이 높다는 것

14 **단면조사 연구(cross-selection study)의 장점에 대한 설명으로 가장 옳은 것은?** 2022. 서울시

① 희귀한 질병의 연구에 적합하다.
② 연구시행이 쉽고 비용이 적게 든다.
③ 질병 발생 원인과 결과 해석의 선후관계가 분명하다.
④ 연구대상자의 수가 적어도 적용할 수 있는 방법이다.

해설 단면조사연구
㉠ 일정한 인구집단을 대상으로 특정한 시점이나 일정한 기간 내에 질병을 조사하고 각 질병과 그 인구집단의 관련성을 보는 방법
㉡ 시점 조사, 유병률 연구(prevalence study)
㉢ 장점 및 단점

장점	단점
• 연구결과의 모집단 적용이 가능 • 시간과 경비가 절감 – 단시간 내 결과 도출 • 환자 – 대조군 연구보다 편견이 적음. • 환자 – 대조군 연구보다 자료의 정확도가 높음 • 동시에 여러 종류의 질병과 요인과의 관련성을 연구 가능	• 시간적 속발성의 정확한 파악 곤란. 즉, 질병과 관련 요인과의 선후관계를 규명하기 어려움. • 표본(인구집단)의 규모가 커야 함. • 유병률이 낮은 질병에는 수행하기가 어려움. • 복합요인 중 원인요인만을 찾아내기 어려움.

15 **위험요인과 질병발생의 인과관계 규명을 위하여 역학적 연구를 설계하고자 할 때 인과적 연관성에 대한 근거의 수준이 가장 높은 연구방법은?** 2021. 서울시

① 실험연구
② 단면연구
③ 코호트연구
④ 환자–대조군연구

해설 인과적 연관성에 대한 근거의 수준이 높은 연구방법 순서 : 실험연구>코호트연구>환자–대조군연구>단면연구

16 **연구시작 시점에서 건강한 사람을 대상으로 흡연자와 비흡연자를 20년간 추적조사해서 폐암발생여부를 규명하였다면 이에 해당하는 역학조사 방법은?** 2020. 서울시

① 전향적 코호트 연구
② 환자–대조군 연구
③ 단면조사연구
④ 후향적 코호트연구

Answer 10 ② 11 ③ 12 ④ 13 ③ 14 ② 15 ① 16 ①

해설

단면조사 연구	일정한 인구집단을 대상으로 특정한 시점이나 일정한 기간 내에 질병을 조사하고 각 질병과 그 인구집단의 관련성을 보는 방법
환자-대조군 연구 (= 후향적 조사, 기왕 조사)	연구하고자 하는 질병에 이환된 집단(환자군)과 질병이 없는 군(대조군)을 선정하여 질병발생과 관련이 있다고 의심되는 요인들과 질병발생과의 원인관계를 규명하는 연구방법으로 질병발생과 위험요인의 상호관련성은 교차비 산출로 정량화 함.
전향적 코호트연구	연구자가 건강한 사람 중 노출군과 비노출군의 추적관찰을 통해 질병발생을 확인하는 과정으로 추적관찰기간이 길고 시간도 많이 소요됨.
후향적 코호트 연구	위험요인 노출 여부를 과거 기록을 이용하는 경우로 전향적 코호트연구보다 짧은 시간 내 연구를 수행할 수 있음

17 어느 지역에서 코로나19(COVID-19) 환자가 1,000여 명 발생했을 때, 가장 먼저 실시해야 할 역학연구는? 2020. 서울시

① 기술역학 ② 분석역학
③ 실험역학 ④ 이론역학

해설 1단계 역학(기술역학) → 2단계 역학(분석역학) → 3단계 역학(실험역학)

18 전향성 코호트 조사에 대한 설명으로 옳지 못한 것은? 2020. 경기

① 건강한 사람을 대상으로 조사한다.
② 상대위험도와 귀속위험도를 산출할 수 있다.
③ 역학조사 시 환자-대조군 연구보다 편견이 작용할 가능성이 크다.
④ 희귀난치성 질환에 대한 조사에는 부적합하다.

해설 전향적 코호트 조사는 노출군과 비노출군을 장기간 질병발생을 확인하는 것으로 상호관련성을 연구하는 환자-대조군 연구보다 편견이 작용할 가능성이 적다.

19 코로나바이러스감염증-19는 기술역학 중 어떤 지역적 변수에 해당하는가? 2020. 인천시

① 유행성 ② 산발성
③ 토착성 ④ 범유행성

해설 기술역학 중 지역적 변수

지방성(풍토병적)	일부지역에 특수하게 발생하는 경우
유행성	한 국가에서 전반적으로 질병이 발생하는 경우
범유행성	전 세계적으로 발생하거나 유행하는 경우 예 코로나바이러스감염증-19
산발적	지역에 상관없이 산발적으로 질병이 발생하는 경우 예 렙토스피라

20 희귀질환 또는 만성질환에 사용되는 연구방법으로 올바른 것은? 2020. 인천시

① 코호트연구 ② 환자-대조군 연구
③ 단면조사연구 ④ 실험연구

해설

<table>
<tr><td rowspan="3">환자-대조군 연구
(= 후향적 조사, 기왕 조사)</td><td colspan="2">㉠ 연구하고자 하는 질병에 이환된 집단(환자군)과 질병이 없는 군(대조군)을 선정하여 질병발생과 관련이 있다고 의심되는 요인들과 질병발생과의 원인관계를 규명하는 연구방법으로 질병발생과 위험요인의 상호관련성은 위험비 산출로 정량화 함.
㉡ 장점 및 단점</td></tr>
<tr><td>장점</td><td>단점</td></tr>
<tr><td>㉠ 연구시간이 짧거나 표본인구가 적어도 가능해서 시간, 경비, 노력이 절감됨
㉡ 의심되는 여러 가설을 동시에 검증할 수 있음
㉢ 기존자료의 활용이 가능.
㉣ 희귀질병, 잠복기간이 긴 질병, 만성퇴행성 질환에 적합
㉤ 비교적 빠른 시일에 결론 도출
㉥ 중도탈락의 문제가 없음
㉦ 피연구자가 새로운 위험에 노출되지 않음</td><td>㉠ 기억에 의하므로 편견이 작용
㉡ 적합한 대조군의 선정이 곤란
㉢ 인과관계의 질을 확인할 수 없음
㉣ 모집단이 없는 경우가 대부분이어서 전체인구에의 적용에 문제. 즉, 일반화가 어렵다.</td></tr>
</table>

21 다음에서 실시한 역학연구방법에 대한 설명으로 옳지 않은 것은? 2020. 대구시

> 고혈압이 흡연의 위험요인이라는 가설을 검정하기 위해 고혈압이 있는 환자 그룹과 고혈압이 없는 정상인 그룹으로 두 개의 그룹을 만든 후, 각각 과거의 흡연력을 조사하였다.

① 희귀한 질병을 연구하기에 적합하다.
② 잠복기간이 긴 질병을 연구하기에 적합하다.
③ 시간과 비용이 절약된다.
④ 질병의 발생률을 알 수 있다.

해설 고혈압이 있는 환자군과 없는 정상인 그룹으로 나누었으므로 이는 환자-대조군에 속한다. 모집단이 없어서 질병의 발생률을 알 수 없다.

22 40대 고혈압 환자와 정상인을 선정하여 질병발생의 원인관계를 규명하려고 한다. 이와 같이 질병발생관계를 규명하는 연구방법에 대해 옳지 못한 것은? 2020. 대구시

① 희귀한 질병을 연구하기에 적합하다. ② 시간과 비용이 절약된다.
③ 잠복기간이 긴 질병 연구에 적합하다. ④ 질병의 발생률을 알 수 있다.

해설 고혈압 환자와 정상인을 선정하였으니 이는 환자-대조군에 해당되며 환자-대조군에서는 질병의 발생률을 알 수 없다. 질병의 발생률을 알 수 있는 것은 코호트연구이다.

Answer 17 ① 18 ③ 19 ④ 20 ② 21 ④ 22 ④

23 특정한 시점 또는 기간 내에 질병 또는 상태 유무를 조사하고 개개 구성원이 갖고 있는 속성과 연구하려는 질병과 상관관계를 규명하는 연구는?

2020. 충남

① 단면연구
② 기술역학
③ 코호트연구
④ 환자-대조군연구

해설 단면연구 : 일정한 인구집단을 대상으로 특정한 시점이나 일정한 기간 내에 질병을 조사하고 각 질병과 그 인구집단의 관련성을 연구하는 방법

24 질병 발생에 관한 설정된 가설 검증을 위하여 특정요인과 그 결과 간의 인과관계를 밝히는 역학의 종류는?

2020. 충남

① 분석역학
② 단면조사연구
③ 기술역학
④ 실험연구

해설

분석역학	기술 역학의 결과를 근거로 질병 발생에 대한 가설을 설정하고 가설이 옳은지 그른지를 가려내는 연구
단면조사연구	일정한 인구집단을 대상으로 특정한 시점이나 일정한 기간 내에 질병을 조사하고 각 질병과 그 인구집단의 관련성을 보는 연구
기술역학	건강과 건강관련 상황이 발생했을 때 있는 그대로의 상황을 기술하는 연구
실험연구	질병 규명을 실험적인 방법에 의해 입증하고자 하는 연구

25 단면연구는 단면을 자르듯이 한 시점에 연구를 수행하여 질병과 노출요인에 대한 정보를 조사하는 역학적 연구 형태를 말한다. 이러한 단면연구에 대한 설명으로 옳지 않은 것은?

2019. 부산시

① 위험요인과 질병발생 간의 시간적 선후관계를 알기 어렵다.
② 위험요인의 노출수준이 아주 낮은 경우에도 수행이 용이하다.
③ 지역사회에서 대표성 있는 표본 선정이 중요하다.
④ 다른 분석역학 연구들에 비해 시간이 적게 소요된다.

해설 단면연구는 특정한 시점이나 일정한 기간 내에 질병을 조사하고 각 질병과 그 인구집단의 관련성을 연구하는 방법으로 노출수준이 낮은 경우 수행하기 어렵다.

26 다음에서 설명하고 있는 역학적 연구방법으로 올바른 것은?

2019. 서울시

> 첫 임신이 늦은 여성에서 유방암 발생률이 높은 원인을 규명하기 위해 1945년까지 내원한 첫 임신이 지연된 대상자를 모집단으로 하여, 내원 당시 분석된 호르몬 이상군(노출군)과 기타 원인으로 인한 여성들(비노출군)을 구별하고, 이 두 집단의 유방암 발생 여부를 파악하였다. 1978년 수행된 이 연구는 폐경 전 여성들의 호르몬 이상군에서 유방암 발생이 5.4배 높은 것을 밝혀냈다.

① 후향적 코호트연구 ② 전향적 코호트연구
③ 환자-대조군 연구 ④ 단면연구

해설 후향적 코호트연구는 위험요인 노출 여부를 과거 기록을 이용하는 것으로 지문의 연구에 적합하다.

27 **환자-대조군 연구에서 환자군은 어떤 집단을 대상하는 것이 가장 좋은가?** 2018. 충북, 2019. 경남

① 발생환자 ② 유병환자
③ 퇴원환자 ④ 입원환자

해설 치명적인 질병을 대상으로 하는 환자-대조군의 경우 병이 심한 사람은 이미 사망하게 되므로, 유병환자를 대상으로 하는 경우 선택적 생존바이어스가 발생할 확률이 높다. 따라서 환자-대조군의 연구는 발생환자를 대상으로 실시하여야 한다.

28 **생태학적 연구에 대한 설명으로 옳지 않은 것은?** 2018. 전남

① 생태학적 연구는 개인이 아니라 인구집단을 대상으로 한다.
② 요인 노출과 질병 발생 간이 원인적 연관성을 분석 판정한다.
③ 기존 자료들을 활용하여 연구를 진행하기 때문에 간편하고 경제적이다.
④ 환경오염과 같이 개인 노출 측정이 어렵거나 불가능할 때 많이 활용한다.

해설 생태학적 연구
㉠ 다른 목적을 위해 생성된 기존 자료 중 질병에 대한 인구집단 통계자료와 관련 요인에 대한 인구집단 통계자료를 이용하여 상관분석을 시행한다. 이를 상관성연구라고도 하며, 주로 질병 발생의 원인에 대한 가설 유도를 위하여 시도된다.
㉡ 이 연구는 개인이 아닌 인구집단을 관찰 단위로 하여 분석한다.
㉢ 가장 많이 수행되는 생태학적 연구 유형은 한 시점에서 여러 인구집단에서 대상 질병의 집단별 발생률과 위험요인에의 노출률간의 양적 경향성이 있는지를 분석하는 방법이다.
㉣ 생태학적 연구의 제한점
- 원인적 요인과 질병 발생 간의 선후관계가 불명확하다.
- 생태학적인 연구의 결과를 인과성으로 해석하려고 할 때 발생하는 오류로서, 생태학적 연구 결과에서 유의한 상관성이 관찰되더라도 개인 수준에서는 요인과 질병간의 관련성이 관찰되지 않을 수 있는데 이와같은 오류를 '생태학적 오류'라 한다. 이는 요인과 질병에 대한 변수 모두 인구집단 수준에서만 측정했기 때문에 생기는 한계이다.

29 **환자-대조군 연구에서 새로이 발생한 환자가 아닌 5년간 치료해 온 기존 환자를 선정할 경우 생길 수 있는 바이어스는?** 2018. 부산시

① 자발적 참여자가 연구에 많이 포함된다.
② 생존한 사람들만 연구에 많이 포함된다.
③ 노출요인을 바꾼 사람들이 연구에 많이 포함된다.
④ 임상경과가 짧은 사람들이 연구에 많이 포함된다.

Answer 23 ① 24 ① 25 ② 26 ① 27 ① 28 ② 29 ②

해설 환자-대조군 연구는 연구하고자 하는 질병에 이환된 집단(환자군)과 질병이 없는 군(대조군)을 선정하여 질병발생과 관련이 있다고 의심되는 요인들과 질병발생과의 원인관계를 규명하는 연구방법으로 생존한 사람들만 연구에 포함된다.

30 임신 전 모성흡연과 저체중아 출산의 연관성을 연구하기 위하여 첫 번째 산전 진찰 당시 임산부들의 흡연력을 조사한 이후, 출산시점까지 추적하여 산모들의 흡연력에 따라 저체중아 출산 여부를 평가하였다면 이는 어떤 유형의 연구인가? 2018. 전남

① 단면조사연구 ② 환자-대조군 연구
③ 코호트연구 ④ 생태학적 연구

해설 코호트연구는 질병발생의 위험률, 발병 확률, 시간적 속발성, 상대위험의 양 반응관계를 비교적 정확히 구할 수 있다.

31 임신 중 모성흡연과 태아 저체중에 관한 연관성 연구에서 첫 번째로 산전에 임산부의 흡연력을 조사했다. 그 이후 출산 시 흡연력에 따른 저체중아의 출산여부를 조사했다면, 이는 다음 역학연구방법 중 어떤 연구방법과 가장 관계가 있는가? 2017. 광주시

① 단면 연구 ② 환자-대조군 연구
③ 전향적 코호트 연구 ④ 후향적 코호트 연구

해설 전향적 코호트연구는 연구자가 건강한 사람 중 노출군과 비노출군의 추적관찰을 통해 질병발생을 확인하는 과정으로 흡연력에 따른 저체중아의 출산여부를 조사하는 데 유용하다.

32 A중학교 수학여행에서 학생 30명 중 20명이 구토와 설사를 일으켰다. 다음 중 식중독의 원인을 조사하기 위한 역학연구 설계로 가장 적절한 것은? 2017. 서울시

① 단면 연구 ② 환자-대조군 연구
③ 코호트 연구 ④ 임상 시험

해설 구토와 설사를 일으킨 20명의 학생을 환자군으로 나머지 10명을 대조군으로 하는 환자-대조군 연구를 실시하는 것이 가장 적합하다.

33 어떤 사실에 대하여 계획, 조사를 실시하는 것으로 제1단계 역학에 해당하는 것은? 2017. 경기

① 기술역학 ② 분석역학
③ 실험역학 ④ 이론역학

해설 기술역학

<table>
<tr><td>개념</td><td colspan="2">건강과 건강관련 상황이 발생했을 때 있는 그대로의 상황을 기술하는 것으로 제1단계 역학에 해당.</td></tr>
<tr><td>인적 변수
(생물학적 변수)</td><td colspan="2">연령, 성별, 인종, 종교, 사회계층, 직업, 결혼상태, 사회경제적 수준, 기타</td></tr>
<tr><td rowspan="4">지역적 변수</td><td>지방성(풍토병적, 토착성(endemic))</td><td>일부지역에 특수하게 발생하는 경우로 우리나라 낙동강 지역의 간디스토마가 이에 속한다.</td></tr>
<tr><td>유행성 또는 전국적 유행(epidemic)</td><td>한 국가에서 전반적으로 질병이 발생하는 경우</td></tr>
<tr><td>범유행성(범발성, pandemic)</td><td>전 세계적으로 발생하거나 유행하는 경우</td></tr>
<tr><td>산발적(sporadic)</td><td>지역에 상관없이 산발적으로 질병이 발생하는 경우
예 렙토스피라</td></tr>
<tr><td rowspan="5">시간적 변수</td><td>추세변화
(장기변화)</td><td>어떤 질병이 수십년 관찰 시 증가 및 감소의 경향을 보이는 것
예 장티푸스(30~40년 주기), 디프테리아(10~24년 주기), 인플루엔자(약 30년 주기)</td></tr>
<tr><td>순환변화
(주기변화)</td><td>질병발병 양상이 수 년(2~4년) 간격을 두고 변하는 것으로 이러한 현상이 발생하는 이유는 집단면역 수준이 떨어지기 때문이다.
예 유행성 독감(3~6년), 백일해(2~4년), 홍역(2~3년), 폐렴(3~4년), 유행성 일본뇌염(3~4년)</td></tr>
<tr><td>계절적 변화</td><td>질병분포가 1년을 주기로 특히 많이 발생하는 달이나 계절이 있는 경우</td></tr>
<tr><td>돌연유행
(단기변화)</td><td>시간별, 날짜별, 주일별로 변하는 것
예 장티푸스, 콜레라 등의 수인성 감염병</td></tr>
<tr><td>불규칙변화
(돌발유행)</td><td>외래 감염병이 국내 침입 시 돌발적이고 다발적으로 유행하는 경우로 콜레라, 페스트 등이 이에 속한다.
예 MERS, SARS</td></tr>
</table>

34 감염병 중 디프테리아, 장티푸스와 같인 20~40년을 주기로 유행하며 발생하는 것을 무엇이라고 하는가? 2016. 전남

① 순환변화 ② 추세변화
③ 불규칙변화 ④ 계절적 변화

해설 추세변화 : 어떤 질병이 수십년 간 관찰할 경우 증가 및 감소의 경향을 보이는 것

35 인구집단을 대상으로 건강관련 문제를 연구하기 위한 단면연구에 대한 설명으로 올바른 것은? 2016. 서울시

① 병원 또는 임상시험 연구기관 등에서 새로운 치료제나 중재방법의 효과를 검증하는 방법이다.
② 장기간 관찰로 추적이 불가능한 대상자가 많아지면 연구를 실패할 가능성이 있다.
③ 코호트연구에 비하여 시간과 경비가 절감되어 효율적이다.
④ 적합한 대조군의 선정이 어렵다.

Answer 30 ③ 31 ③ 32 ② 33 ① 34 ② 35 ③

해설 단면조사연구
㉠ 연구결과의 모집단 적용이 가능
㉡ 시간과 경비가 절감 – 단시간 내 결과 도출
㉢ 환자 – 대조군 연구보다 편견이 적음.
㉣ 환자 – 대조군 연구보다 자료의 정확도가 높음
㉤ 동시에 여러 종류의 질병과 요인과의 관련성을 연구 가능

36 유행병 조사의 과정과 사항에 대한 설명으로 옳은 것은?

① 유행병이 발생한 후 유행 여부의 판단과 크기를 측정하여야 한다. 이때 비슷한 질환군이면 동일질환 여부 확인은 중요하지 않다.
② 유행질환을 조사할 때는 먼저 원인 물질이 무엇인지에 대한 분석역학 조사를 시행한 후 차분하게 기술역학 조사를 시행한다.
③ 유행병의 지리적 특성을 파악하는 것은 유행의 원인을 추정하는 데 도움이 되므로 지도에 감염병 환자를 표시하는 점지도(spot map) 작성이 필요하다.
④ 역학조사의 시작은 이미 질병 유행이 모두 일어난 시점에 시작되기 때문에 시간적으로 전향적 특성을 가진다.

해설 ① 유행병이 발생한 후 유행 여부의 판단과 크기를 측정하여야 한다. 이때 비슷한 질환군이면 동일질환 여부 확인은 중요하다.
② 유행질환을 조사할 때는 먼저 기술역학 조사를 시행한 후 원인 물질이 무엇인지에 대한 분석역학 조사를 시행한다.
④ 역학조사의 시작은 이미 질병 유행이 모두 일어난 시점에 시작되기 때문에 시간적으로 후향적 특성을 가진다.

37 다음 중 아래 내용으로 알 수 있는 시간적 현상은?

가. 국내 외국여행객을 통해 국내반입 가능 나. 외국에서 신종 H7N9형 조류인플루엔자(AI) 감염자가 계속 확산 다. 한국에 조류인플루엔자(AI)가 들어와 돌연 국내에 유행

① 계절 변화
② 범발적 변화
③ 불규칙 변화
④ 추세 변화

해설 불규칙변화는 외래 감염병이 국내 침입 시 돌발적이고 다발적으로 유행하는 경우이다.

38 다음 중 기술역학의 시간적 변수와 그 예를 잘못 연결한 것은?

① 불규칙 변화 – MERS
② 순환 변화 – 홍역, 백일해
③ 주기변화 – 인플루엔자
④ 추세 변화 – 장티푸스

해설 주기변화는 유행성 독감(3~6년), 백일해(2~4년), 홍역(2~3년), 폐렴(3~4년), 유행성 일본뇌염(3~4년) 등이고 인플루엔자는 약 30년 주기로 장기변화에 해당한다.

39 **다음 중 영국의 John Snow가 런던에서 발생한 콜레라의 역학적인 연구조사에서 적용한 방식은?**

① 기술역학　　② 분석역학
③ 실험역학　　④ 이론역학

해설 J. Snow의 콜레라 역학 조사
1854년 8~9월까지 영국 Broad Street를 중심으로 발생한 콜레라를 점지도를 이용한 역학 조사한 결과 Snow는 쓰레기로 오염된 템즈강으로부터 공급되는 물을 먹은 사람에게서 발병률이 높음을 알게 되었다. 점지도는 건강 관련 상황이 발생했을 때 있는 그대로의 상황을 기술하는 기술역학에 해당된다고 할 수 있다.

40 **질병의 "endemic" 상태에 대한 설명으로 옳은 것은?**

① 특정 질병이 기대하였던 정상적 수준이상으로 발생한 상태
② 인구집단에서 현존하는 일상적 상태
③ 여러 국가와 지역에서 동시에 발생하는 상태
④ 계절적 변동 양상을 보이는 상태

해설 endemic은 일부지역에 특수하게 발생하는 경우이고, pandemic은 전 세계적으로 발생하거나 유행하는 경우이다.

41 **다음 중 질병의 역학적인 시간적 변화 중에서 추세변화에 해당하는 질병은?**

① 백일해, 홍역　　② 사스, 수인성전염병
③ 장티푸스, 디프테리아　　④ 홍역, 소아마비

해설 추세변화는 수십년에 걸쳐 증가와 감소의 경향을 보이는 것으로 장티푸스(30~40년 주기), 디프테리아(10~24년 주기), 인플루엔자(약 30년 주기)가 있다.

42 **다음 중 분석역학에 대한 설명으로 가장 옳은 것은?**

① 단면조사 연구는 단시간 내에 결과를 얻을 수 있어서, 질병 발생과 질병 원인과의 선후관계를 규명할 수 있다.
② 코호트 연구는 오랜 기간 계속 관찰해야 하는 관계로 연구 결과의 정확도를 높일 수 있다.
③ 전향성 코호트 연구와 후향성 코호트 연구는 모두 비교 위험도와 귀속위험도를 직접 측정할 수 있다.
④ 환자-대조군 연구는 비교적 비용이 적게 들고, 희귀한 질병을 조사하는 데 적절하다.

해설 ① 단면조사 연구는 단시간 내에 결과를 얻을 수 있으나, 질병 발생과 질병 원인과의 선후관계를 규명할 수 없다.
② 코호트 연구는 오랜 기간 계속 관찰해야 하는 관계로 연구 결과의 정확도가 오히려 낮아질 수 있다.
③ 전향성 코호트 연구의 경우 비교 위험도와 귀속위험도를 직접 측정할 수 있으나, 후향성 코호트 연구의 경우는 과거 기록을 이용하기 때문에 비교위험도, 귀속위험도 산출을 직접적으로 측정할 수는 없다.

Answer 36 ③　37 ③　38 ③　39 ①　40 ②　41 ③　42 ④

43 **다음 내용 설명은 역학적 연구방법 중 어디에 속하는가?**

- 연구시작 시점에서 과거의 관찰시점으로 거슬러 올라가서 관찰시점으로부터 연구시점까지의 기간 동안 조사
- 질병발생 원인과 관련이 있으리라고 의심되는 요소를 갖고 있는 사람들과 갖고 있지 않는 사람들을 구분한 후 기록을 통하여 질병발생을 찾아내는 방법

① 전향적 코호트연구(prospective cohot study)
② 후향적 코호트연구(retrospective cohot study)
③ 환자－대조군 연구(case－control study)
④ 단면조사연구(cross－sectional study)

해설 후향적 코호트 연구 : 위험요인 노출 여부를 과거 기록을 이용하는 경우로 전향적 코호트연구보다 짧은 시간 내 연구를 수행할 수 있다.

44 **체르노빌 원전사고 당시 방사능에 노출된 사람들을 대상으로 그 후의 질병 발생과의 연관성을 조사하여 노출되지 않은 일반인구와 비교하여 연구하였다면, 다음 중 분석역학의 조사방법 중 어디에 해당하는가?**

① 후향성 코호트 조사 ② 전향성 코호트 조사
③ 임상실험 ④ 환자－대조군 조사

해설 과거에 체르노빌 원전사고 시 방사능에 노출된 사람들과 노출되지 않은 사람들을 대상으로 실시하였으므로 후향적 코호트연구에 속한다.

45 **다음 중 질병유행의 특성으로 볼 때 간디스토마는 어떤 유행양식인가?**

① 산발적 유행 ② 지방병적 유행
③ 급성 유행 ④ 범발성 유행

해설 지방성(풍토병적, 토착성(endemic)) : 일부지역에 특수하게 발생하는 경우로 우리나라 낙동강 지역의 간디스토마가 이에 속한다.

46 **다음 중 현재 운동하는 집단과 운동하지 않는 집단을 대상으로 건강상태를 조사하여 운동과 건강과의 관계를 연구하는 역학적 연구방법은?**

① 전향성 코호트 연구 ② 환자－대조군 연구
③ 횡단면 연구 ④ 후향성 코호트 연구

해설 현재 운동하는 집단과 운동하지 않는 집단을 대상으로 운동과 건강과의 관계를 연구하는 것은 단면조사연구에 해당된다.

47 **다음 중 두 개의 비교집단 모두 건강군을 대상으로 하고, 연구를 진행하는데 시간이 많이 소요되지만, 편견 개입이 적어 신뢰도가 높은 역학연구를 설계할 때 많이 이용되는 것은?**

① 실험 연구 ② 코호트 연구
③ 횡단면 연구 ④ 환자-대조군 연구

해설 코호트연구의 장·단점

장점	단점
㉠ 질병발생의 위험률, 발병 확률, 시간적 속발성, 상대위험의 양 반응관계를 비교적 정확히 구할 수 있음 ㉡ 편견이 비교적 적으며 신뢰성이 높은 자료를 구할 수 있음 ㉢ 질병의 자연사를 파악할 수 있음 ㉣ 인과관계를 구체적으로 확인 가능 ㉤ 부수적으로 다른 질환과의 관계를 알 수 있음 ㉥ 일반화가 가능	㉠ 시간, 노력, 비용이 많이 요구됨 ㉡ 관찰기간이 길고 대상자가 다수이어야 하므로 발생률이 낮은 질병에의 적용이 곤란 ㉢ 장기간의 추적조사로 탈락자가 많아 정확도에 문제가 발생 ㉣ 연구기간이 길어짐에 따라 연구자의 잦은 변동으로 차질이 발생할 수 있음 ㉤ 진단방법과 기준에 변동이 생길 수 있음 ㉥ 질병분류에 착오가 생길 수 있음

48 **다음 중 홍역 유행곡선에서 많이 나타나는 봉우리 모양은?**

① 봉우리가 고원처럼 정체된 것
② 봉우리가 여러 개인 것
③ 불규칙하며 일정한 봉우리 간격
④ 오른쪽으로 길게 치우친 대수정규분포

해설 유행곡선 : 시간을 X축으로 하고 환자 수(신 환자수)를 Y축으로 표시한 그림

단일본 유행곡선	증식형 유행곡선
㉠ 공통오염원에 의한 단일노출로 인한 유행으로 예를 들어 식중독이 대표적이다. ㉡ 첫 발생 환자와 마지막 발생 환자와의 거리는 최장잠복기와 최단잠복기의 차이이다. ㉢ 흔히 정규분포곡선 형태이다. ㉣ 처치 : 대민홍보, 개인 위생 강조 ㉤ 단일봉이지만 봉우리가 평평한 고원을 형성하고 잠복기가 알려진 것보다 긴 경우는 오염된 감염원이 제거되지 않고 여러 번에 걸쳐 지속적으로 유행을 일으키는 경우이다.	㉠ 사람 간 접촉으로 인한 전파시 나타나는 유행의 모습으로 불규칙한 봉우리 크기와 비교적 일정한 봉우리 간격을 특징으로 한다. ㉡ 특히 비말로 감염되는 호흡기감염병의 경우 그대로 유행을 두면 점차적으로 유행곡선의 봉우리의 크기가 커지는 전형적인 증식형 유행곡선을 보인다. ㉢ 호흡기감염병인 홍역 유행시 봉우리의 정점 간 간격이 비교적 일정한 증식형 유행곡선을 띤다.

49 **희귀병 조사에 적합한 연구방법은?**

① 전향성 연구 ② 환자-대조군 연구
③ 기술연구 ④ 단면조사연구

해설 환자-대조군 연구는 희귀질병, 잠복기간이 긴 질병, 만성퇴행성질환에 적합하다.

Answer 43 ② 44 ① 45 ② 46 ③ 47 ② 48 ③ 49 ②

50 **다른 목적을 위해 만들어진 인구집단 통계자료 중 질병에 대한 자료와 관련 요인에 대한 자료를 묶어 둘 사이의 상관분석을 실시하는 역학연구는?**

① 사례군연구 ② 코호트연구
③ 생태학적 연구 ④ 환자-대조군 연구

해설 **생태학적 연구 :** 다른 목적을 위해 생성된 기존 자료 중 질병에 대한 인구집단 통계자료와 관련 요인에 대한 인구집단 통계자료를 이용하여 상관분석을 시행한다.

51 **다음 중 환경과 유전에 대한 역학적인 연구 시 가장 적절한 방법은?**

① 생태학적 연구 ② 이민자 연구
③ 코호트연구 ④ 환자-대조군 연구

해설 이민자 연구
㉠ 개념 : 환경과 유전의 상대적인 중요성에 대한 단서를 제공할 수 있다.
㉡ 이민 본국의 발생률, 이민 1세대 및 2세대의 발생률, 이민 수용국의 발생률 등을 서로 비교함으로써 환경 요인이 작용하는지, 혹은 유전요인이 작용하는지에 대한 단서를 평가하게 된다.

52 **다음 중 건강증진사업을 실시해 예산대비 결과 또는 그 효과성을 연구할 때 어떤 역학적인 연구에 해당하는가?**

① 기술역학 ② 분석역학
③ 실험역학 ④ 작전역학

해설 **작전 역학(평가 역학, 응용 역학) :** 인구집단의 대상에서 한 개인 환자의 증상과 질병의 양상을 기초로 인구집단이나 지역사회를 조사대상으로 확대 · 비교하여 역학적 여러 요인을 규명하는 학문이다. Omran에 의해 개발되었으며 다음과 같은 내용을 다룬다.
㉠ 작전 역학의 내용
- 나타난 보건사업 효과를 당초 목표하였던 것과 비교하여 평가하는 영역
- 사업의 운영과정에 관한 연구를 하는 영역
- 투입된 예산, 경비, 노력에 대한 결과 또는 효과를 관련시켜 연구하는 영역
- 사업의 수용 또는 거부반응을 일으키는 데 영향을 미치는 요인을 규명하는 영역
- 지역사회 보건문제 해결을 위한 여러 가지 접근방법을 비교 평가하는 영역

㉡ 장단점 : 원인을 제거함으로써 인과관계의 예방효과를 측정할 수 있으며, 실용적으로 증명이 가능하다. 그러나 작전 역학은 여러 가지 요인이 함께 작용하여 구별이 어렵다.
㉢ 활용도
- 예방 효과를 측정하고자 할 때
- 실용성을 시험하고자 할 때
- 경비의 효율성을 평가하고자 할 때

53 **다음 중 국가별 담배소비량과 폐암과의 관계를 연구하는 역학적인 방식은?**

① 단면연구 ② 상관관계 연구
③ 실험연구 ④ 코호트연구

해설 상관 관계 연구
㉠ 위험요인과 질병 간의 상관관계를 규명하고자 하는 기술연구 방법이다.
㉡ 위험요인과 질병 간의 인과관계를 규명하는 것은 아니고 관계가 있느냐 없느냐의 관계가 있을 경우 그 관계가 긍정적인가 부정적인가의 관계 유형과 정도를 밝혀주는 역할을 한다.
㉢ 의심되는 원인요인에 대한 폭로와 질병발생 간의 관련성을 조사하는 첫 단계로 자주 사용된다.
㉣ 장점
- 기존의 이용 가능한 자료를 사용하기 때문에 단기간 내에 연구를 수행할 수 있다.
- 비용이 적게 든다.

㉤ 단점
- 집단에서 얻은 정보를 집단을 단위로 분석하기 때문에 개인수준에 직접 적용하는 데 무리가 따른다.
- 개인수준의 자세한 정보가 은폐되어 오판의 위험이 있다.
- 통제가 필요한 변수에 대한 정보를 구하지 못해 혼란변수의 효과를 통제하는 능력이 떨어질 수 있다.

54 **다음 중 사회역학에서 사회적 요인에 해당하는 것은?**

가. 사회적 지지나 네트워크	나. 사회계급
다. 사회제도	라. 정치 및 문화

① 가, 나, 다 ② 가, 다
③ 나, 라 ④ 가, 나, 다, 라

해설 사회역학
㉠ 정의 : 건강의 사회적 분포와 사회적 결정요인들에 대해 연구하는 역학의 한 분야
㉡ 사회적 결정요인이란
- 사회계층화, 위계구조 자체로부터
- 노동과 고용 조건, 지역사회 같은 환경 요인
- 성별과 인종 등에 근거한 차별과 사회적 배제 등의 제도적 · 문화적 요인
- 사회 네트워크와 지지 등 개인 집단 수준의 사회심리적 요인
- 소득불평등, 복지체제와 사회정책, 세계화 등 정치경제적 요인에 이르기까지 다양하고 다층적이면서 서로 연관되어 있다.

㉢ 사회역학의 접근법
- 고위험 접근전략에 대비되는 인구집단 전략을 취한다 : 사람들이 왜 특정한 위험요인에 노출되는지, 어떠한 사회적 조건 하에서 질병과 관계되는지 확인한다.
- 생애과정 관점을 위한다 : 특정 발달단계에서 위험이 결정적 작용을 할 수도 있고, 생애 과정에서 불이익의 누적으로 나타날 수도 있다.

Answer 50 ③ 51 ② 52 ④ 53 ② 54 ④

55 다음에서 소개하는 바이어스는 모두 어떤 바이어스에 속하는가? 2019. 대구시

가. 특별한 중재나 실험 없이도 연구에 참여하거나, 위험요인에 대해 반복 측정하는 것 때문에 행동에 변화를 유발하여 요인 자체의 변화를 가져와, 결과적으로는 요인-결과 간 관련성에 영향을 미치는 바이어스이다.
나. 환자-대조군 연구에서 피조사자의 기억력에 의존하여 과거 요인 노출 여부를 조사하는데, 대조군에 비해 환자는 특정 질병과 관련된 요인이라서 보다 잘 기억하기 마련이다.
다. 설문조사자의 편견이나 유도질문 때문에 수집된 자료의 질이나 응답 자체의 차이를 유발하는 바이어스를 말한다.

① 선택바이어스 ② 정보 바이어스
③ 교란 바이어스 ④ 생태학적 오류

해설 가. 호손효과 나. 회상바이어스 다. 면담자 바이어스
※ 역학조사 시 발생하는 편견(바이어스)

선택 편견	버크슨 바이어스	병원환자를 대상으로 연구할 때, 즉 환자-대조군연구에서 발생하는 바이어스
	선택적 생존 바이어스	치명적인 질병과 그 요인을 연구하고자 할 때에 고려해야 하는 바이어스이다. 연구 시 병이 심한 사람은 죽고, 심하지 않은 사람만 연구대상이 된다. 이 경우 치명적 질병을 그 대상으로 하는 단면 연구와 후향적 코호트 연구에서 흔히 발생
	추적관찰 탈락 바이어스	중도탈락자나 무응답자의 특성이 다른 경우로 이들을 연구에서 제외하면 결과가 달라짐. 코호트 연구에서 흔히 발생
	자발적 참여자 바이어스	연구참여 집단으로 선정되는 과정 중에 자발적 참여자가 더 많이 연구참여 집단에 포함된다. 이는 자기선택 바이어스라고도 하며, 모든 연구 설계에서 관찰될 수 있음
	인지(검출) 바이어스	위험요인을 가진 사람들은 더 많은 검사를 받고 그렇지 않은 대상자는 진담검사를 자주 받지 않음으로 인해 요인과 질병 간 관련성에 바이어스가 나타나는 현상
	이 외 무응답 바이어스	
정보 편견	확인 바이어스	코호트 연구에서는 추적관찰을 시행하면서 요인에 노출된 대상자를 더욱 철저하게 질병발생을 조사하거나, 요인에 노출되지 않은 대상에 비해 과다하게 자신의 질병을 보고하게 됨으로써 질병발생이 높은 것처럼 관찰될 수 있는 바이어스
	측정 바이어스	설문조사 질문내용이 매우 민감한 개인생활을 언급하거나 아주 중대한 문제를 다루는 경우 또는 질문에 혼동하는 경우, 얼버무리는 태도나 거짓말 등에 의해 발생하는 바이어스
	호손효과	위험요인에 대해 반복 · 측정하는 것만으로도 행동에 변화를 유발하여 요인 자체의 변화를 가져와 결과적으로 요인-결과 간 관련성에 영향을 줄 수 있는 바이어스
	시간 바이어스	시간의 흐름에 따라 요인을 측정하거나 질병을 진단하고자 할 때 개인적 요인이 변화되거나 진단의 기준 자체가 변화되어 생기는 바이어스
	이 외 기억 소실 바이어스, 회상 바이어스, 대리응답 바이어스	
교란편견		교란바이어스는 원인변수와 관련성이 있으며 결과변수와는 인과관계에 있는 변수이되, 원인변수와 결과변수 사이의 중간 매개변수는 아닌 변수를 의미

56 **바이어스에 대한 설명으로 옳지 않은 것은?** 2019. 전북

① 검출 바이어스– 건강 위험과 관련된 위험요인을 가진 대상자는 더 자주 진단검사를 받고 그렇지 않은 대상자는 진단검사를 자주 받지 않음으로 인해 생기는 바이어스
② 출판 바이어스 – 기존 문헌에서 출판된 것만으로 체계적 고찰과 메타분석을 시행하면 결과가 유의할 가능성이 높아지는 바이어스
③ 버크슨 바이어스 – 시간적 흐름에 따라 요인을 측정하거나 질병을 진단할 때 개인적 요인이 변화되거나 진단의 기준 자체가 변화됨으로 인해 요인–결과 간 관련성에 생기는 바이어스
④ 선택적 생존 바이어스 – 치명적인 질병과 그 요인을 연구할 때 연구에 포함된 대상자는 생존하고 있는 대상자만이 포함될 수 있고, 거기서 간출된 연구결과는 질병발생이 아닌 질병발생 후 생존에 영향을 주는 인자일 가능성이 높다는 바이어스

해설 버크슨 바이어스 : 병원환자를 대상으로 연구할 때, 즉 환자–대조군연구에서 발생하는 바이어스

57 **환자–대조군연구에서 짝짓기(matching)를 하는 주된 목적은?** 2019. 서울시

① 선택바이어스의 영향을 통제하기 위하여
② 정보바이어스의 영향을 통제하기 위하여
③ 표본추출의 영향을 통제하기 위하여
④ 교란변수의 영향을 통제하기 위하여

해설 짝짓기(matching)를 시행하면 각 집단의 교란변수의 분포가 동일하게 되므로 교란변수의 영향을 통제할 수 있게 된다.

58 **역학연구의 설계 및 수행단계에서 교란변수를 통제하기 위한 방법으로만 묶인 것은?** 2019. 세종시

① 짝짓기 – 연구대상의 제한
② 층화분석 – 무작위배정
③ 짝짓기 – 층화분석
④ 무작위배정 – 특정 집단에 한정하여 분석

해설 교란변수를 통제할 수 있는 방법

연구설계 또는 수행단계에서의 통제방법	분석단계에서의 통제방법
㉠ 연구대상 선정시 교란변수를 모두 가지고 있거나 모두 가지고 있지 않은 특정 집단만으로 제한 ㉡ 연구대상자를 임의로 배정하여 집단 간 교란변수 분포를 확률적으로 같게 하는 방법 ㉢ 교란변수에 대해 짝짓기를 하여 교란요인을 가진 대상을 각 군에 동일하게 배정	㉠ 분석대상을 교란변수를 모두 가지고 있거나 모두 가지고 있지 않은 특정 집단만으로 제한 ㉡ 교란변수가 1~2개일 경우 층화를 실시 ㉢ 교란변수에 대해 표준화하여 군 간 교란변수 분포의 차이를 없애줌

Answer 55 ② 56 ③ 57 ④ 58 ①

59 음주와 폐암의 관련성을 연구하려고 한다. 이 때 흡연이 교란변수로 작용하기 위한 조건을 모두 고른 것은?

2018. 광주시

가. 흡연은 폐암의 위험요인이다.
나. 흡연과 음주는 상관관계가 있다.
다. 흡연은 음주의 결과변수이다.
라. 음주는 흡연의 결과변수이다.

① 가, 나
② 나, 다
③ 가, 나, 다
④ 가, 나, 라

해설 교란바이어스는 원인변수와 관련성이 있으며 결과변수와는 인과관계에 있는 변수이되, 원인변수와 결과변수 사이의 중간 매개변수는 아닌 변수를 의미한다. 즉, 교란변수는 연구자가 평가하고자 하는 주요 변수의 관계를 왜곡시키는 제3의 변수를 의미한다. 예를 들어 질병의 위험요인에 관한 역학적 연구에서 대상자의 나이를 교란변수라 할 수 있다. 나이는 거의 모든 질병의 발생에 영향을 미치는, 즉 관련성이 있는 변수이며, 흡연, 음주, 비만, 약물 섭취, 식습관 등 대부분의 위험요인과 연관성이 있기 때문이다. 이러한 연령을 자료의 분석이나 설계에서 고려하지 않는다면 연구결과가 왜곡되어 나타날 수 있다.

60 환자-대조군 연구에서 발생할 가능성이 가장 낮은 바이어스는?

2018. 충남

① 회상 바이어스
② 정보 바이어스
③ 선택적 생존 바이어스
④ 추적관찰 탈락 바이어스

해설 추적관찰 탈락 바이어스 : 중도탈락자나 무응답자의 특성이 다른 경우로 이들을 연구에서 제외하면 결과가 달라지는데 따라서 발생할 가능성이 가장 낮다.

61 선별검사(Screening test)에서 신속하게 진행되는 암을 놓쳐 통계에서 누락되었다면, 다음 중 어떤 유형의 편향이 발생하는가?

2017. 광주시

① 정보 편향(Selection bias)
② 기간차이 편향(Length bias)
③ 선택 편향(Selection bias)
④ 조기발견 편향(Lead-time bias)

해설

정보 편향	연구대상자로부터 얻은 정보가 부정확하여 잘못 분류됨으로써 생기는 편견
기간차이 편향	같은 질병에서도 질병의 진행속도나 암의 성장형태는 빠른 것과 느린 것 등 매우 다양한데, 느리게 진행하는 질병이 집단검진으로 더 많이 발견됨으로써 환자의 예후가 더 좋은 것처럼 나타나는 바이어스
선택 편향	연구대상을 선정할 때 집단을 이루고 있는 각 개체가 동일한 확률로 연구대상으로 산정되지 않고, 어떤 특정 조건을 가진 사람들에게 뽑힐 기회가 편중된 편견
조기발견 편향	진단의 시기를 앞당김으로써 검진을 받은 사람들의 생존율이 높아 보이게 되는 바이어스

62 **역학연구 결과해석 시 고려되는 바이어스 중 다음 사례와 부합하는 것은?**

가. 면접과정에서의 바이어스	나. 대리응답에서의 바이어스
다. 회상 바이어스	

① 선택바이어스 ② 정보 바이어스
③ 교란바이어스 ④ 효과보정 바이어스

해설 **정보 바이어스** : 확인 바이어스, 측정 바이어스, 호손효과, 기억 소실 바이어스, 회상 바이어스, 대리응답 바이어스 등

63 **다음 글에서 설명하고 있는 것으로 올바른 것은?**

> 특별한 중재를 받지 않아도 연구에 참여함으로써 행동에 변화를 유발하여 요인 자체의 변화를 가져오게 된다. 결과적으로 요인-결과 간 관련성에 영향을 미친다.

① 자발적 참여자 바이어스 ② 호손 효과
③ 버크슨 바이어스 ④ 확인 바이어스

해설 **정보 바이어스** : 확인 바이어스, 측정 바이어스, 호손효과, 기억 소실 바이어스, 회상 바이어스, 대리응답 바이어스 등

64 **다음 중 자살에 대한 조사연구를 실시하는 경우에 확률표본을 추출하여 자살경험자에게 직접 조사를 한다고 했을 때 발생하는 Bias는?**

① 면접자 Bias ② 선택적 생존 Bias
③ 선택 Bias ④ 정보 Bias

해설 **선택적 생존 바이어스** : 치명적인 질병과 그 요인을 연구하고자 할 때에 고려해야 하는 바이어스이다. 연구 시 병이 심한 사람은 죽고, 심하지 않은 사람만 연구대상이 된다.

65 **다음 중 조기에 발견되어 임상적인 질병발생 시 발견될 때보다 생존기간이 길어 보이는 Bias는?**

① confound(교란) Bias ② information(정보) Bias
③ lead time(조기발견) Bias ④ selection(선택) Bias

해설 **조기발견 편향** : 진단의 시기를 앞당김으로써 검진을 받은 사람들의 생존율이 높아 보이게 되는 바이어스

66 **당뇨병과 같은 만성질환 관리사업의 약품수급에 대한 계획 시 가장 유용한 자료는?** 2022. 서울시

① 유병률(prevalence rate) ② 발생률(incidence rate)
③ 발병률(attack rate) ④ 치명률(case fatality rate)

Answer 59 ① 60 ④ 61 ② 62 ② 63 ② 64 ② 65 ③ 66 ①

해설

유병률	㉠ 현존하는 환자관리 요구량을 제공하여 역학적 견지에서 볼 때 발생률보다 그 가치가 작지만 의료시설이나 인력 확보 등의 질병관리대책을 수립하는 데 중요한 자료가 됨 ㉡ 만성 질환의 경우 질병관리에 필요한 인력 및 자원소요 정도를 추정할 수 있음 ㉢ 이환기간에도 영향을 받으므로 질병퇴치 프로그램이 제대로 수행되고 있는 지를 평가하는 데 유용
발생률	모든 질환의 발생원인을 규명하고, 발생 양상을 파악하는 데 이용하며 주로 급성 질환에서 유용
발병률	어떤 집단이 한정된 기간에 한해서만 어떤 질병에 걸릴 위험에 놓여 있을 때 전체인구 중 주어진 집단 내에 새로 발병한 총 수의 비율을 의미
치명률	특정 질병에 걸린 사람 중에서 그 질병으로 인해 사망한 사람의 백분율을 측정하는 지표로 특정 질병의 위중도를 알 수 있음

67 기여위험도에 대한 설명으로 가장 옳지 않은 것은? 2022. 서울시

① 코호트 연구(cohot study)와 환자–대조군 연구(case–control study)에서 측정 가능하다.

② 귀속위험도라고도 한다.

③ 위험요인에 노출된 집단에서의 질병발생률에서 비노출된 집단에서의 질병발생률을 뺀 것이다.

④ 위험요인이 제거되면 질병이 얼마나 감소될 수 있는 지를 예측할 수 있다.

해설 코호트연구에서 질병발생과 위험요인간의 상호관련성은 기여위험도로 산출하나, 환자–대조군 연구에서의 질병발생과 위험요인의 상호관련성은 교차비로 산출한다.

68 다음 중 교차비(odds ratio)를 구하는 식으로 가장 옳은 것은? 2021. 서울시

위험 요인 노출	질병 발생	
	발생(+)	비발생(–)
노출(+)	a	b
비노출(–)	c	d

① ad / bc ② (a / a+b) ÷ (c / c+d)

③ (a+c) / (a+b+c+d) ④ c / (c+d)

해설 교차비 = (a / c) / (b / d) = ad / bc

위험비	㉠ 병인 폭로 시 병에 걸릴 위험비(R_1) = a / (a+b) ㉡ 병인 비폭로 시 병에 걸릴 위험비(R_2) = c / (c+d)
상대위험도 (비교위험도)	$\frac{\text{의심되는 요인에 폭로된 집단에서의 특정질환 발생률}(R_1)}{\text{의심되는 요인에 폭로되지 않은 집단에서의 특정질환 발생률}(R_2)}$
교차비 (오즈비)	$\frac{\{\text{환자군 중 유해요인 노출군(a) / 환자군 중 비노출군(c)}\}}{\{\text{대조군 중 유해요인 노출군(b) / 대조군 중 비노출군(d)}\}}$ = ad / bc
귀속위험도	R_1(폭로군에서의 발생률) – R_2(비폭로군에서의 발생률)
귀속위험백분율	(귀속위험도 / 폭로군에서의 발생률) × 100

69 고혈압으로 인한 뇌졸중 발생의 상대위험도(relative risk)를 다음 표에서 구한 값은? 2020. 서울시

(단위 : 명)

	뇌졸중 발생	뇌졸중 비발생	계
고혈압	90	110	200
정상혈압	60	140	200
계	150	250	400

① (60 / 200) / (90 / 200)
② (90/150) / (110 / 250)
③ (110 / 250) / (90 / 150)
④ (90/200) / (60 / 200)

해설 상대위험도= 의심되는 요인에 폭로된 집단에서의 특정질환 발생률(R_1) / 의심되는 요인에 폭로되지 않은 집단에서의 특정질환 발생률(R_2)

상대위험도 = R_1/R_2 = (90 / 200) / (60 / 200)

70 환자–대조군연구에서 오즈비는 두 대응비 간의 비이다. 환자군에서 위험요인에 노출되었을 때 질병에 걸릴 확률이 80%일 때, 오즈값은? 2020. 울산시

① 1
② 2
③ 3
④ 4

해설 오즈비 = (위험요인에 노출 시 질병에 걸릴 확률)/(위험요인에 노출 시 질병에 걸리지 않을 확률)
= (80%)/(20%) = 4

71 질병발생의 위험도 측정에 관한 다음의 설명 중 옳지 못한 것은? 2020. 울산시

① 환자–대조군 연구에서는 교차비를 구할 수 있다.
② 질병발생률이 매우 낮은 경우 비교위험도와 교차비는 서로 비슷해진다.
③ 비교위험도가 0이면 위험요인에 대한 노출이 질병발생과 연관이 없음을 뜻한다.
④ 기여위험분율은 위험요인의 노출을 완전히 제거할 경우 질병이 얼마나 감소하는지를 보여준다.

해설 비교위험도가 1이면 위험요인에 대한 노출이 질병발생과 연관이 없음을 뜻한다.

비교위험도에 대한 결과 해석
- 비교 위험도(RR)가 1이라면 비노출군의 발생률과 노출군의 발생률이 같다는 의미로 해당 요인이 질병 발생과 연관성이 없다는 것을 의미한다.
- 비교 위험도(RR)가 1보다 큰 경우 해당 요인에 노출되면 질병의 위험도가 증가한다는 것으로 위험요인 노출과 질병 사이에 양의 연관성이 있다는 의미이다.
- 비교 위험도(RR)가 1보다 작은 경우 해당 요인에 노출된 경우 오히려 질병의 위험도가 감소한다는 것으로 이 요인은 질병을 예방하는 효과가 있다고 해석할 수 있다.

Answer 67 ① 68 ① 69 ④ 70 ④ 71 ③

72 다음 역학연구에서 구할 수 있는 역학지표는?

2020. 경북

> 흡연과 폐암의 연관성을 알아보기 위해 어느 종합병원에서 폐암 환자군 100명을 뽑고, 해당 병원에서 폐암과 관련이 없는 다른 질병으로 입원한 환자 100명과 지역사회에서 무작위로 추출한 100명을 뽑아 짝짓기 하였다. 이들 300명에 대하여 과거 흡연 여부를 조사하였다.

① 교차비
② 비교위험도
③ 기여위험분율
④ 발생밀도비

해설 이 연구는 환자-대조군 연구로, 질병발생과 위험요인의 상호관련성은 교차비(비차비)로 정량화한다.

73 다음의 코호트연구 설계의 결과를 보고 비교위험도와 귀속위험도를 올바르게 구한 것은?

2020. 충북

> • 흡연자 500명과 비흡연자 1,000명을 대상으로 폐암 발생 여부를 추적관찰하였다.
> • 흡연자 중에서 폐암환자가 20명, 비흡연자 중에서 폐암환자가 5명 발생하였다.

① 비교위험도는 8이다.
② 비교위험도는 16이다.
③ 기여위험도는 0.08이다.
④ 기여위험도는 0.35이다.

해설

	폐암발생	폐암 비발생	계
흡연자	20	480	500
비흡연자	5	995	1,000
계	25	1,475	1,500

비교위험도 = (20 / 500) / (5 / 1,000) = 8
기여위험도 = (20 / 500) − (5 / 1,000) = 0.035

74 짝짓지 않은 환자-대조군 연구에서 환자군과 대조군은 각각 10명씩이고, 노출은 E로 비노출은 N으로 그 결과를 다음과 같이 표시하였다. 교차비는?

2019. 경기

환자군	E	E	E	E	N	N	E	E	E	E
대조군	E	N	N	N	E	N	N	E	N	E

① 6
② 4
③ 3.5
④ 2.5

해설 • 환자군 : 노출 8명, 비노출 2명
• 대조군 : 노출 4명, 비노출 6명

	환자군	대조군
노출	8	4
비노출	2	6

• 교차비 = (8×6) / (4×2) = 6

75 흡연과 질병 A~C의 관련성을 알아보기 위한 코호트연구가 실시되었고, 다음 표는 그 결과이다. 이에 관한 설명으로 옳은 것은? 2019. 대전시

구분	노출군(흡연)		비노출군(비흡연)	
	발생자 수	발생률(10만명당)	발생자 수	발생률(10만명당)
A	알 수 없음	10	알 수 없음	5
B	알 수 없음	100	알 수 없음	40
C	알 수 없음	45	알 수 없음	15

① 비교위험도는 질병 A가 가장 높다.
② 기여위험도는 질병 C가 가장 높다.
③ 질병 A의 기여위험분율(%)은 질병 B보다 10% 높다.
④ 금연 시 질병 발생의 예방 효과가 가장 큰 것은 질병 C이다.

해설 ① 비교위험도는 질병 C가 가장 높다.
② 기여위험도는 질병 B가 가장 높다.
③ 질병 A의 기여위험분율(%)은 질병 B보다 10% 낮다.

	A	B	C
상대위험도	10/5 = 2	100/40 = 2.5	45/15 = 3
기여위험도	10−5 = 5	100−40 = 60	45−15 = 30
기여위험분율	{(10−5)/10}×100 = 50%	{(100−40)/100}×100 = 60%	{(45−15)/45}×100 = 67%

76 비, 분율, 비율에 대한 설명으로 옳지 않은 것은? 2019. 광주시

① 비율은 시간개념을 포함하고, 단위시간당 빈도의 개념이다.
② 비는 두 개의 수치를 비교할 때 사용되며 분자와 분모가 서로 독립적이다.
③ 분율은 분자가 분모에 포함되므로 0과 1 사이의 값을 갖는다.
④ 비율에는 특수사망률이, 분율에는 비교위험도, 비에는 성비가 있다.

해설 비, 비율, 분율

비	분율	비율
A/B 또는 A : B	A/(A+B)	A/{(A+B)×시간}
분자가 분모에 포함되지 않는 분수	전체 중에서 어떤 특성을 지닌 소집단의 상대적 비중	단위시간 동안 다른 측정값의 변화량
	0 ~ 1의 값을 가짐	0 ~ ∞의 값을 가짐
성비 사산비 비교위험도 교차비	유병률(시점유병률, 기간유병률, 평생유병률) 누적발생률 발병률(일차발병률, 이차발병률) 치명률 기여위험분율 비례사망률 비례사망지수 민감도 특이도	평균발생률 조사망률 성별 특수사망률 연령별 특수사망률 사인별 특수사망률

Answer 72 ① 73 ① 74 ① 75 ④ 76 ④

77 분율과 비교하여 비율에서 고려되어야 하는 것은? 2019. 충북

① 간격 ② 순서
③ 거리 ④ 시간

해설 비율 : 단위시간 동안 다른 측정값의 변화량

78 다음 중 분율에 해당하는 지표는? 2018. 서울시

① 성비 ② 발생률
③ 조사망률 ④ 시점유병률

해설 분율 : 전체 중에서 어떤 특성을 지닌 소집단의 상대적 비중으로 유병률(시점유병률, 기간유병률, 평생유병률), 누적발생률 등

79 위험요인이 질병발생에 얼마나 영향을 미치는지 알고자 할 때, 흡연이 폐암발생에 얼마나 기여하는지 알고 싶을 때 사용하는 수식으로 옳은 것은? 2018. 경기

구분	폐암	건강인	계
흡연	155	95	155+95
비흡연	100	388	100+388
합계	155+100	95+388	

① {155/(155+95)}−{100/(100+388)} ② {155/(155+100)}−{95/(95+388)}
③ {155/(155+95)}÷{100/(100+388)} ④ (155×388)/(95×100)

해설 흡연이 폐암발생에 얼마나 기여하는지를 알고 싶을 때는 기여위험도를 구하여야 한다.
기여위험도 = R_1(폭로군에서의 발생률) − R_2(비폭로군에서의 발생률)
= {155/(155+95)} − {100/(100+388)}

80 위험요인에 노출된 1,000명 중에서 환자가 21명 발생하였고, 위험요인에 노출되지 않은 1,000명 중에서 환자가 10명 발생하였다. 위험요인의 제고를 통한 질병 발생의 예방효과는 몇 %인가? 2018. 경남

① 11% ② 21%
③ 33.3% ④ 52.4%

해설 귀속위험백분율 = $\{(R_1 - R_2)/R_1\} \times 100$
= [{(21/1,000) − (10/1,000)}/(21/1,000)]×100 = 52.4%

81 감염병의 유병률과 발생률이 거의 같은 경우 역학적 특성으로 올바른 것은? 2018. 전남

① 급성 감염병이 유행하는 경우이다.
② 만성감염병이 유행하는 경우이다.
③ 질병 이환기간이 짧을 때이다.
④ 급성 및 만성감염병이 유행하는 경우이다.

해설 발생률과 유병률의 관계

P(유병률) = I(발생률) × D(이환기간)

D>1	이환기간이 긴 경우
D=1	이환기간이 짧은 경우
D<1	이환기간이 짧은 경우, 치사율이 높은 경우

82 어느 기간동안 질병에 걸리지 않은 인구에서 질병이 발생한 수에 대한 내용으로 질병의 원인을 찾는 데 가장 효과적인 것은? 2018. 경기

① 유병률
② 발병률
③ 발생률
④ 치명률

해설 발생률 : 일정기간 내에서 이환자수의 특정인구에 대한 바율

83 상대위험도를 구하는 식으로 가장 올바른 것은? 2018. 서울시

위험요인에 대한 노출	질병 발생 여부		계
	발생(+)	미발생(−)	
노출(+)	a	b	a+b
비노출(−)	c	d	c+d
계	a+c	b+d	a+b+c+d

① {a/(a+b)} ÷ {c/(c+d)}
② a/(a+b)
③ {a/(a+b)} ÷ {c/(c+d)}
④ (a+b)/(a+b+c+d)

해설 상대위험도

$$\frac{\text{의심되는 요인에 폭로된 집단에서의 특정질환 발생률}(R_1)}{\text{의심되는 요인에 폭로되지 않은 집단에서의 특정질환 발생률}(R_2)}$$

㉠ 병인 폭로 시 병에 걸릴 위험비(R_1) = a / (a+b)
㉡ 병인 비폭로 시 병에 걸릴 위험비(R_2) = c / (c+d)

Answer 77 ④ 78 ④ 79 ① 80 ④ 81 ③ 82 ③ 83 ①

84 다음의 심장질환으로 인한 치명률은?

2018. 서울시

> 지역 '가'의 2016년 7월 1일 인구는 20,000명(남자 9,000명, 여자 11,000명)이다. 2016년 이 지역의 총사망자수는 3,000명(남자 1,800명, 여자 1,200명)이었고, 심장질환자는 500명(남자 300명, 여자 200명)이었으며, 이 중 240명(남자 180명, 여자 600명)이 사망하였다.

① 2.5
② 8.0
③ 15.0
④ 48.0

해설 치명률 = (그 질병으로 인한 사망자수 / 특정 질병 환자 수) × 100
= (240/500)×100 = 48%

85 80명의 원생이 있는 유치원에서 2명의 홍역환자가 처음 발생하였고, 그 이후 2차적으로 20명의 홍역환자가 발생하였다. 다음 중 홍역에 감수성이 있는 원생 50명(발단환자 포함)에 대한 2차 발병률은?

2017. 서울시

① (20/78) × 100
② (20/50) × 100
③ [(20/(50−2)] × 100
④ (20/80) × 100

해설 2차 발병률 = {20/50−2)} × 100

$$\frac{\text{환자와 접촉으로 인하여 이차적으로 발병한 환자 수}}{\text{환자와 접촉한 사람 수}} \times 100$$

86 흡연으로 인한 폐암 발생의 귀속위험도가 0.96이라고 한다면, 다음 중 가장 적합한 설명은?

① 흡연자의 96%는 언젠가는 폐암에 이환된다.
② 폐암환자의 96%는 흡연자이다.
③ 폐암 발생 중 96%는 흡연으로 인한 것이다.
④ 흡연을 중단하면 96%의 폐암 발생을 감소시킬 수 있다.

해설 귀속위험도란 위험요인이 질병발생에 얼마나 기여했는지를 나타내는 것이며 기여위험도라고도 한다. 따라서 흡연으로 인한 폐암 발생의 귀속위험도가 0.96이라면 폐암발생의 96%가 흡연으로 인한 것이 된다. 흡연에는 직접 흡연뿐만 아니라 간접 흡연도 포함되므로 96%가 흡연자라는 ②는 정답이 될 수 없다.

87 폭로군이 비폭로군에 비해 질병발생위험이 몇 배나 더 높은가를 나타내는 지표로 활용하는 것은?

2017. 경기

① 비교위험도
② 기여위험도
③ 특이도
④ 민감도

해설

비교위험도	병인에 폭로된 사람이 병에 걸릴 위험도가 폭로되지 않은 사람이 병에 걸릴 위험도보다 몇 배나 되는지를 나타내는 것
기여위험도	병인에 폭로된 사람이 병에 걸릴 위험도와 폭로되지 않은 사람이 병에 걸릴 위험도와의 차이
특이도	질병에 걸리지 않은 사람이 음성으로 나올 확률
민감도	질병에 걸린 사람이 양성으로 나올 확률

88 **흡연자 10,000명 중 폐암환자 54명, 비흡연자 20,000명 중 폐암환자 12명일 때, 흡연한 사람이 폐암에 걸릴 귀속위험도는 10,000 기준으로 몇 명인가?** 2017. 광주시

① 48
② 50
③ 52
④ 54

해설 귀속위험도 = (54/10,000) – (12/20,000) = 48/10,000

89 **상대위험도에 대한 설명으로 가장 올바른 것은?** 2017. 경기

① 환자–대조군연구를 통해 비교위험도를 구할 수 있다.
② 두 가지 이상의 위험요인에 대한 질병발생률의 크기를 비교한 것이다.
③ 노출군이 비노출군에 비해 질병발생위험이 몇 배 높은지를 나타낸다.
④ 위험요인에 노출된 집단에서의 질병발생률에서 비노출된 집단에서의 질병발생률을 뺀 것이다.

해설 ① 코호트연구를 통해 비교위험도를 구할 수 있다. 반면 환자–대조군연구를 통해 교차비(오즈비)를 구할 수 있다.
② 한 가지의 위험요인에 대한 질병발생률의 크기를 비교한 것이다.
④ 위험요인에 노출된 집단에서의 질병발생률에서 비노출된 집단에서의 질병발생률을 뺀 것은 비교위험도이다.

90 **환자–대조군 연구에서만 산출이 가능한 것은?** 2016. 경기

① 교차비
② 비교위험도
③ 상대위험도
④ 귀속위험도

해설 교차비(OR, Odds Ratio) : 모집단이 없는 환자–대조군 연구에서 사건 발생률과 비발생확률의 비를 일컫는다. 또한 유병률이 0.03% 이하로 낮고, 발생률도 극히 낮은 질병에서 상대위험비 공식 중 a, c는 거의 무시할 만큼 작아, 이때의 상대 위험비는 교차비로 추정할 수 있다.

Answer 84 ④ 85 ③ 86 ③ 87 ① 88 ① 89 ③ 90 ①

91 **간암발생을 연구하기 위한 코호트연구에서 음주를 하는 폭로군은 10,000명당 50명이고 음주를 하지 않는 비폭로군은 20,000명당 10명이라고 할 때, 다음 설명 중 올바른 것은?** 2016. 경기

① 비교위험도는 5이다.
② 간암에 걸릴 확률은 20%이다.
③ 귀속위험도는 인구 20,000명당 90명이다.
④ 음주자가 비음주자에 비해 간암에 걸릴 확률은 15배 높다.

해설 ① 비교위험도 : (50/10,000)/(10/20,000) = 10
② 간암에 걸릴 확률 : (60/30,000)×100 = 2%
③ 귀속위험도 : (50/10,000) − (10/20,000) = 90/20,000 즉 인구 20,000명당 90명이다.
④ 음주자가 비음주자에 비해 간암에 걸릴 확률은 10배 높다.
폭로군(음주자)이 간암에 걸릴 확률 : (5/10,000)×100 = 0.5%
비폭로군(비음주자)이 간암에 걸릴 확률 : (10/20,000)×100 = 0.05%

92 **코호트연구에서 흡연과 심장병 발생과의 관련성 지표인 비교위험도가 '2'로 산출되었다. 만약 흡연하는 심장병 환자가 모두가 금연한다면, 이들 심장병 환자 중에서 예방 가능한 환자의 분율은?**

① 10%
② 25%
③ 50%
④ 75%

해설 비교위험도(R_1/R_2) = 2이므로 R_1 = 2, R_2 = 1이라 가정한다면
분율(기여위험백분율) = {($R_1 - R_2$)/R_1}×100 = 50%

93 **다음 중 질병빈도의 측정개념 중에서 비율에 대한 설명으로 잘못된 것은?**

① 분모에 시간과 장소의 개념이 포함된다.
② 분자의 개념이 분모에 포함된다.
③ 질병에 대한 사건의 위험성과 가능성을 포함하는 개념이다.
④ 한 측정값을 다른 측정값으로 나눈 개념이다.

해설 한 측정값을 다른 측정값으로 나눈 개념은 비이다.

94 **유병률을 증가시키는 요인으로 옳은 것은?**

① 질병의 이환기간이 짧을 때
② 질병의 발생률이 줄어들 경우
③ 치료 기술의 발달로 생존기간이 길어진 경우
④ 치료 성공률이 증가하여 질병이 완치된 경우

해설 ① 질병의 이환기간이 길 때 유병률 증가, P(유병률) = I(발생률)×D(이환기간)
② 질병의 발생률이 늘어날 경우 유병률 증가
④ 치료 성공률이 증가하여 질병이 완치된 경우 유병률이 감소

95 다음 중 유병률과 발생률에 대한 설명으로 옳은 것은?

① 발생률은 질병관리에 필요한 인력 및 자원소요의 추정, 질병퇴치 프로그램의 수행평가, 주민의 치료에 대한 필요 병상수, 보건기관 수 등의 계획을 수립하는데 유병률보다 더 중요하다.
② 발생률이 높아지거나 질병발생 후에 바로 사망 또는 회복된 경우에는 유병률이 낮아진다.
③ 어떤 이유로 질병의 독성이 약해지거나 치료기술의 발달로 생존기간이 길어진 경우 유병률이 상승한다.
④ 유병률은 급성질환이나 만성질환에 관계없이 질병의 원인을 찾는 연구에서 가장 필요한 측정지표이다.

해설 ① 유병률은 질병관리에 필요한 인력 및 자원소요의 추정, 질병퇴치 프로그램의 수행평가, 주민의 치료에 대한 필요 병상 수, 보건기관 수 등의 계획을 수립하는데 발생률보다 더 중요하다.
② 발생률이 높아지면 유병률이 증가되며, 반면 질병발생 후에 바로 사망 또는 회복된 경우에는 유병률이 낮아진다.
④ 발생률은 급성질환이나 만성질환에 관계없이 질병의 원인을 찾는 연구에서 가장 필요한 측정지표이다.

96 보건지표의 내용과 공식으로 옳지 못한 것은?

① 발병률 = (발병자 수 / 환자와 접촉한 감수성자 수) × 100
② 발생률 = (어느 기간 발생 환자 수 / 해당지역 인구 수) × 1,000
③ 시점유병률 = (그 시점의 환자 수 / 그 시점의 인구 수) × 1,000
④ 치명률 = (특정질병에 의한 사망 수 / 특정질병의 발병자 수) × 100

해설

발생률 ★★	㉠ 누적발생률 = $\frac{\text{일정한 지역에서 특정한 기간 내 새롭게 질병이 발생한 환자 수}}{\text{동일한 기간 내 질병이 발생할 가능성을 지닌 인구 수}}$ ㉡ 평균발생률 = $\frac{\text{일정한 지역에서 특정한 기간 내 새롭게 질병이 발생한 환자 수}}{\text{총 관찰인년}}$ 단, 면역을 가진 사람이 많은 경우 : 중앙인구 − 면역을 가진 사람 수 만성질병의 경우 : 중앙인구 − 기존 환자 수
유병률	㉠ 기간유병률 = $\frac{\text{같은 기간동안에 존재하는 환자 수}}{\text{특정 기간 동안의 중앙인구}} \times 1,000$ ㉡ 시점유병률 = $\frac{\text{같은 시점에서 존재하는 환자 수}}{\text{일정시점의 인구 수}} \times 1,000$
발병률	$\frac{\text{같은 기간 내에 새로 발생한 환자 수}}{\text{일정기간 발병위험에 폭로된 인구 수}} \times 1,000$ 단, 면역을 가진 사람이 많은 경우 : 폭로된 인구 수 − 면역을 가진 사람 수 만성질병의 경우 : 폭로된 인구 수 − 기존 환자 수
2차 발병률	$\frac{\text{환자와 접촉으로 인하여 이차적으로 발병한 환자 수}}{\text{환자와 접촉한 사람 수}} \times 100$
치명률	(그 질병으로 인한 사망자수 / 특정 질병 환자 수) × 1,000

Answer / 91 ③ 92 ③ 93 ④ 94 ③ 95 ③ 96 ①

97 일정기간 동안 어떤 질병의 위험요인에 노출된 대상 중에서 새롭게 그 질병에 걸린 대상 수를 단위인구 당 계산한 값은?

① 발병률 ② 비차비
③ 상대위험비 ④ 유병률

해설 **발병률** : 어떤 집단이 한정된 기간에 한해서만 어떤 질병에 걸릴 위험에 놓여 있을 때 전체인구 중 주어진 집단 내에 새로 발병한 총 수의 비율

98 다음 중 결핵유병률이 100,000명당 20명이고, 결핵발생률이 100,000명당 5명일 때 결핵의 이환기간은?

① 0.5년 ② 1년
③ 2년 ④ 4년

해설 P(유병률) = I(발생률) × D(이환기간), (20/100,000) = (5 / 100,000) × D ∴ D = 4년

99 다음 중 급성전염병 유행 시 역학적으로 이환기간이 짧은 경우에 대한 설명으로 옳은 것은?

① 발생률과 유병률이 거의 같다. ② 발생률과 유병률이 낮다.
③ 발생률이 낮고, 유병률이 높다. ④ 발생률이 높고, 유병률이 낮다.

해설 P(유병률) = I(발생률) × D(이환기간)
㉠ D>1 : 이환기간이 긴 경우 유병률 > 발생률
㉡ D = 1 : 이환기간이 짧은 경우 유병률 = 발생률
㉢ D< 1 : 치사율이 높거나 극히 가벼운 질환인 경우 또는 이환기간이 짧은 경우 유병률 < 발생률

100 다음 초등학생 500명 중 수두환자 30명, 이미 수두 이전 발병자 30명, 그리고 예방접종 학생이 100명일 때 발병률은 얼마인가?

① 60 / 500 ② 60 / 470
③ 30 / 470 ④ 30 / 370

해설 발병률 = 30/(500 – 30 – 100) = 30/370
㉠ 면역을 가진 사람이 많은 경우 : 폭로된 인구 수 – 면역을 가진 사람 수
㉡ 만성질병의 경우 : 폭로된 인구 수 – 기존 환자 수

101 모든 사람이 A질병에 감수성을 가진 어떤 마을에 A질병에 걸린 사람이 평균적으로 직접 감염시키는 사람 수가 10명이었다. 이후 마을사람들 중 90%가 예방접종을 받아 면역이 생겼다고 할 때, 다음 중 3세대 감염자 수는 몇 명인가?

① 1명 ② 8명
③ 27명 ④ 1,000명

해설 기초감염재생산수가 10인 A질병이었으나 90%가 예방접종을 받아 면역이 형성되었으니 감염재생산수는 10−(10×0.9) = 1
즉 1명 → 1^1명(1세대) → 1^2명(2세대) → 1^3명(3세대)에게 감염시키게 된다.

102 흡연자 1,000명과 비흡연자 2,000명을 대상으로 폐암 발생에 관한 전향적 대조조사를 실시한 결과, 흡연자의 폐암환자 발생이 20명이고, 비흡연자는 4명이었다면 흡연자의 폐암발생 비교위험도(relative risk)는?

① 1
② 5
③ 9
④ 10

해설 비교위험도(R_1/R_2) = (20/1,000)/(4/2,000) = 10

103 단체로 소풍을 갔다가 집단 식중독에 걸렸다. 다음은 샌드위치를 먹은 학생들과 김밥을 먹은 학생들의 식중독 발생 수를 조사한 결과이다. 다음 중 상대위험도가 더 높은 음식의 상대위험도를 구하고, 그 의미를 가장 올바르게 설명한 것은?

구분	먹은 학생		먹지 않은 학생	
	식중독 걸림	식중독 안 걸림	식중독 걸림	식중독 안 걸림
김밥	20명	980명	9명	891명
샌드위치	90명	810명	10명	990명

① 상대위험도가 2, 김밥을 먹은 학생이 먹지 않은 학생보다 식중독에 걸릴 확률이 2배 더 높다.
② 상대위험도가 2, 샌드위치를 먹은 학생에서 식중독 발생자 수가 먹지 않은 학생에서 식중독 발생자 수보다 2배 더 높다.
③ 상대위험도가 10, 김밥을 먹은 학생에서 식중독 발생자 수가 먹지 않은 학생에서 식중독 발생자 수보다 10배 더 높다.
④ 상대위험도가 10, 샌드위치를 먹은 학생이 먹지 않은 학생보다 식중독에 걸릴 확률이 10배 더 높다.

해설 김밥의 상대위험도(R_1/R_2) = (20/1,000)/(9/900) = 2
샌드위치의 상대위험도(R_1/R_2) = (90/900)/(10/1,000) = 10
상대위험도가 더 높은 음식은 샌드위치로 상대위험도가 10, 샌드위치를 먹은 학생이 먹지 않은 학생보다 식중독에 걸릴 확률이 10배 더 높다.

Answer 97 ① 98 ④ 99 ① 100 ④ 101 ① 102 ④ 103 ④

104 흡연과 폐암에 관한 코호트 연구를 실시하였다. 흡연자 20,000명 중 72명의 폐암발생, 비흡연자 100,000명 중 18명의 폐암발생이 관찰되었을 때, 다음 중 올바른 설명은?

① 흡연이 폐암발생에 미치는 상대위험도는 10이다.
② 흡연이 폐암발생에 미치는 귀속위험도는 100,000명당 54명이다.
③ 비흡연자에 비해 흡연자는 폐암발생 위험이 20배 더 높다.
④ 흡연만의 원인으로 발생한 폐암은 10,000명당 36명이다.

해설 ① 흡연이 폐암발생에 미치는 상대위험도는 20이다.
② 흡연이 폐암발생에 미치는 귀속위험도는 100,000명당 342명이다.
④ 흡연만의 원인으로 발생한 폐암 즉 귀속위험도는 10,000명당 34명이다.

상대위험도 = (72/20,000) / (18/100,000) = 20
귀속위험도 = (72/20,000) – (18/100,000) = 342/100,000
즉 귀속위험도는 100,000명당 342명 또는 10,000명당 34명이다.

105 환자–대조군 연구결과인 다음의 표를 이용하여 교차비(odds ratio)를 산출할 때, 계산식으로 옳은 것은?

구분	환자	비환자	합계
노출	A	D	G
비노출	B	E	H
합계	C	F	I

① (A/G) – (B/H)
② AH / BG
③ AE / BD
④ AF / CD

해설 교차비(오즈비)

$$= \frac{\text{환자군 중 유해요인 노출군(A) / 환자군 중 비노출군(B)}}{\text{비환자군 중 유해요인 노출군(D) / 비환자군 중 비노출군(E)}} = AE/BD$$

106 역학적 삼각형(epidemiologic triangle) 모형으로 설명할 수 있는 질환으로 가장 옳은 것은?

2021. 서울시

① 골절
② 콜레라
③ 고혈압
④ 폐암

해설 콜레라의 경우 병원체요인에 속하므로 역학적 삼각형모형(병원체요인, 숙주요인, 환경요인)으로 설명이 가능하며 고혈압이나 폐암의 경우는 원인망 모형으로 설명이 가능하다.

생태학적 모형 (Gordon)	역학적 삼각형 모형으로 질병의 발생기전을 환경이란 저울 받침대의 양쪽 끝에 병원체와 숙주라는 추가 놓인 저울대에 비유하여 설명하는 모형
수레바퀴 모형 (Mausner & Kramer, 1985)	㉠ 숙주와 환경 사이의 관계를 설명하는 모형 ㉡ 수레바퀴의 중심은 유전적 소인을 가진 숙주가 있고, 그 숙주를 둘러싸고 있는 환경은 생물학적, 물리화학적, 사회적 환경으로 구분되며, 질병의 종류에 따라 바퀴를 구성하는 각 부분의 크기는 달라짐
원인망 모형 (Web of Causation, MacMahon & Pugh, 1970)	질병발생이 어느 한 가지 원인에 의한 것이 아니라 여러 가지 원인이 서로 연관되어 있고 반드시 선행하는 요소가 거미줄처럼 복잡하게 얽혀 어떤 질병이 발생한다는 설

107 다음 설명에 해당하는 질병 발생 모형은?

2020. 충북

- 숙주의 핵심에 유전적인 소인이 위치하며 모든 질병 발생에 유전적 인자가 중요하다.
- 질병의 병인을 강조하지 않고 다요인적 병인을 확인하는 데 필요성을 강조하고 있다.

① 수레바퀴 모형　② 거미줄 모형
③ 역학적 삼각형 모형　④ 생의학적 모형

해설 수레바퀴 모형
㉠ 숙주와 환경 사이의 관계를 설명하는 모형이다.
㉡ 수레바퀴의 중심은 유전적 소인을 가진 숙주가 있고, 그 숙주를 둘러싸고 있는 환경은 생물학적 · 화학적 · 사회적 환경으로 구분되며, 질병의 종류에 따라 바퀴를 구성하는 각 부분의 크기는 달라진다.
㉢ 질병의 병인을 강조하지 않고 다요인적 병인을 확인하는 데 필요성을 강조하고 있다.

108 역학적 삼각형 모형에 대한 설명으로 옳은 것은?

2019. 대전시

① 숙주요인을 지렛대의 받침으로 하고, 병인과 환경요인이 지렛대 양 끝에 위치한다.
② 필요원인과 관련요인으로 개념적인 구분을 하고, 다양한 요인들이 서로 부가적, 상승적, 보완적, 상호적 또는 길항적 작용을 하면서 질병이 발생한다.
③ 숙주의 핵심에 유전적 소인이 위치하여 모든 질병 발생에 유전적 인자가 가장 중요하다.
④ 숙주의 면역상태가 나빠지면 나머지 두 요소에 변동이 없더라도 질병이 발생하게 된다.

해설 ① 환경요인을 지렛대의 받침으로 하고, 병인과 숙주요인이 지렛대 양 끝에 위치한다.
② **원인망 모형** : 필요원인과 관련요인으로 개념적인 구분을 하고, 다양한 요인들이 서로 부가적, 상승적, 보완적, 상호적 또는 길항적 작용을 하면서 질병이 발생한다.
③ **수레바퀴 모형** : 숙주의 핵심에 유전적 소인이 위치하여 모든 질병 발생에 유전적 인자가 가장 중요하다.
④ 숙주의 면역상태가 나빠지면 숙주의 민감성이 높아지게 되면서 나머지 두 요소인 병인요인 환경요인에 변동이 없더라도 질병이 발생하게 된다.

Answer 104 ③ 105 ③ 106 ② 107 ① 108 ④

109 손상(injury)을 발생시키는 역학적 인자 3가지에 해당하지 않는 것은?

① 인적 요인　　② 장애 요인
③ 환경적 요인　　④ 매개체 요인

해설 손상의 개인/사회모델
㉠ 손상은 다른 질병과 마찬가지로 역학적 인자들이 존재하며, 이를 적절히 통제함으로써 예방이 가능하다는 개념이다.
㉡ 손상예방을 위한 다수준적인 접근방법이 균형적으로 이루어지기 위해서는 3E 전략을 효율적으로 활용하는 것이 요구된다.
㉢ 교육은 개인적 차원에서, 환경 및 공학적 개선은 조직과 지역사회 차원에서, 규제강화는 지역사회와 국가적 차원에서 효율적으로 접근할 수 있는 방법이다.

손상의 역학적 3요소	손상예방 전략		기대효과
	접근 수준	접근 방법	
인적요인	개인적 수준	교육	놀이기구 사용 규칙을 잘 지키는 어린이
매개체적 요인	지역사회 수준 조직 수준	규제강화 공학적 개선	규격기준의 안전한 놀이기구
환경적 요인	지역사회 수준 조직 수준	환경개선 공학적 개선	안전한 놀이터 환경 놀이터 감독자 보유

110 수레바퀴 모형에 대한 설명으로 옳은 것은?

① 질병발생의 원인이 병원체로 명확하게 알려져 있는 감염병을 설명하는 데 적합하다.
② 복잡한 원인요소 중 가능한 몇몇 단계에서 차단을 하면 해당 질병을 예방할 수 있다고 본다.
③ 환경과 숙주의 상호작용에 의해 질병이 발생한다.
④ 요인들이 질병발생에 기여하는 비중은 질병마다 동일하다고 본다.

해설 ① **지렛대 모형** : 질병발생의 원인이 병원체로 명확하게 알려져 있는 감염병을 설명하는 데 적합하다.
② **거미줄 모형** : 복잡한 원인요소 중 가능한 몇몇 단계에서 차단을 하면 해당 질병을 예방할 수 있다고 본다.
④ 요인들이 질병발생에 기여하는 비중은 질병마다 다르다고 본다.

111 감염병을 설명하는 데는 잘 맞는 장점이 있으나 선천성 질환 등 유전적 소인이 있는 질병을 설명하는 데는 한계가 있는 질병의 발생 모형은?

① 역학적 삼각형 모형　　② 수레바퀴 모형
③ 거미줄 모형　　④ 건강신념모형

해설 역학적 삼각형모형 : 질병 발생을 병인(agent), 숙주(host), 환경(Environment)의 3요소간의 상호관계로 설명하나 선천성 질환, 만성징환 등 유전적 소인이 있는 질병을 설명하는데 한계가 있다.

112 다음 중 전염병 발생에 관한 수레바퀴 모형설의 역학적 인자가 아닌 것은?

① 물리화학적 환경 요인
② 생물학적 환경 요인
③ 사회적 환경 요인
④ 병인적 요인

해설 수레바퀴 모형 : 숙주와 환경 사이의 관계를 설명하는 모형으로 환경을 생물학적, 물리화학적, 사회적 환경으로 구분

113 감염병의 간접전파 매개체로 옳지 않은 것은? 2022. 서울시 · 지방직

① 개달물
② 식품
③ 비말
④ 공기

해설 전파

직접접촉에 의한 전파	㉠ 비말전파 ㉡ 직접 접촉 : 혈액접촉, 체액접촉, 태반감염		
간접접촉에 의한 전파	활성매개체	기계적 전파	매개곤충이 단순히 기계적으로 병원체를 운반 예 파리
		생물학적 전파	병원체가 매개곤충 내에서 성장이나 증식을 한 뒤 전파 예 모기
	비활성 매개체	개달물	공동전파체를 제외한 무생물 전파체로써 장난감, 의복, 침구, 책 등이 포함
		공동전파체	물, 공기, 식품, 우유, 토양에 의한 전파

114 리케차에 의한 인수공통감염병으로 옳은 것은? 2022. 서울시 · 지방직

① 탄저
② 렙토스피라증
③ 큐열
④ 브루셀라증

해설 병원체의 종류

Bacteria	콜레라, 장티푸스, 디프테리아, 나병, 성병, 결핵, 백일해, 렙토스피라, 탄저, 브루셀라증
Virus	소아마비, 일본뇌염, 홍역, 이하선염, 간염, 에이즈
Rickettsia	발진티푸스, 발진열, 큐열, 쯔쯔가무시
Protozoa	아메바성 이질, 말라리아, 기생충
Fungus	무좀

115 병원체는 감염되었으나, 증상이 미비하여 면역학적 방법에 의해서만 발견되는 경우에 해당하는 것은? 2022. 경북 의료기술직

① 현성 감염자
② 불현성 감염자
③ 잠복기 보균자
④ 건강 보균자

Answer 109 ② 110 ③ 111 ① 112 ④ 113 ③ 114 ③ 115 ②

해설

현성 감염자	병원체에 감염되어 증상이 나타난 감염
불현성 감염자	병원체에 감염되었으나 증상이 미비하거나, 약한 경우로 반드시 면역학적 방법에 의해서만 감염이 확인되는 감염
잠복기 보균자	발병 전 보균자, 잠복기간에 전염성을 가지는 보균자
건강보균자	병원체에 감염되었으나 처음부터 증상을 나타내지 않는 환자로 관리가 힘든 보균자
만성 보균자	보균기간이 3개월 이상이 되는 보균자 예 장티푸스

116 병원소와 병원체가 올바르게 연결된 것은? 2020. 경기

① 인간 – 광견병
② 흙 – 브루셀라
③ 물 – B형 간염
④ 쥐 – 렙토스피라

해설 ① 개 – 광견병
② 소, 돼지, 양 – 브루셀라
③ 인간 – B형 간염

117 COVID-19환자와 접촉하여 감염이 의심되는 사람을 14일 동안 자가격리를 하였다. 이 때 '14일'이 의미하는 것은? 2020. 대구시

① 최소잠복기
② 최대잠복기
③ 질병 잠재기
④ 질병 이환기

해설 자가격리 기간은 감염병환자등과 마지막으로 접촉한 날, 검역관리지역 및 중점검역관리지역에서 입국한 날 또는 감염병병원체 등 위험요인에 마지막으로 노출된 날부터 해당 감염병의 최대잠복기가 끝나는 날까지로 한다. 다만, 자가격리 기간이 끝나는 날은 질병관리청장이 예방접종 상황 등을 고려하여 최대잠복기 내에서 달리 정할 수 있다(감염병의 예방 및 관리에 관한 법률 시행령 별표 2).

118 감염재생산수는 한 인구집단 내에서 감염병이 퍼져 나가는 잠재력이다. 이를 결정하는 요인에 해당하지 않는 것은? 2020. 광주시 · 전남 · 전북

① 접촉 횟수
② 감염전파기간
③ 불현성감염자수
④ 접촉시 감염전파 확률

해설 감염 재생산수(R) : 한 인구집단 내에서 특정 개인으로부터 다른 개인으로 질병이 확대되어 나가는 잠재력

$$R = \beta \times \kappa \times D$$

(β : 접촉시 감염전파 확률, κ : 접촉 횟수, D : 감염전파기간)

119 **병원체의 종류에 대한 설명으로 올바른 것은?** 2020. 충북

① 원생동물은 회충, 요충, 편충, 흡충 등 육안으로 관찰이 가능한 다세포 동물을 말한다.
② 리케치아는 바이러스처럼 숙주세포 내에서만 살아서 증식하고, 주로 이, 진드기, 벼룩 등의 매개체를 통해 전파되어 발진열, 쯔쯔가무시증, 큐열 등을 일으킨다.
③ 세균은 단세포 미생물로 대체로 중간숙주에 의해 전파되고 적합하지 못한 조건에서도 장기간 생존이 가능하며, 말라리아, 이질아메바증, 톡소플라즈마증 등을 일으킨다.
④ 바이러스는 병원체 중 가장 작아 광학현미경으로만 볼 수 있다.

해설 ① 후생동물은 회충, 요충, 편충, 흡충 등 육안으로 관찰이 가능한 다세포 동물을 말한다.
③ 원생동물은 단세포 미생물로 대체로 중간숙주에 의해 전파되고 적합하지 못한 조건에서도 장기간 생존이 가능하며, 말라리아, 이질아메바증, 톡소플라즈마증 등을 일으킨다.
④ 바이러스는 병원체 중 가장 작아 광학현미경으로는 볼 수 없고, 전자현미경으로만 볼 수 있다.

세균	단세포미생물로 가장 흔한 질병의 원인 ㉠ 간균 : 막대모양으로 장티푸스, 디프테리아, 결핵, 탄저 등 ㉡ 구균 : 원형으로 폐렴, 성홍열, 임질, 포도상구균, 연쇄상구균 등 ㉢ 나선균 : S자형으로 콜레라균, 매독균 등
바이러스	가장 작은 병원체로 살아있는 숙주 세포 내에서 숙주세포의 물질대사 기구를 이용하여 물질대사를 하고 유전물질을 복제하여 증식
리케치아	세균과 바이러스의 중간 크기로 광학현미경으로 볼 수 있다. 바이러스처럼 살아 있는 세포 밖에서는 증식하지 못함
원충류	세균처럼 단세포 미생물이지만 여러 가지 물질을 분해하거나 자연환경에서 영양분을 섭취하며 살아감
후생동물 (다세포동물)	육안으로 관찰이 가능한 다세포동물로 숙주의 몸 속에서 영양분을 섭취하는 기생동물임. 회충증, 편충증, 요충 등
진균	무좀, 진균증 등 피부병을 일으킴

120 **2019년 12월 COVID-19 유행 초기에 중국 우한에서 비행기를 타고 귀국한 교민들을 대상으로 14일간 격리를 하였다. 이와 같은 감염병 의심자에 대한 격리의 종류는?** 2020. 충남 · 세종

① 보호격리
② 역격리
③ 환자격리
④ 건강격리

해설 격리의 종류

건강격리(검역)	유행지역에서 비유행지역으로 이동해 온 질병의심자를 대상으로 그 질병의 최장잠복기 동안 격리하는 것
환자격리	환자를 감염력이 없어질 때까지 격리하는 것
역격리(보호격리)	면역력이 약해진 환자를 외부의 침입으로부터 보호하기 위하여 격리하는 것

Answer 116 ④ 117 ② 118 ③ 119 ② 120 ④

121 <보기1>의 감염성질환과 이에 해당하는 <보기2>의 전파수단을 가장 옳게 짝지은 것은?

2019. 서울시

<보기1> 감염성 질환

가. 선천성 매독, 선천성 HIV감염
나. 인플루엔자, 홍역
다. 말라리아, 황열
라. 콜레라, 장티푸스, A형 간염

<보기2> 전파수단

A. 직접전파 – 간접접촉
B. 직접전파 – 직접접촉
C. 간접전파 – 생물매개전파
D. 간접전파 – 무생물매개전파

① 가–A, 나–B, 다–C, 라–D
② 가–B, 나–A, 다–C, 라–D
③ 가–B, 나–A, 다–D, 라–C
④ 가–A, 나–B, 다–D, 라–C

해설 감염성 질환과 전파수단

㉠ 선천성 매독, 선천성 HIV감염 – 직접전파 – 직접접촉 – 태반감염
㉡ 인플루엔자, 홍역 – 직접전파 – 간접접촉 – 비말감염
㉢ 말라리아, 황열 – 간접전파 – 생물매개전파
㉣ 콜레라, 장티푸스, A형 간염 – 간접전파 – 무생물전파

직접접촉에 의한 전파	㉠ 간접접촉 : 비말감염 ㉡ 직접 접촉 : 혈액접촉, 체액접촉, 태반감염		
간접접촉에 의한 전파	활성 매개체	기계적 전파	매개곤충이 단순히 기계적으로 병원체를 운반 예 파리
		생물학적 전파	병원체가 매개곤충 내에서 성장이나 증식을 한 뒤 전파 예 모기
	비활성 매개체	개달물	물, 공기, 식품, 우유, 토양을 제외한 무생물 전파체로써 장난감, 의복, 침구, 책 등이 포함
		공동전파체	물, 공기, 식품, 우유, 토양에 의한 전파

122 결핵균에 일찍부터 노출되었던 유럽인들에 비해 최근 노출된 아프리카인들이 결핵에 대한 감수성과 치명률이 높은 이유는 무엇의 차이 때문인가?

2019. 경기

① 선천적 면역
② 후천적 면역
③ 능동면역
④ 수동면역

해설 소를 아프리카인들보다 먼저 가축화하였던 백인들은 소의 결핵균과 조기에 접하게 되었다. 결핵균과 오랫동안 상호작용하면서 선천성 면역이 생겨났고 치명률도 떨어졌다.

※ 면역의 분류

선천적 면역		개체의 요인에 의해 결정되는 면역(종족, 인종, 개인차)
후천적 면역	능동면역	병원체나 독소에 대해 생체 세포 스스로가 작용해서 생기는 면역으로 효과는 다소 늦으나 면역성이 강하고 오래 지속됨
	수동면역	이미 면역을 보유하고 있는 개체가 항체를 혈청이나 기타 수단으로 다른 개체에게 주는 것으로 효과는 빠르나 지속 기간이 짧음(2~4주)

123 호흡기 비말이 기간이 지남에 따라 수분성분이 증발되면서 미세한 먼지 형태의 비말핵이 되는데 수두, 결핵 같은 일부 병원체는 비말핵에서 살아남아 공기를 매개로 공기의 흐름에 따라 이동하여 멀리까지 전파가 가능하다. 이러한 감염병 전파를 무엇이라 하는가? 2019. 인천시

① 직접접촉에 의한 직접전파
② 간접접촉에 의한 직접전파
③ 생물매개에 의한 간접전파
④ 무생물매개에 의한 간접전파

해설 비말핵에 의한 전파는 공기감염을 의미하며 공기감염은 공동전파체에 의한 전파이므로 비활성매개체에 의한 간접전파에 속한다.

124 「검역법」에서 규정하고 있는 검역 감염병과 감시기간이 올바르게 연결된 것은? 2019. 서울시

① 페스트 – 7일
② 콜레라 – 5일
③ 황열 – 10일
④ 중증 급성호흡기증후군 – 12일

해설 검역법 격리와 감시시간

검역감염병의 종류	의심자 감시시간	환자의 격리 기간
콜레라	5일	검역 감염병 환자등의 감염력이 없어질 때까지
페스트	6일	
황열	6일	
중증 급성호흡기 증후군(SARS)	10일	
동물인플루엔자 인체감염증	10일	
신종인플루엔자	최대잠복기	
중동 호흡기 증후군(MERS)	14일	
에볼라바이러스병	21일	

125 다음 중 감염성 질환의 생성과정이 순서대로 올바른 것은? 2018. 경기

① 병원소 – 병원체 – 병원소에서 병원체 탈출 – 전파 – 신숙주 침입 – 숙주의 저항성
② 병원소 – 병원체 – 전파 – 병원소에서 병원체 탈출 – 숙주의 저항성 – 신숙주 침입
③ 병원체 – 병원소 – 병원소에서 병원체 탈출 – 전파 – 신숙주 침입 – 숙주의 저항성
④ 병원체 – 병원소 – 전파 – 병원소에서 병원체 탈출 – 숙주의 저항성 – 신숙주 침입

해설 감염병의 생성 과정(6고리) : 병원체 → 병원소 → 병원소로부터 병원체 탈출 → 전파 → 신숙주침입 → 신숙주의 감수성과 면역(신숙주의 저항성)

126 감수성지수가 가장 높은 급성호흡기계 감염병으로 옳은 것은? 2018. 경기

① 홍역
② 소아마비
③ 성홍열
④ 백일해

Answer 121 ② 122 ① 123 ④ 124 ② 125 ③ 126 ①

해설 감수성 지수(접촉 감염지수)

㉠ 미감염자의 체내에 병원체가 침입했을 때 발병하는 비율로, 주로 호흡기계 질병에 적용된다.
㉡ 감수성 지수 = (발병자수 / 환자와 접촉한 감수성자수) × 100
㉢ De Rudder는 급성호흡기계 감염병에서 감수성 보유자가 감염되어 발병하는 율을 %로 표시
천연두(두창), 홍역(95%) > 백일해(60~80%) > 성홍열(40%) > 디프테리아(10%) > 소아마비(0.1% 이하)

127 원인병원체가 바이러스가 아닌 감염성 질환은? 2018. 서울시

① 백일해(Pertussis) ② 풍진(Rubella)
③ 중증급성호흡기증후군(SARS) ④ 중증열성혈소판감소증후군(SFTS)

해설 병원체와 침입 경로

구분	바이러스	세균	아메바	리케치아
호흡기	인플루엔자, 홍역, 풍진, 유행성이하선염, 수두, 천연두(두창), 중증급성호흡기증후군(SARS)	결핵, 나병, 디프테리아, 성홍열, 수막구균성수막염, 폐렴, 백일해		
소화기	소아마비, 전염성 간염	콜레라, 이질, 장티푸스, 부르셀라증, 파라티푸스, 살모넬라, 식중독, 영아 설사증, 파상열	이질	
성기점막피부	AIDS	매독, 임질, 연성하감		
점막, 피부	황열, 뎅기열, 일본뇌염, 광견병 바이러스, 중증열성혈소판감소증후군(SFTS)	파상풍, 페스트, 야토병	말라리아	발진티푸스, 발진열, 쯔쯔가무시

128 다음 중 생물 다양성의 3대 요소로 올바른 것은?

① 생태계 다양성 – 종 다양성 – 유전 다양성
② 생태계 다양성 – 인류 다양성 – 유전 다양성
③ 인류 다양성 – 문명 다양성 – 유전 다양성
④ 인류 다양성 – 유전 다양성 – 문화 다양성

해설 다양성

구분	내용
종 다양성 (species diversity)	한 지역 내 종의 다양성 정도를 말하는 것
생태계 다양성 (ecosystem diversity)	한 생태계에 속하는 모든 생물과 무생물의 상호작용에 관한 것
유전적 다양성 (genetic diversity)	종 내의 유전자 변이를 말하는 것으로 같은 종 내의 여러 집단들을 의미하거나 한 집단 내 개체들 사이의 유전적 변이를 의미

129 **다음 감염병 생성 6요소 중 환경요소에 해당하는 것은?**

① 면역　　② 병원소
③ 병원체　　④ 전파

해설

감염병 생성 6요소	질병발생의 3대 요인
병원체, 병원소	병인
병원소로부터 병원체 탈출, 전파, 신숙주의 침입	환경
신숙주의 감수성과 면역	숙주

130 **다음 중 세균에 의한 질병으로만 짝지어진 것은?**

① 결핵, 디프테리아, 수두　　② 공수병, 인플루엔자, 콜레라
③ 말라리아, 백일해, 장티푸스　　④ 야토병, 연성하감, 파라티푸스

해설 세균에 의한 질환 : 결핵, 나병, 디프테리아, 성홍열, 수막구균성수막염, 폐렴, 백일해, 콜레라, 이질, 장티푸스, 부르셀라증, 파라티푸스, 살모넬라, 식중독, 영아 설사증, 파상열, 매독, 임질, 연성하감, 파상풍, 페스트, 야토병

131 **다음에 해당하는 병원체에 의한 감염병으로만 묶인 것은?**

- 병원체가 가장 작다.
- 살아있는 숙주 안에서만 증식할 수 있다.
- 세균여과막을 통과하는 여과성 병원체이다.

① 디프테리아, 백일해　　② 성홍열, 파상풍
③ 발진티푸스, 발진열　　④ 홍역, 폴리오

해설 병원체 중 가장 작은 것은 바이러스이다. ① 세균, ② 세균, ③ 리케치아

132 **병원체와 숙주 간 상호작용 지표에 대한 설명으로 가장 옳지 않은 것은?**

① 감염력은 병원체가 숙주 내에 침입 · 증식하여 숙주에 면역반응을 일으키게 하는 능력이다.
② 독력은 현성 감염자 중에서 매우 심각한 임상증상이나 장애가 초래된 사람의 비율로 계산한다.
③ 이차발병률은 감염된 사람들 중에서 발병자의 비율로 계산한다.
④ 병원력은 병원체가 감염된 숙주에게 현성감염을 일으키는 능력이다.

Answer / 127 ① 128 ① 129 ④ 130 ④ 131 ④ 132 ③

해설 이차발병률은 발단(최초)환자와 접촉한 사람들 중에서 발병자의 비율로 계산한다.

감염력	• 병원체가 숙주에 침입하여 알맞은 기관에 자리잡고 증식하는 능력 • 감염력의 지표로 ID_{50}은 병원체를 숙주에 투여하였을 때, 숙주의 50%에게 감염을 일으키는 최소한의 병원체 수를 말함.
	={불현성 감염자 수(항체 상승자)+현성 감염자 수(발병자)} / 접촉자 수(감수성자)
병원력	병원체가 임상적으로 질병을 일으키는 능력
	=발병자 수 / 총 감염자 수
독력	임상적으로 증상을 발현한 사람에게 매우 심각한 정도를 나타내는 미생물의 능력
	=(중증환자 수 + 사망자 수) / 총 발병자 수
2차 발병률	$\frac{\text{환자와 접촉으로 인하여 이차적으로 발병한 환자 수}}{\text{환자와 접촉한 사람 수}} \times 100$

133 감염병의 중증도에 따른 분류이다. 이 때 수식 {(B+C+D+E)/(A+B+C+D+E)}×100에 의해 산출되는 지표는?

총 감수성자(N)				
감염(A+B+C+D+E)				
불현성 감염(A)	현성감염(B+C+D+E)			
	경미한 증상(B)	중증도 증상(C)	심각한 증상(D)	사망(E)

① 감염력
② 독력
③ 병원력
④ 치명률

해설

감염력	= {(A+B+C+D+E)/N}×100
병원력	= {(B+C+D+E)/(A+B+C+D+E)}×100
독력	= {(D+E)/(B+C+D+E)}×100
치명률	= {E/(B+C+D+E)}×100

134 전교생이 1,000(모두 감수성자)인 학교에서 감염병이 유행하였다. 증상이 있는 학생이 50명이고, 그 중 1명이 사망하였으며, 나중에 혈청학적 검사와 PCR(중합효소연쇄반응)을 이용한 유전자검사 결과 불현성감염 학생 50명이 확인되었다면 감염력, 병원력, 치명률을 순서대로 구한다면?

① 5% – 40% – 1%
② 10% – 50% – 1%
③ 5% – 50% – 2%
④ 10% – 50% – 2%

해설

감염력	= {(50+50)/1,000}×100 = 10%
병원력	= (50/1,000)×100 = 50%
치명률	= (1/50)×100 = 2%

135 다음 중 불현성감염자 80명, 경증환자 60명, 중증환자 30명, 위중환자 9명, 사망자 1명일 때 독력은 얼마인가?

① 1% ② 3%
③ 5% ④ 10%

해설 독력 = {(9+1)/(60+30+9+1)}×100 = 10%

136 다음은 인체에 대한 병원체의 주요 특성과 성질을 나타낸 것이다. 이 중 알맞은 것은?

① 감염력(infectivity)은 감염자 중 현성 증상을 나타내는 사람들의 율
② 독력(virulence)은 숙주의 표적 장기에 침입하고 증식하게 하는 병원체의 능력
③ 면역력(immunogenecity)은 병원체가 숙주에 면역력을 주는 성질이나 능력
④ 병원력(pathogenicity)은 감염 환자 중 사망을 포함한 위중한 임상결과를 나타내는 율

해설 ① 병원력은 감염자 중 현성 증상을 나타내는 사람들의 율
② 감염력은 숙주의 표적 장기에 침입하고 증식하게 하는 병원체의 능력
④ 독력은 감염 환자 중 사망을 포함한 위중한 임상결과를 나타내는 율

137 절지동물에 의한 전파 중 생물학적 전파양식과 이에 해당 하는 질병들의 연결이 바르지 않은 것은?

① 증식형 – 발진티푸스, 쯔쯔가무시병
② 발육형 – 로아사상충증, 말레이사상충증
③ 발육증식형 – 수면병, 말라리아
④ 경란형 – 록키산 홍반열, 재귀열

해설 증식형 · 배설형 – 발진티푸스, 경란형 – 쯔쯔가무시병

※ 활성매개체의 전파유형

증식형	병원체가 곤충의 몸속에 들어와서 증식하여 옮겨 주는 것 예 페스트(벼룩), 황열(모기), 일본뇌염(모기), 뎅기열(모기), 발진티푸스(이), 발진열(벼룩), 재귀열(이)
발육형	병원균을 픽업했을 때 수가 증가하는 것이 아니라 발육만 해서 옮겨 주는 것 예 사상충증(모기), Loa Loa사상충증(흡혈성 등에)
발육증식형	곤충이 병원균을 픽업했을 때 발육도 하고 수가 증가하는 것 예 말라리아(모기), 수면병(체체파리, 트리파노소마증)
배설형	곤충이 병원균을 배설하여 전파하는 것 예 발진티푸스(이), 발진열(벼룩), 페스트, 샤가스
경란형	진드기의 난소를 통해 다음 세대까지 전달되어 전파 예 록키산홍반열(참진드기), 쯔쯔가무시병(털진드기), 재귀열(진드기)

138 다음 중 매개체 내에서 전염병을 일으킬 때까지를 무엇이라 하는가?

① 내 잠복기 ② 외 잠복기
③ 잠재기간 ④ 세대기

Answer 133 ③ 134 ④ 135 ④ 136 ③ 137 ① 138 ②

해설

구분		내용
잠재기간		인체에 병원체가 침입해서 인체 내에 머물러 있는 시기
잠복기	내잠복기	병인의 침입에서부터 병원체가 증식하여 질환에 대한 증상 및 징후가 생기기 전까지로 병원미생물이 사람 또는 동물의 체내에 침입하여 발병할 때까지의 기간
	외잠복기	병원체가 매개생물 내에서 감염성 있는 형태로 변화하기 위해서는 일정한 시간이 필요한데, 이 기간을 의미
잠재감염		병원체가 숙주에 증상을 일으키지 않으면서 숙주 내에 지속적으로 존재하는 상태로 병원체와 숙주가 평형을 이루는 상태
세대기		병원체가 숙주에 침입하여 증식한 후 그 숙주에서 다시 배출되어 가장 전염력이 클 때까지의 기간

139 감염병 환자가 감염 후 검사로 균이 확인될 때까지는 3일이 걸렸고, 감염 후 증상이 나타날 때까지는 5일이 걸렸다. 그리고 감염 후 7일부터 타인에게 감염시켰다. 다음 중 이 질병의 잠복기간은?

① 3일
② 5일
③ 7일
④ 10일

해설 잠재기간 : 3일, 잠복기 : 5일, 세대기 : 7일

140 다음 중 불현성 감염이 잘되지 않는 감염병은 무엇인가?

① 디프테리아
② 백일해
③ 폴리오
④ 홍역

해설 홍역 : 홍역 바이러스에 의한 감염으로 발생하며 전염성이 강하여 감수성 있는 접촉자의 90% 이상이 발병하는 것으로 병원체에 감염되어 증상이 나타나는 병이다.

141 다음 중 디프테리아에 감염되었지만 감염증상이 없고 건강인과 다름없지만 병원체를 보유하고 있는 사람은?

① 건강 보균자
② 만성 보균자
③ 회복기보균자
④ 잠복기 보균자

해설 건강보균자 : 병원체에 감염되었으나 처음부터 증상을 나타내지 않는 환자로 관리가 힘든 보균자

142 다음 중 감염병 발생과정에서 장티푸스 보균자의 생태적 지위는?

① 병원소
② 병원체
③ 병원체 탈출
④ 숙주 감수성

해설 병원소의 종류

	환자	현성환자, 불현성 환자	
인간 병원소	보균자	회복기 보균자	병후 보균자, 병후기간에 임상증상은 없으나 병원체를 배출하는 보균자 예 장티푸스, 이질, 디프테리아(대부분 소화기계 감염병)
		잠복기 보균자	발병 전 보균자, 잠복기간에 전염성을 가지는 보균자 예 홍역, 디프테리아, 수두, 유행성 이하선염, 백일해(대부분 호흡기계 감염병)
		건강 보균자	병원체에 감염되었으나 처음부터 증상을 나타내지 않는 환자로 관리가 힘든 보균자 예 디프테리아, 소아마비, 일본뇌염
		만성 보균자	보균기간이 3개월 이상이 되는 보균자 예 장티푸스
동물 병원소	인수공통질환 결핵(새, 소), 일본뇌염(돼지, 조류, 뱀), 광견병(개), 페스트 · 발진열 · 살모넬라증 · 유행성 출혈열(쥐), 톡소플라스마(고양이), 탄저(소, 양), 브루셀라증(소, 염소), 렙토스피라(소, 돼지)		
토양	무생물이면서 병원소 역할을 함. 그 예로 파상풍을 들 수 있음.		

143 다음 중 인간병원소에 대한 구체적 설명으로 옳지 못한 것은?

① 보균자 – 자각적으로나 타각적으로 임상증상이 없는 병원체 보유자로서 전염원으로 작용하는 감염자

② 불현성감염자 – 어떤 질병에 감염되어 숙주의 내부 혹은 외부에서 병원성 미생물이 증식은 하지 않고 배출만 하는 감염자

③ 잠복기 보균자 – 어떤 질환에 감염된 후 임상적인 증상이 나타나기 전에 균이 배출되는 감염자

④ 현성감염자 – 미생물이 생물체 내에 침입하여 질병을 일으키는 경우의 감염자

해설 보균자 : 어떤 질병에 감염되어 숙주의 내부 혹은 외부에서 병원성 미생물이 증식은 하지 않고 배출만 하는 감염자

144 다음 중 인수공통전염병과 이 질병을 감염시키는 매개체가 올바르게 짝지어진 것은?

① 공수병 – 양 ② 신증후군출혈열 – 쥐

③ 살모넬라증 – 소 ④ 톡소플라즈마증 – 소

해설 해당하는 동물과 감염병

㉠ 소 : 결핵, 탄저, 파상열, 살모넬라증, 브루셀라
㉡ 돼지 : 렙토스피라증, 탄저, 일본뇌염, 살모넬라증, 브루셀라
㉢ 양 : 탄저, 파상열, 보툴리즘, Q열, 브루셀라
㉣ 개 : 광견병, 톡소플라즈마증
㉤ 말 : 탄저, 유행성 뇌염, 살모넬라증
㉥ 쥐 : 페스트, 발진열, 살모넬라증, 렙토스피라증, 쯔쯔가무시병(양충병), 신증후군출혈열
㉦ 고양이 : 살모넬라증, 톡소플라즈마증

Answer 139 ② 140 ④ 141 ① 142 ① 143 ② 144 ②

145 다음 중 잠복기 전파가 가능한 질병은?

① 두창, 디프테리아 ② 디프테리아, 파라티푸스
③ 백일해, 세균성이질 ④ A형간염, 두창

해설 대부분 잠복기 전파가 가능한 질환은 호흡기계 감염병이다.

구분	바이러스	세균
호흡기	인플루엔자, 홍역, 풍진, 유행성이하선염, 수두, 천연두(두창), 중증급성호흡기증후군(SARS)	결핵, 나병, 디프테리아, 성홍열, 수막구균성수막염, 폐렴, 백일해

146 한 질환의 기초감염재생산수가 10일 때 감염병의 유행방지를 위해 면역인구가 최소 전체의 몇 %가 되어야 하는가?

① 10% ② 25%
③ 50% ④ 90%
⑤ 100%

해설 유행방지를 위한 면역인구 = {1−(1/기초감염재생산수)}×100 = {1−(1/10)}×100 = 90%

147 「감염병의 예방 및 관리에 관한 법률」상 명시된 필수예방접종 대상 감염병으로만 짝지어지지 않은 것은? 2022. 서울시 · 지방직

① 일본뇌염, 폐렴구균, 성홍열 ② 인플루엔자, A형간염, 백일해
③ 홍역, 풍진, 결핵 ④ 디프테리아, 폴리오, 파상풍

해설 필수예방접종 질병(감염병의 예방 및 관리에 관한 법률 제24조 제1항) : 디프테리아, 폴리오, 백일해, 홍역, 파상풍, 결핵, B형간염, 유행성이하선염, 풍진, 수두, 일본뇌염, b형헤모필루스인플루엔자, 폐렴구균, 인플루엔자, A형간염, 사람유두종바이러스 감염증, 그 밖에 질병관리청장이 감염병의 예방을 위하여 필요하다고 인정하여 지정하는 감염병

148 모성의 모유나 태반을 통한 면역으로 올바른 것은? 2022. 경북 의료기술직

① 자연능동면역 ② 자연수동면역
③ 인공능동면역 ④ 인공수동면역

해설 면역의 종류

선천 면역	종속 면역, 종족 면역, 개인 특이성			
후천 면역	능동면역	자연능동면역	불현성 감염 후, 이환 후 면역	
		인공능동면역	생균	BCG, MMR, 소아마비
			사균	간염, 광견병, 장티푸스, 백일해(aP), 콜레라
			toxoid	DT(디프테리아, 파상풍)
	수동면역	자연수동면역	모유, 모체, 태반을 통한 면역	
		인공수동면역	항독소, 면역혈청, γ−globulin(일시적 면역)	

149 생후 5개월 된 유아가 보건소에 내원하였다. 국가필수예방접종 스케쥴에 맞추어 예방접종을 다 마친 경우 지금까지 접종 받지 않은 예방접종은? 2022. 경북 의료기술직

① B형간염
② 디프테리아, 백일해, 파상풍
③ 결핵
④ 홍역, 풍진, 유행성이하선염

해설

구분	기초접종	추가접종	분류
B형간염	0, 1, 6개월(3회) 모체가 HBsAg(+)인 경우 : 출생 후 12시간 이내 백신과 면역글로불린 동시 주사	–	사백신
결핵(피내용)	생후 4주 이내(1회)	–	생백신
디프테리아, 파상풍, 백일해(DTaP)	2, 4, 6개월(3회)	15~18개월(1회), 만 4~6세(1회) 만 11~12세(Td 1회)	사백신
소아마비(IPV)	2, 4, 6~18개월(3회)	만 4~6세(1회)	사백신
홍역, 볼거리, 풍진(MMR)	12~15개월(1회)	만 4~6세(1회)	생백신
일본뇌염	불활성화 백식 : 12~23개월에 7~30일 간격으로 2회, 12개월 후 1회(3차)	만 6세, 만 12세 각 1회 접종	사백신
	약독화 생백신 : 12~23개월에 1회 접종	1차 접종 12개월 후 2차접종	생백신
수두	12~15개월(1회)	–	생백신
b형 헤모필루스 인플루엔자(Hib)	2, 4, 6개월(3회)	12~15개월(1회)	사백신
폐렴구균	2, 4, 6개월(3회)	12~15개월(1회)	사백신
A형간염	12~23개월 1차 접종	1차 접종 6~18개월 후 2차 접종	사백신
신증후군 출혈열	한 달 간격으로 2회 접종 후 12개월 뒤 1회 접종	–	사백신
장티푸스	5세 이상 소아에 1회 접종	3년마다 추가접종	사백신 (경구용은 생백신)
인플루엔자	불활성화 백신 • 6개월 이상~만 8세 : 1~2회 • 만 9세 이상 : 1회	–	사백신
	약독화 생백신 : 24개월~만 49세 연령에서 1회 비강 내 분무	–	생백신
사람유두종 바이러스(HPV)	만 11세 여아에 6개월 간격으로 2회 접종 ※ 9~13(14)세 연령에서 2회 (0, 6개월) 접종 가능	2회 접종이 허가된 연령 이후 접종할 경우 총 3회 접종 필요	사백신

Answer 145 ① 146 ④ 147 ① 148 ② 149 ④

150 인위적으로 항체를 주사하여 얻는 면역은? 2021. 서울시

① 자연능동면역 ② 자연수동면역
③ 인공능동면역 ④ 인공수동면역

해설 인공수동면역 : 홍역이나 백일해에 걸려서 회복된 사람의 혈청을 주사하거나, 디프테리아 독소나 파상풍 독소 등으로 말을 면역하여 얻은 혈청을 주사하거나 하는 것

151 태아가 모체로부터 태반이나 모유를 통해 얻는 면역에 해당하는 것은? 2020. 경기 · 대전

① 자연능동면역 ② 인공능동면역
③ 자연수동면역 ④ 인공수동면역

해설 자연수동면역 : 태아가 태반을 통하여 모체로부터 면역체를 받는 것

152 중동호흡기증후군이 발생하였을 때 이를 예방하고 관리하는 방법 중 전파차단에 해당하는 것은?

2020. 경기

① 집중치료 ② 조기진단
③ 예방접종 ④ 병원소 제거

해설 감염성 질환의 3대 관리 원칙

<table>
<tr><td>병원소와 병원체 관리(전파차단)</td><td colspan="5">㉠ 병원소의 제거
㉡ 감염력의 감소 및 병원소의 격리</td></tr>
<tr><td rowspan="7">숙주의 면역증강</td><td>선천 면역</td><td colspan="4">종속 면역, 종족 면역, 개인 특이성</td></tr>
<tr><td rowspan="6">후천 면역</td><td rowspan="4">능동 면역</td><td>자연 능동면역</td><td colspan="2">불현성 감염 후, 이환 후 면역</td></tr>
<tr><td rowspan="3">인공 능동면역</td><td>생균백신</td><td>BCG, MMR, 소아마비</td></tr>
<tr><td>사균백신</td><td>간염, 광견병, 장티푸스, 백일해(aP), 콜레라</td></tr>
<tr><td>Toxoid</td><td>DT(디프테리아, 파상풍)</td></tr>
<tr><td rowspan="2">수동 면역</td><td>자연 수동면역</td><td colspan="2">모유, 모체, 태반을 통한 면역</td></tr>
<tr><td>인공 수동면역</td><td colspan="2">항독소, 면역혈청, γ-globulin(일시적 면역)</td></tr>
<tr><td colspan="6">환경 위생관리</td></tr>
</table>

153 **병원체의 침입에 대한 절대적인 방어를 의미하는 것으로서 저항력이 충분히 클 때를 면역이라고 한다. 다음 중 면역에 대한 설명으로 옳지 않은 것은?** 2020. 대구시

① 타인이 생성한 항체를 전달받아 형성된 면역을 수동면역이라고 한다.
② 신생아는 항원에 토출된 적이 없어도 모유수유를 통해 항원에 대한 면역력을 가질 수 있다.
③ 수동면역은 면역효과가 빨리 나타날 뿐만 아니라 영구적으로 지속된다.
④ 파상풍 항독소를 투여하는 것은 인공수동면역에 해당한다.

해설 능동면역과 수동면역의 비교

내용	능동 면역	수동 면역
발효 시간	길다	짧다
효력지속 시간	길다	짧다
혈청병 수반 여부	없다	있다
대상	건강인	환자
목적	예방	치료

154 **감염병 관리원칙과 예방접종에 대한 설명으로 옳지 못한 것은?** 2020. 울산시

① 1차 백신 실패는 예방접종 후 충분한 항체가 생성되었으나 시간이 지나면서 항체 역가가 떨어져 방어하지 못하는 경우를 말한다.
② 바이러스는 병원체 중 가장 작아 전자현미경으로만 관찰할 수 있고, 복제를 통해 증식하며, 항생제 감수성이 없어 항생제로 치료할 수 없다.
③ 세균에 의한 감염병에는 콜레라, 디프테리아, 세균성 이질, 페스트, 성홍열 등이 있다.
④ 감염병 관리의 가장 확실한 방법은 병원체 또는 병원소를 제거하는 것이다.

해설 백신실패

1차 백신실패	예방접종을 실시하였으나 숙주의 면역체계에서 충분한 항체를 만들지 못하는 경우
2차 백신실패	예방접종 후 충분한 항체가 생성되었으나 시간이 지나면서 항체 역가가 떨어져 방어하지 못하는 경우

155 **다음에서 설명하고 있는 면역의 종류는?** 2019. 서울시

> 인위적으로 항원을 체내에 투입하여 항체가 생성되도록 하는 방법으로 생균백신, 사균백신, 순화독소 등을 사용하는 예방접종으로 얻어지는 면역을 의미한다.

① 수동면역
② 선천면역
③ 자연능동면역
④ 인공능동면역

해설 인공능동면역 : 면역 혈청 또는 항독소 등을 주사하여 인위적으로 얻은 후천적인 면역

Answer 150 ④ 151 ③ 152 ④ 153 ③ 154 ① 155 ④

156 집단면역이 성공하기 위한 조건으로 옳은 것은? 2019. 대구시

① 인간숙주 외에 중간숙주가 있어야 한다.
② 인구 집단 내에서 감염자가 다른 모든 대상자를 접하게 되는 확률이 동일해야 한다.
③ 간접전파에 의한 기전으로 질병 전파가 이루어져야 한다.
④ 인구집단 내 모든 사람이 면역되어야 하고, 면역되어 있지 않은 사람이 없어야 한다.

해설 집단면역이 성공하기 위한 조건

㉠ 질병이 전파되는 과정에서 숙주는 하나의 종(species)으로 제한되어야 한다. 만약 병원체의 전파과정에 인간숙주외에 동물병원소와 같은 중간숙주가 존재하면 집단면역은 작동하지 않게 되는데, 이는 다른 수단을 이용한 전파가 가능하기 때문이다.
㉡ 인구 집단 내에서 감염자가 다른 모든 대상자를 접하게 되는 확률이 동일할 때 집단면역은 작용한다.
㉢ 직접전파에 의한 기전으로 질병 전파가 이루어져야 한다.
㉣ 한계밀도 이상으로 면역이 되면 질병의 유행은 발생되지 않는다.

157 예방백신 접종군과 비접종군이 각각 1만명이다. 질병에 걸린 사람이 접종군에서 100명, 비접종군에서 500명일 때 예방접종의 효과(%)는? 2019. 경남

① 질병의 20%를 예방할 수 있다.
② 질병의 40%를 예방할 수 있다.
③ 질병의 75%를 예방할 수 있다.
④ 질병의 80%를 예방할 수 있다.

해설 예방접종의 효과

= (비접종군에서의 질병발생 확률−접종군에서의 질병발생 확률)/비접종군에서의 질병발생 확률
= [{(500/10,000) − (100/10,000)}/(500/10,000)]×100 = 80%
즉 예방접종으로 인해 질병의 80%를 예방할 수 있다.

158 홍역이 아이들 사이에서 유행할 때 감염병 관리의 3대 원칙에 근거하여 감수성이 높은 숙주에게 해야 할 처치로 가장 옳은 것은? 2019. 전북

① 감수성이 높은 아이들에게 추가 예방접종을 실시한다.
② 홍역 환자는 전파차단을 위해 격리조치를 철저히 한다.
③ 손씻기 및 기침 예절에 대한 보건교육을 실시한다.
④ 유치원이나 학교를 휴교조치하고 아이들을 자택 격리한다.

해설 감수성이 높은 숙주는 면역증강과 조기발견 치료로 예방접종을 실시하는 것이 적당하다.

159 다음에서 설명하는 면역의 종류로 가장 옳은 것은? 2018. 서울시

각종 질환에 이환된 후 형성되는 면역으로서 그 면역의 지속기간은 질환의 종류에 따라 다르다. 즉 영구면역이 되는 경우도 있고 지속기간이 짧은 경우도 있다.

① 자연능동면역 ② 인공능동면역
③ 자연수동면역 ④ 인공수동면역

해설 자연능동면역 : 각종 질병에 걸린 후 형성되는 면역

160 인공능동면역 제제에 대한 설명으로 올바른 것은? 2018. 경기

① 면역혈청 ② 독성을 약화시킨 생균
③ 자연수동면역의 모체 ④ 감마글로블린, 면역글로블린

해설

인공 능동면역	생균백신	BCG, MMR, 소아마비
	사균백신	간염, 광견병, 장티푸스, 백일해(aP), 콜레라
	Toxoid	DT(디프테리아, 파상풍)

161 외부에서 침입한 세균 등에 대해 우리 몸이 스스로 세균에 대항할 수 있는 항체를 만들어 생긴 면역력을 의미하는 면역에 대한 설명으로 올바른 것은? 2018. 경기

① 면역의 작용에 있어 비특이성을 가진다.
② 선천적으로 가지고 있는 자연면역이다.
③ 면역글로블린, 면역 혈청 등에 의한다.
④ 두창, 탄저, 광견병 백신 등 생균백신이 속한다.

해설 외부에서 침입한 세균 등에 대해 우리 몸이 스스로 세균에 대항할 수 있는 항체를 만들어 생긴 면역력은 능동면역을 의미하며 능동면역에는 자연능동면역과 인공능동면역이 있다.
㉠ 면역의 작용에 있어 특이성을 가진다.
㉡ 후천적으로 가지고 있는 면역이다.
㉢ 면역글로블린, 면역 혈청 등에 의한다. → 인공수동면역을 의미
※ 감염성 질환의 전파와 진행에 영향을 미치는 숙주의 특성

방법		작용 구조
생활행태 요인		병인과의 접촉을 억제하거나 용이하게 하는 요소
생물학적 요인		감염에 대한 숙주의 저항력을 감소시키거나 증가시키는 요소
일반적인 방어기전		병원체가 숙주의 내부기관에 침범하는 것을 막아주는 외부의 보호벽으로 비특이적 면역에 속한다. 예 피부, 코, 소화기관
특별 방어기전		병원체와 싸워 파괴하는 비특이성 염증 반응
면역	수동 면역	자연적으로 태반을 통해 모체에서 전이되거나 특수한 감염성 질병을 전염시키는 병원체에 작용하여 항체나 세포의 존재로 감염성 질병으로부터 보호
	능동 면역	인공적으로 특수한 보호 항원을 접종함으로써 다른 사람에서 전이되는 항원으로부터 보호
	집단 면역	인구 중 높은 비율이 병인에 대하여 특수 면역이 되어 있어 감염성 병인의 전파에 대한 집단이나 지역사회의 저항성

Answer 156 ② 157 ④ 158 ① 159 ① 160 ② 161 ④

162 B형간염 환자의 체액에 노출된 후 면역글로불린 주사를 맞았다면 이에 해당되는 면역의 종류는?
2018. 전남

① 인공수동 ② 자연수동
③ 인공능동 ④ 자연능동

해설

수동면역	자연 수동면역	모유, 모체, 태반을 통한 면역
	인공 수동면역	항독소, 면역혈청, γ-globulin(일시적 면역)

163 집단면역(herd immunity)에 대한 설명으로 가장 옳지 못한 것은? 2018. 경기

① 면역을 가진 인구의 비율이 높을 경우 감염재생산수가 적어지게 된다.
② 홍역, 백일해 등과 같이 사람 간에 전파되는 감염병 유행의 주기성과 연관되어 있다.
③ 집단면역 수준이 높을수록 감염자가 감수성자와 접촉할 수 있는 기회가 적어진다.
④ 집단면역 수준이 한계밀도보다 작으면 유행을 차단하게 된다.

해설 집단면역수준이 한계밀도보다 높아야 유행이 차단된다.
※ 집단 면역
㉠ 정의
• 지역사회 혹은 집단에 병원체가 침입하여 전파하는 것에 대한 집단의 저항성을 나타내는 지표를 말한다.
• 그 지역사회 내의 주민이 가지고 있는 면역이다(=면역체를 가지고 있는 사람 / 인구 수).
• 그 지역에 흔한 질병일수록 집단면역이 커진다.
㉡ 집단 면역의 중요성
• 집단 면역이 병원체가 집단 내에서 퍼져나가는 힘을 억제하면 유행은 일어나지 않게 된다.
• 어떤 지역에 유행이 일어나면 집단 면역력이 높아져 그 후 몇 년간 유행이 일어나지 않는다. 그러므로 집단 면역은 시간적 주기변화 현상을 보인다.
㉢ 한계 밀도 : 그 집단 내에서 면역이 없는 신생아가 계속해서 태어나거나, 면역이 없는 사람이 그 집단 내로 이주해 옴으로써 집단 면역의 정도는 점차 감소하다가 일정한 한도 이하로 떨어지면 유행이 일어난다. 이 집단 면역의 한계를 '한계 밀도'라고 한다.

164 수인성 감염병, 식품매개 감염병을 예방하기 위해 손씻기, 물 끓여먹기 등을 실시하였다. 이것은 어느 단계의 감염병 관리 원칙에 해당하는가? 2018. 울산시

① 숙주관리 ② 병원소 관리
③ 전파과정 차단관리 ④ 병원체의 탈출 관리

해설 손씻기, 물 끓여먹기 등은 감염병의 전파를 차단한다.

165 감염병의 관리방법 중 감염병의 전파예방법으로 가장 적절한 것은? 2017. 서울시

① 병원소의 격리 ② 예방접종
③ 조기진단 ④ 면역증강

해설 감염병의 전파예방법 : 병원소 제거 및 격리

166 다음 중 감마글로불린 또는 항독소 등의 인공제제를 주입하여 얻는 면역으로 올바른 것은?

2016. 서울시

① 인공피동면역
② 인공능동면역
③ 자연피동면역
④ 자연능동면역

해설 인공피동면역(인공수동면역) : 홍역이나 백일해에 걸려서 회복된 사람의 혈청을 주사하거나, 디프테리아 독소나 파상풍 독소 등으로 말을 면역하여 얻은 혈청을 주사하거나 하는 것

167 예방접종 대상이면서 생균백신으로 인공능동면역인 것은?

① 결핵
② 폐렴구균
③ 장티푸스
④ A형간염

해설 ① 생균백신 ② 사균백신 ③ 생균백신(경구용)과 사균백신 ④ 사균백신

168 다음 중 감염병 예방에 대한 내용과 이에 대한 보건학적 대책으로 연결이 서로 옳지 못한 것은?

① 면역증강 – 휴식, 운동, 수면, 영양관리
② 인수공통감염병 – 감염의 원인이 된 동물 제거
③ 인공수동면역 – 항원을 주입하여 항체 생성
④ 전파차단 – 병원소 제거, 환자 격리

해설 ③ 인공능동면역 – 항원을 주입하여 항체 생성

169 모유수유를 한 영아가 모유수유를 하지 않은 영아에 비해 감염균에 대한 면역력이 높았다. 이에 해당하는 면역(immunity)의 종류는?

① 자연능동면역
② 자연수동면역
③ 인공능동면역
④ 인공수동면역

해설 자연수동면역 : 태아가 태반을 통하여 모체로부터 면역체를 받는 것

170 능동면역에 대한 설명으로 올바른 것은?

① 비특이적 면역이다.
② 선천적 면역이다.
③ 면역혈청 주사로 생긴다.
④ 생균백신 접종으로 생긴다.

해설 ① 비특이적 면역은 병원체가 숙주의 내부기관에 침범하는 것을 막아주는 외부의 보호벽 예 피부, 코, 소화기관
② 후천적 면역이다.
③ 면역혈청 주사로 생기는 것은 인공수동면역이다.

Answer 162 ① 163 ④ 164 ③ 165 ① 166 ① 167 ① 168 ③ 169 ② 170 ④

171 출생 후 6개월 된 영아가 엄마와 함께 보건소에서 예방접종을 받으려고 한다. 소아표준예방접종표에 의거 이 영아가 아직 한 번도 접종받지 못한 예방접종으로 올바른 것은?

① MMR ② DTaP
③ B형 간염 ④ 폴리오

해설 풍진(MMR)은 12~15개월에 기초접종을 한다.

172 예방접종시기를 빠른 순으로 나열한 것은?

가. B형간염	나. 결핵
다. 디프테리아	라. 일본뇌염

① 가, 나, 다, 라 ② 가, 다, 나, 라
③ 나, 가, 다, 라 ④ 나, 다, 라, 가

해설 B형간염-0개월, 결핵-4주 이내, 디프테리아-2개월, 일본뇌염-12~33개월

173 필수예방접종 중 생후 1년 이내 접종과 1년 이후 접종이 옳지 못하게 짝지어진 것은?

① BCG – 일본뇌염 ② 파상풍 – 수두
③ B형간염 – b형헤모필루스인플루엔자 ④ 디프테리아 – 풍진

해설 B형간염-0개월, b형헤모필루스인플루엔자-2개월

174 코로나19 확진자를 발견하기 위해 1,000명을 대상으로 선별검사를 실시한 후, 다음과 같은 결과를 얻었다. 선별검사의 민감도(%)는? 2022. 서울시

검사결과	코로나19 발생 여부		계
	발생(+)	미발생(-)	
양성(+)	91	50	141
음성(-)	9	850	859
계	100	900	1,000

① 64.5 ② 91.0
③ 94.4 ④ 98.9

해설 민감도 : (91/100)×100 = 91%

민감도		질병에 걸린 사람이 양성으로 나올 확률
특이도		질병에 걸리지 않은 사람이 음성으로 나올 확률
의음성률		측정도구가 질병에 걸리지 않았다고 판단한 사람 중 실제 병이 있는 비율
의양성률		측정도구가 질병에 걸렸다고 판단한 사람 중 실제로 병이 없는 비율
예측도	양성예측도	측정도구가 질병이라고 판단한 사람 중 실제로 질병이 있는 비율
	음성예측도	측정도구가 질병이 아니라고 판단한 사람 중 실제로 병이 없는 비율

175 유방암의 진단결과와 유방암 여부에 대한 결과 값을 나타낸 것이다. 유방암의 양성예측도?

2020. 경기

		실제 유방암 여부	
		예	아니오
유방암 검사	양성	2	8
	음성	1	80

① 12.5% ② 20%
③ 66.7% ④ 91%

해설 양성예측도 : 측정도구가 질병이라고 판단한 사람 중 실제로 질병이 있는 비율
= {2 / (2+8)}×100 = 20%

176 다음에서 설명하는 있는 검사도구의 평가기준은?

2020. 대구

- 검사를 반복하였을 때 비슷한 검사결과가 얻어진다.
- 검사를 측정하는 방법을 표준화하였다.
- 검사를 측정조건이나 측정하는 사람에 의해 검사결과가 일정하게 나왔다.

① 타당도 ② 특이도
③ 민감도 ④ 신뢰도

해설

타당도	측정하고자 하는 내용을 검사결과가 정확하게 반영해 주는 정도
신뢰도	㉠ 개념 : 검사법을 반복해서 같은 대상에게 적용시켰을 때 같은 결과가 나타나는 경향 ㉡ 신뢰도를 높이는 방법 • 측정방법을 표준화함. • 관찰자를 훈련시키고 자격을 부여함 • 측정기기를 정교화함 • 측정을 자동화함 • 반복적으로 측정하고 표본수를 늘림

Answer 171 ① 172 ① 173 ③ 174 ② 175 ② 176 ④

177 A질환의 유병률은 인구 1,000명당 200명이다. A질환의 검사법은 90%의 민감도, 90%의 특이도를 가질 때 이 검사의 양성예측도는? 2019. 서울시

① 180/260 ② 80/260
③ 180/200 ④ 20/200

해설

	환자	건강인	계
양성	a	b	a+b
음성	c	d	c+d
계	200	800	1,000

- 민감도 = {a/(a+c)}×100 = 90 ∴ a = 180, c = 20
- 특이도 = {d/(b+d)}×100 = 90 ∴ d = 720, b = 80
- 양성예측도 = {a/(a+b)}×100 = (180/260)×100

178 어떤 현상을 측정할 때, 측정하고자 하는 것을 얼마나 정확하게 측정하였는지를 평가하는 지표를 정확도라고 한다. 이에 해당하지 않는 것은? 2019. 경기도

① 신뢰도 ② 특이도
③ 민감도 ④ 예측도

해설

신뢰도	타당도(정확도)
• 측정조건에 따라 검사결과가 얼마나 일관되게 나타나는지에 대한 능력 • 일치율, 카파통계량, 상관계수	• 검사법이 진단하고자 하는 질병의 유무를 얼마나 정확하게 판정하는가에 대한 능력 • 민감도, 특이도, 예측도(양성, 음성)

179 역학연구에서 정확도를 나타내는 지표 중 질병이 있는 환자의 검사결과가 양성으로 나타날 확률을 뜻하는 것은? 2018. 경기

① 양성예측도 ② 민감도
③ 음성예측도 ④ 특이도

해설 민감도 : 질병에 걸린 사람이 양성으로 나올 확률

180 다음 중 역학조사의 신뢰도를 높이는 방법으로 바르지 못한 것은? 2017. 경기

① 표준화된 조건 하에서 실시한다.
② 피조사자의 오차를 최소화 한다.
③ 측정자의 조사숙련도를 높인다.
④ 측정지표와 조사도구를 일정주기로 교체한다.

해설 신뢰도를 높이는 방법
㉠ 측정방법을 표준화함
㉡ 관찰자를 훈련시키고 자격을 부여함
㉢ 측정기기를 정교화함
㉣ 측정을 자동화함
㉤ 반복적으로 측정하고 표본수를 늘림

181 당뇨환자를 발견하기 위한 집단검진으로 공복 시 혈당검사를 하려고 한다. 검사의 정확도를 높이기 위하여 혈당측정도구가 갖추어야 할 조건으로 올바른 것은? 2016. 서울시

① 높은 감수성
② 높은 민감도
③ 낮은 양성예측도
④ 낮은 특이도

해설 검사의 정확도를 높이기 위한 조건
㉠ 높은 민감도와 낮은 의음성률
㉡ 높은 특이도와 낮은 의양성률
㉢ 높은 양성예측도와 높은 음성예측도

182 자궁암 조기발견을 위해 실시한 세포진 검사(Pap smear)에서 양성으로 판정받은 사람이 실제로 자궁암에 걸렸을 확률을 의미하는 용어는?

① 민감도(sensitivity)
② 특이도(specificity)
③ 음성예측도(negative predicitive value)
④ 양성예측도(positive predicitive value)

해설 양성으로 판정받은 사람 중 자궁암 환자일 확률이므로 양성예측도를 의미한다.

183 다음 중 전립선암 검진을 위한 아래 말초혈액검사 결과 민감도와 특이도는?

구분		전립선암	전립선암 아님	총계
말초혈액검사	양성	60명	140명	200명
	음성	20명	780명	800명
총계		80명	920명	1,000명

① 민감도 : (20/80)×100 특이도 : (140/920)×100
② 민감도 : (20/80)×100 특이도 : (780/920)×100
③ 민감도 : (60/80)×100 특이도 : (140/920)×100
④ 민감도 : (60/80)×100 특이도 : (780/920)×100

해설
- **민감도** : 전립선암 환자 중 양성으로 나올 확률이므로 (60/80)×100
- **특이도** : 전립선 암이 아닌 자 중 음성으로 나올 확률이므로 (780/920)×100

Answer 177 ① 178 ① 179 ② 180 ④ 181 ② 182 ④ 183 ④

184 혈당기준치를 126mL/dL에서 120mL/dL로 낮췄다. 다음 중 의양성과 의음성의 변화로 가장 올바른 것은?

① 의양성은 감소, 의음성은 증가
② 의양성은 증가, 의음성은 감소
③ 의양성, 의음성 모두 감소
④ 의양성, 의음성 모두 증가

해설 진단기준을 변화시켰을 때 정확도의 변화

정확도의 척도	진단의 기준을 낮추었을 때	진단의 기준을 높혔을 때
양성예측도	변화없음	변화없음
음성예측도	변화없음	변화없음
민감도	증가	감소
특이도	감소	증가
의음성	감소	증가
의양성	증가	감소

185 다음 중 B형간염 검사 인원수가 모두 1,000명이고 민감도가 90%, 특이도 80%이며, 실제환자가 10%일 때 양성예측도는 얼마인가?

① 10/100
② 90/100
③ 90/270
④ 90/900
⑤ 180/270

해설

	B형 간염 환자	비 환자	계
양성	a(90)	b(180)	
음성	c(10)	d(720)	
계	100	900	1,000

- 민감도 = (a/100)×100 = 90% ∴ a = 90
- 특이도 = (d/900)×100 = 80% ∴ d = 720
- 양성예측도 = 90/(90+180) = 90/270

186 다음 중 2가지 검사결과를 비교해 연속형 변수로 평가한 후, 경계값을 기준으로 양성과 음성 판정으로 경계값의 민감도, 특이도를 계산하여 그린 곡선은?

① AOC 곡선
② BOC 곡선
③ KOC 곡선
④ ROC 곡선
⑤ ROCR 곡선

해설 ROC 곡선

㉠ 검사결과가 연속형 변수일 때 각 경계값에 따라 특이도, 민감도를 산출할 수 있는데, 수평축에 '1−특이도', 수직축에 '민감도'의 수치로 각 기준에 따른 점들을 찍을 수 있고, 그 점들을 이은 곡선을 ROC 곡선이라고 한다.

㉡ 수직축에서는 위쪽으로, 수평축에서는 왼쪽으로, 즉 곡선상의 어떤 점이 왼쪽 상부 쪽에 있을수록 타당도가 높은 검사로 볼 수 있다.

ⓒ ROC 곡선은 여러 검사법을 비교 평가할 때 유용한데, ROC 곡선의 아래 면적(AUC)이 클수록 그 검사법은 질병 여부를 진단하는 데 더욱 유용한 검사로 볼 수 있다.

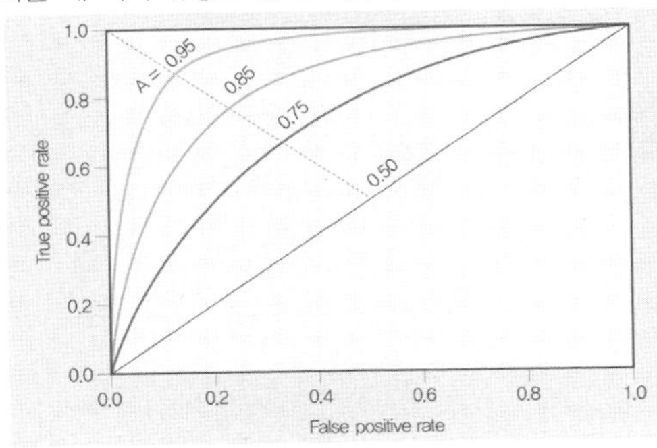

187 「감염병의 예방 및 관리에 관한 법률」상 제1급 법정감염병에 해당하는 것은?

2022. 서울시 · 지방직

① 인플루엔자
② 유행성이하선염
③ 신종감염병증후군
④ 비브리오패혈증

해설 ① 4급 ② 2급 ③ 1급 ④ 3급

※ 법정감염병(법 제2조)

분류	특성	질환
제1급 감염병	생물테러감염병 또는 치명률이 높거나 집단발생의 우려가 커서 발생 또는 유행 즉시 신고하여야 하고, 음압격리와 같은 높은 수준의 격리가 필요한 감염병으로서 다음 각 목의 감염병을 말한다. 다만, 갑작스러운 국내 유입 또는 유행이 예견되어 긴급한 예방 · 관리가 필요하여 질병관리청장이 보건복지부장관과 협의하여 지정하는 감염병을 포함한다.	에볼라바이러스병, 마버그열, 라싸열, 크리미안콩고출혈열, 남아메리카출혈열, 리프트밸리열, 두창, 페스트, 탄저, 보툴리눔독소증, 야토병, 신종감염병증후군, 중증급성호흡기증후군(SARS), 중동호흡기증후군(MERS), 동물인플루엔자 인체감염증, 신종인플루엔자, 디프테리아
제2급 감염병	전파가능성을 고려하여 발생 또는 유행 시 24시간 이내에 신고하여야 하고, 격리가 필요한 다음의 감염병을 말한다. 다만, 갑작스러운 국내 유입 또는 유행이 예견되어 긴급한 예방 · 관리가 필요하여 질병관리청장이 보건복지부장관과 협의하여 지정하는 감염병을 포함한다.	결핵, 수두, 홍역, 콜레라, 장티푸스, 파라티푸스, 세균성이질, 장출혈성대장균감염증, A형간염, 백일해, 유행성이하선염, 풍진, 폴리오, 수막구균 감염증, b형헤모필루스인플루엔자, 폐렴구균 감염증, 한센병, 성홍열, 반코마이신내성황색포도알균(VRSA) 감염증, 카바페넴내성장내세균속균종(CRE) 감염증, E형간염
제3급 감염병	그 발생을 계속 감시할 필요가 있어 발생 또는 유행 시 24시간 이내에 신고하여야 하는 다음의 감염병을 말한다. 다만, 갑작스러운 국내 유입 또는 유행이 예견되어 긴급한 예방 · 관리가 필요하여 질병관리청장이 보건복지부장관과 협의하여 지정하는 감염병을 포함한다.	파상풍, B형간염, 일본뇌염, C형간염, 말라리아, 레지오넬라증, 비브리오패혈증, 발진티푸스, 발진열, 쯔쯔가무시증, 렙토스피라증, 브루셀라증, 공수병, 신증후군출혈열, 후천성면역결핍증(AIDS), 크로이츠펠트-야콥병(CJD) 및 변종크로이츠펠트-야콥병(vCJD), 황열, 뎅기열, 큐열, 웨스트나일열, 라임병, 진드기매개뇌염, 유비저, 치쿤구니야열, 중증열성혈소판감소증후군(SFTS), 지카바이러스 감염증

Answer 184 ② 185 ③ 186 ④ 187 ③

제4급 감염병	제1급 감염병부터 제3급 감염병까지의 감염병 외에 유행 여부를 조사하기 위하여 표본감시 활동이 필요한 다음의 감염병을 말한다.	인플루엔자, 매독, 회충증, 편충증, 요충증, 간흡충증, 폐흡충증, 장흡충증, 수족구병, 임질, 클라미디아감염증, 연성하감, 성기단순포진, 첨규콘딜롬, 반코마이신내성장알균(VRE) 감염증, 메티실린내성황색포도알균(MRSA) 감염증, 다제내성녹농균(MRPA) 감염증, 다제내성아시네토박터바우마니균(MRAB) 감염증, 장관감염증, 급성호흡기감염증, 해외유입기생충감염증, 엔테로바이러스감염증, 사람유두종바이러스 감염증

188 「감염병의 예방 및 관리에 관한 법률」 상 감염병의 신고규정에 대한 설명으로 가장 옳지 않은 것은?

2022. 서울시

① 제2급감염병 또는 제3급감염병의 경우에는 24시간 이내에 신고하여야 한다.

② 감염병 발생 보고를 받은 의료기관의 장은 보건복지부장관 또는 관할 보건소장에게 신고하여야 한다.

③ 감염병 발생 보고를 받은 소속 부대장은 관할 보건소장에게 신고하여야 한다.

④ 의료기관에 소속되지 아니한 의사는 감염병 발생 사실을 관할 보건소장에게 신고하여야 한다.

해설 보고를 받은 의료기관의 장 및 감염병병원체 확인기관의 장은 제1급감염병의 경우에는 즉시, 제2급감염병 및 제3급감염병의 경우에는 24시간 이내에, 제4급감염병의 경우에는 7일 이내에 질병관리청장 또는 관할 보건소장에게 신고하여야 한다(감염병의 예방 및 관리에 관한 법률 제11조 제3항).

189 법정감염병 중 제3급감염병으로 분류되어 있는 브루셀라증에 대한 설명으로 가장 옳지 않은 것은?

2022. 서울시

① 주요 병원소는 소, 돼지, 개, 염소 등 가축이다.

② '파상열'이라고도 하며, 인수공통감염병이다.

③ 야외에서 풀밭에 눕는 일을 삼가고 2~3년마다 백신접종을 하는 것이 좋다.

④ 감염경로는 주로 오염된 음식이며, 브루셀라균으로 오염된 먼지에 의해서도 감염이 가능하다.

해설 브루셀라증

병원체 및 임상적 특징	㉠ 병원체는 Brucella abortus(소에 존재), B. melitensis(염소, 양, 낙타에 존재), B. suis(돼지에 존재), B. canis(개에 존재)로 국내 신고사례는 대부분 Brucella abortus이다. ㉡ 잠복기는 5일~5개월(보통 1~2개월) ㉢ 특징 : 열, 오한, 발한, 두통, 근육통, 관절통 등이며, 열은 아침에는 정상이고 오후나 저녁에 고열이 난다. 골관절계 합병증이 가장 흔하다.

역학적 특성		㉠ 가축과 부산물을 다루는 축산업자, 도축장 종사자, 수의사, 인공수정사 및 실험실 근무자에서 발생하는 직업병으로, 남자에서 많이 발생한다. 위생상태가 열악한 지역에서는 환경적 노출로 여자와 소아에서 발생이 많다. ㉡ 전파경로는 다양하여 감염된 동물의 점막 및 혈액, 대소변, 태반, 분비물 등과 접촉 시 혹은 오염된 우유 및 유제품을 생으로 섭취하거나, 육류를 생으로 먹고 감염될 수 있다. 실험실과 도축장에서는 공기감염으로 전파가 가능하다. ㉢ 사람 간 전파는 드물지만 성 접촉, 수직감염(분만, 출산, 수유 등), 수혈, 장기 이식, 비경구적(주로 정맥주사) 경로 등으로 감염될 수 있다. ㉣ 1960년 사천 양돈장에서 브루셀라 수이스, 제주목장에서 유산된 소의 태아에서 브루셀라 아보투스를 분리하였다. 사람의 감염은 2002년 경기도 파주에서 41세 남자가 저온 살균처리하지 않은 생우유를 섭취하고 발열 등의 증상을 보여 국내 처음 브루셀라증 환자로 신고되었다.
예방 및 관리	환자 관리	㉠ 환자 상처의 분비물이 없다면 격리할 필요는 없다. ㉡ 환자나 의심환자는 보건당국에 신고하여야 한다.
	유행 시 조치	㉠ 환자의 화농성 분비물과 이에 오염된 물품은 소독처리하여야 한다. ㉡ 스트렙토마이신과 독시사이클린 또는 라팜핀과 독시사이클린으로 6주간 치료하는 것이 효과적이다. ㉢ 해외여행 시에도 소 등 동물과 접촉을 피하고 소독이 되지 않은 우유와 유제품을 먹지 않아야 한다.
	예방	㉠ 가장 이상적 예방방법은 가축에서의 브루셀라 박멸이다. 현재 국내에서는 소의 브루셀라병을 조기에 진단 후 살처분하는 정책을 펴고 있다. ㉡ 예방을 위하여 우유 및 유제품은 살균하여 섭취하고, 고위험군에게는 교육을 실시하여 작업 시 적절한 보호구와 보호복을 착용하도록 한다.

190 보기에서 설명하고 있는 절족동물 매개 감염병에 해당하는 것은? 2022. 경북 의료기술직

- 병원소 – 털진드기, 들쥐
- 잠복기 – 대략 10일
- 전파 – 감염된 들쥐에 털진드기 매개, 병원체 사람에게 전파

① 페스트 ② 유행성이하선염
③ 쯔쯔가무시 ④ 말라리아

해설

구분	쯔쯔가무시(양충병)
병원체	리케치아
병원소	털진드기, 들쥐
전파방식	감염털진드기에 물릴 때 감염
잠복기	10~12일
증상	두통, 고열, 결막염, 임파선 비대, 기침, 폐렴, 진드기 물린 곳에 딱지가 생김
감염기	사람 사이의 직접감염은 일어나지 않음.
치료	항생제 투여
치명률	1~4%

Answer 188 ② 189 ③ 190 ③

191 「감염병의 예방 및 관리에 관한 법률」 상 세계보건기구 감시대상 감염병에 해당하지 않는 것은?

2020. 경기도

① 두창
② 중동호흡기증후군
③ 폐렴형 페스트
④ 신종인플루엔자

해설 「감염병의 예방 및 관리에 관한 법률」 제2조 제8호

세계보건기구 감시대상 감염병	세계보건기구가 국제공중보건의 비상사태에 대비하기 위해 감시대상으로 정한 질환으로서 질병관리청장이 고시하는 감염병	두창, 폴리오, 신종인플루엔자, 중증급성호흡기증후군(SARS), 콜레라, 폐렴형 페스트, 황열, 바이러스성 출혈열, 웨스트나일열

192 전파가능성을 고려하여 24시간 이내에 신고하여야 하는 감염병은?

2020. 부산시

① 제1급 감염병
② 제2급 감염병
③ 제3급 감염병
④ 제4급 감염병

해설 보고를 받은 의료기관의 장 및 감염병병원체 확인기관의 장은 제1급감염병의 경우에는 즉시, 제2급감염병 및 제3급감염병의 경우에는 24시간 이내에, 제4급감염병의 경우에는 7일 이내에 질병관리청장 또는 관할 보건소장에게 신고하여야 한다(감염병의 예방 및 관리에 관한 법률 제11조 제3항).

193 주로 동물에서 사람으로 감염되는 인수공통감염병을 모두 고른 것은?

2020. 부산시

가. 탄저
나. 렙토스피라증
다. 말라리아
라. 발진티푸스

① 가, 나
② 다, 라
③ 가, 나, 다
④ 가, 나, 다, 라

해설 인수공통질환 : 결핵(새, 소), 일본뇌염(돼지, 조류, 뱀), 광견병(개), 페스트 · 발진열 · 살모넬라증 · 유행성 출혈열(쥐), 톡소플라스마(고양이), 탄저(소, 양), 브루셀라증(소, 염소), 렙토스피라(소, 돼지)

194 다음 중 법정 감염병에 대한 설명으로 올바른 것은?

2020. 충북

① 제1급 감염병이란 치명률이 높거나 집단발생의 우려가 커서 즉시 신고하여야 하고, 높은 수준의 격리가 필요한 감염병을 말하며, 결핵, 수두, 홍역 등이 있다.
② 제2급감염병이란 전파가능성을 고려하여 24시간 이내에 신고하여야 하고, 격리가 필요한 감염병을 말하며, 에볼라바이러스병, 마버그열, 라싸열 등이 있다.
③ 제3급감염병이란 발생을 계속 감시할 필요가 있어 24시간 이내에 신고하여야 하는 감염병을 말하며, B형 간염, 말라리아, 쯔쯔가무시 등이 있다.
④ 제4급감염병이란 유해 여부를 조사하기 위하여 표본감시 활동이 필요한 감염병을 말하며, 황열, 큐열, 뎅기열 등이 있다.

해설 ① 결핵, 수두는 제2급감염병이다.
② 에볼라바이러스병, 마버그열, 라싸열은 제1급감염병이다.
④ 황열, 큐열, 뎅기열은 제3급감염병이다.

195 동물과 사람간의 서로 전파되는 병원체에 의하여 발생되는 감염병 중 질병관리청장이 고시하는 감염병으로 올바르게 짝지어진 것은? 2017. 광주시

① 콜레라, 파라티푸스, 세균성 이질
② 요충, 회충, 간흡충
③ 장티푸스, 유행성 간염, 폴리오
④ 브루셀라, 탄저, 공수병, 결핵

해설

인수공통 감염병	동물과 사람 간에 서로 전파되는 병원체에 의해 발생되는 감염병 중 질병관리청장이 고시하는 감염병	장출혈성대장균감염증, 일본뇌염, 브루셀라증, 탄저, 공수병, 동물인플루엔자 인체감염증, 중증급성호흡기증후군(SARS), 변종크로이츠펠트-야콥병(vCJD), 큐열, 결핵

196 법정감염병에 관한 사항으로 가장 옳은 것은?

① 군의관은 소속 의무부대장에게 보고하며, 소속 의무부대 장은 국방부에 신고한다.
② 의사, 한의사는 소속 의료기관장에게 보고하며, 의료기관의 장은 관할 보건소장에게 신고한다.
③ 즉시 신고해야 하는 감염병은 제1급부터 제3급까지의 감염병이다.
④ 제4급감염병의 종류에는 임질, 수족구병, 말라리아 등이 있으며, 7일 이내에 신고해야 한다.

해설 ① 군의관은 소속 의무부대장에게 보고하며, 소속 의무부대장은 보건소장에게 신고한다.
③ 즉시 신고해야 하는 감염병은 제1급, 24시간 이내에 신고하여야 하는 것은 제2, 3급 감염병이다.
④ 제4급감염병의 종류에는 임질, 수족구병, 인플루엔자 등이 있으며, 7일 이내에 신고해야 한다.(말라리아는 3급 감염병에 속함)

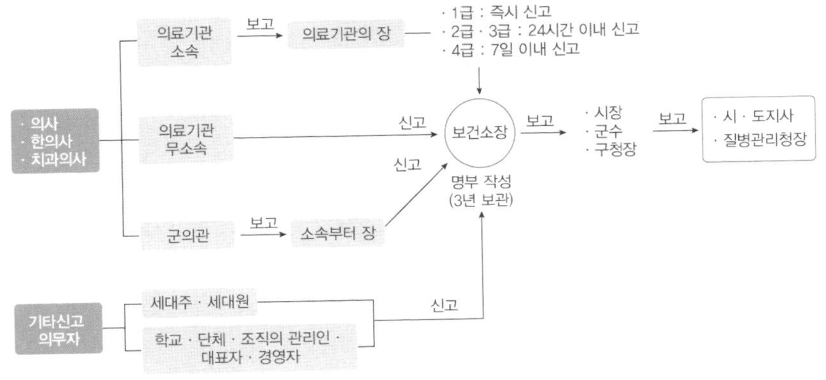

Answer 191 ② 192 ②,③ 193 ① 194 ③ 195 ④ 196 ②

197 다음 중 고의 또는 테러 등을 목적으로 이용된 병원체에 의하여 발생된 감염병에 해당하는 것은?

① 콜레라, 탄저병, 신종감염병증후군 ② 탄저병, 공수병, 큐열
③ 페스트, 두창, 야토병 ④ 황열, 웨스트나일열, 폴리오

해설

생물테러 감염병	고의 또는 테러 등을 목적으로 이용된 병원체에 의하여 발생된 감염병 중 질병관리청장이 고시하는 감염병	탄저, 보툴리눔독소증, 페스트, 마버그열, 에볼라열, 라싸열, 두창, 야토병

198 다음 중 의사가 A형간염 환자 발견 시 최초로 누구에게 신고해야 하는가?

① 보건복지부장관 ② 보건소장
③ 시 · 도지사 ④ 시장 · 군수 · 구청장

해설 A형 간염은 2급감염병에 해당되므로 24시간 이내에 보건소장에게 신고하여야 한다.

199 정신보건사업의 목적으로 옳지 않은 것은? 2022. 서울시 · 지방직

① 정신질환자의 격리 ② 건전한 정신기능의 유지증진
③ 정신장애의 예방 ④ 치료자의 사회복귀

해설 정신보건사업의 목적 : 정신질환자들이 지역사회에 거주하면서 질병을 관리받을 수 있게 하는 것이며, 정신질환자들의 질병 관리와 재활로 사회복귀 및 그들의 삶의 질을 향상시키는 것

1차 예방수준	㉠ 환자와 가족이 효과적인 극복과 문제해결을 하도록 돕는다. ㉡ 적정한 가족 기능을 하도록 도와준다. ㉢ 환자 교육을 통해 정신적 · 신체적 건강증진을 도모하여 스트레스를 관리한다.
2차 예방수준	㉠ 정신건강 옹호집단에 참여한다. ㉡ 가족과 지역사회를 위한 정신건강에 관한 교육 프로그램을 제공한다. ㉢ 환자가 복용하고 있는 정신과적 약물들을 분류한다. ㉣ 환자와 가족이 필요한 의뢰체계 등의 지원을 얻을 수 있도록 지지한다.
3차 예방수준	㉠ 급성 발병 이후 환자와 가족에게 지속적인 서비스를 제공한다. ㉡ 환자와 가족을 적절한 추후 관리기관에 의뢰한다. ㉢ 정신 질환이라는 낙인을 감소시키기 위하여 환자와 지역사회가 같이 일한다.

200 정신건강과 관련된 내용에 대한 설명으로 가장 옳지 않은 것은? 2021. 서울시

① 세계보건기구는 정신건강증진을 긍정적 정서를 함양하고 질병을 예방하며 역경을 이겨내는 회복력(resilience)을 향상시키는 것이라고 정의하였다.
② 「정신건강증진 및 정신질환자 복지서비스 지원에 관한 법률」에서 정신건강증진사업을 규정하고 있다.
③ 정부는 정신건강을 위한 다양한 정책, 제도, 법률, 서비스 개발을 강화하고 실행하여야 한다.

④ 지역사회 기반의 정신건강 서비스는 입원을 강화하도록 하고, 병원이 중심이 되어야 한다.

해설 지역사회 기반의 정신건강 서비스는 병원 중심의 입원보다는 지역사회 중심의 예방서비스가 중심이 되어야 한다.

201 호흡기계 감염병으로만 분류된 것으로 올바른 것은? 2020. 인천시

① 파라티푸스, 결핵, 수두
② 일본뇌염, A형 간염, 살모넬라
③ 홍역, 풍진, 인플루엔자
④ 장티푸스, 콜레라, 디프테리아

해설 병원체와 침입경로

구분	바이러스	세균	아메바	리케치아
호흡기	인플루엔자, 홍역, 풍진, 유행성이하선염, 수두, 천연두(두창)	결핵, 나병, 디프테리아, 성홍열, 수막구균성수막염, 폐렴, 백일해		
소화기	소아마비, A형 간염	콜레라, 이질, 장티푸스, 부르셀라증, 파라티푸스, 살모넬라, 영아 설사증, 파상열	이질	
성기점막피부	AIDS	매독, 임질, 연성하감		
점막, 피부	황열, 뎅기열, 일본뇌염, 광견병 바이러스	파상풍, 페스트, 야토병	말라리아	발진티푸스, 발진열, 쯔쯔가무시

202 다음 중 사람을 병원소로 하는 감염병이 아닌 것은? 2020. 부산시

① 장티푸스
② 세균성 이질
③ 발진열
④ 코로나바이러스감염증-19

해설 발진열

원인균	Rickettsia Typhi
병원소	쥐
잠복기	1~2주
전파경로	쥐벼룩에 의해 사람으로 전파, 사람에서 사람으로는 전파되지 않음
주요증상	㉠ 증상, 근육통, 발열 증상이 나타난다. ㉡ 초기에 기침, 가래는 없다. ㉢ 발병 3~5일에 붉은 반점이 상체에 생기고 점차 온몸으로 퍼지나 얼굴, 손바닥, 발바닥에는 無
예방대책	㉠ 쥐와 쥐벼룩을 없앤다. ㉡ 고위험군의 경우 사백신 예방접종 1mL를 3번 주사할 수 있다.
환자 및 접촉자 관리	㉠ 격리는 필요하지 않다. ㉡ 테트라사이클린이나 클로람페니콜을 사용하면 48시간 내로 해열된다.

Answer 197 ③ 198 ② 199 ① 200 ④ 201 ③ 202 ③

203 다음에서 설명하고 있는 호흡기계 감염병으로 올바른 것은? 2019. 서울시

- 급성 바이러스성 질환
- 구진성 발진, 림프절염 등을 동반
- 임신 초기에 감염될 경우 태아에게 심장기형, 난청, 소두증 등 선천성 기형 발생
- 감염 예방을 위해 생후 12~15개월, 만 4~6세에 예방 백신 접종 실시

① 성홍열 ② 백일해
③ 디프테리아 ④ 풍진

해설 풍진

원인균	Rubella Virus(풍진 바이러스)
전파경로	㉠ 직접 접촉 ㉡ 콧물이나 인두 분비물로 오염된 물품에 의한 간접 전파로 감염 ㉢ 선천적 감염으로 선천성 풍진 증후군에 걸린 소아는 고농도의 바이러스를 배출
특징	㉠ 홍반성 발진을 동반한 비교적 경미한 전신적 감염질환. ㉡ 임신 초기 3개월에 걸리면 90% 이상에서 선천성 풍진 증후군이 발생. 태아 내 사망, 자연 유산, 주요기관의 선천성 기형이 될 위험이 높음 ㉢ 겨울과 봄에 호발 ㉣ 예방접종이 시행되기 전에는 소아질환이었지만 이후 청년기나 성인에게 더 자주 발생 예 수용소, 대학, 군대 내 유행 등
증상	㉠ 전구기 ⓐ 귀 뒤, 목 뒤, 후두부의 임파절이 붓는 것이 특징 ⓑ 미열, 두통, 피로, 경한 호흡기 증세, 결막염 ㉡ 발진기 : 임파절이 커진 후 나타난다. ⓐ 얼굴부터 나타나 2~3시간 내 머리, 구강, 전신(팔, 다리)으로 급속히 퍼짐 ⓑ 결막은 충혈되고 편도선이나 연구개가 발적
예방	일회의 생백신 접종으로 98~99%에서 평생 면역을 획득

204 암검진에 대한 설명으로 옳지 않은 것은? 2019. 전남

① 암관리법이 법적 근거이다. ② 유방암은 검진주기가 2년이다.
③ 대장암은 연령기준이 40세 이상이다. ④ 위암은 검사항목이 위내시경 검사이다.

해설 6대 암 검진 권고안(암관리법 시행령 [별표 1])

구분	검진주기	검진대상
위암	2년	40세 이상의 남 · 여
간암	6개월	40세 이상의 남 · 여 중 간암 발생 고위험군
대장암	1년	50세 이상의 남 · 여
유방암	2년	40세 이상의 여성
자궁경부암	2년	20세 이상의 여성
폐암	2년	54세 이상 74세 이하의 남 · 여 중 폐암 발생 고위험군

205 대사증후군인 사람을 모두 고른다면? 2019. 강원

	성별	혈압	공복혈당	중성지방	허리둘레	HDL
가	남자	128/84	97	150	100	50
나	남자	130/85	약물치료	145	90	40
다	남자	135/82	95	135	85	35
라	여자	140/90	126	120	80	60
마	여자	120/80	90	160	75	45
바	여자	125/85	100	약물치료	83	50

① 가, 라
② 나, 마
③ 나, 바
④ 다, 바

해설 대사이상 증후군 : 한 사람이 3가지 이상 보유하는 경우 심뇌혈관질환의 위험이 높다고 판정

복부 비만	허리둘레 남성 102cm(동양인 90cm), 여성 88cm(동양인 85cm) 이상
고 중성지방 혈중	150mg/dL 이상
낮은 고밀도지단백 콜레스테롤(HDL)	남성 40mg/dL, 여성 50mg/dL 미만
높은 혈압	수축기 130mmHg 이상 또는 이완기 85mmHg 이상
높은 혈당	공복혈당 100mg/dL 이상 또는 당뇨병 치료 중

206 만성질환의 역학적 특성과 관리에 대한 설명으로 가장 옳은 것은? 2018. 서울시

① 우리나라 30세 이상 성인에서 남자보다 여자의 고혈압 유병률이 더 높다.
② 고혈압과 당뇨병에 대한 일차 예방은 발생률과 유병률 모두 감소시킨다.
③ 최근 20년간 우리나라 뇌혈관질환의 연령표준화발생률은 빠르게 증가하는 경향을 보인다.
④ 당뇨병 환자에서 엄격한 혈당 조절을 통해 합병증을 최소화하는 것은 이차 예방에 해당한다.

해설 ① 우리나라 30세 이상 성인인구의 고혈압 유병률은 여자보다 남자에서 더 높고 연령이 높을수록 유병률은 더 높아지고 있다.
③ 최근 20년간 우리나라 뇌혈관질환의 연령표준화사망률은 빠르게 감소하는 경향을 보인다.
④ 당뇨병 환자에서 엄격한 혈당 조절을 통해 합병증을 최소화하는 것은 삼차 예방에 해당한다.

※ 뇌혈관질환과 심혈관질환

㉠ 전 세계 사망원인 1위 허혈성심장질환이며 2위는 뇌혈관질환이다.
㉡ OECD 회원 국가들의 연령표준화사망을 비교하면 한국은 일본 프랑스와 함께 허혈성심장질환이 가장 낮은 국가에 속한다. 뇌혈관질환 사망률은 과거에는 매우 높은 편에 속했으나 꾸준히 감소하여 최근에는 OECD 국가 중에서 중간 정도에 해당한다.
㉢ 2000년대 중반 이후부터는 뇌혈관질환 연령표준화사망률은 매우 빠르게 감소하고 있다.
㉣ 허혈성심장질환은 1983년에서 2002년까지 약 5배 증가하였지만, 이후 증가세가 둔화되어 2000년대 중반 이후부터는 감소하게 시작하였다.

Answer 203 ④ 204 ③ 205 ③ 206 ②

207 해외 신종감염병의 유사증상을 보이는 의사환자에 대한 조치는? 2018. 경기

① 최소잠복기까지 검역 또는 격리
② 최대잠복기까지 검역 또는 격리
③ 증상이 소멸될 때까지 격리
④ 감염력이 없어질 때까지 격리

해설 검역감염병 환자등의 격리 기간은 검역감염병 환자등의 감염력이 없어질 때까지로 하고, 격리기간이 지나면 즉시 해제하여야 한다(검역법 제16조 제4항).

208 신종감염병이 출현하는 이유로 옳지 못한 것은? 2018. 제주시

① 경제적 빈곤
② 교통의 발달과 여행 증가
③ 면역제 약물, 항생제 사용
④ 병원체의 일관된 특성

해설 신종 감염병 출현에 기여하는 요인
㉠ 사회적 상황 : 경제적 빈곤, 전쟁, 인구증가와 이주, 도시 슬럼화
㉡ 보건의료 기술 : 새로운 의료장비, 조직 또는 장기이식, 면역억제제 약물, 항생제 사용
㉢ 식품 생산 : 식품공급의 전 세계화, 식품 가공과 포장의 변화
㉣ 인간 생활습관 : 성 행태, 약물 남용, 여행, 식이 습관, 여가 활동, 보육 시설
㉤ 환경 변화 : 삼림 벌채, 수자원 생태계 변화, 홍수, 가뭄, 기근, 지구 온난화
㉥ 공중보건 체계 : 예방사업의 축소, 부적정한 감염병 감시체계, 전문요원의 부족
㉦ 미생물의 적응과 변화 : 미생물의 독성 변화, 약제 내성 출현, 만성질환 공동인자로 미생물 출현

209 살모넬라타이피균에 의하여 발생되는 병으로서 발열, 두통, 비종대, 건성기침 등의 증상이 나타나며 완쾌 후에는 일반적으로 영구면역을 얻을 수 있는 질환은? 2018. 전남

① 이질
② 콜레라
③ 장티푸스
④ 장출혈성 대장균 감염증

해설 장티푸스

병원체 및 임상적 특징	㉠ 병원체는 그람음성 간균인 Salmonella Typhi ㉡ 치료를 하지 않으면 고열이 3~4주 지속되며, 회장의 파이어판의 궤양과 장천공, 중추신경계 증상, 급성담낭염, 골수염 발생 ㉢ 치명률이 10%(치료 시 치명률 1% 미만), 적절히 치료받지 않으면 약 10% 환자는 회복기 이후에도 균을 배출, 2~5%는 만성보균자가 된다. ㉣ 특징 : 지속적인 고열, 두통, 쇠약감, 상대적 서맥, 장미진, 비장종대 등의 증상, 일반적으로 설사보다는 변비가 우세
역학적 특성	㉠ 세균 수가 10^{6-9} 이상일 경우에 감염을 일으킬 수 있으므로 식수의 심각한 오염 또는 음식물 내에서 증식이 있었던 경우에 유행양상 ㉡ 잠복기는 8~14일(3~30일)로 길다. ㉢ 주병원소는 사람 ㉣ 매년 꾸준히 발생하고 있으며, 주로 늦봄과 초여름에 발생하는 양상을 보인다.

예방 및 관리	환자 관리	㉠ 확진자는 입원 · 격리시키고 ㉡ 항생제 감수성 결과에 따라 처방 ㉢ 장티푸스는 장기보균자가 발생할 수 있기 때문에 좀더 엄격한 격리해제 기준 ㉣ 격리해제 기준 : 항생제 치료 종료 후 48시간 후 24시간 간격으로 연속 3회 실시한 대변배양검사에서 음성으로 판정된 경우
	유행 시 조치	㉠ 무증상자라고 하더라도 확진자와 역학적으로 연관된 사람은 보균자 유무를 확인해야 한다. ㉡ 접촉자 중 식품업 종사자나 수용시설 종사자는 음성이 확인될 때까지 업무 중단
	예방	㉠ 백신 : 주사용 아단위 백신(Vi capsular polysaccharide vaccine) ㉡ 접종 대상 : 장티푸스 유행지역 여행자, 장티푸스균 취급 실험실요원, 식품위생업소 · 집단급식소 조리종사자, 급수시설 종사자, 보균자 가족

210 **우리나라는 아직도 연간 결핵감염률이 높은 후진국형 모습에서 벗어나지 못하고 있다. 폐결핵에 대한 특성으로 옳지 못한 것은?** 2017. 서울시

① 결핵균은 환자가 기침할 때 호흡기 비말과 함께 나오며, 비말의 수분 성분이 마르면 공기매개전파의 가능성은 거의 없다.

② 환자관리를 위하여 객담도말양성은 결핵전파의 중요한 지표이지만 민감도가 50%미만으로 낮은 단점이 있다.

③ 대부분의 2차 전파는 치료 전에 이루어지며, 일단 약물치료를 시작하면 급격히 감염력이 떨어진다.

④ 결핵균에 감염이 되면 약 10%는 발병하고 90%는 잠재감염으로 남게되며, 폐결핵이 발병해도 초기에는 비특이적 증상으로 조기발견이 어렵다.

해설 결핵

병원체 및 임상적 특징	㉠ 병원체는 M. tuberculosis complex(결핵균복합체)로 M. tuberculosis(결핵균), M. bovis(소결핵균), M. africanum(아프리카결핵균)으로 구분되며, 우리나라에서 문제가 되는 것은 M. tuberculosis(결핵균)이다. ㉡ 결핵균의 증식은 산소분압과 관련이 있어서 체내에서 폐첨부에서 잘 발생하는데, 결핵균은 환자가 기침하거나 호흡기 비말과 함께 나와 전파가 되고, 특히 비말의 수분 성분이 마르고 남은 비말핵 형태로 공기 중에 떠다니며 상당기간 공기매개 전파를 일으킬 수 있다. ㉢ 활동성 결핵환자와 밀접한 접촉을 하는 경우는 33~65%에서 감염이 이루어지며, 환자가 도말양성인 경우 감염률이 더 높다. 일단 감염이 되면 10%는 발병하고 90%는 잠정감염으로 남게 된다. ㉣ 특징 : 발병해도 병변이 심하게 진행하기 전까지는 기침이나 객혈의 증상이 없고, 미열이나 야간발한, 피로감, 체중감소와 같은 비특이적 증상뿐이어서 조기발견이 어려워 유행관리가 어려운 질환이다.
역학적 특성	㉠ 우리나라는 1995년까지 매 5년마다 전국결핵유병률 조사를 실시하였으나 효율이 크게 떨어져 2000년부터는 결핵감시체계를 도입하여 발생률 등을 파악하고 있다. ㉡ 2015년 신고된 환자의 연령별 발생률을 보면, 전체적으로 남자에서 여자보다 더 높고, 특히 고연령층에서 이런 경향은 두드러지나 20~30대에서는 남녀 간 발생률 차이가 크지 않다.

Answer 207 ④ 208 ④ 209 ③ 210 ①

<table>
<tr><td rowspan="3">예방
및
관리</td><td>환자 관리</td><td>㉠ 약물치료는 감수성 있는 약제를 병행해서 6개월 이상 치료해야 하고, 정균제보다는 살균제를 선택하는 것이 원칙이다.
㉡ 약물치료는 6개월 이상을 요하므로 치료에 대한 순응도와 약물의 부작용을 모니터링 하고, 환자교육을 철저히 하는 것이 중요하다.
㉢ 일단 약물치료를 시작하면 급격히 감염력이 떨어지나 대부분의 2차 전파는 치료 전에 이루어지므로 조기진단이 중요하다.
㉣ 발견된 환자는 보건소에 신고한다.</td></tr>
<tr><td>유행 시 조치</td><td>㉠ 결핵환자의 집락으로 유행이 자주 발견되는 곳은 학교 등 집단생활 시설들이다.
㉡ 환자의 동거가족 및 긴밀한 접촉자는 검진을 받도록 하고, 여기서 이상이 없더라도 의심되는 증상이 있으면 다시 검진을 실시한다.

(1) 성인의 검진방법 : X-ray 간접촬영 → X-ray 직접촬영 → 객담검사
(2) 아동의 검진방법
① 일반아동 : BCG 반흔검사 → 반흔이 없을 시 BCG접종
② 고위험 아동 : PPD test → X-ray 촬영 → 객담검사
(3) PPD test 양성에 대한 해석
① 결핵균에 감염된 적이 있다.
② 현재 활동성 결핵이다.
③ 잠복 결핵상태이다.
④ 결핵 예방주사를 맞은 적이 있다.
(4) 객담검사 : 결핵을 진단할 수 있는 가장 확실한 방법으로서 간단하고 경제적이며, 전염력이 있는 폐결핵환자를 찾을 수 있다는 장점이 있으나 민감도가 낮은 단점이 있다. 이를 해결하기 위하여 객담에서 균이 발견되지 않은 경우 “객담배양검사”를 실시한다.

㉢ 환자가족 내 6세 미만의 어린이가 있으면 이들을 대상으로 예방화학요법을 실시한다.
㉣ 6세 이상 접촉자의 경우는 결핵 감염자로 판단될 경우 예방화학치료를 실시한다.</td></tr>
<tr><td>예방</td><td>㉠ 우리나라 결핵관리에서 주안점을 두고 있는 것은 BCG 예방접종과 환자의 조기발견, 조기치료이다.
㉡ BCG 예방접종은 생후 1개월 이내에 접종한다.
㉢ 공기를 자주 순환시키거나 자외선(햇빛) 조사는 결핵전파를 낮출 수 있다.
㉣ 예방화학요법도 필요한 경우에 실시할 수 있는 예방법이다.</td></tr>
</table>

211 호흡기계 감염병에 대한 설명으로 옳지 못한 것은? 2017. 서울시

① 호흡기계 감염병은 비말감염과 공기전파로 이루어지는 비말핵 감염 및 먼지에 의한 감염으로 이루어진다.

② 호흡기계 감염병은 대부분 보균자로부터 감수성자에게 직접 전파되는 특징을 갖고 있다.

③ 호흡기계 감염병은 계절적으로 많은 변화양상을 나타내며 감염초기에 다량의 심출성 분비물을 배출한다.

④ 호흡기계 감염병에는 디프테리아, 인플루엔자, 폴리오, 홍역, 결핵 등이 있다.

해설 폴리오는 비말과의 직접 접촉으로도 전파되나, 소화기계 감염병에 속한다.

질병분포	㉠ 소아와 청년에 주로 발생하는 것이 특징이며 장관 점막의 내막세포에서 증식하고 분변으로 배설되어 생활환경을 오염시키므로 비위생적인 환경에서는 쉽게 감염 ㉡ 소아의 경우 대부분 불현성 감염으로 면역을 얻게 됨.
원인균	Polio Virus Ⅰ, Ⅱ, Ⅲ형
병원소	사람뿐이며 불현성 감염인 사람, 특히 어린이의 경우가 대부분
잠복기	3~35일, 보통 7~14일
전파경로	㉠ 환자와 불현성 감염자의 인두 분비물과 비말과의 직접 접촉에 의함. ㉡ 우유, 음식물, 기타 인분에 오염된 물의 경구 전파가 주요 경로
주요증상	㉠ 열, 피로, 두통, 오심, 구토 증상 ㉡ 심한 근육통과 경련, 목의 강직 ㉢ 대부분 하지에서 이완성 마비가 오거나 비대칭적인 것이 특징
예방대책	㉠ 기본 예방접종은 2 · 4 · 6개월, 18개월, 추가 접종은 4~6년에 실시 ㉡ 생활환경 개선 및 개인위생 수칙을 준수하도록 교육

212 다음에서 설명하는 수인성 감염질환으로 가장 옳은 것은?

2017. 서울시

- 적은 수의 세균으로 감염이 가능하여 음식 내 증식 과정 없이 집단 발병이 가능하다.
- 최근 HACCP(위해 요소 중점 관기기준) 도입 등 급식 위생 개선으로 감소하고 있다.

① 콜레라
② 장티푸스
③ 세균성 이질
④ 장출혈성 대장균 감염증

해설 세균성 이질

병원체 및 임상적 특징		㉠ 병원체는 그람음성 간균인 Shigella로 Shigella dysenteriae(A군), S. flexneri(B군), S. boydii(C군), S. sonnei(D군) 4개 군으로 분류 ㉡ 우리나라는 1940년대 중반까지 Shigella dysenteriae와 S. boydii가 주로 유행하였고, 이후 S. flexneri, 1990년대부터 S. sonnei가 유행 ㉢ Shigella dysenteriae가 가장 심한 증상을 보이고, S. flexneri, S. sonnei로 갈수록 증상이 약함 ㉣ 특징 : 발열, 복통, 구토, 뒤무직을 동반한 설사, 용혈요독증후군, 파종성 혈관내응고 등 합병증 발생
역학적 특성		㉠ 10~100마리의 적은 수로도 감염이 가능하여 음식 내 증식과정 없이 적은 오염으로도 집단발병할 수 있고, 사람 간 전파도 쉽게 일어남 ㉡ 1998년 학교급식을 시작하면서부터 2000년대 중반까지 대규모 유행이 발생하였다가 HACCP 도입 등 급식위생 개선으로 최근 감소 ㉢ 잠복기는 1~3일(12시간~7일), 주병원소는 사람이나 영장류에서 유행하였다는 보고도 있음 ㉣ 2000년대 중반까지는 주로 여름에 발생하였으나 2000년대 후반 이후로는 주로 겨울에 발생하는 계절성을 보임
예방 및 관리	환자 관리	㉠ 확진자는 입원 · 격리시키고 ㉡ 항생제 감수성 결과에 따라 치료약제 선정 ㉢ 격리해제 기준 : 항생제 치료 종료 후 48시간 후 24시간 간격으로 연속 2회 실시한 대변 배양검사에서 음성으로 판정된 경우
	유행 시 조치	㉠ 사람 간 전파가 쉽게 일어나므로 접촉자들에 대한 관리와 교육 철저 ㉡ 접촉자 중 식품업 종사자나 수용시설 종사자는 음성이 확인될 때까지 업무 중단 ㉢ 유행지역 : 지역사회의 설사환자 모니터링 강화 및 설사환자는 보건소에 신고
	예방	㉠ 백신은 없으며, 접촉자들에 대한 예방적 항생제 투여도 권고되지 않는다. ㉡ 환경위생 조치와 손 씻기 등의 보건교육이 예방에 가장 중요

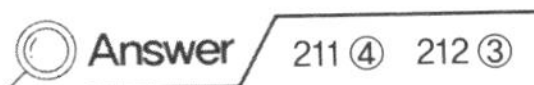
Answer 211 ④ 212 ③

213 감염병의 특징에 관한 다음의 설명으로 옳지 못한 것은? 2017. 경기도

① 공수병, 탄저, 브루셀라 등은 동물매개 감염병에 속한다.

② 급성감염병은 만성에 비하여 발생률이 높고, 만성감염병은 급성에 비하여 유병률이 높다.

③ 호흡기계 감염병은 감염원과 감수성 보유자의 관리보다는 환경개선으로 관리하는 것이 효과적이다.

④ 소화기계 감염병은 주로 병원체가 음식물이나 물에 오염되어 감염이 일어나는 수인성 감염병을 말한다.

해설 환경개선으로 효과를 보는 것은 소화기계 감염병이며, 호흡기계 감염병의 가장 이상적인 관리는 예방접종이라 할 수 있다.

03 보건통계

01 보건통계의 기능에 대한 다음의 설명으로 가장 옳지 못한 것은? 2017. 서울시

① 보건통계는 개인이나 집단의 건강에 관한 지식, 태도, 행위를 바람직한 방향으로 변화시키는 데 목적이 있다.
② 보건통계는 보건사업의 필요성을 결정하고, 사업의 기획과 과정 및 평가에 이용된다.
③ 보건통계는 보건입법을 촉구하고 공공지원을 유도하는 효과가 있다.
④ 보건통계는 보건사업의 성패를 결정하는 자료가 된다.

해설 ① 보건교육은 개인이나 집단의 건강에 관한 지식, 태도, 행위를 바람직한 방향으로 변화시키는 데 목적이 있다.

※ 보건통계학의 역할★

㉠ 지역사회나 국가의 보건수준 및 보건상태를 나타내 준다.
㉡ 보건사업의 필요성을 결정해 준다.
㉢ 보건에 관한 법률의 개정이나 제정을 촉구한다.
㉣ 보건사업의 우선순위를 결정하며 보건사업의 절차, 분류 등의 기술발전에 도움을 준다.
㉤ 보건사업의 성패를 결정하는 자료를 제공한다.
㉥ 보건사업에 대한 공공지원을 촉구하게 할 수 있다.
㉦ 보건사업의 기초자료가 된다.
㉧ 보건사업의 행정(행동) 활동에 지침이 될 수 있다.

02 다음의 자료수집 방법 중 가장 우선 수집해야 하는 것은?

① 각종통계자료
② 설문조사
③ 참여관찰
④ 이차분석

해설 자료 수집 순서 : 2차 자료 수집(1순위) → 1차 자료 중 차창 밖 조사 → 정보원 면담, 참여관찰 → 설문지 조사(가장 마지막 수집 방법)

※ 자료 수집 방법

2차 자료(간접정보 수집)		공공기관의 보고서, 통계자료, 회의록, 조사자료, 건강기록
1차 자료	정보원 면담	지역사회 보건의료사업에 영향을 줄 수 있는 지역사회 내 공식, 비공식적인 지역지도자나 지역의 유지들을 통해 지역사회의 건강문제, 문제해결과정 등의 자료를 수집
	차창 밖 조사	신속하게 지역사회의 환경, 생활상 등을 보기 위해 자동차 유리 너머로 관찰하는 방법이며 걸어서 다닐 수도 있다.
	설문지 조사	조사대상자를 직접 면담하여 자료를 얻는 방법이며, 위의 방법들보다 비경제적 · 비효율적이며 시간이 많이 들고 비용이 많이 든다. 그러나 지역사회의 특정한 문제를 규명하기 위해서는 필요한 방법
	참여관찰	지역사회주민에게 영향을 미치는 의식, 행사 등에 직접 참석해 관찰하는 방법으로, 특히 지역사회의 가치, 규범, 신념, 권력구조, 문제해결과정 등에 대한 정보를 수집하는데 적절함.

213 ③ / 01 ① 02 ①

03 다음 중 서열성, 등간성, 비율성을 모두 갖고 있는 척도로 올바른 것은? 2020. 경남

① 섭씨온도 ② 인구센서스 조사주기
③ 미세먼지 농도 ④ 달력의 날짜

해설 서열성, 등간성, 비율성을 모두 가지고 있는 척도는 비율척도이다.
①·②·④ 등간척도(인구센서스 조사주기는 5년 간격이므로 등간척도, 달력의 날짜는 1월 1일~12월 31일까지이고 하루는 24시간 간격이므로 등간척도에 속한다.)

변수 형태		내용	수학적 개념	현상
이산변수(양적변수)	명명척도	특성을 이름으로 구별하는 변수	=, ≠	성별, 혈액형, 종교
	서열척도	특성의 상대적 크기에 따라 순서로서 구분할 수 있는 변수	<, >	석차, 선호도, 경제적 수준(상, 중, 하) 교육수준(초졸, 중졸, 고졸, 대졸)
연속 변수(질적변수)	등간척도	척도간격 사이의 숫자적 거리가 동일하나 절대적 0점은 없다.	+, −	성적, 온도, 물가지수
	비율척도	가장 높은 수준의 측정방법으로 완전한 범주, 서열 순위가 있고 절대적 0점이 있다.	+, −, ×, ÷	체온, 시간, 거리, 키, 체중

04 다음 중 "상·중·하"로 표시되고, 대소 관계를 알 수 있는 자료의 종류는?
2020. 울산 의료기술직, 2017. 제주시

① 양적변수, 등간척도 ② 질적변수, 비율척도
③ 질적변수, 명목척도 ④ 양적변수, 서열척도

해설 양적변수(이산변수)
㉠ 명명척도 : 특성을 이름으로 구별하는 변수
㉡ 서열척도 : 성의 상대적 크기에 따라 순서로서 구분할 수 있는 변수(석차, 선호도, 경제적 수준(상, 중, 하))

05 평정척도 또는 누적척도는 다음 중 어느 척도에 해당하는가? 2020. 군무원

① 구간척도 ② 서열척도
③ 비척도 ④ 명목척도

해설 평정척도는 대부분 A, B, C, D 등으로 평가하므로 이는 서열척도에 해당된다.
※ 누적척도

㉠ 거트만에 의해 고안된 것으로 일명 거트만척도, 또는 척도도식법이라 한다.
㉡ 태도에 강도에 대한 연속적 증가 유형을 측정하고자 하는 척도
㉢ 서열척도의 일종으로서, 강도가 다양한 한 표현으로부터 가장 강한 표현에 이르기까지 서열적 순서를 부여한다는 것이 특징이다.

06 다음 중 질적 변수에 해당하는 것으로만 묶인 것은? 2019. 인천 의료기술직

① 명목척도, 서열척도
② 명목척도, 등간척도
③ 등간척도, 비율척도
④ 서열척도, 비율척도

해설 질적변수 : 등간척도, 비율척도

07 다음에서 설명하고 있는 척도의 종류는? 2017. 전남

• 대상 자료의 범주나 대소관계는 물론 동일한 간격의 척도로서 간격의 차이까지 설명 가능
• 절대기준 '0'이 존재하지 않음

① 등간척도
② 명목척도
③ 비율척도
④ 서열척도

해설 등간척도 : 척도간격 사이의 숫자적 거리가 동일하나 절대적 0점은 없다.

08 가감승제가 가능하고 절대영점이 있으며, 체중, 신장 측정에 사용되고, 측정값 간에 몇 배인지를 비교할 수 있는 척도는? 2017. 부산시

① 양적 자료인 간격척도
② 양적 자료의 비율척도
③ 직절 자료의 명목척도
④ 질적 자료의 서열척도

해설 비율척도
㉠ 내용 : 가장 높은 수준의 측정방법으로 완전한 범주, 서열 순위가 있고 절대적 0점이 있다.
㉡ 수학적 개념 : +, −, ×, ÷
㉢ 현상 : 체온, 시간, 거리, 키, 체중

09 다음 중 온도 등의 정보를 나타내며 절대적 0을 포함하지 않는 것은?

① 등간척도
② 명목척도
③ 비율척도
④ 서열척도

해설 등간척도 : 척도간격 사이의 숫자적 거리가 동일하나 절대적 0점은 없다.

10 다음 중 성별, 인종, 혈액형을 나타내는 척도로 알맞은 것은?

① 양적자료 중 간격척도
② 양적자료 중 비율척도
③ 질적자료 중 명목척도
④ 질적자료 중 서열척도

해설 명명(목)척도 : 특성을 이름으로 구별하는 변수. 성별, 혈액형, 종교

Answer 03 ③ 04 ④ 05 ② 06 ③ 07 ① 08 ② 09 ① 10 ③

11 다음 중 구간척도에 해당하는 것은?

① 몸무게 ② 석차
③ 성별 ④ 온도

해설 ① 비율척도 ② 서열척도 ③ 명명척도

12 다음 중 전수조사에 비하여 표본조사를 하는 이유로 올바르지 못한 것은? 2016. 울산시

① 비용과 노력이 적게 든다. ② 심도 있는 조사가 가능하다.
③ 자료의 수집과 처리가 빠르다. ④ 자료의 타당성이 높다.

해설 표본조사를 하는 이유
㉠ 전수조사가 현실적으로 불가능한 경우
㉡ 무한 모집단일 경우
㉢ 대상자의 특성을 가능한 빨리 파악하여야 하는 경우 예 질병의 집단유행 시
㉣ 전수조사를 하면 비표본 추출 오차가 커져 오히려 정확성이 떨어지는 경우
㉤ 표본조사만으로도 적당한 오차한계 내에서 모수를 추정할 수 있을 경우
㉥ 대상이 파괴되어야 관측이 가능한 경우 예 탄약의 파괴력 검사
㉦ 표본조사가 전수조사보다 시간, 노력, 경제적으로 이득이 있기 때문
㉧ 전수조사에 비해 심도있는 조사가 가능하다.

13 다음 중 표본조사에 대한 설명으로 옳지 않은 것은?

① 비용, 시간, 노력 등의 경제적 효과가 있다.
② 자료처리와 분석이 어렵다.
③ 적절히 추출된 표본은 모집단을 대표할 수 있다.
④ 표본오차는 수학적으로 추정이 가능하다.

해설 자료처리와 분석이 전수조사에 비하여 쉬운 편이다.
※ 표본오차와 비표본오차

표본오차	표본을 통해 모수를 추정하기 때문에 발생하는 오차로 이를 줄이려면 표본의 크기를 크게 하면 됨
비표본오차	표본추출 이외의 과정, 즉 조사의 시작에서부터 자료의 측정, 분석에 이르기까지 모든 단계에서 발생하는 오차

14 A대학교 학생들을 대상으로 여론조사를 할 때, 모집단을 출신지역별로 구분한 후, 각 집단으로부터 일정 수의 표본을 추출하였다. 이 때 사용한 표본추출방법은? 2020. 대구시

① 집락표본추출 ② 층화표본추출
③ 단순무작위표본추출 ④ 계통표본추출

해설 확률표출법

단순무작위 표집	가장 기본적인 방법으로 가장 빈번한 방법은 난수표의 사용
층화무작위표집	모집단이 갖고 있는 특성을 고려해 모집단을 그 구성성분에 따라 몇 개의 동질적인 집단으로 나누고, 각 집단에서 단순무작위 표본추출법을 이용해 표본추출하는 방법
집락표집	대개 표본추출법의 최종단계에서 적용되는데, 모집단의 구성단위를 우선 자연적 혹은 인위적으로 몇 개의 집락으로 구분한 뒤, 무작위로 필요한 집락을 추출함. 그 후 추출된 집락에 대해 일부 또는 전수조사를 하는 방법으로, 지역적으로 이 방법은 모집단이 넓게 흩어져 있거나 표본추출을 얻을 수 없는 경우에 효과적임.
계통적 표집	모집단의 구성요소에 일련번호를 부여한 후 처음의 시작번호를 단순 무작위 추출한 다음에 미리 정해놓은 일정한 간격(k번째 마다)으로 표본을 추출하는 방법

15 이미 알고 있는 지식을 이용하여 모집단을 어떤 기준에 따라 비슷한 특성을 가진 사람들끼리 하위집단을 구성하게 한 다음, 각 하위집단으로부터 일정한 비율로 표본을 무작위로 추출하는 방법은 무엇인가? 2020. 광주시 · 전남

① 집락표본추출 ② 층화표본추출
③ 단순무작위표본추출 ④ 계통표본추출

해설 층화무작위표집 : 모집단이 갖고 있는 특성을 고려해 모집단을 그 구성성분에 따라 몇 개의 동질적인 집단으로 나누고, 각 집단에서 단순무작위 표본추출법을 이용해 표본추출하는 방법

16 광범위한 대규모 조사에 많이 쓰이는 표본추출방법으로, 가장 크고 광범위한 표본단위로부터 시작하여 좀 더 작은 규모의 표본단위로, 그 다음은 가장 기본적인 단위나 모집단의 요소로 내려가면서 뽑는 표본추출방법은? 2020. 울산시

① 집락표본추출 ② 편의표본추출
③ 단순무작위표본추출 ④ 계통표본추출

해설 집락표집 : 표본추출법의 최종단계에서 적용되는데, 모집단의 구성단위를 우선 자연적 혹은 인위적으로 몇 개의 집락으로 구분한 뒤, 무작위로 필요한 집락을 추출함. 그 후 추출된 집락에 대해 일부 또는 전수조사를 하는 방법으로, 지역적으로 이 방법은 모집단이 넓게 흩어져 있거나 표본추출을 얻을 수 없는 경우에 효과적임.

17 서울시에 있는 슈퍼마켓의 매장 크기별 수입을 직접 조사하기 위해서 표본조사를 계획하였다. 먼저 슈퍼마켓의 매장 크기를 대형, 중형, 소형으로 나눈 후 각 그룹으로부터 일정 수의 슈퍼마켓을 추출하였다. 이러한 표본추출방법으로 올바른 것은? 2020. 경북

① 집락표본추출 ② 층화표본추출
③ 단순무작위표본추출 ④ 계통표본추출

해설 층화무작위표집 : 모집단이 갖고 있는 특성을 고려해 모집단을 그 구성성분에 따라 몇 개의 동질적인 집단으로 나누고, 각 집단에서 단순무작위 표본추출법을 이용해 표본추출하는 방법

Answer / 11 ④ 12 ④ 13 ② 14 ② 15 ② 16 ① 17 ②

18 **다음에서 설명하는 표본추출 방법으로 가장 옳은 것은?** 2020. 경기 의료기술직

> 모집단에서 일련의 번호를 부여한 후 표본추출간격을 정하고 첫 번째 표본은 단순임의추출법으로 뽑은 후 이미 정한 표본추출간격으로 표본을 뽑는 방법이다.

① 집락추출법(cluster sampling)
② 층화임의추출법(stratified random sampling)
③ 계통추출법(systematic sampling)
④ 단순임의추출법(simple random sampling)

해설 **계통적 표집** : 모집단의 구성요소에 일련번호를 부여한 후 처음의 시작번호를 단순 무작위 추출한 다음에 미리 정해놓은 일정한 간격(k번째 마다)으로 표본을 추출하는 방법

19 **다음에서 설명하고 있는 확률표본추출방법으로 올바른 것은?** 2020. 울산 의료기술직

> • 모집단의 목록에서 일정한 간격으로 표본을 추출하는 방법이다.
> • 모집단의 크기가 N, 표본의 크기가 n일 때 표본추출간격은 N/n이다.
> • 첫 번째 표본은 반드시 무작위로 선정해야 한다.

① 집락표본추출 ② 층화표본추출
③ 단순무작위표본추출 ④ 계통표본추출

해설 **계통적 표집** : 모집단의 구성요소에 일련번호를 부여한 후 처음의 시작번호를 단순 무작위 추출한 다음에 미리 정해놓은 일정한 간격(k번째 마다)으로 표본을 추출하는 방법

20 **A학교에서 전교생 400명에게 각각 번호를 부여한 후, 400개의 번호표가 들어 있는 상자에서 임의로 30개를 추출하였다. 이에 해당하는 표본추출방법은?** 2020. 복지부 특채

① 집락표본추출 ② 층화표본추출
③ 단순무작위표본추출 ④ 계통표본추출

해설 **단순무작위 표집** : 가장 기본적인 방법으로 가장 빈번한 방법은 난수표의 사용

21 **다음 보기 중 비확률 표본추출방법에 해당하는 것은?** 2020. 전남

① 편의표본추출 ② 층화표본추출
③ 집락표본추출 ④ 계통추출

해설 **비확률 표출법** : 연구자의 의도가 개입되는 주관적인 표본추출방법으로 실용성이 높은 편이다.
㉠ 임의(편의) 표집
㉡ 할당 표집
㉢ 유의(의도) 표집

22 모집단의 모든 대상이 동일한 확률로 추출될 기회를 갖게 되도록 난수표를 이용하여 표본을 추출하는 방법으로 올바른 것은? 2019. 서울시

① 단순무작위표본추출 ② 층화표본추출
③ 집락표본추출 ④ 계통추출

해설 단순무작위 표집 : 가장 기본적인 방법으로 가장 빈번한 방법은 난수표의 사용

23 중학생의 인터넷 사용 실태를 조사하기 위하여 광역시의 중학교 중에서 무작위로 10개 학교를 뽑고, 다시 각 학교에서 2개 학급을 뽑은 후 전수조사를 하였다. 이 조사에서 사용한 표본추출방법은? 2019. 부산시

① 단순무작위표본추출 ② 층화표본추출
③ 집락표본추출 ④ 계통추출

해설 광역시 중에서 무작위로 10개의 학교를 뽑았으니 집락표본추출방법에 해당된다.

24 제주도 내의 읍 면 동 중에서 무작위추출로 10개 읍 면 동을 뽑고, 뽑힌 읍 면 동 중에서 다시 무작위추출로 각각 5개 마을을 뽑아 총 50개 마을을 선택하여 전수조사를 진행하였다. 사용한 표본추출방법으로 올바른 것은? 2018. 제주시

① 2단계 층화표본추출 ② 3단계 무작위표본추출
③ 2단계 집락표본추출 ④ 3단계 집락표본추출

해설 10개의 읍 · 면 · 동을 뽑는 것이 1단계, 하위로 5개씩 마을을 뽑는 것이 2단계로 2단계 집락표본추출방법을 사용하였다.

25 B시에 있는 학교를 초, 중, 고로 나누어 각각으로부터 표본을 무작위로 추출하여 성적을 비교하였다면, 이 때 사용한 표본추출방법으로 올바른 것은? 2017. 복지부특채

① 단순무작위 표집 ② 층화무작위표집
③ 집락표본추출 ④ 계통적 표집

해설 층화무작위표집 : 모집단이 갖고 있는 특성을 고려해 모집단을 그 구성성분에 따라 몇 개의 동질적인 집단으로 나누고, 각 집단에서 단순무작위 표본추출법을 이용해 표본추출하는 방법

26 다음의 보건통계 자료마련을 위한 추출방법에 해당하는 것은? 2017. 대전시

모집단이 가진 특성을 파악하여 성별, 연령, 지역, 사회적 · 경제적 특성을 고려하여 계층을 나눠서 각 부분집단에서 표본을 무작위로 추출하는 방법

Answer 18 ③ 19 ④ 20 ③ 21 ① 22 ① 23 ③ 24 ③ 25 ② 26 ①

① 층화표본추출법 ② 계통적 표본추출법
③ 단순무작위 추출법 ④ 집락표본추출법

해설 **층화무작위표집** : 모집단이 갖고 있는 특성을 고려해 모집단을 그 구성성분에 따라 몇 개의 동질적인 집단으로 나누고, 각 집단에서 단순무작위 표본추출법을 이용해 표본추출하는 방법

27 **다음 중 연구자의 편견이 개입될 가능성이 높은 표본추출방법은?** 2016. 경북

① 단순무작위 표집 ② 층화무작위표집
③ 할당표집 ④ 계통적 표집

해설 연구자의 편견이 개입될 가능성이 높은 것은 비확률표출법이다.

확률표출법	단순무작위 표집, 층화무작위표집, 집락표집, 계통적 표집
비확률표출법	임의(편의)표집, 할당 표집, 유의(의도)표집

28 **지역별로 구분 후에 그 집단 내에서 표본을 추출하는 방법은?**

① 단순무작위표본추출 ② 층화표본추출
③ 집락표본추출 ④ 계통추출

해설 **집락표집** : 표본추출법의 최종단계에서 적용되는데, 모집단의 구성단위를 우선 자연적 혹은 인위적으로 몇 개의 집락으로 구분한 뒤, 무작위로 필요한 집락을 추출함. 그 후 추출된 집락에 대해 일부 또는 전수조사를 하는 방법으로, 지역적으로 이 방법은 모집단이 넓게 흩어져 있거나 표본추출을 얻을 수 없는 경우에 효과적임.

29 **모집단의 모든 구성원을 나열한 후 주기성을 가지고 선정하는 표본추출방법은?**

① 계통표본추출 ② 단순무작위추출
③ 집락표본추출 ④ 층화무작위추출

해설 **계통적 표집** : 모집단의 구성요소에 일련번호를 부여한 후 처음의 시작번호를 단순 무작위 추출한 다음에 미리 정해놓은 일정한 간격(k번째 마다)으로 표본을 추출하는 방법

30 **다음 중 의원, 병원, 종합병원으로 구분하고 각각에서 무작위로 추출하는 방법은?**

① 계통표본추출 ② 단순임의추출
③ 비확률표본추출 ④ 층화표본추출

해설 **층화무작위표집** : 모집단이 갖고 있는 특성을 고려해 모집단을 그 구성성분에 따라 몇 개의 동질적인 집단으로 나누고, 각 집단에서 단순무작위 표본추출법을 이용해 표본추출하는 방법

31 다음 중 시작번호를 정한 후 일정 간격으로 표본을 추출하는 방법은?

① 계통추출법 ② 단순추출법
③ 집락추출법 ④ 층화추출법

해설 계통적 표집 : 모집단의 구성요소에 일련번호를 부여한 후 처음의 시작번호를 단순 무작위 추출한 다음에 미리 정해놓은 일정한 간격(k번째 마다)으로 표본을 추출하는 방법

32 다음 중 전체인원에 일련번호를 부여하고, 각 개체가 뽑힐 확률이 모두 동일하도록 하여 추출하는 방법은?

① 계통표집 ② 단순무작위
③ 집락표집 ④ 층화표집

해설 단순무작위 표집 : 가장 기본적인 방법으로 가장 빈번한 방법은 난수표의 사용

33 다음에서 설명하는 표본추출 방법으로 가장 옳은 것은?

> 모집단에서 일련의 번호를 부여한 후 표본추출간격을 정하고 첫 번째 표본은 단순임의추출법으로 뽑은 후 이미 정한 표본추출간격으로 표본을 뽑는 방법이다.

① 집락추출법(cluster sampling)
② 층화임의추출법(stratified random sampling)
③ 계통추출법(systematic sampling)
④ 단순임의추출법(simple random sampling)

해설 계통적 표집 : 모집단의 구성요소에 일련번호를 부여한 후 처음의 시작번호를 단순 무작위 추출한 다음에 미리 정해놓은 일정한 간격(k번째 마다)으로 표본을 추출하는 방법

34 표준편차를 평균치로 나누어 계산하는 것으로, 둘 이상의 산포도를 비교할 때 사용하는 산포도는?

2022. 경북 의료기술직

① 중앙값 ② 평균편차
③ 변이계수 ④ 분산

해설 변이계수 : 표준편차를 산술평균으로 나눈 값으로 상대적 산포도에 속함

35 다음 중 표준편차를 산술평균으로 나눈 값은 무엇인가?

2020. 제주시, 2015. 부산시 · 경남

① 평균편차 ② 분산
③ 변이계수 ④ 사분위편차계수

Answer 27 ③ 28 ③ 29 ① 30 ④ 31 ① 32 ② 33 ③ 34 ③ 35 ③

해설 산포도

범위	가장 큰 점수에서 가장 작은 점수를 뺀 것
시분편차	$(Q^3-Q_1)/2$, 절대적 산포도에 속함 (Q_3 : 75%가 되는 값, Q_1 : 25%가 되는 값)
표준편차	가장 광범위하게 사용되는 것으로 분산의 제곱근으로 절대적 산포도에 속함
평균편차	측정치들과 평균치와의 편차에 대한 절댓값의 평균
변이계수	표준편차를 산술평균으로 나눈 값으로 상대적 산포도에 속함
분산	편차 점수를 제곱한 후 나온 값을 모두 합해 사례 수로 나눈 것으로 절대적 산포도에 속함

36 C구에 코로나바이러스감염증-19가 유행하고 있다. 구청장은 우선 코로나환자가 가장 많이 발생한 동부터 인력 및 물자지원을 하려고 한다. 그래서 동별로 코로나환자 발생자수를 조사하여 비교하려고 하는데, 가장 적합한 자료측정도구는? 2020. 경기

① 중앙값
② 산술평균
③ 최빈값
④ 산포도

해설 대푯값 : 관찰된 자료가 어떤 위치에 집중되어 있는가를 나타낸 값

최빈값	도수분포에서 가장 빈도가 높은 수치	
중위수	사례를 측정치의 순서대로 나열했을 때 한가운데 오는 수치	
평균	모든 사례의 측정치의 합을 사례 수로 나누어 얻어진 점수	
	산술평균	측정치를 전부 합하여 측정치의 총 개수로 나누는 방법
	기하평균	측정치를 서로 곱해주고 그 결과를 개체수 n급의 N제곱근을 구하는 것
	조화평균	총 수를 개개의 수치의 역수의 합으로 나눈 몫

37 다음 중 절대적 산포도에 해당하는 것은? 2020. 복지부 특채

① 중위수
② 산술평균
③ 변이계수
④ 분산

해설 ①·② 대푯값 ③ 상대적 산포도

38 보건통계 자료인 대푯값에 대한 설명으로 올바른 것은? 2019. 부산시

① 최빈값은 변량 중에서 가장 많이 관찰되는 대푯값으로, 단 하나의 최빈값만이 존재한다.
② 산술평균은 모든 측정치의 합을 총 개수로 나눈 대푯값으로, 양적 자료와 질적 자료 모두에 사용된다.
③ 중앙값은 크기순서에서 정중앙에 위치하는 대푯값으로, 없거나 둘 이상일 수도 있다.
④ 정규분포에서는 산술평균과 중앙값, 최빈값이 모두 동일하다.

해설 ① 최빈값은 특정 변수의 측정값 중에서 가장 많이 관찰되는 대푯값으로, 없거나 둘 이상일 수도 있다.
② 산술평균은 모든 측정치의 합을 총 개수로 나눈 대푯값으로, 양적 자료에만 사용된다. 양적자료와 질적 자료 모두에 사용되는 대푯값은 최빈값이다.
③ 중앙값은 모든 측정치를 크기순서대로 나열하였을 때, 정중앙에 위치하는 대푯값으로, 중앙값은 단 하나의 값만이 존재한다.

39 측정값의 산포 정도를 나타내는 산포도에는 절대적 산포도와 상대적 산포도가 있다. 다음 중 상대적 산포도에 해당하는 것은? 2019. 대전시

① 사분위편차
② 변이계수
③ 표준편차
④ 평균값

해설 변이계수 : 표준편차를 산술평균으로 나눈 값으로 상대적 산포도에 속함

40 지역사회 주민들의 건강수준을 파악하기 위해 자료를 수집하고 요약하려고 한다. 이 때 자료의 요약과정에서 사용되는 중위수와 동일한 의미를 갖는 분산도의 사분위수는? 2018. 부산시

① 제1사22분위수
② 제2사분위수
③ 제3사분위수
④ 제4사분위수

해설

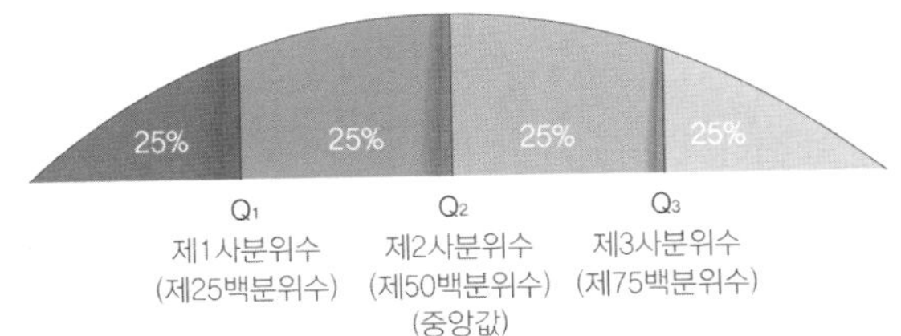

41 다음 중 산포도에 해당하는 것은? 2017. 복지부 특채

① 중앙치
② 중위수
③ 최빈치
④ 평균편차

해설 산포도 : 시분편차, 표준편차, 평균편차, 변이계수, 분산

42 다음 중 변이계수는 표준편차를 어떤 값으로 나누어 얻은 값인가?

① 범위값
② 분산값
③ 산술평균값
④ 평균편차값

해설 산술평균 : 측정치를 전부 합하여 측정치의 총 개수로 나누는 방법

Answer 36 ③ 37 ④ 38 ④ 39 ② 40 ② 41 ④ 42 ③

43 J지역에서 역학조사를 실사한 그 지역을 대표하는 질병특성을 기술하고자 한다. 맞는 것은?

가. 최빈값	나. 중앙값	다. 산술평균	라. 범위

① 가, 나, 다
② 가, 다
③ 나, 라
④ 가, 나, 다, 라

해설 대표하는 질병특성이니 대푯값을 의미한다.

44 어느 자료의 값이 나열되어 있는 상태에서 자료의 특징을 하나의 수로 나타낸 값으로 최빈값, 중앙값 등이 존재하는 개념을 의미하는 것은?

① 대푯값
② 범위
③ 분산
④ 평균편차

해설 **대푯값** : 관찰된 자료가 어떤 위치에 집중되어 있는가를 나타낸 값

45 지역주민의 건강문제에 대한 조사결과가 정규분포를 따른다고 할 때 이 곡선에 대한 설명으로 가장 옳은 것은? 2021. 서울시

① 평균 근처에서 낮고 양측으로 갈수록 높아진다.
② 평균에 따라 곡선의 높낮이가 달라진다.
③ 표준편차에 따라 곡선의 위치가 달라진다.
④ 표준편차가 작으면 곡선의 모양이 좁고 높아진다.

해설 ① 평균 근처에서 높고 양측으로 갈수록 낮아진다.
② 표준편차에 따라 곡선의 높낮이가 달라진다.
③ 평균에 따라 곡선의 위치가 달라진다.
※ 정규분포의 특징

ⓖ 종을 엎어 놓은 것 같이 되는 분포
ⓛ 평균치가 중앙에 있는 분포
ⓒ 산술평균, 최빈값, 중앙값이 모두 동일
ⓡ 평균(μ)을 중심으로 좌우 대칭인 종 모양
ⓜ 표준편차(σ)가 작은 경우 종 높이가 높아지는 대신 폭이 좁아지며, 큰 경우 높이가 낮아지는 동시에 폭이 넓어지게 됨
ⓑ 면적은 항상 1(100%)
ⓢ T분포보다 중심부분이 높음(T분포 : 표본의 크기가 작을 때 사용하는 분포)
ⓞ 모든 정규분포는 표준 정규분포($\mu=0$, $\sigma=1$)로 고칠 수 있음

46 다음과 같이 정규분포를 표준정규분포로 바꾸었을 때, Z-score가 의미하는 것으로 올바른 것은? 2020. 부산시

정규분포 N((μ, σ^2) $\rightarrow Z = \dfrac{X-\mu}{\sigma}$

① 표준편차로부터 평균의 몇 배만큼 떨어져 있는가를 의미
② 평균편차로부터 평균의 몇 배만큼 떨어져 있는가를 의미
③ 평균으로부터 평균편차의 몇 배만큼 떨어져 있는가를 의미
④ 평균으로부터 표준편차의 몇 배만큼 떨어져 있는가를 의미

해설 표준정규분포란 평균=0, 표준편차=1이 되도록 표준화한 분포를 의미한다.
표준정규분포의 공식은 다음과 같다.
$Z = \dfrac{X-\mu}{\sigma}$ 이 때 Z는 평균으로부터 표준편차의 몇 배만큼 떨어져 있는가를 의미한다.

47 정규분포에 관한 설명으로 옳지 못한 것은? 2018. 전북 의료기술직

① 좌우대칭의 종모양이다.
② 평균값, 중앙값, 최빈값이 모두 같다.
③ 첨도의 본래 값은 2이고, 왜도는 1이다.
④ $\mu \pm 2.58\sigma$의 범위는 전체면적의 99%이고, 정규분포곡선과 X축으로 이루어진 면적은 항상 1이다.

해설 정규분포의 첨도(뾰족한 정도)는 본래 값이 3이나 통계학에서는 0으로 보정하여 다른 그래프와 비교한다. 왜도(중심이 쏠린 정도)는 0이다.

48 N((μ, σ^2)인 정규분포곡선에서 평균으로부터 $\pm 1\sigma$ 만큼을 제외한 면적은? 2017. 부산 의료기술직

① 4.56%
② 31.74%
③ 68.26%
④ 95.44%

해설 정규분포의 신뢰 구간과 신뢰도
㉠ $\mu \pm 1\sigma$ = 68.26% : 이를 제외한 면적은 100−68.26 = 31.74%
㉡ $\mu \pm 2\sigma$ = 95.44% : 이를 제외한 면적은 100−95.44 = 4.56%
㉢ $\mu \pm 3\sigma$ = 99.73% : 이를 제외한 면적은 100−99.73 = 0.27%

Answer 43 ① 44 ① 45 ④ 46 ④ 47 ③ 48 ②

49 **정규분포에 대한 다음의 설명으로 올바른 것은?** 2017. 인천시

① 평균을 중심으로 좌우대칭인 종모양이다.
② 정규분포곡선의 모양은 평균편차에 따라 달라진다.
③ 분포에 따라 X축과 곡선 아래 면적의 크기가 변한다.
④ 평균치와 중앙치는 동일한 값이지만 최빈치는 다르다.

해설 ② 정규분포곡선의 모양은 표준편차에 따라 달라지고 위치는 평균에 따라 달라진다.
③ 분포에 상관없이 X축과 곡선 아래 면적의 크기는 항상 1이다.
④ 평균치와 중앙치, 최빈치는 모두 같다.

50 **다음 중 타당도에 관한 것 중 옳은 것은?**

① 내적타당도가 확보되어야 연구 참여대상자에서 얻어진 연구결과를 그 연구 모집단에 적용 가능하다.
② 내적타당도는 연구대상이 표적집단에 대한 대표성이 있는가에 결정된다.
③ 외적타당도는 연구수행과정, 즉 대상선정, 연구수행, 분석과 해석 등이 얼마나 적절하게 수행되었는가에 결정된다.
④ 표본에서 얻어진 연구결과가 연구 모집단에도 적용이 가능할 때 외적타당도가 있다고 한다.

해설 ② 외적타당도는 연구대상이 표적집단에 대한 대표성이 있는가에 결정된다.
③ 내적타당도는 연구수행과정, 즉 대상선정, 연구수행, 분석과 해석 등이 얼마나 적절하게 수행되었는가에 결정된다.
④ 표본에서 얻어진 연구결과가 연구 모집단에도 적용이 가능할 때 내적타당도가 있다고 한다.
※ 용어 정의

한국인(65세 이상)의 치매유병률을 산출하기 위한 목적으로 경기도 광명시에서 수행한 연구
- **표적 집단** : 65세 이상인 한국인
- **모집단** : 광명시 거주하는 65세 이상 노인
- **표집 집단** : 모집단에서 무작위 추출된 65세 이상 노인
- **적격 집단** : 표집 집단 중 조사 당시 생존하고, 주소가 정확하고 해당 거주지에 계속 거주하였던 사람
- **연구참여 집단** : 적격 집단 중 유병률 조사에 참여한 사람

51 **다음 중 연구 결과를 궁극적으로 적용하고자 하는 집단은?**

① 목표 집단
② 연구 모집단
③ 연구 표본집단
④ 표적집단

해설 모든 연구의 궁극적 목적은 외적타당도를 높이고자 한다.
- **타당도** : 실제 모수를 얼마나 정확하게 관찰하는지를 의미하는 개념

내적타당도	연구참여집단에서 얻어진 추론을 연구 모집단에까지 적용하는 것이 타당한지에 관련되는 개념
외적타당도	해당 연구 모집단에 대한 추론을 보다 광범위한 인구 집단, 즉 표적 집단에 일반화하는 것이 가능한지에 관련된 개념

52 다음 중 상관계수(r)에 관한 설명으로 올바르지 못한 것은? 2015. 서울시

① 상관계수는 변수의 선형관계를 나타내는 지표이다.
② 상관계수의 범위는 $-1 \le r \le 1$이다.
③ $r = 1$인 경우는 순상관 또는 완전상관이라고 한다.
④ $r = -1$인 때는 역상관이라 하고, 2개의 변수가 관계없음을 의미한다.

해설 상관관계(r)
㉠ 어떤 모집단에서 2개의 변수 간에 한쪽 값이 변함에 따라 다른 한쪽이 변하는 관계
㉡ r=1 또는 r=−1일 때는 완전상관, r=0.5 또는 r=−0.5일 때는 불완전상관, r=0일 때는 무상관

53 다음 중 두 변수의 상관성 중에서 음의 상관관계인 것은?

① 고밀도지단백질 – 고지혈증
② 우울증 – 자살
③ 육류섭취 – 대장암
④ 음주 – 간암

해설 고밀도지단백질(HDL)
㉠ 콜레스테롤은 수용액에서 녹지 않으므로 혈액 내에서 자유로이 순환하지 않는다. 따라서 우리 몸속에서 혈액을 타고 이동하기 위해서는 단백질과 결합해야 하는 데 이 형태를 지단백질이라고 한다.
㉡ 지단백질의 종류로는 LDL, HDL, VLDL 등이 있다. 이 중 HDL은 간 및 소장에서 합성되어 혈액을 타고 온 몸을 순환하며 세포 내에 있는 여분의 콜레스테롤을 회수하여 간으로 이동시키는 역할을 한다.
㉢ HDL은 높을수록 고지혈증은 낮아진다. 35~60mg/dL이면 안정 수치이며, 60mg/dL 이상이면 높은 것이다.
㉣ 변동의 범위
- 성별에 의한 변동 : 남성의 경우 40~60mg/dL, 여성은 50~70mg/dL이 정상치이다.
- 적당한 운동은 HDL을 증가시킨다.
- 적당한 음주는 HDL을 증가시키지만, 흡연은 감소시킨다.

54 B마을에 사는 노인들을 대상으로 평소 운동을 즐겨하는 운동군과 운동을 즐겨하지 않는 비운동군으로 나누어 각각 혈압수치를 측정하여 차이가 나는지를 검정하려고 한다. 이에 적합한 가설설정방법으로 올바른 것은? 2020. 교육청

① 분산분석
② T검정
③ χ^2검정(카이검정)
④ Z검정

해설 운동군과 비운동군의 2집단의 혈압수치(비율척도)의 차이를 비교하는 것이니 T검정을 이용하여야 한다.

구분	내용
χ^2검정(카이검정)	명목척도로 측정된 두 변수 사이가 서로 관계가 있는지 독립인지를 판단하는 검정법 예 첫 출산 시 나이와 유방암 발병 사이의 상호 관련성
Z검정	모집단의 속성을 알기 위하여 모집단에서 추출된 표본의 통계값인 평균과 연구자의 이론적 혹은 경험적 배경에서 얻은 특정 값을 비교하는 검정법.
T검정	등간척도나 비율척도로 측정된 서로 독립인 두 집단의 평균을 비교하는 분석법. 예 남자아이의 출생 시 체중과 여자아이의 출생 시 체중을 비교
F검정(분산분석)	등간척도나 비율척도로 측정된 서로 독립인 두 집단 이상의 평균을 비교하는 분석법

Answer 49 ① 50 ① 51 ④ 52 ④ 53 ① 54 ②

55 A, B, C 세 집단 간 BMI의 차이를 분석하고자 한다. 이 에 적합한 가설검정방법은?

2020. 경북 의료기술직

① 분산분석 ② T검정
③ χ^2검정(카이검정) ④ Z검정

해설 분산분석 : 등간척도나 비율척도로 측정된 서로 독립인 두 집단 이상의 평균을 비교하는 분석법

56 어느 모집단으로부터 추출한 표본집단에서 흡연한 집단과 비흡연집단과의 폐암 발생정도의 차이를 서로 비교-분석하고자 한다. 다음 중 어느 검정법을 이용하여야 하는가?

① 상관분석 ② T검정
③ χ^2검정(카이검정) ④ Z검정

해설 흡연한 집단과 비흡연집단의 2집단의 폐암발생정도(폐암 발생률이니 비율척도)의 차이를 비교하는 것이니 T검정을 이용하여야 한다.

57 다음 중 두 집단 간의 차이를 비교분석하는 것으로 올바른 것은?

① 상관분석 ② 일원변량분석
③ 회귀분석 ④ T-test

해설 T검정 : 등간척도나 비율척도로 측정된 서로 독립인 두 집단의 평균을 비교하는 분석법

58 보건통계 중 자료의 정리에 대한 다음의 설명으로 옳지 못한 것은? 2020. 대전시

① 대푯값에는 평균, 중위수, 최빈값, 사분위수 등이 있다.
② 정규분포에서 그래프의 모양은 가로축에 맞닿지 않고 좌우로 무한히 뻗어 있다.
③ 서열척도는 체온과 같이 절대적인 0점이 존재하는 척도이다.
④ 계통표본추출과 집락표본추출은 확률표본추출에 속한다.

해설 비율척도는 체온과 같이 절대적인 0점이 존재하는 척도이다.

59 다음의 용어 설명 중 옳지 않은 것은?

① 모수(parameter)는 모집단의 특성을 나타내는 값으로 모평균과 모분산을 통틀어 이르는 말이다.
② 표본은 모집단의 성격과 특징을 파악하기 위해서 모집단의 일부만 추출한 것을 말하는데, 표본의 크기는 여론조사의 목적과 연구조사 담당자의 판단, 예산 등에 따라서 달라질 수 있다.

③ 분산은 편차의 제곱의 평균을 말하는데, 분산을 구하는 목적은 자료들이 얼마나 평균을 중심으로 흩어져서 분포하는지를 알아보기 위한 것이다.

④ χ^2검정(카이스퀘어)은 어떤 집단의 평균이 얼마인가를 검정하거나 두 집단의 평균이 같다고 볼 수 있는지를 검정하고자 할 때 사용한다.

해설 χ^2검정(카이스퀘어)은 명명척도로 측정된 두 변수 사이가 서로 관계가 있는지 독립인지 검정할 때 사용한다. 반면 T검정은 두 집단의 평균이 같다고 볼 수 있는지를 검정하고자 할 때 사용한다.

60 간접표준화에 대한 설명으로 옳지 않은 것은?

2020. 경기 의료기술직

① 간접표준화는 두 군을 비교할 때 한 군의 연령별 특수사망률을 이용할 수 없을 때 사용한다.

② 간접표준화에서는 표준화사망비를 이용한다.

③ 간접표준화는 한 군의 인구 수가 적어 신뢰할 수 없을 때 사용한다.

④ 표준화사망비가 1보다 크면 대상집단의 사망수준이 표준인구집단보다 낮아 보건수준이 높다는 뜻이다.

해설 표준화사망비가 1보다 작으면 대상집단의 사망수준이 표준인구집단보다 낮아 보건수준이 높다는 뜻이다.

직접 표준화법	㉠ 표준인구를 택하여 이 표준인구가 나타내는 연령분포를 비교하고자 하는 군들의 연령별 특수발생률에 적용하는 방법 ㉡ 반드시 알아야 할 내용 • 표준인구의 연령별 인구구성 • 표준인구의 연령별 특수발생률 • 비교하고자 하는 군의 연령별 특수발생률 ㉢ 직접 표준화율 = (기대 발생 수 총합 / 표준인구) × 단위인구
간접 표준화법	㉠ 비교하고자 하는 한 군의 연령별 특수발생률을 알 수 없거나, 대상인구 수가 너무 적어서 안정된 연령별 특수발생률을 구할 수 없는 경우에 사용 ㉡ 반드시 알아야 할 내용 • 표준인구의 연령별 특수발생률 • 비교하고자 하는 군의 연령별 인구구성 • 비교하고자 하는 군의 총 발생수 ㉢ 표준화 사망비 = 어떤 집단에서 관찰된 총 발생수 / 이 집단에서 예상되는 총 기대 발생수

61 간접표준화사망률에 대한 설명으로 옳지 않은 것은?

2019. 전북

① 비교하려는 두 집단의 연령별 인구수를 합하여 표준인구로 정한다.

② 표준화사망비(SMR)는 총 관찰인구수/총 기대사망수이다.

③ 대상집단의 인구 수가 너무 적거나 연령별 특수사망률을 신뢰할 수 없을 때 사용한다.

④ 작업장의 사망통계와 같이 사망자의 총수만 조사되고 연령별 사망자수는 조사되지 않은 경우에 사용한다.

Answer 55 ① 56 ② 57 ④ 58 ③ 59 ④ 60 ④ 61 ①

해설 ① 직접표준화사망률에 해당된다.

※ 두 지역 사망률의 직접표준화 계산방법

연령	선진국			개발도상국		
	사망 수	인구 수	천 명당 사망률	사망 수	인구 수	천 명당 사망률
<15	1	100	10	40	1,000	40
15~45	25	500	50	25	500	50
45<	100	1,000	100	35	100	350
보통사망률	126	1,600	78.8	100	1,600	62.5

㉠ 비교하고자 하는 두 지역의 연령별 사망률을 비교한다.

㉡ 표준이 되는 인구집단을 선정한다.

> 본 예에서는 두 지역의 인구 수를 합하여 표준 인구집단을 만들었다.
> <15 집단 : 100+1,000=1,100명
> 15~45 집단 : 500+500=1,000명
> 45< 집단 : 1,000+100=1,100명
> 표준 인구집단 총 인구수 : 3,200명

㉢ 두 지역의 연령별 사망률을 연령별 표준 인구수에 곱하여 연령별 기대 사망수를 계산한다.

선진국			개발도상국		
천 명당 사망률	표준인구	기대 사망 수	천 명당 사망률	표준인구	기대 사망 수
10	1,100	11	40	1,100	44
50	1,000	50	50	1,000	50
100	1,100	110	350	1,100	385
계		171	계		479

㉣ 두 지역에서 계산된 기대 사망수를 전체 표준인구로 나누어 연령 보정률을 계산한다.

> 선진국 : 171/3,200=53.4/1,000명
> 개발도상국 : 479/3,200=149.7/1,000명
> 보통 사망률은 선진국이 높았으나 연령보정 사망률은 개발도상국이 3배 가까이 되는 것을 알 수 있다.

62 A지역과 B지역의 연령별 사망자 및 총인구수는 다음 표와 같다. B 지역 인구를 표준으로 하여 간접표준화법으로 계산한 A지역의 표준화사망비는? 2018. 충북

연령(세)	A 지역		B 지역	
	사망자(명)	총인구(명)	사망자(명)	총인구(명)
20세 미만	10	10,000	100	100,000
20~40세	30	10,000	400	200,000
40세 이상	50	10,000	900	300,000

① 87%　② 115%

③ 150%　④ 160%

해설

연령(세)	A 지역		A 지역 간접 표준화	
	사망자(명)	총인구(명)	기대사망수(명)	표준인구
20세 미만	10	10,000	(100/100,000)×10,000 = 10	100,000
20~40세	30	10,000	(400/200,000)×10,000 = 20	200,000
40세 이상	50	10,000	(900/300,000)×10,000 = 30	300,000
총 계	90		60	

표준화 사망비 = (어떤 집단에서 관찰된 총 발생수 / 이 집단에서 예상되는 총 기대 발생수)×100
= (90/60)×100 = 150%

63 다음은 A, B 두 지역의 사망통계를 나타낸 것이다. 이 자료로 직접표준화법에 의한 A, B 지역의 표준화사망률(%)을 순서대로 구하면?

2018. 대구시

연령(세)	A 지역		B 지역	
	인구(명)	사망(명)	인구(명)	사망(명)
0~15세	1,000	20	2,000	80
15~65세	2,000	120	1,000	40
65세 이상	1,000	100	2,000	120

① 5.2%, 3.5%
② 6.0%, 4.7%
③ 7.4%, 5.6%
④ 8.3%, 6.9%

해설

연령(세)	표준인구	A 지역	B 지역
		기대 사망수(명)	기대 사망수(명)
0~15세	3,000	(20/1,000)×3,000 = 60	(80/2,000)×3,000 = 120
15~65세	3,000	(120/2,000)×3,000 = 180	(40/1,000)×3,000 = 120
65세 이상	3,000	(100/1,000)×3,000 = 300	(120/2,000)×3,000 = 180
총계	9,000	540	420

A 표준화 사망률 = (540/9,000)×100 = 6%
B 표준화 사망률 = (420/9,000)×100 = 4.7%

64 다음 중 간접 표준화사망률을 구하려 하는데 필수적인 정보는?

① 비교인구의 연령별 사망률
② 표준인구의 연령별 인구
③ 비교인구
④ 표준인구의 연령별 사망률

해설 간접 표준화법
㉠ 표준인구의 연령별 특수발생률
㉡ 비교하고자 하는 군의 연령별 인구구성
㉢ 비교하고자 하는 군의 총 발생수

Answer 62 ③ 63 ② 64 ④

65 **병원통계에 관한 내용으로 옳지 않은 것은?**

2018. 울산 의료기술직

① 병상점유율(%) = (조정환자수 / 연 가동병상수) × 100
② 연간 병상이용률(%) = (총재원일수 / 연가동 병상수) × 100
③ 병상회전율(명) = 총 퇴원환자수 / 가동병상수
④ 평균재원일수(일) = 총재원일수 / 총퇴원환자수

해설 ① 병상점유율 : 단위인구가 하루에 점유하고 있는 병상의 비로서, 보통 1,000명당 1일간의 재원일수로 계산된다.

병상점유율 = (1일 평균 병상 점유 수 / 인구) × 1,000

② 병상이용률 : 환자가 이용할 수 있도록 가동되는 병상이 실제 환자에 의해 이용된 비율로 병원의 인력 및 시설의 활용도를 간접적으로 알 수 있다.

병상이용률 = (1일 평균 재원환자 수 / 병상 수) × 100 연간 병상이용률 = (연간 총 누적 재원일수 / 365 × 병상 수) × 100

③ 병상회전율 : 일정기간 내에 한 병상을 통과해 간 평균환자 수를 나타낸다.

병상회전율 = (해당 기간의 평균 퇴원환자 수 / 해당 기간의 평균 가동 병상 수) × 1,000

④ 평균 재원일수 : 기간 중 퇴원한 환자들이 평균 며칠씩 재원했는지를 나타내는 수

평균 재원일수 = 기간 중 재원일수 / 기간 중 퇴원환자 수(또는 실제 환자 수)

66 **병원의 경영상태를 파악할 수 있는 병원통계자료로서 총재원 일수를 연 가동 병상수로 나눈 지표는?**

2017. 경북

① 병상이용률
② 병상회전율
③ 병원이용률
④ 평균재원일수

해설 ① 병상이용률 : 환자가 이용할 수 있도록 가동되는 병상이 실제 환자에 의해 이용된 비율로 병원의 인력 및 시설의 활용도를 간접적으로 알 수 있다.

병상이용률 = (1일 평균 재원환자 수 / 병상 수) × 100 연간 병상이용률 = {(연간 총 누적 재원일수 / 365) × 병상 수} × 100

② 병상회전율 : 일정기간 내에 한 병상을 통과해 간 평균환자 수를 나타낸다.

병상회전율 = (해당 기간의 평균 퇴원환자 수 / 해당 기간의 평균 가동 병상 수) × 1,000

③ 병원이용률 : 병원의 진료서비스의 양이나 투입, 시설의 활용도를 종합적으로 설명하는 지표

병원이용률 = (조정 환자 수 / 연가동 병상 수) × 1,000

④ 평균 재원일수 : 기간 중 퇴원한 환자들이 평균 며칠씩 재원했는지를 나타내는 수

평균 재원일수 = 기간 중 재원일수 / 기간 중 퇴원환자 수(또는 실제 환자 수)

67 다음 중 병원관리에서 병상 이용의 효율성을 높이기 위해 숫자를 낮추는 것이 유리한 지표는?

① 병상이용율 ② 100병상당 일평균 재원환자 수
③ 병상회전율 ④ 평균재원일수

해설 ①·②·③ 효율성을 높이기 위하여 숫자를 높이는 것이 유리하다.
※ 병원통계

평균 재원일수	기간 중 퇴원한 환자들이 평균 며칠씩 재원했는지를 나타내는 수
병상 이용률	가동되는 병상이 실제 환자에 의해 이용된 비율로 병원의 인력 및 시설의 활용도를 간접적으로 알 수 있음
병상 회전간격	환자 퇴원 후 다음 환자가 입원할 때까지 병상이 평균적으로 유휴상태에 있는 기간(평균 유휴일수)을 의미하며 병상 회전간격이 짧을수록 병상이용률이 높음을 의미
병상 회전율	일정기간 내에 한 병상을 통과해 간 평균환자 수

Answer 65 ① 66 ① 67 ④

04 모자보건 및 가족계획

01 모자보건의 중요성으로 옳지 않은 것은? 20. 강원

① 다음 세대에 미치는 영향이 크다. ② 건강상 취약계층이다.
③ 예방효과보다 치료효과가 크다. ④ 모자보건 대상 인구가 광범위하다.

해설 치료효과보다 예방효과가 더 크다.
※ 모자보건의 중요성

㉠ 대상인구가 전체 국민의 약 60%를 차지
㉡ 다른 연령층에 비해 건강상 취약계층
㉢ 비용-효과 면에서 효율적
㉣ 모성과 아동의 건강은 다음 세대의 인구자질에 영향을 줌
㉤ 생애주기별 단계로 볼 때 국민건강 육성의 기초

02 모자보건사업의 중요성에 대한 설명으로 옳지 못한 것은? 2018. 대전시

① 다른 연령층에 비하여 건강상 취약 계층이다.
② 어린이의 질병과 사고가 가져오는 장애문제는 영구적일 수도 있다.
③ 모성과 아동의 건강은 다음 세대의 인구 자질에 영향을 준다.
④ 모자보건사업의 대상자는 한 곳에 집중적으로 모여 있다.

해설 대상자가 한 곳에 집중적으로 모여 있는 것은 학교보건사업이다.

03 다음 중 모자보건의 중요성을 설명한 내용으로 알맞은 조합은?

가. 모자보건의 대상인구가 전체인구의 60~70%를 차지하고 있다.
나. 다른 연령층에 비해 건강상 취약계층이다.
다. 예방사업으로 얻는 효과가 크다.
라. 모성과 아동은 다음 세대의 인구자질에 영향을 준다.

① 가, 나, 다 ② 가, 다, 라
③ 가, 나, 다, 라 ④ 나, 다, 라

해설 모자보건의 중요성
㉠ 대상인구가 전체 국민의 약 60%를 차지
㉡ 다른 연령층에 비해 건강상 취약계층
㉢ 비용-효과 면에서 효율적
㉣ 모성과 아동의 건강은 다음 세대의 인구자질에 영향을 줌
㉤ 생애주기별 단계로 볼 때 국민건강 육성의 기초

04 다음 중 모자보건의 목표가 아닌 것은?

① 모자보건은 모성 건강유지, 영유아 보건 및 가족계획이 목표다.
② 영유아의 보건은 가능한 국가에서 적절한 양육과 영양공급 등을 실시하여야 한다.
③ 임신전과 수유부의 건강을 유지하는데 있다.
④ 정상적이고 건강한 아이 출산에 있다.

해설 모자보건의 목표 : 모자보건이란 모성의 생명과 건강을 보호하고 건전한 자녀의 출산과 양육을 도모함으로써 국민의 보건향상에 기여할 것
㉠ 지역사회 건강수준을 증진시키는 하나로써 모성건강을 유지해야 한다.
㉡ 임신과 분만에 수반하는 모든 합병증의 발생위험을 줄인다.
㉢ 다음 번 임신에 대한 준비를 하도록 한다.
㉣ 신생아 사망률을 줄인다.
㉤ 불임증을 예방하고 치료한다.

05 「모자보건법」에 따른 모자보건 대상에 대한 정의로 가장 옳지 않은 것은? 2020. 서울시

① "영유아"란 출생 후 6년 미만인 사람을 말한다.
② "모성"이란 임산부와 가임기(可姙期) 여성을 말한다.
③ "임산부"란 임신 중이거나 분만 후 8개월 미만인 여성을 말한다.
④ "신생아"란 출생 후 28일 이내의 영유아를 말한다.

해설

구분		내용
임산부		임신 중에 있거나 분만 후 6개월 미만의 여자
영유아		출생 후 6년 미만의 자
신생아		출생 후 28일 미만의 영유아
미숙아		신체의 발육이 미숙한 채로 출생한 영유아 임신 37주 미만 출생아 또는 출생 시 체중이 2,500g 미만인 영유아로서 보건소장 또는 의료기관의 장이 임신 37주 이상의 출생아 등과는 다른 특별한 의료적 관리와 보호가 필요하다고 인정하는 영유아
선천성 이상아		선천성 기형 또는 변형이 있거나 염색체에 이상이 있는 영유아
모성	모자보건법	임산부와 가임기 여성을 말함.
	광의 개념	제2차 성징이 나타나는 생식기에서 폐경기(15~49세)까지 모든 여성의 보건관리
	협의 개념	임신, 분만, 산욕기, 수유기(출산 후 6개월까지)의 여성 대상으로 하는 보건관리
영유아	모자보건법	출생 후 6년 미만인 사람을 말함.
	광의 개념	출생~사춘기(18세 이하)에 이르는 남녀
	협의 개념	출생 후~학령 전 아동

Answer 01 ③ 02 ④ 03 ③ 04 ② 05 ③

06 「모자보건법」상 용어의 정의로 올바른 것은? 2020. 광주시 · 전북 · 강원

① 신생아는 출생 후 7일 이내의 영유아를 말한다.
② 임산부는 임신 중이거나 분만 후 3개월 미만인 여성을 말한다.
③ 모성은 임산부와 산욕기 여성을 말한다.
④ 영유아는 출생 후 6년 미만인 사람을 말한다.

해설 영유아 : 출생 후 6년 미만인 사람을 말한다(모자보건법 제2조 제3호).

07 다음 중 WHO의 분만분류에 의한 정상분만의 임신기간은? 2017. 경기 의료기술직

① 38주 이상 ~ 44주 미만
② 37주 이상 ~ 42주 미만
③ 36주 이상 ~ 42주 미만
④ 35주 이상 ~ 44주 미만

해설 임신기간

미숙아	37주 미만
정상분만 기간	37주 이상~42주 이하
과숙아	42주 초과

08 다음 중 모성보건에 대한 설명으로 가장 올바르지 못한 것은?

① 광의의 모성은 초경에서 폐경까지의 모든 가임기 여성을 말한다.
② 모성사망률에서 '모성'은 협의의 모성을 가리킨다.
③ 모자보건법 제2조의 '모성'은 협의의 모성을 가리킨다.
④ 협의의 모성은 임신, 분만, 산욕기, 수유기의 여성을 말한다.

해설 모자보건법 제2조의 '모성'은 광의의 모성을 가리킨다.

09 다음 중 모자보건법상 용어 정의한 것으로 옳은 것은?

① 모성은 임산부와 가임기 여성을 말한다.
② 미숙아란 임신 38주 미만의 출생아를 말한다.
③ 신생아는 출생 후 1년 이내의 영유아를 말한다.
④ 영유아는 출생 후 8년 미만의 사람을 말한다.

해설 ② 미숙아란 임신 37주 미만의 출생아를 말한다.
③ 신생아는 출생 후 28일 이내의 영유아를 말한다.
④ 영유아는 출생 후 6년 미만의 사람을 말한다.

10 **다음 중 모자보건법에서 사용하는 용어의 정의가 알맞은 것은?**

① 모성 – 임산부와 가임기 여성을 말한다.
② 신생아 – 출생 후 100일 미만 영아를 말한다.
③ 영유아 – 출생 후 3년 미만인 사람을 말한다.
④ 임산부 – 임신 중이거나 분만 후 12개월 미만 여성을 말한다.

해설 ② 신생아 – 출생 후 28일 미만 영아를 말한다.
③ 영유아 – 출생 후 6년 미만인 사람을 말한다.
④ 임산부 – 임신 중이거나 분만 후 6개월 미만 여성을 말한다.

11 **모자보건법상 아래의 미숙아의 정의와 관련된 내용으로 (A), (B)에 해당하는 것은?**

임신 (A) 미만의 출생아 또는 출생시 체중이 (B) 미만의 영유아

① A : 28주, B : 2,000g
② A : 28주, B : 2,500g
③ A : 37주, B : 2,000g
④ A : 37주, B : 2,500g

해설 **미숙아** : 임신 37주 미만의 출생아 또는 출생 시 체중이 2천500그램 미만인 영유아로서 보건소장 또는 의료기관의 장이 임신 37주 이상의 출생아 등과는 다른 특별한 의료적 관리와 보호가 필요하다고 인정하는 영유아(모자보건법 시행령 제1조의2 제1호)

12 **다음 중 모자보건법에서 규정한 미숙아의 규정은?**

① 28주 미만
② 28~37주 미만
③ 28~37주 이하
④ 37주 미만

해설 **미숙아** : 임신 37주 미만의 출생아 또는 출생 시 체중이 2천500그램 미만인 영유아로서 보건소장 또는 의료기관의 장이 임신 37주 이상의 출생아 등과는 다른 특별한 의료적 관리와 보호가 필요하다고 인정하는 영유아(모자보건법 시행령 제1조의2 제1호)

13 **다음 중 법적으로 임신중절이 가능한 것은 몇 주까지 인가?**

① 임신 20주
② 임신 24주
③ 임신 30주
④ 임신 32주

해설 인공임신중절수술은 임신 24주일 이내인 사람만 할 수 있다(모자보건법 시행령 제15조 제1항).

Answer 06 ④ 07 ② 08 ③ 09 ① 10 ① 11 ④ 12 ④ 13 ②

14 합계출산율에 대한 설명으로 올바른 것은? 2022. 경북 의료기술직

① 가임여성 1명이 평생 낳을 것으로 예상하는 평균 출생아수
② 특정 지역 특정연령대 여성 1000명에 대해 같은 연령 여성이 출산한 정상 출생아수
③ 가임연령 여자 1명당 출산한 딸의 총 수
④ 15~49세 사이 가임여성 인구 1000명

해설 모자보건지표

모성사망률	(같은 해 임신, 분만, 산욕기 합병증으로 사망한 부인 수/ 가임연령 여성 인구 수) × 1,000
영아사망률	(출생 후 1년 미만에 사망한 영아 수/연간 총 출생아 수) × 1,000
유아사망률	(같은 해의 1~4세 사망 수/ 특정 년도의 1~4세 중앙 인구 수) × 1,000
일반출산율	{같은 기간 내 총 출산 수 / 중앙가임연령(15~44세 또는 49세) 여성인구} × 1,000
합계출산율	한 명의 여자가 일생동안 총 몇 명의 아이를 낳는가를 나타내는 지수.
총재생산율	한 여성이 일생동안 여아를 몇 명 낳는가에 대한 지수
순재생산율	연령별 여성의 사망률을 적용해 재생산을 계산한 것
모아비	0~4세 인구 / 가임연령층 여성인구

15 다음 중 우리나라 모자보건지표가 아닌 것은?

① 모성사망률　② 사인별사망률
③ 영아사망률　④ 유아사망률

해설 사인별사망률(원인별사망률)은 "(한 측성에 의한 사망자 수/중앙인구) × 1,000"으로 보건지표에 해당한다.

16 다음 모자보건지표 중 분모의 성질이 다른 하나는?

① 모성사망률　② 신생아사망률
③ 영아사망률　④ 주산기사망률

해설 모자보건지표

모성사망률	(같은 해 임신, 분만, 산욕기 합병증으로 사망한 부인 수/ 가임 연령 여성 인구수) × 1,000
영아사망률	(출생 후 1년 미만에 사망한 영아 수/연간 총 출생아 수) × 1,000
신생아사망률	(28일 미만의 사망아 수/연간 총 출생 수)× 1,000
주산기사망률	{(같은 해 임신 28주 이후의 태아 사망)+(생후 7일 미만의 신생아 사망 수)/총 출생아 수}× 1,000

17 다음 중 주산기에 대해 가장 바르게 설명한 것은?

① 임신 20주 이후 산후 1주 이내 기간을 말한다.
② 임신 20주 이후 산후 4주 이내 기간을 말한다.
③ 임신 28주 이후 산후 1주 이내 기간을 말한다.
④ 임신 28주 이후 산후 2주 이내 기간을 말한다.

해설 주산기란 출산 전후의 기간, 모체 및 태아 · 신생아가 특이한 생리 상황에 있는 중요한 시기로 임신 28주(7개월) 이후 산후 1주(7일) 이내 기간을 말한다.

18 2022년 영아사망자 수가 10명이고 신생아 사망자 수가 5명일 때 당해 연도 α-index 값은?

① 0.2
② 0.5
③ 1
④ 2

해설 α-index = 영아 사망수/신생아 사망수 = 10/5 = 2

19 다음 중 보건지표 중에서 α-index 공식으로 알맞은 것은?

① 신생아 사망수 / 영아 사망수
② 신생아 사망수 / 주산기 사망수
③ 영아 사망수 / 신생아 사망수
④ 주산기 사망수 / 신생아 사망수

해설

영아사망률	(출생 후 1년 미만에 사망한 영아 수 / 연간 총 출생 수) × 1,000
신생아사망률	(28일 미만의 사망아 수 / 연간 총 출생 수) × 1,000
후기신생아 사망률	(생후 7일~생후 28일 미만 사망아 수 / 연간 출생아 수) × 1,000
영아 후기 사망률	(생후 28일~1년 미만 사망아 수 / 연간 출생아 수) × 1,000
주산기사망률	{(같은 해의 임신 28주 이후 태아 사망 + 생후 7일 미만의 신생아 사망 수) / 어떤 연도의 출생 수} × 1,000
α-index	그 연도의 영아 사망 수 / 어떤 연도의 신생아 사망 수
	이 값이 1에 근접할수록 거의 모든 영아 사망이 신생아 사망이다. 그 지역의 건강수준이 높은 것을 의미
유아 사망률	(같은 해의 1~4세의 사망 수 / 특정 연도의 1~4세 중앙인구 수) × 1,000
초생아사망률	(같은 해의 생후 7일 이내 초생아 사망 수 / 특정 연도의 총 출생 수) × 1,000

20 α-index와 관련된 설명으로 옳은 것은?

① 신생아는 생후 28주 미만을 말한다.
② 신생아 사망수를 영아 사망수로 나눈다.
③ 총 출생아수를 알아야 산출이 가능하다.
④ 1에 가까울수록 건강수준이 높다.

해설 ① 신생아는 생후 28일 미만을 말한다.
② 영아 사망수를 신생아 사망수로 나눈다.
③ 총 출생아수를 몰라도 산출이 가능하다.

21 다음 중 보기의 설명에 해당하는 모자보건지표는?

> 가. 1년간 출산아 수 1,000명당 임신 28주 이후 사산아와 출생 후 1주 이내 사망아의 비율
> 나. 임신중독, 출생 시 손상, 난산, 조산아 무산소증 등이 주요 원인

① 주산기사망률
② 모성사망률
③ 신생아사망률
④ 영아사망률

해설 주산기사망률={(같은 해 임신 28주 이후의 태아 사망)+(생후 7일 미만의 신생아 사망 수)/총 출생아 수}× 1,000

Answer 14 ① 15 ② 16 ① 17 ③ 18 ④ 19 ③ 20 ④ 21 ①

22 다음 중 한 여성이 일생동안 몇 명의 아기를 낳는가를 나타내는 지표는?

① 연령별 출산률 ② 합계 출산률
③ 총 재생산률 ④ 순 재생산률

해설

연령별 출산율	15세경부터 급격히 상승하여 20대 후반에 최고에 이르고 그 후 서서히 감소하여 50세 전후에는 0이 된다.
합계출산율	한 명의 여자가 일생동안 총 몇 명의 아이를 낳는가를 나타내는 지수
총재생산율	한 여성이 일생동안 여아를 몇 명 낳는가에 대한 지수
순재생산율	연령별 여성의 사망률을 적용해 재생산을 계산한 것

23 한 여성이 일생동안 여아를 몇 명이나 낳는지를 나타내는 출산력 지표는?

① 보통출생율 ② 연령별출산율
③ 일반출산율 ④ 총재생산율

해설 총재생산률 : 한 여성이 일생동안 여아를 몇 명 낳는가에 대한 지수

24 다음 내용에 순서대로 맞는 것은?

ㄱ. 한 여성이 일생동안 낳은 여 아이 수
ㄴ. 한 여성이 일생을 지나는 동안에 아이를 몇 명이나 낳는가?
ㄷ. 가임기간의 각 연령에서 여아를 낳은 연령별 특수출산율에 여자가 그 연령에 달할 때까지의 생존율 계산한 것

① 합계출산률 / 순재생산률 / 총재생산률
② 순재생산률 / 합계출산률 / 총재생상률
③ 합계출산률 / 총재생산률 / 순재생산률
④ 총재생산률 / 합계출산률 / 순재생산률

해설 ㄱ. 총재생산률, ㄴ. 합계출산률, ㄷ. 순재생산률

25 다음 보기 중 합계출산율의 개념을 바르게 설명한 것은?

① 해당 지역인구 1,000명당 출생률
② 가임 여성인구(15-49세) 1,000명당 출생률
③ 여성 1명이 가임기간(15-49세) 동안 낳은 평균 여아 수
④ 여성 1명이 가임기간(15-49세) 동안 낳은 평균 자녀 수

해설 ① 조출생률 ② 일반출산율 ③ 총재생산율

26 순재생산율이 1보다 클 때 인구는 어떻게 변화되는가?

① 인구가 감소된다.
② 인구의 변함이 없다.
③ 인구가 증가된다.
④ 인구가 감소되었다가 증가된다.

해설 순재생산율

1 보다 클 때	다음 세대 인구가 증가하는 것을 의미하는 것으로 확대재생산
1 보다 작을 때	다음 세대 인구가 감소하는 것을 의미하는 것으로 축소재생산
1	인구가 변함이 없음을 의미

27 폐쇄인구에서 순재생산율이 1.5일 때 인구가 어떻게 되는가?

① 인구가 감소한다.
② 인구가 증가하다가 감소한다.
③ 인구가 증가한다.
④ 인구가 변함이 없다.

해설 순재생산률이 1보다 클 때 다음 세대 인구가 증가하는 것을 의미하는 것으로 확대재생산

28 보건지표에 대한 설명으로 옳지 않은 것은?

① 일반 출산율은 가임여성인구 1,000명당 출산율을 의미한다.
② 주산기 사망률은 생후 4개월까지의 신생아사망률을 의미한다.
③ 영아사망률은 한 국가의 보건 수준을 나타내는 가장 대표적인 지표이다.
④ α-index는 1에 가까워질수록 해당 국가의 보건 수준이 높다고 할 수 있다.

해설 주산기사망률은 1년간 출산아 수 1,000명당 임신 28주 이후 사산아와 출생 후 1주 이내 사망아의 비율을 의미한다.

29 다음 중 영아사망과 신생아사망 지표에 대한 설명으로 옳은 것은?

① 영아후기사망은 선천적인 문제로 예방이 불가능하다.
② 영아사망률과 신생아사망률은 저개발국가일수록 차이가 적다.
③ α-index가 1에 가까울수록 영유아 보건 수준이 낮음을 의미한다.
④ 영아사망은 보건관리를 통해 예방 가능하며 영아사망률은 각 국가 보건수준의 대표적 지표이다.

해설 ① 영아후기사망은 후천적인 문제로 예방이 가능하다.
② 영아사망률과 신생아사망률은 저개발국가일수록 차이가 크다.
③ α-index가 1에 가까울수록 영유아 보건 수준이 높음을 의미한다.

Answer / 22 ② 23 ④ 24 ④ 25 ④ 26 ③ 27 ③ 28 ② 29 ④

30 「모자보건법」 상 임산부, 영유아 및 미숙아 등의 정기 건강진단 실시기준으로 옳은 것은?

2019. 경기 의료기술직

① 임신 37주 이후 : 2주마다 1회
② 출생 후 1년 초과 5년 이내 : 6개월마다 1회
③ 미숙아 등 : 1차 건강진단 시 건강문제가 있는 경우 최소 1주에 1회
④ 미숙아 등 : 1차 건강진단 시 발견된 건강문제가 없는 경우 2주에 1회

해설 건강평가(모자보건법)

구분		기준
모성	임신 28주까지	4주마다 1회
	임신 29주에서 36주까지	2주마다 1회
	임신 37주 이후	1주마다 1회
신생아		수시로
영유아	출생 후 1년 이내	1개월 마다 1회
	1년 초과 ~5년 이내	6개월 마다 1회
미숙아, 선천성 이상아		의료기관 퇴원 후 7일 이내 1회(1차 건강진단)
		1차 건강진단 시 건강문제가 있는 경우 최소 1주에 2회
		발견된 건강문제가 없는 경우 영유아 기준에 따른다.

31 임산부의 사망은 직접 모성사망과 간접 모성사망으로 구분하는데, 직접 모성사망의 원인은 임신중독증 혹은 자간증으로 불리는 고혈압성 질환이 있다. 다음 중 임신중독증의 3대 증상으로 올바르게 조합된 것은?

2020. 경남

① 출혈, 부종, 전치태반
② 고혈압, 단백뇨, 부종
③ 고혈압, 출혈, 단백뇨
④ 부종, 단백뇨, 출혈

해설 임신중독증

㉠ 증상 : 부종, 고혈압, 단백뇨, 경련
㉡ 임신중독증의 원인은 과로, 영양결핍, 빈혈, 포상기태, 면역기전, 자궁내 혈관의 경련, 유전적 성향 등이 있는데, 원인불명인 경우도 있어 발생기전이 명확하지 않다.
㉢ 임산부 사망의 원인이며, 유산, 조산, 사산 및 주산기 사망의 주요원인이 되고 있다.
㉣ 임신 후반기인 임신 8개월 이후에 다발하며, 보통 임신 20~24주 경에 나타나는 임신합병증이다.

32 임신중독증에 대한 설명 중 맞는 것은?

2019. 전북

① 습관성 유산과 불임 가능성이 있다.
② 임신초기에 발생하는 증상이다.
③ 임신중독증 3대 증상은 단백뇨, 고혈압, 부종이다.
④ 임신중독증의 발생기전이 정확하지 않다.

해설 임신중독증은 임신 후반기인 임신 8개월 이후에 다발하며, 보통 임신 20~24주 경에 나타나는 임신합병증이다. 3대 증상은 부종, 고혈압, 단백뇨이다.

33 다음 ( )안에 알맞은 것은? 2018. 광주시 · 전남 · 전북

> 정상분만 후부터 10일 중 하루에 4번 이상 구강 체온을 쟀을 때 2번 이상 체온이 ( )℃ 이상일 때를 산욕열이라고 한다.

① 37 ② 38
③ 39 ④ 40

해설 산욕열 : 1주에 2회 이상 체온이 38℃ 이상 올라갈 때는 산욕열을 의심한다.

34 모성사망률에서 '모성사망'에 포함되지 않는 것은? 2017. 인천

① 임신중독증으로 사망 ② 출산 중 고혈압으로 사망
③ 임신 중 교통사고로 사망 ④ 출산 후 출혈로 사망

해설 모성사망이란 임신, 출산, 산욕기 합병증으로 사망하는 경우이므로 교통사고로 사망한 경우는 교통사고 사망으로 분류된다.

35 다음 중 우리나라 모성사망의 주요 원인은?

① 산과적 색전증 ② 교통사고
③ 임산부 감염병 ④ 자궁암

해설 모성사망의 주요 원인(2014년) : 산과적 색전증(22.9%), 분만 후 출혈(20.8%), 자궁근무력증(14.6%), 단백뇨 및 고혈압성 장애(8.3%)

36 다음 내용에 관한 설명으로 잘못된 것은?

① 산모사망의 대부분은 직접원인에 의한다.
② 산욕열은 선진국에서 증가하는 추세이다.
③ 임신중독증은 임신 8개월 이후에 많이 나타나며 유산, 조산, 사산 등의 이유가 된다.
④ 자궁외 임신이 염증 때문에 발생한다.

해설 ① 모성사망원인(2020년)은 직접 산과적 사망(81.2%), 간접 산과적 사망(18.8%)으로 대부분은 직접원인에 의한다.
② 산욕열은 선진국에서 감소하는 추세이다.
③ 임신중독증은 임신 8개월 이후에 많이 나타나며 유산, 조산, 사산 등의 이유가 된다.
④ 자궁외 임신은 대부분 (나팔관의) 염증 때문에 발생한다.

Answer 30 ② 31 ② 32 ③ 33 ② 34 ③ 35 ① 36 ②

37 다음 중 모유수유의 장점으로 올바르지 못한 것은?

① 배란을 유도하여 임신가능성을 높인다.
② 산모의 자궁수축을 도와준다.
③ 항상 신선하고 완전 무균상태이다.
④ 항체가 들어있어 질병예방에 유리하다.

해설 모유수유의 장점
㉠ 출산 후 회복이 빨라진다. 혈중 옥시토신의 분비로 자궁수축이 촉진되며, 임신 전 몸무게로 빨리 회복되어 출산 후 비만의 발생률을 줄여준다.
㉡ 유방암의 발생빈도 저하
㉢ 모유수유아는 청소년기 당뇨병에 걸릴 위험성과 성인기의 비만과 고혈압이 될 가능성이 적어진다.
㉣ 비타민, 철분, 무기질 등은 모유에서 더 효과적으로 흡수된다.
㉤ 아기와 어머니의 연대감이 강해진다.
㉥ 아기가 안정감을 느낀다.
㉦ 시간과 경제적으로 절약이 된다.
㉧ 영아의 지능발달에 도움을 준다.
㉨ 영아 돌연사의 발생빈도가 낮다.
㉩ 알러지질환(천식, 아토피 등), 위장관질환, 호흡기질환, 중이염, 요로감염증에 잘 걸리지 않는다.
㉪ 전적인 모유수유를 하는 경우 피임효과도 나타난다. 6개월 미만일 경우 98% 이상의 피임효과를 가진다.

38 다음 중 조산아 4대관리에 해당하지 않는 것은? 2018. 인천

① 영양관리 ② 질병감수성 향상
③ 체온관리 ④ 호흡관리

해설 미숙아(조산아)의 4대 관리
㉠ 보온(실내온도) : 30~32℃, 습도 : 55~60%
㉡ 영양공급 : Nasal Catheter로 적은 양 자주
㉢ 감염예방 : 격리, 소독된 모자, 마스크, 가운 착용
㉣ 호흡관리

39 다음 중 신생아 초기사망률은 높고 신생아 후기사망률은 낮을 때 해야 할 조치로 가장 올바른 것은?

① 모성보건의 개선 ② 영아 사고방지
③ 영양개선 ④ 환경위생의 개선

해설 신생아 초기사망률이 높고 신생아 후기 사망률이 낮은 경우 대부분 선천적인 원인에 의한 사망이므로 산전관리를 철저히 하여 모성보건을 개선토록 한다. 반면 신생아 초기사망률이 낮고 신생아 후기 사망률이 높은 경우 후천적인 원인에 의한 사망이므로 영양개선, 영아 사고방지, 환경위생의 개선의 조치를 취하여야 한다.

40 어느 마을에 영아가 태어난 지 1주일 만에 사망하는 비율이 증가하여 영아사망률이 높은 경우에 수행하는 보건관리 대책은?

① 모성산전 보건관리를 강화한다.
② 모유수유를 적극 권장한다.
③ 모자보건 시설을 확충한다.
④ 영아 영양을 강화한다.
⑤ 의료수준을 향상시킨다.

해설 초생아 사망률의 원인은 대부분 선천적이므로 모성의 산전관리를 보다 더 강화하도록 한다.

41 생후 5개월 된 유아가 보건소에 내원하였다. 국가필수예방접종 스케쥴 맞추어 예방접종을 다 마친 경우 지금까지 접종 받지 않은 예방접종은? 2022. 경북 의료기술직

① B형간염
② 디프테리아, 백일해, 파상풍
③ 결핵
④ 홍역, 풍진, 유행성이하선염

해설 국가 필수 예방접종

구분		접종 방법
B형 간염		[기초접종] 0, 1, 6개월(3회) 모체가 HBsAg(+)인 경우 : 출생 후 12시간 이내 백신과 면역글로불린 동시 주사
결핵		[기초접종] 생후 4주 이내(1회)
DTaP (디프테리아, 파상풍, 백일해)		[기초접종] 2, 4, 6개월(3회) [추가접종] 15~18개월(1회), 만 4~ 6세(1회), 만 11~12세(Td)
소아마비		[기초접종] 2, 4, 6~18개월(3회) [추가접종] 만 4~6세(1회)
MMR (홍역, 볼거리, 풍진)		[기초접종] 12~15개월(1회) [추가접종] 만 4~6세(1회)
일본뇌염	불활성화 백신	[기초접종] 12~23개월에 7~30일 간격으로 2회, 12개월 후 1회(3차) [추가접종] 만 6세, 만 12세 각 1회 접종
	약독화 생백신	[기초접종] 12~23개월에 1회 접종 [추가접종] 1차 접종 12개월 후 2차 접종
수두		[기초접종] 12~15개월(1회)
폐렴구균		[기초접종] 2, 4, 6개월(3회) [추가접종] 12~15개월(1회)
b형헤모필루스 인플루엔자(Hib)		[기초접종] 2, 4, 6개월(3회) [추가접종] 12~15개월(1회)
A형간염		[기초접종] 12~23개월 1차 접종 [추가접종] 1차 접종 6~18개월 후 2차 접종
신증후군 출혈열		[기초접종] 한 달 간격으로 2회 접종 후 12개월 뒤 1회 접종
장티푸스		[기초접종] 5세 이상 소아에 1회 접종 [추가접종] 3년마다 추가접종
인플루엔자	불활성화 백신	[기초접종] 6개월 이상~만 8세 : 1~2회, 만 9세 이상 : 1회
	약독화 생백신	[기초접종] 24개월~만 49세 연령에서 1회
사람유두종바이러스 (HPV)		[기초접종] 만 11세 여아에 6개월 간격으로 2회 접종 ※ 9~13(14)세 연령에서 2회 [추가접종] 2회 접종이 허가된 연령 이후 접종할 경우 총 3회 접종 필요

Answer 37 ① 38 ② 39 ① 40 ① 41 ④

42 다음 중 DTaP와 MMR로 예방가능한 감염병이 아닌 것은? 2020. 경기

① 백일해 ② 볼거리
③ 파상풍 ④ 폴리오

해설 DTaP와 MMR로 예방가능한 감염병 : 디프테리아, 파상풍, 백일해, 홍역, 볼거리, 풍진

43 필수예방접종 대상 감염병을 짝지은 것으로 옳지 못한 것은? 2020. 충북

① A형 간염, 파상풍 ② 수두, b형헤모필루스인플루엔자
③ 일본뇌염, 유행성이하선염 ④ 쯔쯔가무시증, 신증후군출혈열

해설 쯔쯔가무시증은 필수예방접종 대상이 아니다.

44 생후 4주 이내에 접종하여야 하는 예방접종은? 2020. 충남 · 세종

① DTaP ② BCG
③ 소아마비 ④ 수두

해설 BCG(결핵)는 생후 4주 이내에 접종하여야 한다.

45 출생 후 6개월 이내에 맞아야 할 예방접종이 아닌 것은? 2019. 경기

① DTaP ② BCG
③ 소아마비 ④ 일본뇌염

해설 일본뇌염은 12~23개월에 접종한다.

46 영유아 보건관리에서 생후 2년 이내에 예방접종이 완료되는 질병이라 할 수 없는 것은? 2019. 인천

① B형간염 ② 결핵
③ 폐렴구균 ④ 디프테리아

해설 디프테리아는 추가접종을 15~18개월, 만 4~6세, 만 11~12세에 접종하여야 한다.

B형 간염	[기초접종] 0, 1, 6개월(3회) 모체가 HBsAg(+)인 경우 : 출생 후 12시간 이내 백신과 면역글로불린 동시 주사
결핵	[기초접종] 생후 4주 이내(1회)
DTaP (디프테리아, 파상풍, 백일해)	[기초접종] 2, 4, 6개월(3회) [추가접종] 15~18개월(1회), 만 4~ 6세(1회), 만 11~12세(Td)
폐렴구균	[기초접종] 2, 4, 6개월(3회) [추가접종] 12~15개월(1회)

47 **모자보건에 대한 설명으로 옳은 것은?** 2019. 광주시 · 전남 · 전북

> 가. 임산부는 임신 중이거나 분만 후 6개월이 지나지 않은 여성을 말한다.
> 나. 미숙아는 임신 37주 미만의 출생아 또는 출생 시 체중이 2.5kg미만인 영유아이다.
> 다. 임산부는 MMR, 수두, 일본뇌염, 두창, A형간염 예방접종을 금해야 한다.
> 라. 임신중독증의 3대 증상은 부종, 단백뇨, 고혈압이다.
> 마. DTaP는 생후 2개월, 4개월, 6개월, 15~18개월, 만 4~6세에 접종한다.
> 바. B형 간염은 생후 0개월, 1개월, 6개월에 접종한다.

① 가, 나, 라　② 다, 마, 바
③ 가, 나, 라, 마, 바　④ 가, 나, 다, 라, 마, 바

해설 MMR, 수두, 일본뇌염, 두창, A형간염 예방접종은 생균백신으로 임산부에게는 접종을 금해야 한다.

48 **다음 중 생후 1년 이내에 실시해야 하는 기본 예방접종으로만 연결된 것은?** 2017. 경기 의료기술직

① DPT – 수두 – BCG – 홍역　② B형간염 – 풍진 – MMR – 장티푸스
③ DPT – BCG – 뇌수막염 – B형간염　④ DPT – 일본뇌염 – 뇌수막염 – A형간염

해설 DPT(디프테리아) 2개월, BCG(결핵) 4주 이내, 뇌수막염 2개월, B형간염 0개월

49 **다음 중 호르몬의 작용으로 배란작용을 억제하는 피임약은?** 2017. 충남

① 경구피임약　② 자궁내 장치
③ 정관절제술　④ 콘돔

해설 일시적 피임방법

자연적 출산 조절법	월경주기법(오기노씨법)	월경 주기 일수에 상관없이 다음 월경 시작 전 12~19일간을 임신 가능기로 보는 것으로 이 방법은 월경 주기가 규칙적이어야 사용할 수 있음	
	기초체온법	아침에 잠이 깬 후 안정상태에서 기초 체온을 측정해 배란일을 예측하는 방법으로, 배란기는 저온기에서 고온기로 이행하는 시기(0.2~0.3℃ 또는 0.5℉상승)이므로 체온이 약간 오른 후 72시간까지가 임신 가능한 시기	
	점액관찰법	일반적으로 수정형 점액이 나온 마지막 날로부터 24시간 후 배란이 됨	
		불수정형 점액	희거나 누런색이고 가루 같거나 끈적한 양상이고 축축한 느낌
		수정형 점액	곧 배란이 될 것을 알리는 것으로 에스트로겐의 영향으로 맑고 미끄러우며 잘 늘어나는 날계란의 흰자위 양상. 수정형 점액은 정자 진입에 유리
콘돔		남자용으로 정자의 질 내 진입을 방지	
경구피임약(복합 피임제)		세계적으로 가장 많이 사용하는 방법으로, 호르몬작용으로 인한 배란억제 및 자궁경부의 점액을 끈끈하게 하여 정자가 자궁경부를 통과하여 자궁으로 들어가는 것을 방지하며, 자궁 내의 착상을 방해	
자궁내 장치(IUD)		피임장치가 자궁 속 환경을 변화시켜 수정된 난자의 착상을 방지하고 정자의 운동성을 저하시킴.	

Answer / 42 ④ 43 ④ 44 ② 45 ④ 46 ④ 47 ④ 48 ③ 49 ①

05 인구 보건

01 피임에 의한 산아조절을 주장한 인구론으로 올바른 것은? 2020. 광주시

① 맬서스주의 ② 신맬서스주의
③ 적정인구론 ④ 정지인구론

해설 인구론

Malthus의 인구론	인구가 기하급수적으로 증가하게 되나 식량은 산술급수적으로 증가되므로 인간의 생존을 위하여 인구의 증가 억제가 필요하다고 주장. 억제하는 방법으로 도덕적 억제 주장(자녀 부양능력 있을 때까지 만혼 주장, 피임 반대)
Neo-Malthusism	Francis Place가 주장하였으며 만혼을 반대하고 피임에 의한 산아제한을 주장.

02 다음 중 C.P Blacker의 인구분류단계 중 고출생 · 고사망인 인구정지형은? 2020. 울산 의료기술직

① 초기확장기 ② 고위정지기
③ 후기확장기 ④ 저위정지기

해설 Blaker의 인구변천 5단계설

제1단계	고위 정지기, 다산다사	인구정지형	중부아프리카 지역의 국가들과 같은 후진국들이 이에 속함
제2단계	초기 확장기, 다산감사	인구증가형	경제개발 초기에 있는 대부분 아시아 국가들의 인구형태
제3단계	후기 확장기, 감산소사	인구성장둔화형	산업의 발달과 핵가족의 경향이 있는 국가들의 인구형태
제4단계	저위 정지기, 소산소사	인구증가 정지형	이탈리아, 중동, 구소련 등의 인구형태
제5단계	감퇴기	인구 감소형	출생률이 사망률보다 낮아져서 인구가 감소하는 형태로 북유럽, 북아메리카, 일본, 뉴질랜드 등의 나라들이 이에 속함. 우리나라는 2021년 현재 5단계에 분류된다.

03 C.P Blacker의 인구변천 5단계 분류를 올바르게 제시하고 있는 것은? 2019. 충북

① 저위정지기 – 출생률이 사망률보다 낮은 인구감소형을 보인다.
② 고위정지기 – 저출생률과 저사망률로 인구 성장 둔화형을 보인다.
③ 초기확장기 – 고출생률과 저사망률이 인구증가형을 보인다.
④ 후기확장기 – 고출생률과 고사망률로 인구정지형을 보인다.

해설 ① 감퇴기 – 출생률이 사망률보다 낮은 인구감소형을 보인다.
② 후기확장기 – 저출생률과 저사망률로 인구 성장 둔화형을 보인다.
④ 고위정지기 – 고출생률과 고사망률로 인구정지형을 보인다

04 **맬서스주의에 대한 다음의 설명으로 옳지 못한 것은?** 2019. 제주

① 인류는 식량부족이나 기근, 질병 및 전쟁 등과 같은 비극을 피할 수 없다고 주장하였다.
② 규제의 원리, 증식의 원리, 인구파동의 원리를 주장하였다.
③ 피임법을 통한 적극적 인구억제를 주장하였다.
④ 식량증가는 산술급수적인 반면, 인구증가는 기하급수적이라고 주장하였다.

해설 Malthus의 인구론

㉠ 근대산업사회 초기, 의학의 발달로 모자보건이 향상되자 출생률 증가, 사망률이 저하되어 인구가 기하급수적으로 증가하게 되나 식량은 산술급수적으로 증가되므로 인간의 생존을 위하여 인구의 증가 억제가 필요하다고 주장. 억제하는 방법으로 도덕적 억제 주장(자녀 부양능력 있을 때까지 만혼 주장, 피임 반대)

㉡ Malthus 이론의 결함
- 인구이론을 인구와 식량에만 국한하여 고찰하였다.
- 만혼만으로 인구증가가 식량생산의 수준 이하로 떨어지리라는 보장은 없으며 모든 사람에게 만혼을 기대하기는 어렵다.
- 인구 억제의 가장 효과적인 수단인 피임에 대해 반대하였다.
- 인구문제를 인간과 식량과의 관계에 국한한다 하더라도 반드시 인구가 기하급수적으로 증가하는 것은 아니며 식량도 산술급수적으로만 증가하는 것이 아니다.

㉢ Malthusism 이론의 주요 원리
- 규제의 원리 : 인구는 반드시 생존자료에 의해 규제
- 증식의 원리 : 생존자료가 증가되는 한 인구도 증가
- 파동의 원리 : 인구는 증식과 규제의 상호작용에 의해 균형에서 균형교란으로, 다시 균형회복으로 부단한 파동을 주기적으로 반복

05 **인구와 자원과의 관련성에 근거하여 주어진 여건 속에서 최대의 생산성을 유지하여 최고의 생활수준을 유지할 수 있는 인구로 플라톤이 처음 제시한 것은?** 2019. 경기 의료기술직

① 적정인구 ② 정지인구
③ 안정인구 ④ 준안정인구

해설 이론적 인구의 종류

구분	내용
폐쇄인구	인구이동(전 · 출입)이 전혀 없고 단순히 출생과 사망의 수적인 변동만 일어나고 있는 상태의 인구
안정인구	인구이동이 없는 폐쇄 인구에서 어느 지역 인구의 성별, 각 연령별 사망률과 가임여성의 연령별 출생률이 변하지 않고 오랫동안 지속되면(보통 250~400년) 인구규모는 변하지만, 인구구조는 변하지 않고 일정한 인구를 유지하는 안정 인구가 됨.
정지인구	안정 인구 중 출생률과 사망률이 같아 인구의 자연성장률이 0인 경우로 인구분포 및 인구규모가 변하지 않는 인구
준안정인구	연령별 출생률만이 일정하게 유지된다는 조건하에서 나타나는 이론적 인구
적정인구	인구와 자원과의 관련성에 근거한 이론으로 주어진 여건 속에서 최대의 생산성을 유지하여 최고의 생활수준을 유지할 수 있는 인구를 말함. 이는 플라톤에 의해 제시되었고, Cannon에 의해 이론화됨

Answer 01 ② 02 ② 03 ③ 04 ③ 05 ①

06 인구조절을 위해 만혼과 도덕적 억제를 주장한 인구학자는?

2017. 경기

① 맬서스 ② 플레이스
③ 캐넌 ④ 롯카

해설

Malthus	인구조절을 위해 만혼과 금욕(도덕적 억제)을 주장
Place	피임을 통한 산아조절을 주장
Cannan	적정인구론을 주장
Lotka	폐쇄인구와 안정인구를 주장

07 인구에 대한 다음의 정의로 올바른 것은?

2017. 충북

① 안정인구 – 사회증가는 없고, 자연증가만 있는 이론인구
② 폐쇄인구 – 출생률은 변하지 않고 사망률에만 다소 변화가 있는 인구
③ 정지인구 – 자연증가율이 0이 되는 인구
④ 준안정인구 – 인구규모는 변하지만 인구구조는 변하지 않는 이론인구

해설 ① 폐쇄인구 – 사회증가는 없고, 자연증가만 있는 이론인구
② 준안정인구 – 출생률은 변하지 않고 사망률에만 다소 변화가 있는 인구
④ 안정인구 – 인구규모는 변하지만 인구구조는 변하지 않는 이론인구

08 인구노령화의 지표라 할 수 없는 것은?

2017. 부산

① 평균수명 ② 인구부양비
③ 노령화지수 ④ 중위연령

해설 인구노령화 지표 : 평균수명, 중위연령, 노년부양비, 65세 이상 인구비, 평균수명

09 다음 중 Blaker의 인구변천 5단계설의 4단계를 나타내는 것은?

2017. 경기 의료기술직

① 인구정지형 ② 인구감소형
③ 인구증가 정지형 ④ 인구성장 둔화형

해설 Blaker의 인구변천 5단계설

제1단계	고위 정지기, 다산다사	인구정지형
제2단계	초기 확장기, 다산감사	인구증가형
제3단계	후기 확장기, 감산소사	인구성장둔화형
제4단계	저위 정지기, 소산소사	인구증가 정지형
제5단계	감퇴기	인구 감소형

10 **보건지표에 대한 설명으로 옳지 못한 것은?**

① 정지인구는 출생률과 사망률이 같아 인구의 자연성장률이 0인 경우를 말한다.
② 폐쇄인구는 출생과 사망만으로 인구가 변동되는 인구를 말한다.
③ 3차 성비는 현재인구 성비이다.
④ 총재생산율이란 여성이 일생 동안 출생한 자녀의 수를 말한다.

해설 총재생산율이란 여성이 일생 동안 출생한 여자 자녀의 수를 말한다.

※ 성비의 종류

1차 성비	태아 성비, 110
2차 성비	출생 시 성비, 105
3차 성비	현재 성비, 101

11 **다음 중 신맬더스주의를 더욱 발전시켜 인구의 과잉을 식량에만 국한할 것이 아니라 생활수준에 둠으로써 주어진 여건 속에서 최고의 생활수준을 유지할 때에 실질소득을 최대로 할 수 있다는 적정인구론을 주장한 사람은?**

① E. Cannan
② Francis Place
③ J. Frank
④ J.R. Malthus

해설 인구론

Malthus	인구조절을 위해 만혼과 금욕(도덕적 억제)을 주장
Place	피임을 통한 산아조절을 주장
Cannan	적정인구론을 주장
Lotka	폐쇄인구와 안정인구를 주장

12 **다음 중 인구 성장단계 중 저위정지기 단계를 옳게 기술한 것은?**

① 감산소사 → 인구증가 둔화 → 중국 등 개발도상국
② 다산감사 → 인구급증 → 동남아시아, 라틴아메리카 등
③ 다산다사 → 인구정체 → 아프리카 원주민 사회
④ 소산소사 → 인구안정 → 유럽, 미국, 일본 등 선진국

해설 Blaker의 인구변천 5단계설

제1단계	고위 정지기, 다산다사	인구정지형
제2단계	초기 확장기, 다산감사	인구증가형
제3단계	후기 확장기, 감산소사	인구성장둔화형
제4단계	저위 정지기, 소산소사	인구증가 정지형
제5단계	감퇴기	인구 감소형

Answer 06 ① 07 ③ 08 ② 09 ③ 10 ④ 11 ① 12 ④

13 인구구조 지표에 대한 설명으로 가장 옳은 것은?

2021. 서울시

① 부양비는 경제활동연령 인구에 대한 비경제활동연령 인구의 비율로 표시된다.
② 노년부양비는 0~14세 인구에 대한 65세 이상 인구의 비율로 표시된다.
③ 노령화지수는 15~64세 인구에 대한 65세 이상 인구의 비율로 표시된다.
④ 1차 성비는 출생 시 여자 100명에 대한 남자 수로 표시된다.

해설 ② 노령화지수는 0~14세 인구에 대한 65세 이상 인구의 비율로 표시된다.
③ 노년부양비는 15~64세 인구에 대한 65세 이상 인구의 비율로 표시된다.
④ 2차 성비는 출생 시 여자 100명에 대한 남자 수로 표시된다.

14 다음과 같은 인구구조를 가진 지역사회의 노년 부양비는?

2020. 서울시

연령(세)	인구(명)
0~14	200
15~44	600
45~64	400
65~79	110
80 이상	40

① 11.1%
② 13.3%
③ 15%
④ 25%

해설 노년 부양비 = (65세 이상 인구수/15~64세 인구수) × 100
= {(110 + 40) / (600 + 400)}×100 = 15%

※ 부양비와 노령화지수

총부양비	{(0~14세인구수 + 65세 이상 인구수)/15~64세 인구} × 100
소년부양비	(0~14세인구수/15~64세 인구수) × 100
노년부양비	(65세 이상 인구수/15~64세 인구수) × 100
노령화지수	(65세 이상 인구 / 0~14세 인구) × 100

15 어느 지역의 3차 성비가 110이다. 이것이 의미하는 바는?

2020. 경기

① 태어날 때 남자 100명에 대한 여자 110명
② 태어날 때 여자 100명에 대한 남자 110명
③ 현재 남자 100명에 대한 여자 110명
④ 현재 여자 100명에 대한 남자 110명

해설 성비

㉠ 남녀인구의 균형상태를 나타내는 지수로, 여자 100에 대한 남자의 수를 말함
남자 수 / 여자 수 × 100(가장 이상적인 성비는 100으로 보고 있음)
㉡ 성비에 직접적인 영향을 주는 요인 : 사망수준, 사망률의 남녀별 차이, 인구 이동

ⓒ 종류

1차 성비	태아 성비, 110
2차 성비	출생 시 성비, 105
3차 성비	현재 성비, 101

16 노령화 지수의 분모로 올바른 것은? 2020. 인천시

① 14~64세 미만
② 0~14세 미만
③ 65세 이상
④ 75세 이상

해설 노령화지수=(65세 이상 인구 / 0~14세 인구) × 100

17 부양비지표에 대한 설명으로 올바른 것은? 2020. 충북

① 생산인구는 18세 이상 65세 이하의 경제활동연령인구를 말한다.
② 총부양비는 65세 이상 인구에 대한 생산인구의 비이다.
③ 노년부양비는 선진국이 높고, 유년부양비는 개발도상국이 높다.
④ 노령화지수는 15세 이하 인구에 대한 65세 이상 인구의 비를 말한다.

해설 ① 생산인구는 15세 이상 64세 이하의 경제활동연령인구를 말한다.
② 총부양비는 생산인구에 대한 비생산인구(유년인구 + 노년인구)의 비이다.
④ 노령화지수는 14세 이하 인구에 대한 65세 이상 인구의 비를 말한다.

18 노령화지수를 구하는 공식으로 올바른 것은? 2019. 대구시, 2018. 세종시, 2017. 제주시 · 경북 의료기술직

① (65세 이상 인구 / 15세 이상 64세 이하 인구) × 100
② (50세 이상 인구 / 15세 이상 49세 이하 인구) × 100
③ (65세 이상 인구 / 14세 이하 인구) × 100
④ (14세 이하 인구 / 65세 이상 인구) × 100

해설 노령화지수=(65세 이상 인구 / 0~14세 인구) × 100

19 다음은 A마을의 연령별 인구구성이다. 다음 중 옳지 못한 것은? 2019. 광주시 · 전남

- 14세 이하 인구 : 1,250명
- 15~64세 인구 : 7,500명
- 65세 이상 인구 : 1,450명

① 항아리형이다.
② 총부양비는 36%이다.
③ 고령화사회이다.
④ 노령화지수는 116%이다.

13 ① 14 ③ 15 ④ 16 ② 17 ③ 18 ③ 19 ③

해설

총부양비	{(0~14세인구수 + 65세 이상 인구수)/15~64세 인구} × 100 = {(1,250+1,450)/7,500}×100 = 36%
항아리형	(0~14세 인구수 < 65세 이상 인구×2 = 1,250 < (1,450×2)
고령 사회	㉠ 고령화 사회 : 65세 이상 노인이 전체인구에서 차지하는 비중이 7% 이상인 나라 ㉡ 고령 사회 : 65세 이상 노인이 전체인구에서 차지하는 비중이 14% 이상인 나라 ㉢ 초고령 사회 : 65세 이상 노인이 전체인구에서 차지하는 비중이 20% 이상인 나라 ∴ 노인인구비 = (65세 이상 인구수/전체 인구)×100 = (1,450/10,200)×100 = 14.2%
노령화지수	(65세 이상 인구 / 0~14세 인구) × 100 = (1,450/1,250)×100 = 116%

20 다음 중 인구증가율을 가장 정확하게 나타낸 것은? 2019. 충남, 세종 · 2017. 경남

① (연말인구 – 연초인구) / 연초인구 × 1,000
② (자연증가 + 사회증가) / 인구 × 1,000
③ (자연증가 – 사회증가) / 인구 × 1,000
④ 출생수 / 사망수 × 100

해설 인구증가율

조 자연증가율	= 조출생률 – 조사망률 = {(연간출생수 – 연간 사망수) / 인구} × 1,000
인구증가율	= {(자연증가 + 사회증가) / 인구} × 1,000 자연증가 = 출생 – 사망 사회증가 = 유입인구 – 유출인구
인구 배가시간	= 70 / 자연증가율
동태지수	= (출생수 / 사망수) × 100

21 다음 중 고령화사회에 대한 설명으로 올바른 것은? 2019. 제주시 의료기술직

① 60세 이상 노인인구 비율이 7% 이상
② 60세 이상 노인인구 비율이 14% 이상
③ 65세 이상 노인인구 비율이 7% 이상
④ 65세 이상 노인인구 비율이 14% 이상

해설 UN이 제시한 인구의 유형
㉠ 유년 인구국 : 65세 이상 노인이 전체인구에서 차지하는 비중이 4% 미만인 나라
㉡ 성년 인구국 : 65세 이상 노인이 전체인구에서 차지하는 비중이 4~7% 미만인 나라
㉢ 노년 인구국
- 고령화사회 : 65세 이상 노인이 전체인구에서 차지하는 비중이 7% 이상인 나라
- 고령사회 : 65세 이상 노인이 전체인구에서 차지하는 비중이 14% 이상인 나라
- 초고령사회 : 65세 이상 노인이 전체인구에서 차지하는 비중이 20% 이상인 나라

22 다음 중 한국의 저출산 및 고령화를 가장 잘 반영하는 인구지표는? 2018. 부산시

① 합계출산률 ② 인구부양비
③ 노령화지수 ④ 평균수명

해설 노령화지수를 구하려면 "65세 이상 인구수"와 "0–14세 인구수"를 알아야 하므로, 저출산 고령화를 가장 잘 반영하는 인구지표라 할 수 있다.

23 다음 중에서 노인인구 부양비는? 2018. 울산시

- 15세 미만 인구 – 1,200만명
- 15세 이상 ~ 65세 미만 인구 – 4,000만명
- 65세 이상 인구 – 1,000만명

① 25% ② 30%
③ 83% ④ 120%

해설 노년부양비 = (65세 이상 인구수/15~64세 인구수) × 100
= (1,000만/4,000만)×100 = 25%

24 인구구성 지표에 대한 설명으로 가장 옳지 않은 것은?

① 생산인구는 15세~64세 까지의 인구를 말한다.
② 65세 이상 노인인구의 수는 유소년(아동) 부양비 산출 시 영향을 미치지 못한다.
③ 노령화지수는 65세 이상의 인구를 생산인구로 나눈 비율이다.
④ 부양비는 유소년(아동) 부양비와 노년 부양비의 합이다.

해설 ③ 노령화지수는 65세 이상의 인구를 14세 이하 인구로 나눈 비율이다.

25 다음 중 인구보건지표에 대한 설명으로 올바른 것은?

① 남자 100명에 대한 여자 수는 성비이다.
② 노년인구에 대한 유년인구의 비는 노령화지수이다.
③ 생산인구에 대한 노년인구의 비는 노인부양비이다.
④ 유년인구는 만 15세 이하이다.

해설 ① 여자 100명에 대한 남자 수는 성비이다.
② 유년인구에 대한 노년인구의 비는 노령화지수이다.
④ 유년인구는 만 14세 이하이다.

Answer 20 ② 21 ③ 22 ③ 23 ① 24 ③ 25 ③

26 다음 중 인구에 대한 설명으로 올바른 것은?

① 생산연령인구는 21세부터 64세까지이다.
② 성비는 남자 100명이 기준이다.
③ 합계출산율은 한 여자가 일생동안 낳을 수 있는 여아의 평균이다.
④ 현재 우리나라 인구 피라미드는 항아리형이다.

해설 ① 생산연령인구는 15세부터 64세까지이다.
② 성비는 여자 100명이 기준이다.
③ 총재생산율은 한 여자가 일생동안 낳을 수 있는 여아의 평균이다.

27 15세 미만 인구 150명, 15~64세 인구 500명, 65세 이상 인구 150명일 때, 다음 중 올바른 설명은?

① 노년부양비는 50%이다.
② 노령화지수는 60%이다.
③ 유년부양비는 30%이다.
④ 총부양비는 27.5%이다.

해설

총부양비	{(0~14세인구수 + 65세 이상 인구수)/15~64세 인구} × 100 = {(150+150)/500}×100 = 60%
소년부양비	(0~14세인구수/15~64세 인구수) × 100 = (150/500)×100 = 30%
노년부양비	(65세 이상 인구수/15~64세 인구수) × 100 = (150/500)×100 = 30%
노령화지수	(65세 이상 인구 / 0~14세 인구) × 100 = (150/150)×100 = 100%

28 다음 중 성비의 정의로 올바른 것은?

① 남자 100명에 대한 여자의 비
② 남자 1,000명에 대한 여자의 비
③ 여자 100명에 대한 남자의 비
④ 여자 1,000명에 대한 남자의 비

해설 성비 : 남녀인구의 균형상태를 나타내는 지수로, 여자 100에 대한 남자의 수를 말함.
남자 수 / 여자 수 × 100(가장 이상적인 성비는 100으로 보고 있음)

29 다음과 같은 인구구조를 가진 지역사회의 노년부양비는?

연령별 인구수
- 0-14세 : 300명
- 15-44세 : 600명
- 45-64세 : 400명
- 65-74세 : 90명
- 75세 이상 : 30명

① 20.0%
② 13.3%
③ 12.0%
④ 9.23%

해설 노년 부양비 = (65세 이상 인구수/15~64세 인구수)×100
= {(90 + 30) / (600 + 400)}×100 = 12%

30 다음 중 아래 인구수를 기초로 활용하여 총부양비를 구하면?

가. 15세 미만 인구 = 1,500명	나. 65세 이상 인구 = 4,000명
다. 15~65세 미만 인구 = 10,000명	

① 25 ② 35
③ 45 ④ 55

해설 총부양비 = {(0~14세 인구수 + 65세 이상 인구수) / 15~64세 인구} × 100
= {(1,500 + 4,000) / 10,000}×100 = 55%

31 부양비에 대한 설명으로 옳지 않은 것은?

① 고령사회가 될수록 노년부양비는 높아진다.
② 도시에 생산연령인구가 감소하면 노년부양비도 낮아진다.
③ 유년부양비는 고출산 국가의 단기적 문제이다.
④ 저출산 국가는 유년부양비가 감소한다.

해설 ② 도시에 생산연령인구가 감소하면 노년부양비는 증가한다.

32 다음 중 인구부양비에 대해 잘못 설명한 것은?

① 노인인구 증가는 부양비를 높게 한다.
② 농촌은 도시에 비해 부양비가 높다.
③ 선진국이 후진국에 비해 부양비가 낮다.
④ 출생률이 높은 지역은 부양비가 낮다.

해설 ④ 출생률이 높은 지역은 소년부양비가 높다.

33 인구노령화에 대한 설명으로 옳지 않은 것은?

① 노년부양비는 선진국이 높다.
② 노인인구의 비율증가로 노령화 지수가 증가하고 있다.
③ 선진국은 개발도상국에 비해 총인구 부양비가 높다.
④ 질병의 발생률과 유병률을 증가시킨다.

해설 선진국의 경우 경제활동인구가 개발도상국에 비해 더 많으므로 결국 총인구 부양비는 낮게 된다.

Answer 26 ④ 27 ③ 28 ③ 29 ③ 30 ④ 31 ② 32 ④ 33 ③

34 다음 중 인구구성지표에 관한 설명 중 틀린 것은?

① 가임여성 연령계층 = 15~49세
② 경제활동인구 = 15~64세 인구
③ 성비 = (남자인구/여자인구) × 100
④ 항아리형은 15세 미만 인구가 65세 이상 인구의 2배

해설 항아리형은 15세 미만 인구가 65세 이상 인구의 2배보다 적은 형이다.

35 다음 중 자연 인구증가와 관련된 것은?

① 결혼율
② 유출률
③ 이혼율
④ 출생률

해설

인구증가율	= {(자연증가 + 사회증가) / 인구} × 1,000 자연증가 = 출생 – 사망 사회증가 = 유입인구 – 유출인구

36 다음 중 인구동태 통계자료는?

가. 출생	나. 사망	다. 전입	라. 인구밀도

① 가, 나, 다
② 가, 다
③ 나, 라
④ 가, 나, 다, 라

해설 인구통계 자료

정태통계	개념	시시각각 변동하는 인구의 어떤 특정한 순간의 상태를 말하며 인구의 크기, 구성 및 성격을 나타내는 통계
	종류	㉠ 성별 인구에 관한 통계 ㉡ 연령별 인구에 관한 통계 ㉢ 인구밀도에 관한 통계 ㉣ 농촌 및 도시별 인구에 관한 통계 ㉤ 인종별 인구에 관한 통계 ㉥ 교육정도별 인구에 관한 통계 ㉦ 직업 및 직종별 인구에 관한 통계 ㉧ 결혼상태별 인구에 관한 통계
	자료원	㉠ 국세조사 및 사후표본조사, 연말 인구조사 ㉡ 주민등록부 등의 공적기록에 의해 산출되는 정태통계 ㉢ 기존의 통계자료를 분석해서 얻어지는 인구추계 등
동태통계	개념	일정기간에 있어서 인구가 변동하는 상황
	종류	㉠ 결혼 및 이혼에 관한 통계 ㉡ 인구증감에 관한 통계 ㉢ 출산에 관한 통계 ㉣ 사망에 관한 통계 ㉤ 인구이동에 관한 통계
	자료원	출생, 사망, 이동 및 혼인 등의 신고를 통하여 나타난 통계

37 국세조사에 대한 다음의 설명으로 옳지 못한 것은? 2016. 광주시

① 인구동태조사이다.
② 우리나라는 5년마다 실시된다.
③ 최초의 국세조사는 스웨덴에서 실시되었다.
④ 우리나라는 11월 1일을 기준으로 실시한다.

해설 ① 인구 정태조사에 속한다.
국세조사(인구 Census) : 어떠한 시점에서 일정 지역에 거주하거나 머물러 있는 사람 모두에 대한 특정정보를, 개인단위별로 수집하는 정기적인 인구정태조사를 의미. 우리나라에서도 매 10년마다 정기적으로 실시되고 있으며 그 중간에 간이 국세조사가 시행되며 조사년도 11월 1일을 기준으로 실시되고 있다.
㉠ 국세조사를 세계 최초로 실시한 나라 : 스웨덴(1749)
㉡ 근대적 의미의 국세조사를 실시한 나라 : 미국(1790)
㉢ 한국의 최초 국세조사 : 1925년 10월 1일

38 다음 중 6종의 생명함수로 옳지 않은 것은? 2020. 경기 · 울산시 의료기술직

① 사망수 ② 생존수
③ 출생수 ④ 평균여명

해설 6종의 생명함수 : 생존수, 생존율, 사망수, 사망률, 사력, 평균여명

39 생명표란 현재의 사망수준이 그대로 지속된다는 가정 하에서, 어떤 출생 집단이 나이가 많아지면서 연령별로 몇 세까지 살 수 있는가를 정리한 통계표이다. 이러한 생명표를 작성할 때 사용되는 변수로 가장 거리가 먼 것은? 2020. 광주시 · 전남 · 전북

① 사망수 ② 생존수
③ 출생률 ④ 평균여명

해설 생명표

구분	항목	내용
개념		• 현재의 사망수준이 그대로 지속된다는 가정(연령별 사망률 불변)하에, 어떤 출생 집단이 연령이 많아짐에 따라 소멸되어 가는 과정을 정리한 표 • 보건 · 의료정책 수립, 보험료율, 인명피해 보상비 산정 등에 활용되며, 장래 인구 추계 작성, 국가 간 경제 · 사회 · 보건 수준 비교에 널리 이용
구성요소	생존 수(Lx)	x세에 달할 때까지 살아남을 것으로 기대되는 수
	사망 수(Dx)	x+1세가 되기 전에 사망하는 수
	생존율(Px)	x세에서의 생존율
	사망률(Qx)	x세에서의 사망률
	사력	x세에 도달한 자가 그 순간에 사망할 수 있는 확률
	평균 여명(Ex)	몇 년간 생존할 수 있는가 하는 연 수
전제조건		㉠ 동시발생 집단의 출생 수를 10만 명으로 고정. ㉡ 폐쇄인구로 가정한다. 즉, 출생부터 전원 사망까지 인구이동이 없는 것으로 간주. ㉢ 연령별 사망률은 불변. ㉣ 성별로 구분하여 작성.

Answer 34 ④ 35 ④ 36 ① 37 ① 38 ③ 39 ③

40 **생명표에 대한 설명으로 가장 옳지 않은 것은?**

① 생명표란 미래 사회변화를 예측하여 태어날 출생 집단의 규모를 예측하고, 몇 세까지 생존하는지를 정리한 표이다.
② 생명표는 보험료율, 인명피해 보상비 산정과 장래 인구 추계에도 활용된다.
③ 생명표는 보건 의료정책 수립 및 국가 간 경제, 사회, 보건수준에 대한 비교자료로도 활용될 수 있다.
④ 생명표는 추계인구, 주민등록연앙인구, 사망신고자료 등을 토대로 산정하게 된다.

해설 ① 생명표란 미래 사회변화를 예측하여 태어난 출생 집단의 규모를 예측하고, 몇 세까지 생존하는지를 정리한 표이다.

41 **다음 중 생명표의 생명함수로만 짝지어진 것은?**

① 사망수, 생존율, 평균수명
② 생존수, 사망수, 출생률
③ 생존수, 생존율, 평균수명
④ 생존율, 사망률, 평균여명

해설 6종의 생명함수 : 생존수, 생존율, 사망수, 사망률, 사력, 평균여명

42 **다음에서 설명하는 인구구조로 가장 옳은 것은?** 2021, 서울시

> 감소형 인구구조로서 출생률이 사망률보다 낮은 인구구조를 말한다. 주로 평균수명이 높은 선진국에 나타나는 모형이다.

① 종형(bell form)
② 항아리형(pot form)
③ 피라미드형(pyramid form)
④ 별형(star form)

해설 항아리형 : 사망률이 낮고 정체적이지만 출생률이 사망률보다 낮아 인구감퇴형으로 선진국에서 나타나는 모형이다.

※ 인구구조(인구 피라미드)

구분		내용
개념		㉠ 일정한 지역 내 인구의 연령과 성별 구성을 동시에 보여주는 방법 ㉡ 수직 축을 중심으로 남자와 여자의 연령 집단별로 인구의 절대 수나 비율에 따라 남자는 왼쪽에, 여자는 오른쪽에 그려 넣으며 아래쪽에서 위쪽으로 올라갈수록 고연령층을 도수별로 그려 넣는 인구도수 분포표 ㉢ 인구 이동은 성별, 연령별로 상당히 선택적으로 일어나기 때문에 인구이동을 경험하고 있는 지역의 인구 피라미드 유형은 상당히 변형된 모습으로 나타나게 됨
정형화된 유형	피라미드형	㉠ 고출생, 고사망, 다산다사형, 증가형, 발전형, 원시형 ㉡ 0~14세 인구 > (65세 이상 인구 × 2)
	종형	㉠ 저출생, 저사망, 소산소사형, 선진국형, 인구정지형, 아형 ㉡ 출생률과 사망률이 낮은 선진국 유형 ㉢ 0~14세 인구 = (65세 이상 인구 × 2) ㉣ 노인인구의 비중이 많아짐에 따라 노인문제가 야기될 수 있음.
	항아리형	㉠ 단지형, 감퇴형, 방추형 ㉡ 사망률이 낮고 정체적이지만 출생률이 사망률보다 낮아 인구감퇴형 ㉢ 0~14세 인구 < (65세 이상 인구 × 2)

지역특성에 따른 유형	별형	㉠ 도시형, 성형, 유입형 ㉡ 생산연령층 인구가 전체 인구의 50%를 넘는 도시형 ㉢ 15~64세 인구 > 전 인구의 1/2
	호로형	㉠ 기타형, 표주박형, 농촌형, 유출형 ㉡ 생산연령층 인구의 유출이 많은 농촌형 ㉢ 15~64세 인구 < 전 인구의 1/2

43 다음 중 인구구조의 형태를 말한 것으로 서로 알맞게 연결한 것은? 2020. 충북

① 기타형 – 14세 이하 인구가 65세 이상 인구의 2배 이상이다.
② 별형 – 도시에서 흔히 나타나는 형으로 경제인구가 전체인구의 50%를 넘는다.
③ 종형 – 인구증가형으로 출산율이 높고 사망률은 낮다.
④ 피라미드형 – 인구감소형으로 14세 이하 인구가 65세 이상 인구의 1/2 이하이다.

해설 ① 피라미드형 – 14세 이하 인구가 65세 이상 인구의 2배 이상이다.
③ 피라미드 – 인구증가형으로 출산율이 높고 사망률은 낮다.
④ 피라미드형 – 인구증가형으로 14세 이하 인구가 65세 이상 인구의 2배 이상이다.

44 14세 이하 유년인구가 65세 이상 노년인구의 2배를 넘는 인구유형은? 2020. 경북

① 피라미드형 ② 종형
③ 항아리형 ④ 별형

해설 피라미드형
㉠ 고출생, 고사망, 다산다사형, 증가형, 발전형, 원시형
㉡ 0~14세 인구 > (65세 이상 인구 × 2)

45 출생률이 사망률보다 더욱 낮아 15세 미만 인구가 65세 이상 인구의 2배에 미치지 못하는 인구유형은? 19. 경기

① 피라미드형 ② 종형
③ 항아리형 ④ 별형

해설 항아리형 : 0~14세 인구 < (65세 이상 인구 × 2)

46 출생률과 사망률이 모두 낮은 인구정지형으로 올바른 것은? 19. 울산

① 피라미드형 ② 종형
③ 항아리형 ④ 별형

해설 종형 : 출생률과 사망률이 낮은 선진국 유형

Answer 40 ① 41 ④ 42 ② 43 ② 44 ① 45 ③ 46 ②

47 다음 중 농촌지역의 인구형은?

17. 경기

① 기타형
② 별형
③ 피라미드형
④ 항아리형

해설 기타형(호로형) : 생산연령층 인구의 유출이 많은 농촌형

48 인구구조의 형태에서 출생률이 사망률보다 더 낮아 인구가 감소하는 형으로, 14세 이하의 인구가 65세 이상 인구의 2배 이하이면서 평균수명이 높은 선진국형은?

① 피라미드형
② 종형
③ 항아리형
④ 별형

해설 항아리형
㉠ 단지형, 감퇴형, 방추형
㉡ 사망률이 낮고 정체적이지만 출생률이 사망률보다 낮아 인구감퇴형
㉢ 0~14세 인구 < (65세 이상 인구 × 2)

49 다음 중 인구수가 줄어드는 인구유형은?

① 별형
② 종형
③ 피라미드형
④ 항아리형

해설 항아리형 : 사망률이 낮고 정체적이지만 출생률이 사망률보다 낮아 인구감퇴형

50 다음 인구구성 형태의 설명 중 알맞은 것은?

① 기타형 – 도시형, 유입형이라고도 하며, 생산연령인구가 많이 유입되는 도시지역의 인구구성으로 생산층 인구가 전체인구의 50% 이상인 경우이다.
② 종형 – 인구가 증가할 잠재력을 많이 가지고 있는 형으로 출생율이 높고 사망률은 낮은 형이며, 14세 이하 인구가 65세 이상 인구의 2배 이상이 된다.
③ 피라미드형 – 출생율과 사망률이 다 낮으며, 14세 이하의 인구가 65세 이상 인구의 2배 정도가 된다.
④ 항아리형 – 출생율이 사망률보다 낮으며 평균수명이 높은 선진국에서 볼 수 있다. 14세 이하의 인구가 65세 이상의 2배 이하가 된다.

해설 ① 별형 ② 피라미드형 ③ 종형

51 다음 인구구조 중 별형에 해당되는 것은?

① 생산연령층 인구가 많이 유입되며, 15~64세의 연령층이 전체의 1/2을 초과한다.
② 출생률이 사망률보다 낮아져 0~14세 인구가 65세 이상 인구의 2배가 안되는 인구구조이다.
③ 출생률과 사망률이 모두 낮아 0~14세 인구가 65세 이상 인구의 2배와 같다.
④ 출생률과 사망률이 모두 높아 0~14세 인구가 65세 이상 인구의 2배가 넘는 인구구조이다.

해설 ② 항아리형 ③ 종형 ④ 피라미드형

52 다음 인구유형 중 다산다사형은?

① 별형
② 종형
③ 피라미드형
④ 항아리형

해설 ① 유입형 ② 소산소사 ④ 감퇴형

53 청장년층 인구비율이 높고 주로 대도시에서 나타나는 인구유형은?

① 별형
② 종형
③ 항아리형
④ 호로형

해설 별형
㉠ 도시형, 성형, 유입형
㉡ 생산연령층 인구가 전체 인구의 50%를 넘는 도시형

54 다음에 해당하는 인구구성의 모형은?

> • 평균수명이 높은 선진국에서 볼 수 있는 형이다.
> • 출생률이 사망률보다 더 낮아, 14세 이하가 65세 이상의 2배 이하일 경우를 말한다.
> • 우리나라도 이 형태로 되고 있다.

① 별형
② 종형
③ 표주박형
④ 항아리형

해설 항아리형
㉠ 단지형, 감퇴형, 방추형
㉡ 사망률이 낮고 정체적이지만 출생률이 사망률보다 낮아 인구감퇴형
㉢ 0~14세 인구 < (65세 이상 인구 × 2)

Answer 47 ① 48 ③ 49 ④ 50 ④ 51 ① 52 ③ 53 ① 54 ④

55 **다음 중 저출생 저사망으로 인구정지형인 모형은?**

① 기타형 ② 별형
③ 종형 ④ 피라미드형

해설 종형
㉠ 저출생, 저사망, 소산소사형, 선진국형, 인구정지형, 아형
㉡ 출생률과 사망률이 낮은 선진국 유형

56 **인구의 양적증가로 인한 3P문제는 인구, 환경, 빈곤이다. 또한 '3M Complex'가 있는데, 다음 중 이를 가장 잘 나타내는 것은?** 2019. 대전시

① 영양부족, 질병, 사망 ② 출산, 오염, 사망
③ 오염, 질병, 분쟁 ④ 오염, 영양부족, 사망

해설 인구문제는 인구의 크기와 지역적 분포, 구성 등 인구현상에 있어서의 모든 변화에 의해 나타나며 대체로 인구의 폭발적인 성장, 인구의 불균등한 분포로 문제가 집약되는데 가장 흔한 문제는 3P(Population, Poverty, Pollution : 인구, 빈곤, 오염), 3M(Malnutrition, Morbidity, Mortality: 영양부족, 질병, 사망) 등이 있다.

57 **인구변동에 따른 인구정책 중 식량, 주택, 교육 및 경제 등 다양한 분야의 파급효과에 대처하기 위한 정책은?** 2018. 서울 의료기술직

① 인구조정정책 ② 인구대응정책
③ 인구자질향상정책 ④ 인구증가억제정책

해설 인구정책의 분류

인구조정정책	㉠ 출산조절을 위한 가족계획사업, 사회경제적 지원 ㉡ 사망 및 인구자질을 위한 보건사업 ㉢ 인구분산 정책 및 이민사업 등의 인구이동정책
인구대응정책	인구변동으로 인한 식량, 주택, 교육, 고용, 소득, 자원 등의 문제를 해결하고 경제 및 사회개발을 통하여 인구증가에 대처하는 정책

06 학교보건 및 보건교육

01 학교보건의 중요성에 대한 설명으로 가장 옳지 못한 것은? 2020. 서울시 고졸채용

① 학교는 건강 사업을 제공하기가 매우 용이하다.
② 학교보건 대상연구는 전체 인구의 25% 정도로, 모자보건 대상인구보다 많다.
③ 지역사회 및 가족에게 간접적 보건교육을 실현해 나갈 수 있다.
④ 지역사회에서 학교 교직원은 지도적 입장에 있고 지역주민과 접촉 기회가 많으므로 교직원을 통한 보건지식의 파급효과가 크다.

해설 ② 학교보건 대상연구는 전체 인구의 25% 정도로, 모자보건 대상인구인 60%보다 적다.

※ 학교보건의 중요성

㉠ 학교보건 대상자의 범위가 큼.(인구의 26%) ㉡ 학생들은 학교라는 한 장소에 모여 있으므로 유리한 여건을 내포 → 사업의 제공이 용이 ㉢ 건강관리 중 가장 중요한 것은 보건교육. 학교에서는 교과과정 중 보건교육을 충분히 통합해 운영할 수가 있음 ㉣ 학생시절은 건강행위를 위한 습관형성 시기로 이 시기에 형성된 건강습관은 일생동안 지속되어, 건강한 성인으로 성장이 가능 ㉤ 학교보건사업의 효과는 가족에게까지 파급이 가능 ㉥ 학교는 지역사회 중심체로서의 역할을 함 ㉦ 감염에 대한 저항력이 약한 학령기의 집단생활은 감염병 발생의 근원이 됨 ㉧ 학령기는 성장발달 시기로 질병을 조기 발견하여 불구를 예방하고 적은 경비로 큰 성과를 올릴 수 있는 시기임 ㉨ 교직원은 그 지역의 지도적 입장에 있고, 항상 보호자와 접촉하므로 교직원이 먼저 보건에 관한 지식을 습득하고 이것을 생활화함으로써 지역사회의 모범이 될 수 있음

02 학교보건의 범위에 속하는 것으로 올바르게 조합된 것은? 2019. 강원

가. 학교급식	나. 학교보건서비스
다. 학교보건교육	라. 학교환경위생관리

① 가, 나
② 다, 라
③ 나, 다, 라
④ 가, 나, 다, 라

해설 세계보건기구에서 구분하고 있는 학교보건 영역은 보건 서비스, 보건교육, 건전한 학교환경 조성, 교직원 건강 증진, 지역사회와의 연계 사업, 급식 서비스, 체육교육과 레크리에이션, 정신 건강과 상담의 8개 요소로 구분되고 있다.

Answer 55 ③ 56 ① 57 ② / 01 ② 02 ④

03 학교보건의 중요성으로 가장 옳지 않은 것은?

① 학교인구는 지역사회 총인구의 1/4이나 되는 큰 집단이다.
② 학생들을 통하여 학부형에게까지 건강지식을 전달할 수 있다.
③ 학교보건은 여러 보건사업을 추진하는 데 유리한 여건을 내포하고 있다.
④ 학생들은 배우려는 의욕이 있기 때문에 보건교과목 성적의 향상을 이룰 수 있다.

해설 학생시절은 건강행위를 위한 습관형성 시기로 이 시기에 형성된 건강습관은 일생동안 지속되어, 건강한 성인으로 성장이 가능하다.

04 학교에서의 보건교육이 중요한 이유로 옳은 것으로 올바르게 조합된 것은?

> 가. 지역사회에 파급효과가 크다.
> 나. 대상자에게 일생 동안 건강의 가치를 알게 한다.
> 다. 한 곳에 모여 있어 집단교육의 실시가 용이하다.
> 라. 대상자에게 적절한 치료법을 습득하게 한다.

① 가, 나, 다
② 가, 다
③ 나, 라
④ 가, 나, 다, 라

해설 라. 대상자에게 적절한 예방법을 습득하게 한다.

05 학교보건의 의의와 중요성에 관한 설명으로 옳지 않은 것은?

① 학교는 지역사회의 중심이 된다.
② 학생을 통해 가족이나 지역사회에 직접적인 보건교육을 실천할 수 있다.
③ 우리나라 전체 인구의 20~30%를 차지할 정도로 학교보건 대상자의 범위가 크다.
④ 보건교육을 학교 교과과정 내에 통합시켜서 제공할 수 있으므로 효율적으로 제공할 수 있다.

해설 학생을 통해 가족이나 지역사회에 파급효과(간접적인 효과)에 의거 보건교육을 실천할 수 있다.

06 다음 중 학교보건교육이 중요한 이유가 아닌 것은?

① 대상인구가 광범위하여 국민 전체의 약 20~29% 차지
② 전문적인 교육을 실시할 수 있기 때문이다.
③ 학교는 지역사회의 중심체이기 때문이다.
④ 학습내용에 대한 수용성과 간접효과가 크다.

해설 건강관리 중 가장 중요한 것은 보건교육. 학교에서는 교과과정 중 보건교육을 충분히 통합해 운영할 수가 있다.

07 다음의 업무를 담당하는 보건인력으로 올바른 것은? 2020. 경기 · 광주시 · 전남 · 전북

- 학생과 교직원에 대하여 건강검사를 하여야 한다.
- 학생의 신체발달 및 체력증진, 질병의 치료와 예방, 음주 흡연과 마약류를 포함한 약물 오용, 남용의 예방, 성교육, 정신건강 증진 등을 위하여 보건교육을 실시하고 필요한 조치를 하여야 한다.

① 보건교사 ② 학교의 장
③ 교육감 ④ 담임교사

해설 학교보건법

제7조	(건강검사 등) ① 학교의 장은 학생과 교직원에 대하여 건강검사를 하여야 한다. 다만, 교직원에 대한 건강검사는 「국민건강보험법」 제52조에 따른 건강검진으로 갈음할 수 있다.
제9조	(학생의 보건관리) 학교의 장은 학생의 신체발달 및 체력증진, 질병의 치료와 예방, 음주 · 흡연과 마약류를 포함한 약물 오용(誤用) · 남용(濫用)의 예방, 성교육, 이동통신단말장치 등 전자기기의 과의존 예방, 도박 중독의 예방 및 정신건강 증진 등을 위하여 보건교육을 실시하고 필요한 조치를 하여야 한다.

08 학교보건법에서 제시하고 있는 학교장의 직무로 옳지 않은 것은? 2019. 울산시

① 매년 교직원을 대상으로 심폐소생술 등 응급처치에 관한 교육을 실시하여야 한다.
② 학생이 새로 입학한 날로부터 60일 이내에 예방접종증명서를 발급받아 예방접종을 모두 받았는지를 검사한 후 이를 교육정보시스템에 기록하여야 한다.
③ 학생과 교직원에 대하여 건강검사를 하여야 한다.
④ 학교시설에서의 환기, 채광, 오염공기, 소음, 먼지 등의 환경위생 및 식품위생을 적절히 유지 관리하기 위하여 점검하고 그 결과를 기록 보존 및 보고하여야 한다.

해설 학교의 장은 학생과 교직원에 대하여 건강검사를 하여야 한다. 다만, 교직원에 대한 건강검사는 「국민건강보험법」 제52조에 따른 건강검진으로 갈음할 수 있다(학교보건법 제7조 제1항).

09 다음 중 보건교사의 직무로 모두 알맞은 것은? 2019. 대전시

가. 건강상 문제로 가정방문도 한다.
나. 학생과 직원의 건강상담 협조를 한다.
다. 간단한 치료도 가능하다.
라. 보건실의 시설, 의약품을 관리한다.

① 가, 나, 다 ② 가, 다
③ 나, 라 ④ 가, 나, 다, 라

Answer 03 ④ 04 ① 05 ② 06 ② 07 ② 08 ② 09 ④

해설 학교보건인력의 직무

보건교사	㉠ 학교보건계획의 수립 ㉡ 학교 환경위생의 유지 · 관리 및 개선에 관한 사항 ㉢ 학생과 교직원에 대한 건강진단의 준비와 실시에 관한 협조 ㉣ 각종 질병의 예방처치 및 보건지도 ㉤ 학생과 교직원의 건강관찰과 학교의사의 건강상담, 건강평가 등의 실시에 관한 협조 ㉥ 신체가 허약한 학생에 대한 보건지도 ㉦ 보건지도를 위한 학생가정 방문 ㉧ 교사의 보건교육 협조와 필요시의 보건교육 ㉨ 보건실의 시설 · 설비 및 약품 등의 관리 ㉩ 보건교육자료의 수집 · 관리 ㉪ 학생건강기록부의 관리 ㉫ 다음의 의료행위(간호사 면허를 가진 사람만 해당) ⓐ 외상 등 흔히 볼 수 있는 환자의 치료 ⓑ 응급을 요하는 자에 대한 응급처치 ⓒ 부상과 질병의 악화를 방지하기 위한 처치 ⓓ 건강진단 결과 발견된 질병자의 요양지도 및 관리 ⓔ ⓐ부터 ⓓ까지의 의료행위에 따르는 의약품 투여 ㉬ 그 밖에 학교의 보건관리
학교의사	㉠ 학교보건계획의 수립에 관한 자문 ㉡ 학교 환경위생의 유지 · 관리 및 개선에 관한 자문 ㉢ 학생과 교직원의 건강진단과 건강평가 ㉣ 각종 질병의 예방처치 및 보건지도 ㉤ 학생과 교직원의 건강상담 ㉥ 그 밖에 학교보건관리에 관한 지도
학교장	㉠ 학교환경위생, 식품위생 유지관리 의무 ㉡ 학생 및 교직원에 대한 신체검사 실시 의무 ㉢ 신체검사의 결과 감염병에 감염되었거나, 되었다는 의심이 있거나, 감염될 우려가 있는 학생 및 교직원에 대해 등교를 중지시킬 수 있음. ㉣ 학생 및 교직원의 보건관리 의무 ㉤ 예방접종 완료여부의 검사 ㉥ 치료 및 예방조치 ㉦ 학생의 안전관리 ㉧ 질병의 예방 : 감염병 예방과 학교보건에 필요한 때에는 휴업할 수 있음

10 **학교보건법 상 학교의 장이 등교 중지를 명할 수 있는 사람은?** 2019. 교육청

가. 감염병 환자	나. 감염병의사환자
다. 감염병환자 부모	라. 병원체 보유자

① 가, 나
② 다, 라
③ 가, 나, 라
④ 가, 나, 다, 라

해설 학교의 장은 건강검사의 결과나 의사의 진단 결과 감염병에 감염되었거나 감염된 것으로 의심되거나 감염될 우려가 있는 학생 또는 교직원에 대하여 대통령령으로 정하는 바에 따라 등교를 중지시킬 수 있다(학교보건법 제8조 제1항).

11 학교보건법 상 초등학교장은 학생들이 새로 입학한 날부터 며칠 이내에 예방접종 완료여부를 확인하여야 하는가? 2018. 광주시 · 전남 · 전북

① 30일 ② 60일
③ 90일 ④ 120일

해설 초등학교와 중학교의 장은 학생이 새로 입학한 날부터 90일 이내에 시장 · 군수 또는 구청장에게 예방접종 증명서를 발급받아 예방접종을 모두 받았는지를 검사한 후 이를 교육정보시스템에 기록하여야 한다(학교보건법 제10조 제1항).

12 학교보건에 관한 설명으로 옳지 않은 것은? 2016. 보건복지부 7급

① 초등학교의 장은 학생들이 새로 입학한 날로부터 90일 이내에 학생들의 예방접종 완료여부를 확인하여야 한다.
② 초등학교의 장은 예방접종을 받지 못한 입학생들에게 필요한 예방접종을 받도록 지도하여야 한다.
③ 학교의 장은 감염병환자에 대하여 등교중지를 명할 수 있다.
④ 보건소장은 감염병으로 의심되는 환자에 대해서는 등교중지를 명할 수 있다.
⑤ 보건교사가 간호사면허를 가진 경우에는 그 보건교사로 하여금 학생들에게 예방접종을 하게 할 수 있다.

해설 학교의 장은 건강검사의 결과나 의사의 진단 결과 감염병에 감염되었거나 감염된 것으로 의심되거나 감염될 우려가 있는 학생 또는 교직원에 대하여 대통령령으로 정하는 바에 따라 등교를 중지시킬 수 있다(학교보건법 제8조 제1항).

13 학교보건법 시행령 상 보건교사의 직무내용으로 보기 어려운 것은? 2016. 서울시

① 학교보건계획의 수립
② 학교 환경위생의 유지, 관리 및 개선에 관한 사항
③ 학교 및 교직원의 건강진단과 건강평가
④ 각종 질병의 예방처치 및 보건지도

해설 보건교사의 직무(학교보건법 시행령 제23조 제4항 제3호)
㉠ 학교보건계획의 수립
㉡ 학교 환경위생의 유지 · 관리 및 개선에 관한 사항
㉢ 학생과 교직원에 대한 건강진단의 준비와 실시에 관한 협조
㉣ 각종 질병의 예방처치 및 보건지도
㉤ 학생과 교직원의 건강관찰과 학교의사의 건강상담, 건강평가 등의 실시에 관한 협조
㉥ 신체가 허약한 학생에 대한 보건지도
㉦ 보건지도를 위한 학생가정 방문
㉧ 교사의 보건교육 협조와 필요시의 보건교육
㉨ 보건실의 시설 · 설비 및 약품 등의 관리

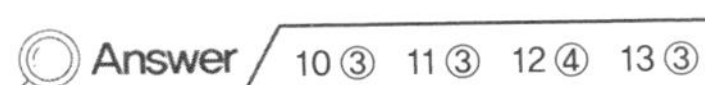
Answer 10 ③ 11 ③ 12 ④ 13 ③

㉧ 보건교육자료의 수집 · 관리
㉨ 학생건강기록부의 관리
㉩ 다음의 의료행위(간호사 면허를 가진 사람만 해당한다)
ⓐ 외상 등 흔히 볼 수 있는 환자의 치료
ⓑ 응급을 요하는 자에 대한 응급처치
ⓒ 부상과 질병의 악화를 방지하기 위한 처치
ⓓ 건강진단결과 발견된 질병자의 요양지도 및 관리
ⓔ ⓐ부터 ⓓ까지의 의료행위에 따르는 의약품 투여
㉪ 그 밖에 학교의 보건관리

14 다음 중 어느 초등학교에서 감염병이 발생하여 전염이 된 해당 학생을 등교중지 조치를 취할 수 있는 사람은?

① 교육감
② 담임교사
③ 보건교사
④ 학교장

해설 학교의 장은 건강검사의 결과나 의사의 진단 결과 감염병에 감염되었거나 감염된 것으로 의심되거나 감염될 우려가 있는 학생 또는 교직원에 대하여 대통령령으로 정하는 바에 따라 등교를 중지시킬 수 있다(학교보건법 제8조 제1항).

15 학교보건법 상 초등학교와 이에 준하는 특수학교, 각종학교에서 건강검진을 실시해야 하는 학년은?

2019. 제주시 의료기술직

① 초등학교와 이에 준하는 특수학교, 각종학교의 1학년 및 4학년
② 초등학교와 이에 준하는 특수학교, 각종학교의 1학년, 2학년 및 4학년
③ 초등학교와 이에 준하는 특수학교, 각종학교의 3학년
④ 초등학교와 이에 준하는 특수학교, 각종학교의 전 학년

해설 학교의 장은 건강검사를 할 때에 질병의 유무 등을 조사하거나 검사하기 위하여 다음의 어느 하나에 해당하는 학생에 대하여는 건강검진 실시 기관에 의뢰하여 교육부령으로 정하는 사항에 대한 건강검사를 한다.
㉠ 「초 · 중등교육법」의 학교와 이에 준하는 특수학교 · 각종학교의 1학년 및 4학년 학생. 다만, 구강검진은 전 학년에 대하여 실시하되, 그 방법과 비용 등에 관한 사항은 지역실정에 따라 교육감이 정한다.
㉡ 「초 · 중등교육법」의 학교와 이에 준하는 특수학교 · 각종학교의 1학년 학생
㉢ 그 밖에 건강을 보호 · 증진하기 위하여 교육부령으로 정하는 학생

16 초등학교 5 · 6학년, 중 · 고등학교 전학년을 대상으로 실시하는 학교건강검사의 종류는?

2019. 복지부

① 신체 발달상황
② 신체능력
③ 건강조사
④ 건강검진

해설 학생건강평가

	학년	신체발달 상황	신체능력	건강조사	정신건강 상태검사	건강검진	별도의 검사 (시력, 소변, 결핵, 구강검진)
초	1, 4	검진기관	–	당해학교	당해학교	검진기관 (구강검진 포함)	–
	2, 3, 5, 6	당해학교	5·6학년 만 실시 당해학교	당해학교	당해학교	–	시력, 소변
중	1	검진기관	당해학교	당해학교	당해학교	검진기관	–
	2, 3	당해학교	당해학교	당해학교	당해학교	–	시력, 소변, 구강검진
고	1	검진기관	당해학교	당해학교	당해학교	검진기관	–
	2, 3	당해학교	당해학교	당해학교	당해학교	–	시력, 소변, 결핵, 구강검진

17 「학교건강검사규칙」 상 건강검사의 내용이 아닌 것은?

① 건강생활 행태
② 질병의 유무
③ 영양섭취
④ 신체의 발달상황

해설 건강검사는 신체의 발달상황, 신체의 능력, 건강조사, 정신건강 상태 검사 및 건강검진으로 구분한다(학교건강검사규칙 제3조 제1항).

㉠ 신체의 발달상황은 키와 몸무게를 측정한다(학교건강검사규칙 제4조 제1항).
㉡ 건강조사는 병력, 식생활 및 건강생활 행태 등에 대해서 실시하여야 한다(학교건강검사규칙 제4조의2 제1항).
㉢ 정신건강 상태 검사는 설문조사 등의 방법으로 한다(학교건강검사규칙 제4조의3 제1항).
㉣ 건강검진은 척추, 눈·귀, 콧병·목병·피부병, 구강, 병리검사 등에 대하여 검사 또는 진단해야 한다(학교건강검사규칙 제5조 제1항).

18 학교보건법 상 학교 교실 안에서의 환경위생기준으로 알맞은 것은? 2020. 충북

① 습도는 30%~80% 이하로 한다.
② 1인당 환기량이 시간당 18.7m^{3}이상이 되도록 하여야 한다.
③ 실내온도는 19~30℃이하로 하여야 한다.
④ 조명도는 책상면을 기준으로 200Lux 이상이 되도록 하여야 한다.

해설 학교 환경위생 기준

온도	㉠ 통상적인 실내온도 : 18~28℃ ㉡ 난방온도 : 18~20℃ ㉢ 냉방온도 : 26~28℃
비교습도	30~80%
필요 환기량	1인당 공기용적 / 시간 : 21.6m^3 /시간

Answer 14 ④ 15 ① 16 ② 17 ③ 18 ①

채광 (자연조명)	㉠ 창문의 면적이 교실 전체면적의 1/5 이상이 바람직. ㉡ 창의 색깔은 무색투명하고 채광은 좌측 또는 좌후방이 이상적. ㉢ 교실의 조명은 300Lux 이상. 조명도가 50Lux 이하 될 때는 반드시 인공조명이 필요. ㉣ 최대조도와 최소조도의 비율이 10 : 1이 넘지 아니하도록 함.
조도 (인공조명)	㉠ 교실의 조명도는 학생의 책상면을 기준으로 300Lux 이상이라야 함. ㉡ 교실이나 흑판의 최대조도와 최소조도 비율이 3 : 1을 넘지 않아야 함.
소음	교사 내의 소음은 55dB(A) 이하로 하도록 규정. 학교부지 경계 50m 이내 지역의 경우 소음은 주간(06~22시)은 65dB(A), 야간(22~06시)은 50dB(A) 이하로 규정.

19 학교보건법상 교사의 환기, 채광, 조명, 온도에 대한 설명으로 옳지 않은 것은? 2018. 지방직

① 1인당 필요한 공기용적은 시간당 21.6m^3 이상이 되도록 하여야 한다.
② 조명은 책상면을 기준으로 200lux 이상이 되도록 하여야 한다.
③ 실내온도는 18℃ 이상 28℃이하가 되도록 하여야 한다.
④ 채광은 최대조도와 최소조도의 비율이 10:1을 넘지 않도록 한다.

해설 조도
㉠ 교실의 조명도는 학생의 책상면을 기준으로 300Lux 이상이라야 함.
㉡ 교실이나 흑판의 최대조도와 최소조도 비율이 3 : 1을 넘지 않아야 함.

20 교사 안 유지기준 가~라의 수치를 순서대로 올바르게 나열한 것은? 2017. 인천시

가. 미세먼지(PM10)　　나. 이산화탄소
다. 포름알데히드　　라. 총부유세균

① 75 – 100 – 80 – 400　　② 75 – 1,000 – 80 – 800
③ 100 – 1,000 – 400 – 800　　④ 100 – 100 – 100 – 400

해설 유지기준(학교보건법 시행규칙 별표 4의2)

오염물질 항목	기준(이하)	적용 시설	비고
가. 미세먼지	35㎍/㎥	교사 및 급식시설	직경 2.5μm 이하 먼지
	75㎍/㎥	교사 및 급식시설	직경 10μm 이하 먼지
	150㎍/㎥	체육관 및 강당	직경 10μm 이하 먼지
나. 이산화탄소	1,000ppm	교사 및 급식시설	해당 교사 및 급식시설이 기계 환기장치를 이용하여 주된 환기를 하는 경우 1,500ppm이하
다. 포름알데히드	80㎍/㎥	교사, 기숙사(건축 후 3년이 지나지 않은 기숙사로 한정한다) 및 급식시설	건축에는 증축 및 개축 포함
라. 총부유세균	800CFU/㎥	교사 및 급식시설	
마. 낙하세균	10CFU/실	보건실 및 급식시설	
바. 일산화탄소	10ppm	개별 난방 교실 및 도로변 교실	난방 교실은 직접 연소 방식의 난방 교실로 한정

사. 이산화질소	0.05ppm	개별 난방 교실 및 도로변 교실	난방 교실은 직접 연소 방식의 난방 교실로 한정
아. 라돈	148Bq/㎥	기숙사(건축 후 3년이 지나지 않은 기숙사로 한정한다), 1층 및 지하의 교사	건축에는 증축 및 개축 포함
자. 총휘발성 유기화합물	400㎍/㎥	건축한 때부터 3년이 경과되지 아니한 학교	건축에는 증축 및 개축 포함
차. 석면	0.01개/cc	「석면안전관리법」 제22조제1항 후단에 따른 석면건축물에 해당하는 학교	
카. 오존	0.06ppm	교무실 및 행정실	적용 시설 내에 오존을 발생시키는 사무기기(복사기 등)가 있는 경우로 한정
타. 진드기	100마리/㎡	보건실	
파. 벤젠	30㎍/㎥	건축 후 3년이 지나지 않은 기숙사	건축에는 증축 및 개축 포함
하. 톨루엔	1,000㎍/㎥	건축 후 3년이 지나지 않은 기숙사	건축에는 증축 및 개축 포함
거. 에틸벤젠	360㎍/㎥	건축 후 3년이 지나지 않은 기숙사	건축에는 증축 및 개축 포함
너. 자일렌	700㎍/㎥	건축 후 3년이 지나지 않은 기숙사	건축에는 증축 및 개축 포함
더. 스티렌	300㎍/㎥	건축 후 3년이 지나지 않은 기숙사	건축에는 증축 및 개축 포함

21 학교보건법 시행규칙 상 교실 내 환경요건에 적합하지 않은 것은? 2016. 서울시

① 조도 – 책상면 기준으로 200Lux
② 1인당 환기량 – 시간당 $25m^3$
③ 습도 – 비교습도 50%
④ 온도 – 난방온도 섭씨 20도

해설 조도 : 교실의 조명도는 학생의 책상면을 기준으로 300Lux 이상이라야 함.

22 다음 중 학교환경 위생관리에 대한 설명으로 올바른 것은?

① 교실 조명도는 책상면 기준으로 150룩스 이상 되도록 하되, 최대조도와 최소조도의 비율이 3 : 1을 넘지 아니하도록 한다.
② 실내온도는 18℃ 이상 28℃ 이하로 하되, 난방온도는 18℃ 이상 20℃ 이하로 하고, 비교습도는 50% 이상 70% 이하로 한다.
③ 학교 내 음용수로 지하수를 사용하는 경우 수질기준이 적합한 지 3개월에 한번씩 검사해야 한다.
④ 학교 내 작업실, 실험실, 조리실 등의 환기횟수는 1시간 3회 이상, 환기량은 CO_2 0.1% 이하를 표준으로 한다.

해설 ① 교실 조명도는 책상면 기준으로 300룩스 이상 되도록 하되, 최대조도와 최소조도의 비율이 3 : 1을 넘지 아니하도록 한다.
② 실내온도는 18℃ 이상 28℃ 이하로 하되, 난방온도는 18℃ 이상 20℃ 이하로 하고, 비교습도는 30% 이상 80% 이하로 한다.
④ 1인당 필요한 시간당 공기용적은 '$21.6m^3$/시간'이며, 환기량은 CO_2 0.1%이하를 표준으로 한다.

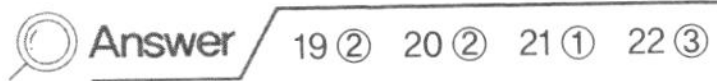
Answer 19 ② 20 ② 21 ① 22 ③

복도의 폭	360cm
층계의 경사도	40도
교실의 면적	기준면적은 $66m^2$ 이상(25평, 학급당 학생 수 50명 이하)으로 교실의 방향은 남향이나 동향이 좋으며, 동남향이 특히 이상적
음용수	학교에서 제공하는 먹는 물의 형태는 상수도, 간이상수도, 지하수로 구분한다. ㉠ 상수도, 간이상수도의 경우 저수조를 경유하지 않고 수도꼭지에 직접 연결하도록 규정하고 있다. 수도전은 학생 25명당 1개가 이상적. ※ ortho-tolidine검사 : 수도꼭지에서 받은 물에 잔류하는 염소의 유무를 측정 ㉡ 지하수의 경우 연 4회 수질검사를 의뢰받아야 하며 이 중 연간 1회 이상은 정밀검사를 받아야 함.
정수기	학교장은 정수기와 냉온수기 관리담당자를 지정하여 주 1회 이상 청소 등 소독을 실시 조사항목 : 환경부가 제시하는 3개 항목(일반세균, 대장균군, 클로로포름)
화장실	화장실의 내부 및 외부를 4월부터 9월까지는 주 3회 이상, 10월부터 다음 해 3월까지 주 1회 이상 소독을 실시하는 것이 좋다(소독은 20% 석회수나 크레졸액으로 실시).
학교 방역대책	학교 자체 또는 용역업체에 의뢰하여 4~9월까지는 2개월에 1회 이상, 10~3월까지는 3개월에 1회 이상 실시

23 「교육환경보호에 관한 법률」상 교육환경보호구역 중 절대보호구역의 기준으로 가장 옳은 것은?

2020. 서울시

① 학교 출입문으로부터 직선거리로 50미터까지인 지역
② 학교 출입문으로부터 직선거리로 100미터까지인 지역
③ 학교 출입문으로부터 직선거리로 150미터까지인 지역
④ 학교 출입문으로부터 직선거리로 200미터까지인 지역

해설 교육감은 학교경계 또는 학교설립예정지 경계로부터 직선거리 200미터의 범위 안의 지역을 다음의 구분에 따라 교육환경보호구역으로 설정 · 고시하여야 한다(교육환경 보호에 관한 법률 제8조 제1항).
㉠ 절대보호구역 : 학교출입문으로부터 직선거리로 50미터까지인 지역(학교설립예정지의 경우 학교경계로부터 직선거리 50미터까지인 지역)
㉡ 상대보호구역 : 학교경계등으로부터 직선거리로 200미터까지인 지역 중 절대보호구역을 제외한 지역

24 교육환경 보호에 관한 법률 상 상대보호구역의 기준으로 올바른 것은?

2020. 울산시

① 학교경계 등으로부터 300M까지인 지역으로 절대보호구역을 포함한다.
② 학교경계 등으로부터 300M까지인 지역으로 절대보호구역을 제외한다.
③ 학교경계 등으로부터 200M까지인 지역으로 절대보호구역을 포함한다.
④ 학교경계 등으로부터 200M까지인 지역으로 절대보호구역을 제외한다.

해설 상대보호구역 : 학교경계 등으로부터 직선거리로 200미터까지인 지역 중 절대보호구역을 제외한 지역

25 (가) 절대보호구역과 (나) 상대보호구역을 올바르게 나타낸 것은? 2019. 인천시

① (가) 학교출입문으로부터 직선거리로 30m
(나) 학교출입문으로부터 직선거리로 100m
② (가) 학교출입문으로부터 직선거리로 50m
(나) 학교출입문으로부터 직선거리로 100m
③ (가) 학교출입문으로부터 직선거리로 50m
(나) 학교출입문으로부터 직선거리로 200m
④ (가) 학교출입문으로부터 직선거리로 80m
(나) 학교출입문으로부터 직선거리로 300m

해설 교육환경보호구역(교육환경 보호에 관한 법률 제8조 제1항)
㉠ 절대보호구역 : 학교출입문으로부터 직선거리로 50미터까지인 지역(학교설립예정지의 경우 학교경계로부터 직선거리 50미터까지인 지역)
㉡ 상대보호구역 : 학교경계등으로부터 직선거리로 200미터까지인 지역 중 절대보호구역을 제외한 지역

26 유치원 대학 주변 교육환경보호구역에서 허용되지 않는 시설은? 2018. 대전시

① 제한 상영관 ② 당구장
③ 담배자동판매기 ④ 노래연습장

해설 교육환경보호구역 내 금지시설

구분	초·중·고		유치원		대학	
	절대	상대	절대	상대	절대	상대
1. 대기오염물질 배출시설 2. 수질오염물질 배출시설/폐수 종말처리시설 3. 가축분뇨 배출시설/처리시설/공공처리시설 4. 분뇨처리시설 5. 악취배출시설 6. 소음 · 진동배출시설 7. 폐기물처리시설 8. 가축시체/오염물건/수입금지물건 소각 · 매몰지 9. 화장시설/봉안시설 10. 도축업시설 11. 가축시장 12. 제한상영관 13. 대화방/청소년 유해매체물 등 취급업(성기구 취급업소)	(×)	(×)	(×)	(×)	(×)	(×)
14. 고압가스/도시가스/액화석유가스 제조 · 충전 · 저장시설 15. 폐기물 수집 · 보관 · 처분장소 16. 총포 · 화약류 제조소/저장소 17. 감염병 격리소/요양소/진료소 22. 경마장 · 장외발매소/경륜 · 경정 경주장 · 장외매장 23. 사행행위 영업 26. 단란주점 영업/유흥주점 영업 27. 숙박업/호텔업 29. 사고대비물질 취급시설	(×)	(△)	(×)	(△)	(×)	(△)
21. 당구장/무도학원/무도장	초 : (○)(○) 중/고 : (×)(△)		(○)	(○)	(○)	(○)

Answer 23 ① 24 ④ 25 ③ 26 ①

18. 담배자동판매기 19. 게임제공업/인터넷컴퓨터게임시설제공업/복합유통게임제공업 24. 노래연습장업 25. 비디오감상실업/복합영상물제공업의 시설 28. 회비 등을 받거나 유료로 만화를 빌려주는 만화대여업	(×)	(△)	(○)	(○)	(○)	(○)
20. 게임물 시설	(×)	(△)	(×)	(△)	(○)	(○)
※ 영화상영관/비디오물소극장업/특수목욕장 중 증기탕	(○)	(○)	(○)	(○)	(○)	(○)

× : 정화구역 내 설치가 절대로 불가능한 시설
△ : 심의를 거쳐 설치가 다소 완화가 되는 시설
○ : 정화구역 내 금지시설에서 제외되는 시설

27 다음 중 학교보건에 관한 설명으로 알맞은 것은?

① 교육감은 보호구역을 설정하였을 때에는 그에 관한 사항을 보건소장에게 알리고, 그 설정일자 및 설정구역을 고시하여야 한다.

② 상대보호구역은 학교경계선 또는 학교설립예정지 경계선으로부터 직선거리로 200M까지인 지역 중 절대보호구역을 제외한 지역으로 한다.

③ 절대보호구역은 학교출입문으로부터 직선거리로 100M까지인 지역으로 한다.

④ 학교장은 보호구역을 고시할 때에는 게시판 또는 인터넷 등을 이용하여 그 내용을 국민에게 공개하여야 한다.

해설 ① 교육감은 보호구역을 설정하였을 때에는 그에 관한 사항을 시 · 군 · 구청장에게 알리고, 그 설정일자 및 설정구역을 고시하여야 한다.
③ 절대보호구역은 학교출입문으로부터 직선거리로 50m까지인 지역으로 한다.
④ 교육감은 보호구역을 고시할 때에는 게시판 또는 인터넷 등을 이용하여 그 내용을 공개하여야 한다.

28 교육환경보호에 관한 법률상 교육환경보호구역에 대한 설명으로 옳은 것은?

① 절대보호구역은 학교 출입문에서 직선거리로 50m까지의 지역을 말한다.

② 절대보호구역은 시 · 도지사가 설정 고시하고, 교육감이 직접 관리하여야 한다.

③ 상대보호구역은 시장 · 군수 · 구청장이 설정 고시하고, 학교장이 위임 관리하여야 한다.

④ 상대보호구역은 학교 출입문에서 직선거리로 200m까지의 지역 중 절대보호구역을 제외한 지역을 말한다.

해설 ② 절대보호구역은 교육감, 교육장 설정 고시하고, 학교장이 직접 관리하여야 한다.
③ 상대보호구역은 교육감, 교육장 설정 고시하고, 학교장이 직접 관리하여야 한다.
④ 상대보호구역은 학교 경계선으로부터 직선거리로 200m까지의 지역 중 절대보호구역을 제외한 지역을 말한다.

29 **세계보건기구에서 제시하고 있는 건강증진학교의 평가지표에 속하지 않는 것은?** 2018. 부산시

① 학교안전강화
② 지역사회 연계
③ 학교보건서비스
④ 학교의 물리적인 환경

해설 건강증진학교의 6개 영역(WHO)
㉠ 학교보건정책(건강한 학교정책)
㉡ 학교의 물리적 환경
㉢ 학교의 사회적 환경
㉣ 지역사회와의 연계
㉤ 개인건강기술
㉥ 학교보건서비스

30 **학교급식을 실시하는 목적을 모두 고른 것은?**

가. 국민 식생활 개선	나. 학교급식의 질을 향상
다. 농수산물 유통과정 개선	라. 학생의 건전한 심신발달

① 가, 나
② 가, 다
③ 가, 나, 라
④ 가, 나, 다

해설 학교급식법 제1조(목적) 이 법은 학교급식 등에 관한 사항을 규정함으로써 학교급식의 질을 향상시키고 학생의 건전한 심신의 발달과 국민 식생활 개선에 기여함을 목적으로 한다.

31 **보건교육을 정의할 때 가장 중요한 3가지 요소로 올바른 것은?** 2019. 울산시 의료기술직

① 지식, 반복, 습관
② 개인, 태도, 강화
③ 습관, 행동, 관계
④ 지식, 태도, 행동

해설 보건교육의 정의 : 인간이 건강을 유지 · 증진하고 질병을 예방함으로써 적정기능 수준의 건강을 향상시키는 데 필요한 지식, 태도, 실천을 바람직한 방향으로 변화시켜 놓는 것

32 **다음 중 보건교육에 대한 설명으로 올바른 것은?**

① 건강에 유익한 행위를 자발적으로 수행하도록 유도
② 우연한 경험에 의한 지식 획득
③ 수동적 참여에 위의한 건강에의 실천
④ 변화를 위해 가장 중요한 한 가지 전략 적용

해설 보건교육 : 건강의 보호 · 유지 · 증진을 위해 학생에게 건강생활에 대한 이해 · 태도 · 기능 · 습관을 학습시키는 교육으로 건강에 유익한 행위를 자발적으로 하도록 유도한다.

Answer 27 ② 28 ① 29 ① 30 ③ 31 ④ 32 ①

33 다음 중 보건교육에 대한 설명으로 옳은 것은?

① 대상자의 행태가 자발성이 적으면 보건교육의 효과가 적다.
② 보건교육은 대상자의 지식을 변화시키는 것을 목표로 한다.
③ 진료 중 의사의 보건교육이 가장 효율적이다.
④ 혁신이나 혁명적인 태도를 지닌 보건교육에 대상자가 효과가 높다.

해설 ② 보건교육은 대상자의 지식, 태도, 행위를 변화시키는 것을 목표로 한다.
③ 진료 중 의사의 보건교육이 가장 효과적이다.
④ 혁신이나 혁명적인 태도를 지닌 보건교육의 효과가 반드시 높지는 않다.

34 보건교육에 대한 설명 중 가장 적합한 것은?

① 보건교육에서 교육대상자의 요구는 중요하지 않다.
② 보건교육은 대상자의 보건에 관한 지식을 변화시키는 데 있다.
③ 사회적인 영향이 큰 형태라도 개인의 지식이나 태도를 변화시키는 것과 무관하게 개인의 행동 개선이 더 중요하다.
④ 자발적인 형태와 관련이 적은 건강문제에 대해서는 보건교육의 효과가 적다.

해설 ① 보건교육에서 교육대상자의 요구는 매우 중요하다.
② 보건교육은 대상자의 보건에 관한 지식뿐만 아니라 태도, 행위까지 변화시키는 데 있다.
③ 사회적인 영향이 큰 형태라도 개인의 지식이나 태도, 행동 변화는 중요하다.

35 다음 중 보건교육의 정의로 가장 적합한 내용은?

① 보건교사에 의해 실시되는 지식교육
② 보건지식을 충실히 전달하는 과정
③ 의료기관에서 전문가가 환자에게 수행하는 건강정보 및 교육과정
④ 인간이 건강을 유지, 증진하고 질병을 예방함으로써 적정기능수준의 향상을 유지하는 데 필요한 지식, 태도, 습성 등을 바람직한 방향으로 변화시켜 놓는 것

해설 **보건교육** : 건강의 보호 · 유지 · 증진을 위해 학생에게 건강생활에 대한 이해 · 태도 · 기능 · 습관을 학습시키는 교육

36 다음 중 보건교육이 궁극적으로 추구하는 올바른 목표는?

① 건강문제의 이해와 해결
② 건강에 관한 올바른 태도 형성
③ 건강에 관한 지식 습득
④ 건강행위의 구체적 실천

해설 보건교육의 궁극적인 목적은 대상자들이 건강을 유지하고 증진하는 데 적절한 건강습관을 실천하지 않는, 잘못된 건강행위를 올바른 행위로 변화하게 하는 것이다.

37 **WHO의 제1차 보건교육전문위원회에서 제시한 보건교육의 목적은?**

① 건강개선을 위한 커뮤니케이션 기술을 함양한다.
② 보건사업의 발전을 이룩하고 활용한다.
③ 정확한 정보 및 건강증진서비스에 접근할 수 있는 능력을 함양한다.
④ 주민들로 하여금 스스로의 행동과 노력으로 자신들의 건강을 유지할 수 있는 능력을 갖도록 한다.

해설 보건교육의 목적(WHO)
㉠ 지역사회구성원의 건강은 지역사회의 발전에 중요한 열쇠임을 인식시킨다.
㉡ 개인이나 지역사회구성원들이 스스로 자신의 건강을 관리할 능력을 갖도록 한다.
㉢ 자신들이 속한 지역사회의 건강문제를 스스로 인식하고 자신들이 해결할 수 있는 문제는 스스로 해결하려는 노력을 통하여 지역사회의 건강을 자율적으로 유지 · 증진하도록 하는 힘을 갖게 하는 데 보건교육의 최종목적을 두고 있다.
㉣ 즉, 보건교육의 최종목적은 자신의 건강은 자신이 지켜야 한다는 긍정적인 태도를 갖고, 자신의 건강을 지킴과 동시에 자신이 속한 지역사회가 발전하는 데 건강이 중요한 재산이며 목표임을 인식하고, 지역사회의 건강은 구성원들 스스로의 노력으로 해결할 수 있도록 하는 데 있다.

38 **보건교육에 있어서 평가의 원칙으로 옳지 못한 내용은?** 2020. 충남 · 세종

① 이해 당사자의 참여를 배제한다.
② 평가결과를 다음 보건교육의 기초자료로 활용한다.
③ 평가는 단점뿐만 아니라 장점도 언급되어야 한다.
④ 평가는 교육하기 전, 교육을 진행하는 동안, 교육이 끝난 후에 지속적으로 이루어져야 한다.

해설 보건교육평가의 원칙
㉠ 평가는 명확한 목적 아래 시행되어야 한다.
㉡ 평가는 가능한 객관적이어야 하며 장점과 단점을 언급하여야 한다.
㉢ 평가는 기획과 관련된 사람, 사업에 참여한 사람, 평가에 영향을 받게 될 사람들에 의하여 행해져야 한다.
㉣ 평가는 지속적으로 시행되어야 하며 측정하는 기준이 명시되어야 한다.
㉤ 평가는 그 결과들이 사업의 진보와 성장을 위하여 늘 반영되어야 한다.
㉥ 평가결과는 누구든지 알 수 있고 쉽게 사용되도록 하여야 한다.

39 **보건교육계획의 수립과정 중 제일 먼저 이루어져야 할 것은?** 2020. 강원 의료기술직, 2017. 서울시

① 보건교육 평가 계획의 수립
② 보건교육 평가 유형의 결정
③ 보건교육 실시 방법들의 결정
④ 보건교육 요구 및 실상의 파악

해설 보건교육계획수립과정
㉠ 계획 단계 : 요구도 사정 → 우선순위 결정 → 학습 목표 설정 → 학습 지도안 작성
㉡ 수행단계

Answer / 33 ① 34 ④ 35 ④ 36 ④ 37 ④ 38 ① 39 ④

40 다음 중 결핵에 걸린 아이가 있는 집에 아버지가 실직한 경우 대상자의 어떤 요구에 대해 살펴야 하는가?

① 규범적 요구　② 내면적 요구
③ 외향적 요구　④ 준거적 요구

해설 Bradshow(1972)의 교육요구 유형

규범적 요구	보건의료 전문가에 의해 정의되는 것
내면적 요구	말이나 행동으로 나타나기 전 단계에 학습자가 교육의 필요성, 의문들을 품고 있는 상태
외향적 요구	학습자의 내면적 요구에서 비롯되어 말이나 행동으로 나타난 상태
상대적 요구	집단마다 갖는 특성에서 비롯되는 것

41 보건교육 계획안 작성내용 중 학습목표를 기술할 때 유의해야 할 사항에 대한 설명으로 가장 옳지 않은 것은? 2018. 서울시

① 행동용어(행위동사)로 기술한다.
② 최종행동(도착점행동)을 기술한다.
③ 교수자가 교육하고자 하는 것 중심으로 기술한다.
④ 성취가능한 목표를 기술한다.

해설 목적 설정 : Mager의 학습목적 설정의 4요소
㉠ 행동용어로 기술 : 교육 후 학습자에게 기대되는 최종행동을 기술
㉡ 변화의 내용 기술 : 변화하고자 하는 내용이 포함되어야 함
㉢ 변화를 요구하는 조건 제시 : 어떤 상태에서 어떤 행동을 기대하는지에 대한 조건이 제시되어야 함
㉣ 변화의 기준 제시 : 변화의 정도를 명시하여야 함

42 Edgar Dale의 '경험의 원추'에서 교육효과가 가장 큰 것은? 2018. 경남

① 시각 경험　② 언어 경험
③ 연극화 경험　④ 직접 경험

해설 dale의 교육경험 이론 모형

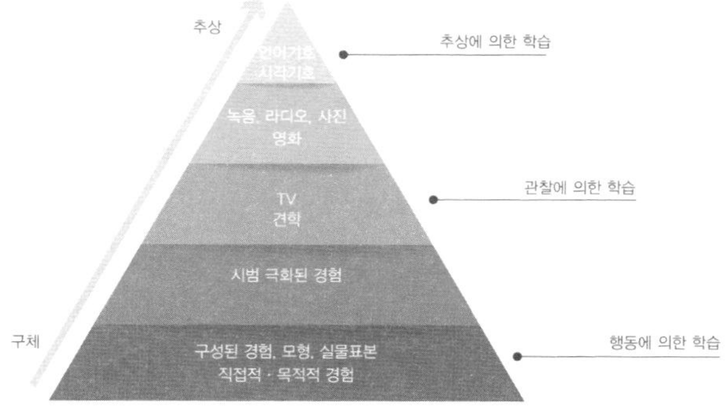

43 **다음 중 지역사회 보건교육계획에서 고려되어야 할 사항이 아닌 것은?** 2017. 경북

① 보건교육계획은 주민과 함께 세워야 한다.
② 보건교육자의 수준에서 계획되어야 한다.
③ 보건사업의 일환으로 계획되어야 한다.
④ 평가척도를 마련하고 실시하여야 한다.

해설 ② 학습자의 수준에서 계획되어야 한다.

44 **다음 중 효과적인 보건교육을 위한 원칙이 아닌 것은?**

① 지식의 향상과 실제 행동능력의 변화를 동시에 달성할 수 있도록 계획한다.
② 피교육자는 동일한 가치관, 태도, 믿음을 가지고 있다고 가정한다.
③ 피교육자들에게 자신감을 가질 수 있도록 하여야 한다.
④ 피교육자의 생활상을 반영하는 내용이어야 한다.

해설 ② 피교육자는 각기 다른 가치관, 태도, 믿음을 가지고 있다고 가정한다.

45 **보건교육의 계획과 원칙에 대한 설명으로 옳은 것을 모두 고른 것은?**

가. 시범사업으로 시작하여 점차 확대한다.
나. 보건교육을 계획할 때에는 주민들을 참여시킨다.
다. 전체 보건사업계획과 분리해서 수립하여야 한다.
라. 적절한 예산이 책정되어야 하고, 사업의 우선순위에 따라 사용되어야 한다.
마. 효과적인 보건사업을 위해 평가는 마무리 단계에서만 한다.

① 가, 나, 라
② 가, 나, 마
③ 나, 다, 라
④ 나, 라, 마

해설 다. 보건교육은 전체 보건사업계획의 일원으로 수립하여야 한다.
마. 효과적인 보건사업을 위해 평가는 사업하기 전에는 사전평가, 사업하는 중에는 과정평가, 마무리단계에서는 결과평가를 실시하도록 한다.

46 **건강행동의 의도는 행동에 대한 태도, 주관적 규범, 인지된 행위통제로 결정된다고 보았던 건강행동모형은?** 2020. 인천시

① 계획된 행위이론
② 건강믿음모형
③ 사회학습이론
④ 합리적 행위이론

Answer 40 ① 41 ④ 42 ④ 43 ② 44 ② 45 ① 46 ①

해설 건강행동모형

<table>
<tr><td rowspan="9">건강신념 모형</td><td rowspan="2">개인의 지각</td><td>지각된 민감성</td><td>자신이 어떤 질병에 걸릴 위험이 있다고 지각하는 것</td></tr>
<tr><td>지각된 심각성</td><td>질병에 걸렸을 경우나 치료를 하지 않았을 때 어느 정도 심각하게 될 것인가에 대한 지각</td></tr>
<tr><td rowspan="4">조정요인</td><td>인구학적 변수</td><td>연령, 성별, 인종 등</td></tr>
<tr><td>사회심리적 변수</td><td>성격, 사회적 지위, 동료의 압력</td></tr>
<tr><td>구조적 변수</td><td>질병에 대한 지식, 과거의 질병경험</td></tr>
<tr><td>행동의 계기</td><td>의사결정을 하는 데 필요한 자극</td></tr>
<tr><td rowspan="2">행위 가능성</td><td>즉각적 갈등적 요구</td><td>특정한 건강행위를 하려고 할 때 그 건강행위를 하지 못하도록 하는 것</td></tr>
<tr><td>즉각적 갈등적 선호성</td><td>특정행위를 함으로써 얻을 수 있는 혜택과 이익에 대한 지각</td></tr>
<tr><td colspan="3"></td></tr>
<tr><td>계획된 행동이론 (TPB)</td><td colspan="3">개인의 의지와 행동에 영향을 주는 개인이 통제할 수 없는 요인들을 설명하려고 TRA에 행동통제 인식을 추가하였다. 개인의 특정 행동은 그 행동을 하겠다는 의도에 의해 결정되며, 의도에 영향을 미치는 핵심요인 세가지는 행동에 대한 태도, 주관적 근거, 행동통제 인식이다.</td></tr>
<tr><td>사회학습 이론 (사회인지 이론)</td><td colspan="3">㉠ 이론의 개요 : 환경과 행동과의 관계는 인간의 인지적인 능력과 상호작용을 하는 관계이며 이 3가지 구성요인들 간의 상호 작용에 의해 인간의 행동이 결정된다고 봄
㉡ 사회학습이론의 구성개념
개인적 요소 – 자기효능감
행동요소 – 자기조절행동
환경요소 – 관찰학습</td></tr>
<tr><td>합리적 행동이론 (TRA)</td><td colspan="3">행동의 가장 주요한 결정인자가 사람의 행동 의지라고 주장하였으며, 행동의 선행변수로 사람들이 어떤 행동을 실행할 동기가 얼마나 강한지와 관련된 "행동의도", 행동실행 결과에 대한 다양한 신념과 각 신념에 대한 평가에 의해 구성되는 행동에 대한 "태도", 행동실행에 대한 주변 사람들의 기대에 대한 자신의 지각과 자신이 그 사람들의 의견을 얼마나 수용하는가에 따라 행동의도에 영향을 미치는 "주관적 규범"이 있다.</td></tr>
</table>

47 건강증진모형 중 개인행동환경의 상호작용으로 이루어진다는 개인 간 이론, 개인요소와 행동 및 환경의 세 요소가 서로 영향을 미치는 결과로 만들어진 역동적이고 상호적인 개인 간 이론으로 옳은 것은? 2019. 대구시 · 2018. 경기

① 건강믿음모형 ② 계획된 행동이론
③ 사회인지이론 ④ 합리적 행동이론

해설 사회인지이론 : 환경과 행동과의 관계는 인간의 인지적인 능력과 상호작용을 하는 관계이며 이 3가지 구성요인들 간의 상호 작용에 의해 인간의 행동이 결정된다고 봄

48 다음에 해당하는 건강행동 변화이론은? 2016. 서울시

- Bandura 등에 의해 제시되었다.
- 보건교육 프로그램에서 교육대상자에게 성공경험을 제공함으로써 자기효능감을 갖도록 유도하였다.

① 건강신념모형 ② 사회인지이론
③ 인지조화론 ④ 합리적 행동론

해설 인지조화론 : 인간은 자신이 가지고 있는 지식, 태도 및 행동이 서로 조화를 이루고 있는 상태를 선호한다는 기본전제에 바탕을 두고 있다. 즉, 예를 들어 새로운 지식을 습득하게 되면 기존에 조화를 이루고 있던 지식, 태도와 행동 사이에 부조화가 발생해 새로운 지식과 태도에 걸맞도록 행동을 바꾸게 된다는 것이다. 따라서 건강에 관한 새로운 지식을 교육하면 건강한 생활 태도를 갖게 되고, 이어서 건강한 행동을 실천하게 된다고 주장한다.

49 다음 중 "인간은 자신이 이용할 수 있는 정보를 활용하여 행동을 결정하기 때문에 행위의도가 실제 행동을 예측할 수 있다"는 이론은?

① 건강신념 이론
② 변화단계 이론
③ 사회인지 이론
④ 합리적 행위이론

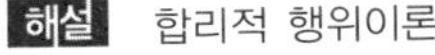

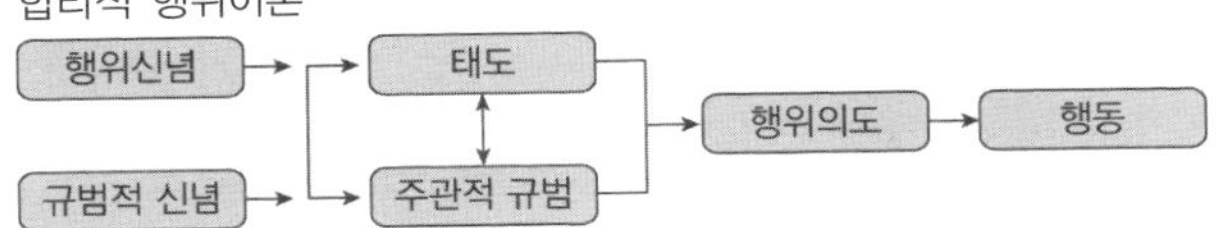

50 보건교육과정에서 활동하기에 앞서 "인간은 논리적 사고를 하여 행위를 하는 존재다."라고 가정하고 집단을 객관적 · 논리적 사고에 따라 행동한다는 이론은 무엇인가?

① 건강신념이론
② 합리적 행위이론
③ 행동별 단계이론
④ PRECEED-PROCEED

해설 합리적 행위이론 : 행동의 가장 주요한 결정인자가 사람의 행동 의지라고 주장하였으며, 행동의 선행변수로 사람들이 어떤 행동을 실행할 동기가 얼마나 강한지와 관련된 "행동의도", 행동실행 결과에 대한 다양한 신념과 각 신념에 대한 평가에 의해 구성되는 행동에 대한 "태도", 행동실행에 대한 주변 사람들의 기대에 대한 자신의 지각과 자신이 그 사람들의 의견을 얼마나 수용하는가에 따라 행동의도에 영향을 미치는 "주관적 규범"이 있다.

51 보건교육 방법 중 개인 접촉방법에 관한 다음의 설명으로 옳지 않은 것은? 2020. 부산시

① 가장 효과적인 방법이지만, 많은 시간과 노력, 경비가 소요되어 비경제적이다.
② 노인층이나 저소득층 등에 가장 적합한 방법이다.
③ 의사와 환자, 보건요원과 지역사회 주민 등의 사이에서 광범위하게 실시된다.
④ 강의나 강연에서 활용할 수 있다.

해설 개인 접촉 방법

특징	보건사업 현장에서 가장 많이 활용되는 방법으로, 두 사람이 상호작용하는 과정에서 피면접자가 지닌 특별한 건강문제를 해결하는 데 주로 사용된다. ㉠ 학습자의 능력에 적합한 목적을 세운다. ㉡ 학습자가 마음을 열 수 있도록 신뢰관계를 형성한다. ㉢ 학습자의 상황을 긍정적으로 받아들인다.

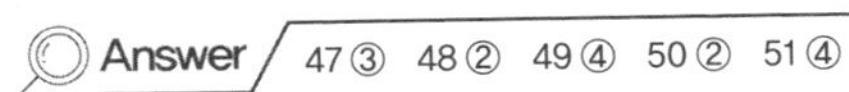

	㉣ 학습자가 자유롭게 의사를 표시할 수 있도록 조용하고 친밀한 분위기를 조성한다. ㉤ 서두르지 말아야 하며 여유 있게 대상자를 대한다. ㉥ 학습자의 감정을 잘 수용하고 공감대를 형성한다. ㉦ 학습자 수준에 맞는 언어를 사용한다. ㉧ 현재의 문제에만 초점을 맞춘다. ㉨ 충고, 명령, 훈계, 설득, 권고 등을 피한다. ㉩ 상담 시 알게 된 대상자의 비밀을 엄수한다.
장점	㉠ 한 사람만을 상대로 교육하거나 정확한 문제의식을 가지고 상담하므로 집단교육 때보다 교육효과가 높다. ㉡ 대상자에 대한 이해가 확실하기 때문에 각자에 맞는 실천 가능한 변화유도가 가능하다. ㉢ 짧은 시간에도 가능하기 때문에 보건사업현장 어디에서나 적용할 수 있다. ㉣ 집단교육에 비해 대상자를 모아야 하는 시간을 소비할 필요가 없다.
단점	㉠ 경제성이 없다. ㉡ 학습자가 다른 사람들과 어울릴 기회가 없고, 1 : 1 학습이므로 학습자가 심리적 부담을 느낄 수 있다.

52 **절충식 교육방법 중 집회 참가자가 많은 경우 전체를 몇 개 소집단으로 나누어 토의시키고 다시 전체 회의에서 종합하는 방법은?**

2020. 대구시

① panel discussion ② socio drama
③ buzz session ④ brainstorming

해설 보건교육 방법

패널토의 (panel discussion)	집단구성원이 많아 각 구성원이 그 토론에 참가하기 곤란한 경우 토의할 문제에 대해 사전에 충분한 지식을 가진 소수의 대표자들이 다수의 청중 앞에서 그룹토의를 하는 방법으로 토의에 참석할 전문가는 4~7명으로 구성되며 각기 5~7분간 발표함
역할극 (socio drama)	학습자들이 직접 실제상황 중의 한 인물로 등장하여 연기를 하면서 실제 그 상황에 처한 사람들의 입장이나 상황을 이해하고 상황분석을 통하여 해결방법을 모색하는 방법
분단토의 (buzz sessi)	와글와글 학습이라고도 하며 전체를 여러 개의 분단으로 나누어 토의시키고 다시 전체 회의에서 종합하는 방법으로 각 분단은 6~8명이 알맞음
브레인스토밍	갑자기 떠오르는 생각을 종이에 기록하거나 말로 표현해 본 후 글로 기록하거나 기록된 문장을 정리하면서 생각을 논리화하는 방법으로 12~15명의 단체에서 쓰이며 10~15분간 단기 토의를 원칙으로 한다. 이 방법은 주로 어떤 계획을 세우고자 할 때, 창조적이고 기발한 아이디어가 필요할 때, 학생들의 의견과 생각을 끌어내어 발전시키고자 할 때 사용하면 유리
심포지엄	2~5명의 전문가가 각자의 의견을 10~15분 정도 발표하고 사회자가 청중을 공개토론의 형식으로 참여시키는 형식으로 사회자는 이 분야의 최고 전문가여야 함
집단토론	집단 내의 참가자들이 특정 주제에 대한 의문점, 개념 혹은 문제점에 대해 목표를 설정하고 자유로운 입장에서 상호 의견을 교환하고 결론을 내리는 회화식 방법으로 한 그룹에 5~10명이 적당
시범	보건교육에 가장 많이 사용하는 방법 중 하나이며 현실적으로 실천을 가능하게 하는 효과적인 방법
문제해결법 (PBL)	학습자에게 문제를 던져주고 그것을 해결해 나가는 과정을 통해 학습이 이루어지게 하는 교육방법
프로젝트	Kilpatric의 Project Method란 논문에서 비롯됨. 프로젝트의 개념은 '진심을 다하여 실제 사회환경 속에서 목적을 향해서 수행하는 활동, 즉 목적 있는 활동'을 말함. 즉 자신이 계획하여 지식과 기술, 적응능력 등의 포괄적인 능력을 획득하게 하기 위함

시뮬레이션	인위적 또는 가상의 경험을 통하여 학습자가 직접 실제상황과 같은 조건에서 활동을 경험해 보는 것으로 위험을 감수하지 않으면서 문제해결, 상호작용, 심동영역의 기술을 적용할 수 있는 기회를 제공. 인지영역 학습의 상위단계에서 사용할 수 있으며, 심동영역, 정의영역의 학습에도 효과적임.
포럼(Forum)	㉠ 토론자의 의견 발표 후 질문이 이어진다는 점에서 심포지엄과 비슷하다고 볼 수 있으나, 토론자 간 혹은 청중과 토론자가 활발히 참여해 토론이 이루어져 합의가 형성된다는 점에서 다소 차이가 있음 ㉡ 포럼은 1~3인 정도의 전문가가 간략한 발표를 한 후 발표내용을 중심으로 청중과 질의응답을 통해 토론을 진행. 즉, 청중이 직접 토의에 참가해 공식적으로 연설자에게 질의를 하거나 받을 수 있다는 점이 특징
세미나(Seminar)	토론 구성원이 해당 주제에 관한 전문가나 연구자로 이루어졌을 때 주제발표자가 먼저 발표를 하고, 토론참가자들이 이에 대한 토론을 하는 방법

53 **어떤 주제에 대하여 상반된 견해를 가진 4~7명의 전문가가 토론 한 뒤 청중들의 질의응답을 받는 식의 교육방법으로 올바른 것은?** 2020. 인천시

① 패널토의 ② 심포지엄
③ 분단토의 ④ 집단토의

해설 패널토의 : 집단구성원이 많아 각 구성원이 그 토론에 참가하기 곤란한 경우 토의할 문제에 대해 사전에 충분한 지식을 가진 소수의 대표자들이 다수의 청중 앞에서 그룹토의를 하는 방법으로 토의에 참석할 전문가는 4~7명으로 구성되며 각기 5~7분간 발표

54 **다음에 해당하는 보건교육 방법은?** 2019. 인천시

> • 특별한 문제를 해결하기 위한 단체의 협동적 논의 방법
> • 문제점을 중심으로 폭넓게 검토하여 구성원 스스로 문제를 해결해 감으로써 최선책을 강구해가는 방법

① 브레인스토밍 ② 세미나
③ 심포지움 ④ 패널토의

해설 브레인스토밍 : 갑자기 떠오르는 생각을 종이에 기록하거나 말로 표현해 본 후 글로 기록하거나 기록된 문장을 정리하면서 생각을 논리화하는 방법으로 12~15명의 단체에서 쓰이며 10~15분간 단기 토의를 원칙으로 한다. 이 방법은 주로 어떤 계획을 세우고자 할 때, 창조적이고 기발한 아이디어가 필요할 때, 학생들의 의견과 생각을 끌어내어 발전시키고자 할 때 사용하면 유리

55 **전문가 2~5명이 주제에 대하여 10~15분간 발표한 뒤 사회자의 진행에 따라 질의응답의 공개토론으로 발표자, 사회자, 참석자 모두가 전문가로 이루어지는 교육기법은 무엇인가?** 2018. 지방직

① 강연회 ② 집단토론
③ 심포지엄 ④ 패널토의

해설 심포지엄 : 2~5명의 전문가가 각자의 의견을 10~15분 정도 발표하고 사회자가 청중을 공개토론의 형식으로 참여시키는 형식

Answer 52 ③ 53 ① 54 ① 55 ③

56 **집단교육방법에 대한 설명으로 옳지 않은 것은?** 2019. 광주시

① 노인층이나 저소득층에게는 개인적인 사정 때문에 1:1 접촉방법이 가장 효과적이라고 할 수 있지만 많은 시간과 노력, 경비가 소요된다는 점에서 비경제적인 방법이다.
② 세미나는 사람이 많을 경우 전체를 몇 개의 분단으로 나누어 토의한 후 다시 전체회의에서 의견을 종합하는 방식이다.
③ 패널토의는 어떤 주제에 대하여 다양한 견해를 가진 전문가 4~7명이 사회자의 안내에 따라 토의를 진행하는 방법이다.
④ 심포지엄은 동일한 주제에 대한 전문적인 지식을 가진 2~5명의 전문가가 각자의 의견을 각각 10~15분 정도 발표하고 사회자는 청중을 공개 토론 형식으로 참여시키는 방식으로 사회자는 토론 분야의 최고 전문가여야 한다.

해설 ② 분단토의는 사람이 많을 경우 전체를 몇 개의 분단으로 나누어 토의한 후 다시 전체회의에서 의견을 종합하는 방식이다.

57 **보건교육방법 중, 여러 명의 전문가가 사회자의 안내에 따라 주제에 대한 자신의 의견을 발표하고, 청중은 질문이나 토론의 형식으로 함께 참여할 수 있으며 일반적으로 강연자와 청중이 모두 관련 전문지식을 가지고 있어야 하는 방법은?** 2018. 서울시

① 심포지엄
② 패널토의
③ 분단토의
④ 문제중심학습

해설 **심포지엄** : 2~5명의 전문가가 각자의 의견을 10~15분 정도 발표하고 사회자가 청중을 공개토론의 형식으로 참여시키는 형식

58 **보건교육에 대한 다음의 설명으로 옳지 않은 것은?** 2017. 경기

① 강의는 대상자들의 학습정도를 파악하기 어렵다.
② 집단토론회는 학습내용에 따라 인원이 결정되므로 경제성이 높다.
③ 심포지엄의 청중, 발표자는 전문가이므로 집단구성이 쉽지 않다.
④ 패널토의는 청중의 이해속도가 느린 단점이 있다.

해설 보건교육 방법의 장단점

강의	장점	㉠ 짧은 시간 내에 많은 양의 지식이나 정보를 많은 사람에게 전달할 수 있다. ㉡ 같은 시간 내에 많은 사람을 대상으로 할 수 있기 때문에 경제적인 이점이 있다. ㉢ 모든 교육방법의 기본이 된다. ㉣ 문자, 어구, 문장 등을 언어로 자유롭게 해석하여 전달할 수 있다. ㉤ 전체적인 전망을 제시할 수 있다. ㉥ 교육자의 교육 준비시간이 절약된다. ㉦ 교육대상자들의 교육에 대한 긴장감이 다른 교육방법보다 적다.

	단점	㉠ 많은 양의 지식이나 정보가 전달되었으나 학습자가 다 기억하지 못하고 기억에 오래 남아있지 않는다. ㉡ 학습자를 수동적인 상태로 만들어 능동적인 참여를 통한 변화유도가 용이하지 않다. ㉢ 교육대상자들의 학습 진행정도를 교사가 인지하기 어렵다. ㉣ 교육대상자의 학습 개인차를 고려하지 않아 학생 모두를 만족시키지 못한다.
집단토론	장점	㉠ 학습자들이 능동적으로 참여할 수 있는 기회를 경험한다. ㉡ 자신의 의견을 전달할 수 있는 의사전달 능력이 배양된다. ㉢ 타인의 의견을 존중하고 반성적 사고능력이 생긴다. ㉣ 다수의 의견에 소수가 양보하고 협력하는 사회성이 길러진다. ㉤ 타인의 말을 잘 들어주는 경청능력이 길러진다. ㉥ 학습자 스스로 자신의 지식과 경험을 활용하게 되므로 학습의욕이 높아진다.
	단점	㉠ 소수에게만 적용할 수 있어 비경제적이다.(5~10명이 적당) ㉡ 초점에서 벗어나는 경우가 많다. ㉢ 지배적인 참여자와 소극적인 참여자가 있을 수 있다. ㉣ 시간이 많이 걸린다.
심포지엄	장점	㉠ 특별한 주제에 대한 밀도 있는 접근이 가능하다. ㉡ 다채롭고 창조적이고 변화 있게 강의를 진행할 수 있다. ㉢ 학습자들이 알고 싶어 하는 문제의 전체적인 파악은 물론 각 부분까지 이해할 수 있다.
	단점	㉠ 학습자가 주제에 대하여 정확한 윤곽을 알지 못하면 효과가 적다. ㉡ 연사의 내용이 중복될 수 있다. ㉢ 질문시간이 제한되어 있어 한정된 사람들만 질문에 참여하게 된다. ㉣ 비용이 많이 든다. ㉤ 토의목적에 알맞은 전문가의 선정이 용이하지 않다.
패널토의	장점	㉠ 참가자는 비교적 높은 수준의 토론을 경험하게 되며 타인의 의견을 듣고 비판하는 능력이 배양된다. ㉡ 주제에 대하여 다각도로 분석하고, 앞으로도 예측할 수 있다. ㉢ 연사나 참여자가 서로 마음을 털어놓고 토의함으로써 문제의 해결점을 제시할 수 있다.
	단점	㉠ 일정한 시간에 여러 명의 전문가를 초빙함으로써 경제적 부담이 된다. ㉡ 청중이 기존지식이 없을 때는 이해하기 어렵다. ㉢ 전문가 위촉이 어려우며 토의 시 중복되는 이야기나 통상적인 발표가 되기 쉽다. ㉣ 사회자가 서툴거나 연사들이 산만하게 의견을 발표할 때 요약없는 토의가 되기 쉽다

59 **대상자의 수에 따른 보건교육 방법에는 개인 접촉방법, 집단 접촉방법, 대중 접촉방법이 있다. 다음 중 집단 접촉방법에 해당하는 것은?** 2017. 광주시

① 보건소의 좌담회 개최　② 방문간호사의 가정방문
③ 의사와 환자의 건강상담　④ 포스터에 의한 금연홍보

해설 ②·③은 개인 접촉방법, ④는 대중 접촉방법에 속한다.

60 **12~15명의 참여자에 의해 자유롭고 개방적인 분위기 속에서 진행되고, 창의성을 창출할 수 있는 토의는?** 2016. 경기 의료기술직

① 분단토의　② 브레인스토밍
③ 심포지움　④ 패널디스커션

Answer 56 ② 57 ① 58 ② 59 ① 60 ②

해설 **브레인스토밍** : 갑자기 떠오르는 생각을 종이에 기록하거나 말로 표현해 본 후 글로 기록하거나 기록된 문장을 정리하면서 생각을 논리화하는 방법으로 12~15명의 단체에서 쓰이며 10~15분간 단기 토의를 원칙으로 한다. 이 방법은 주로 어떤 계획을 세우고자 할 때, 창조적이고 기발한 아이디어가 필요할 때, 학생들의 의견과 생각을 끌어내어 발전시키고자 할 때 사용하면 유리

61 **전문가가 단상에 올라서 토론하고 질의응답을 진행하는 보건교육방법은?**

① 버즈세션 ② 심포지엄
③ 롤플레잉 ④ 패널 디스커션

해설 **패널토의** : 집단구성원이 많아 각 구성원이 그 토론에 참가하기 곤란한 경우 토의할 문제에 대해 사전에 충분한 지식을 가진 소수의 대표자들이 다수의 청중 앞에서 그룹토의를 하는 방법으로 토의에 참석할 전문가는 4~7명으로 구성되며 각기 5~7분간 발표

62 **단상에 4~5명의 전문가가 청중 앞에서 상호의견을 진술함으로써 교육적 효과를 얻고자 하는 방법은?**

① 브레인스토밍 ② 그룹토의
③ 분단토의 ④ 패널토의

해설 **패널토의** : 집단구성원이 많아 각 구성원이 그 토론에 참가하기 곤란한 경우 토의할 문제에 대해 사전에 충분한 지식을 가진 소수의 대표자들이 다수의 청중 앞에서 그룹토의를 하는 방법으로 토의에 참석할 전문가는 4~7명으로 구성되며 각기 5~7분간 발표

63 **다음 중 몇 사람의 전문가가 청중 앞 단상에서 자유롭게 토론하는 형식으로 사회자가 이야기를 진행, 정리해나가는 보건교육방법은?**

① 패널디스커션 ② 버즈세션
③ 심포지엄 ④ 강연회

해설 **패널토의** : 집단구성원이 많아 각 구성원이 그 토론에 참가하기 곤란한 경우 토의할 문제에 대해 사전에 충분한 지식을 가진 소수의 대표자들이 다수의 청중 앞에서 그룹토의를 하는 방법으로 토의에 참석할 전문가는 4~7명으로 구성되며 각기 5~7분간 발표

64 **다음 중 보기의 설명으로 가장 잘 맞는 보건교육방법은?**

가. 10~15분 발표	나. 하나의 주제, 다른 생각
다. 2~3명	라. 사회자 & 발표자 & 청중
마. 발표자 모두 전문가	바. 청중과 질의응답

① 집단토론 ② 심포지엄
③ 패널토의 ④ 분단토론

해설 **집단토론** : 집단 내의 참가자들이 특정 주제에 대한 의문점, 개념 혹은 문제점에 대해 목표를 설정하고 자유로운 입장에서 상호 의견을 교환하고 결론을 내리는 회화식 방법으로 한 그룹에 5~10명이 적당

65 다음 중 어떤 주제에 관하여 여러 사람의 전문가가 각자의 주장을 순서대로 제시하고 토의하는 방식을 취하는 보건교육방법을 무엇이라고 하는가?

① 강의법
② 심포지엄
③ 집단토론법
④ 패널디스커션

해설 심포지엄 : 2~5명의 전문가가 각자의 의견을 10~15분 정도 발표하고 사회자가 청중을 공개토론의 형식으로 참여시키는 형식

66 다음 보건토의 방법 중 그 분야 최고의 전문가인 사회자가 청중을 이끌며 토의하는 방식은?

① 버즈세션
② 시범연기
③ 심포지엄
④ 패널디스커션

해설 심포지엄 : 2~5명의 전문가가 각자의 의견을 10~15분 정도 발표하고 사회자가 청중을 공개토론의 형식으로 참여시키는 형식

67 다음 중 13~15명의 집단이 창조적으로 의견 토론하는 것은?

① 델파이기법
② 명목집단
③ 분단토의
④ 브레인스토밍

해설 브레인스토밍 : 갑자기 떠오르는 생각을 종이에 기록하거나 말로 표현해 본 후 글로 기록하거나 기록된 문장을 정리하면서 생각을 논리화하는 방법으로 12~15명의 단체에서 쓰이며 10~15분간 단기 토의를 원칙으로 한다. 이 방법은 주로 어떤 계획을 세우고자 할 때, 창조적이고 기발한 아이디어가 필요할 때, 학생들의 의견과 생각을 끌어내어 발전시키고자 할 때 사용하면 유리

68 다수의 전문가로 구성되어 조직 내 구성원이 영향을 받지 않고 자유롭게 의견을 내게 하고 이를 교체하거나 결합하여 실행 가능한 합의된 의견을 수렴하는 전문 집단적 사고는?

① 패널디스커션법
② 델파이기법
③ 집단토론
④ 브레인스토밍

해설 브레인스토밍 : 갑자기 떠오르는 생각을 종이에 기록하거나 말로 표현해 본 후 글로 기록하거나 기록된 문장을 정리하면서 생각을 논리화하는 방법으로 12~15명의 단체에서 쓰이며 10~15분간 단기 토의를 원칙으로 한다. 이 방법은 주로 어떤 계획을 세우고자 할 때, 창조적이고 기발한 아이디어가 필요할 때, 학생들의 의견과 생각을 끌어내어 발전시키고자 할 때 사용하면 유리

Answer 61 ④ 62 ④ 63 ① 64 ① 65 ② 66 ③ 67 ④ 68 ④

69 12~15명의 참여자에 의해 자유롭고 개방적인 분위기 속에서 진행되고, 창의성을 창출할 수 있는 토의는?

2016. 경기 의료기술직

① 분단토의 ② 브레인스토밍
③ 심포지움 ④ 패널디스커션

해설 브레인스토밍 : 갑자기 떠오르는 생각을 종이에 기록하거나 말로 표현해 본 후 글로 기록하거나 기록된 문장을 정리하면서 생각을 논리화하는 방법으로 12~15명의 단체에서 쓰이며 10~15분간 단기 토의를 원칙으로 한다. 이 방법은 주로 어떤 계획을 세우고자 할 때, 창조적이고 기발한 아이디어가 필요할 때, 학생들의 의견과 생각을 끌어내어 발전시키고자 할 때 사용하면 유리

70 지역의 어린이집에 근무하는 건강관리 실무자 15명을 대상으로 '유아의 효율적인 위생관리 방안'을 모색하고자 한다. 가장 적절한 교육방법은?

① 강의 ② 공개토론회
③ 브레인스토밍 ④ 세미나

해설 어린이집에 근무하는 건강관리 실무자이므로 그 분야에서는 전문가라고 할 수 있어 이는 세미나에 해당된다.

07 산업보건관리

01 산업의학의 근대적인 학문에 기초를 마련하고 직업에 대한 과학적인 체계를 수립하여 「일하는 사람들의 병」이라는 책을 출판한 학자는? 2018. 지방직

① 히포크라테스
② 해밀턴
③ 비스마르크
④ 라마찌니

해설 산업보건 관련 학자

기간	인물 및 기구	내용
B.C.460~377	히포크라테스	광부의 호흡곤란과 기침, 납중독의 가장 오랜 기록
A.D.23~79	마이어	분진 호흡 방지 위한 호흡마스크 사용
1494~1555	아그리콜라	금속에 대하여(De Re Metallica) 저술
1633~1714	라마찌니	작업환경과 질병의 관련성 기술, 산업보건학의 시조
1755	포트	직업병으로서 음낭암 규명
1819	영국정부	공장법, 근로시간 제한 및 근로자 건강보호 마련
1821~1902	피르효	노동시간과 중독에 대하여 근로자 건강보호 강조
1883~1884	비스마르크	근로자질병보호법, 공장재해보험법 제정
1898	레게	직업병 예방 원칙 제안
1863~1970	헤밀톤	미국의 직업보건 선구자

02 산업보건 중 일하는 사람들의 직업병의 선구자이자, 저술자는 누구인가?

① 라마찌니
② 히포크라테스
③ 채드윅
④ 헤밀턴

해설 Bernardino Ramazzini(1633~1714)

㉠ 산업보건학의 시조로 불린다. 갈릴레오, 뉴턴과 같이 17세기의 뛰어난 과학자이며 의사이다.
㉡ 이탈리아의 모데나(Modena)대학과 파두아(Padua)대학 교수로서 광부, 농부, 어부, 석공을 위시하여 각종 직업인과 군인, 선원, 수도자 그리고 장의사에서 염하는 사람들까지 모든 직업에서 오는 질병에 대하여 14권짜리 『일하는 사람들의 질병』을 발간하였다.

Answer 69 ② 70 ④ / 01 ④ 02 ①

03 다음 중 아래 사건들을 순서대로 올바르게 나열한 것은?

가. 근로자에 관한 기본법인 근로기준법이 제정되었다.
나. 산업재해의 방지와 근로자 건강의 보호증진을 위한 산업안전보건법이 제정되었다.
다. 재해보상과 재해예방 및 근로자의 복지증진을 위한 산업재해보상보험법이 제정되었다.
라. 직업보건에 관한 국제기구인 국제노동기구(ILO)가 창설되었다.

① 가, 라, 나, 다
② 가, 라, 다, 나
③ 라, 가, 나, 다
④ 라, 가, 다, 나

해설 산업보건의 역사

	내용
1919년	직업보건에 관한 국제기구(ILO) 창립
1953년	노동법 제정(근로기준법)
1963년	전국 사업장 작업환경조사 및 건강진단 실시, 산업재해보상보험법 제정, 공포
1977년	환경보전법 제정
1981년	산업안전보건법 제정
1983년	환경영향평가법 제정

04 「산업안전보건법 시행규칙」상 중대재해에 해당하지 않는 것은? 2022. 서울시 · 지방직

① 사망자가 1명 발생한 재해
② 3개월 이상의 요양이 필요한 부상자가 동시에 2명 발생한 재해
③ 부상자가 동시에 10명 발생한 재해
④ 직업성 질병자가 동시에 5명 발생한 재해

해설 중대재해의 범위(규칙 제3조)
㉠ 사망자가 1명 이상 발생한 재해
㉡ 3개월 이상의 요양이 필요한 부상자가 동시에 2명 이상 발생한 재해
㉢ 부상자 또는 직업성 질병자가 동시에 10명 이상 발생한 재해

05 근로자의 건강을 보호하기 위한 조치로 가장 옳지 않은 것은? 2020. 서울시

① 「근로기준법」 및 동법 시행령에 따라 취직인허증을 지니지 않은 15세 미만인 자는 근로자로 사용하지 못한다.
② 「근로기준법」 및 동법 시행령에는 임산부를 위한 사용금지 직종을 규정하고 있다.
③ 근로 의욕과 생산성을 위하여 근로자를 적재적소에 배치한다.
④ 「근로기준법」상 수유시간은 보장되지 않는다.

해설 ④ 생후 1년 미만의 유아(乳兒)를 가진 여성 근로자가 청구하면 1일 2회 각각 30분 이상의 유급 수유 시간을 주어야 한다(법 제75조).

① 15세 미만인 사람(중학교에 재학 중인 18세 미만인 사람을 포함한다)은 근로자로 사용하지 못한다. 다만, 대통령령으로 정하는 기준에 따라 고용노동부장관이 발급한 취직인허증을 지닌 사람은 근로자로 사용할 수 있다(법 제64조 제1항).

② 사용자는 임신 중이거나 산후 1년이 지나지 아니한 여성과 18세 미만자를 도덕상 또는 보건상 유해 · 위험한 사업에 사용하지 못한다(법 제65조 제1항).

06 여성 근로자의 보호에 대한 다음의 설명으로 옳지 못한 것은? 2020. 인천시

① 생리휴가, 산전 산후 휴가를 고려하여야 한다.
② 공업중독이 우려되는 작업장은 지양하여야 한다.
③ 손의 과도 사용시 작업조건을 개선하여야 한다.
④ 주 작업강도가 RMR 3.0 이하여야 한다.

해설 여성 근로자의 보호
㉠ 주 작업 근로강도가 RMR 2.0 이하
㉡ 중량물 취급업무의 경우 중량을 제한(연속작업 시 20kg, 단속작업 시 30kg)
㉢ 서서 하는 작업(방직, 백화점)의 경우 작업시간 · 휴식시간 · 휴식횟수 고려
㉣ 생리휴가, 산전 · 산후 휴가 고려
㉤ 손의 과도 사용(타이피스트, 키 펀처) 시 작업조건 개선 및 적정 배치
㉥ 공업 중독이 우려되는 작업장 지양

07 「산업안전보건법」상 사업주의 의무로 옳은 것은? 2016. 경기 의료기술직

① 건강진단 결과의 검토 및 그 결과에 따른 작업배치 등 근로자 건강보호 조치
② 근로자의 신체적 피로와 정산적 스트레스 등을 줄일 수 있는 쾌적한 작업환경의 조성과 근로조건의 개선
③ 산업안전 · 보건정책의 수립 · 집행 · 조정 및 통제
④ 산업재해에 관한 조사 및 통계의 유지 · 관리

해설 사업주(특수형태근로종사자로부터 노무를 제공받는 자와 물건의 수거 · 배달 등을 중개하는 자를 포함한다.)는 다음의 사항을 이행함으로써 근로자(특수형태근로종사자와 물건의 수거 · 배달 등을 하는 사람을 포함한다.)의 안전 및 건강을 유지 · 증진시키고 국가의 산업재해 예방정책을 따라야 한다(산업안전보건법 제5조 제1항).
㉠ 이 법과 이 법에 따른 명령으로 정하는 산업재해 예방을 위한 기준
㉡ 근로자의 신체적 피로와 정신적 스트레스 등을 줄일 수 있는 쾌적한 작업환경의 조성 및 근로조건 개선
㉢ 해당 사업장의 안전 및 보건에 관한 정보를 근로자에게 제공

08 다음 중 보건관리자의 신규교육과 보수교육을 총괄하는 공공기관은?

① 근로복지공단
② 대한산업보건협회
③ 안전보건공단
④ 한국산업간호협회

Answer 03 ④ 04 ④ 05 ④ 06 ④ 07 ② 08 ③

해설 사업장 조직

고용노동부	산업보건의 주무국인 산업안전국에는 안전정책과, 산업안전과, 산업보건환경과가 설치되어 있다.
지방행정조직	지방노동행정은 고용노동부의 외청인 지방노동청과 지방노동 사무소가 지방에서의 고용노동부 사무를 분장하도록 되어 있다.
근로복지공단	산업재해보상보험에 관한 업무를 총괄 분장하고 있다.
한국산업안전보건공단 (KOSHA)	한국산업안전공단법에 의해 근로자의 안전과 보건을 유지증진하고 사업주의 재해예방을 촉진하며 국민경제발전에 기여함을 목적으로 1987년에 설립하였다. 보건관리자의 신규교육 및 보수교육을 총괄하고 있다.
산재의료관리원	국내 유일의 공공 산재전문 의료기관
국제노동기구 (ILO)	노동자의 노동조건 개선 및 지위를 향상시키기 위하여 설치한 국제연합의 전문기구로 1919년에 설립되었다.
대한산업보건협회	산업보건에 관계되는 학술연구와 기술진흥을 통하여 사업장 근로자의 건강보호 및 증진과 쾌적한 작업환경 조성에 기여함으로써 국가산업발전에 공헌함을 목적으로 설립
대한산업안전협회	산업재해예방을 위한 제반사항을 효율적으로 수행하여 근로자의 건강을 증진하고 사업주의 재해예방활동을 촉진하여 국가 산업발전에 기여

09 작업강도와 작업대사율을 연결한 것으로 옳은 것은?

① 경노동 – 1~2
② 중노동 – 4~7
③ 강노동 – 7~10
④ 격노동 – 11 이상

해설 육체적 근로 강도의 지표 : 에너지 대사율(RMR : Relative Metabolic Rate)

RMR = (작업 시 소비에너지 – 같은 시간 동안의 안정 시 소비에너지) / 기초대사량
= 근로대사량 / 기초대사량★

RMR에 따른 노동 분류

0–1	경 노동(대단히 가벼운 강도) – 의자에 앉아서 손으로 하는 작업
1–2	중등 노동(가벼운 강도) – 지속작업, 6시간 이상 쉬지 않고 하는 작업
2–4	강 노동(중등강도) – 전형적인 지속작업
4–7	중 노동(힘든 강도) – 휴식의 필요가 있는 작업, 노동시간 단축
7 이상	격 노동(격심한 강도) – 중도적 작업★

10 「근로기준법」상 근로자 법정근로시간에 관한 설명으로 옳은 것은?

① 사용자는 산후 1년이 경과되지 아니한 여성에 대하여는 단체협약이 있는 경우라도 1일에 2시간, 1주일에 6시간, 1년에 150시간을 초과하는 시간 외의 근로를 시키지 못한다.
② 사용자는 임신 후 12주 이내 또는 36주 이후에 있는 여성근로자가 1일 3시간의 근로시간 단축을 신청하는 경우 이를 허용하여야 한다.
③ 주간 법정근로시간은 휴게시간을 제외하고 35시간을 초과할 수 없다.
④ 15세 이상 18세 미만인 자의 법정 근로시간은 1일에 8시간, 1주일에 40시간을 초과하지 못한다.

해설 ② 사용자는 임신 후 12주 이내 또는 36주 이후에 있는 여성근로자가 1일 2시간의 근로시간 단축을 신청하는 경우 이를 허용하여야 한다.
③ 주간 법정근로시간은 휴게시간을 제외하고 40시간을 초과할 수 없다.
④ 15세 이상 18세 미만인 자의 법정 근로시간은 1일에 7시간, 1주일에 35시간을 초과하지 못한다.
근로기준법

제50조	(근로시간) ① 1주 간의 근로시간은 휴게시간을 제외하고 40시간을 초과할 수 없다. ② 1일의 근로시간은 휴게시간을 제외하고 8시간을 초과할 수 없다.
제69조	(근로시간) 15세 이상 18세 미만인 사람의 근로시간은 1일에 7시간, 1주에 35시간을 초과하지 못한다. 다만, 당사자 사이의 합의에 따라 1일에 1시간, 1주에 5시간을 한도로 연장할 수 있다.
제71조	(시간외근로) 사용자는 산후 1년이 지나지 아니한 여성에 대하여는 단체협약이 있는 경우라도 1일에 2시간, 1주에 6시간, 1년에 150시간을 초과하는 시간외근로를 시키지 못한다.
제74조	(임산부의 보호) ⑦ 사용자는 임신 후 12주 이내 또는 36주 이후에 있는 여성 근로자가 1일 2시간의 근로시간 단축을 신청하는 경우 이를 허용하여야 한다.

11 다음 중 '현성재해 1 : 불현성재해 29 : 잠재성재해 300'이 발생하는 현상을 설명하는 법칙은?

① 라마찌니 법칙
② 헤이버 법칙
③ 세이 법칙
④ 하인리히 법칙

해설 Heinrich 법칙 = 현성 재해(휴업 재해, 중 상해) : 불현성 재해(불휴업 재해, 경 상해) : 잠재성(무 상해) 재해 = 1 : 29 : 300
하인리히의 도미노 법칙 사고 발생 5단계
㉠ 1단계 : 사회적 환경과 유전적 요소(선천적 결함)
㉡ 2단계 : 개인적인 결함
㉢ 3단계 : 불안전한 행동 및 불안전한 상태
㉣ 4단계 : 사고 발생
㉤ 5단계 : 재해
이 법칙의 핵심은 3단계의 불안전한 행동 및 상태를 제거하면 사고를 방지할 수 있는 것에 있다.

12 미국산업위생가협회의 노출기준에 관한 설명으로 옳지 않은 것은? 2019. 대전시

① TLV-STEL은 15분 이내로 노출이 허용되는 평균농도이다.
② TLV- C는 직업시간 중 잠시 동안 폭로가 허용되는 농도이다.
③ TLV - TWA는 1일 8시간 또는 1주일 40시간 허용되는 평균농도이다.
④ 소수의 근로자는 노출기준 이하에서도 불쾌감을 느낄 수 있고, 극소수에서는 직업병을 초래하거나 기존의 질병상태가 악화될 수 있다.

해설 유해물질 허용기준

시간가중 평균농도 (TLV-TWA)	1일 8시간, 1주 40시간의 정상 노동시간 중 평균농도로 나타내며, 근로자가 이러한 조건에서 반복하여 폭로되더라도 건강상의 장해를 일으키지 않는 농도
단시간 노출기준 (TLV-STEL)	유해성이 큰 물질에 적용하는 기준으로 15분 이상 이 농도 이상 노출되는 것을 예방하기 위한 기준
최고 노출기준 (TLV-C)	순간적이라 하더라도 절대적으로 초과하여서는 안 되는 농도

Answer / 09 ② 10 ① 11 ④ 12 ②

13 **작업장 유해물질의 생물학적 노출지수(BEIs)를 측정하는데 이용되는 생체시료로 가장 거리가 먼 것은?** 2016. 전북

① 소변 ② 혈액
③ 피부 ④ 손톱

해설 생물학적 노출지수(BLV)
㉠ 근로자의 전체적인 유해물질 노출 및 흡수 정도를 평가하는 데는 생물학적 모니터링이 필요하다. 생물학적 노출지수는 어떤 유해물질에 대한 노출농도가 TLV 수준일 때 해당하는 생물학적 측정값이다.
㉡ 유해물질의 대사산물, 유해물질 자체 및 생화학적 변화 등을 측정한다.
- 소변, 호기, 혈액 등이 주로 이용된다.
- 머리카락, 손톱, 발톱, 타액 등에 관한 연구도 있으나 별로 사용하지 않고 있다.
- 배설률이 소변 배설량과 관계가 있는 측정치에 대해서는 크레아티닌 배설량으로 보정한다.

14 **작업장에서 공기 중 유해인자의 농도 또는 강도에 대한 노출기준(TLV)에 대한 설명으로 가장 옳은 것은?**

① 2종 이상의 유해인자가 혼재하는 경우 상가작용으로 유해성이 증가할 수 있다.
② 시간가중 평균노출기준은 1일 10시간 작업을 기준으로 한다.
③ 단시간 노출기준은 30분간의 시간가중 평균노출값이다.
④ 천정값은 근로자가 작업시간 동안 최고로 노출될 수 있는 기준이다.

해설 ② 시간가중 평균노출기준은 1일 8시간, 1주 40시간 작업을 기준으로 한다.
③ 단시간 노출기준은 15분 이상 노출되는 것을 예방하기 위한 기준이다.
④ 천정값은 근로자가 작업시간 동안 절대로 초과하여서는 안되는 기준이다.

15 **다음 중 미국 산업위생전문가 협의회에서 거의 모든 근로자가 1일 작업시간동안 잠시라도 노출되어서는 안되는 최고 허용농도로, 부작용으로 변별력 저하 등을 일으킬 수 있는 노출기준은?**

① 천정값 노출기준(C : Celing)
② 단시간 노출기준 (STEL : Shot Term Exposure Limit)
③ 시간가중평균 노출기준(TWA : Time Weighted Average)
④ 허용농도 상한치(EL : Excursion Limits)

해설 최고 노출기준(TLV-C) : 순간적이라 하더라도 절대적으로 초과하여서는 안 되는 농도

16 **산업장의 작업환경관리 중 격리에 해당하는 것은?** 2022. 서울시

① 개인용 위생보호구를 착용한다.
② 위험한 시설을 안전한 시설로 변경한다.
③ 유해물질을 독성이 적은 안전한 물질로 교체한다.
④ 분진이 많을 때 국소배기장치를 통해 배출한다.

해설 ① 개인용 위생보호구의 경우 유해물질과 근로자 사이를 차단하는 방법이므로 이 역시 격리에 해당된다.
② 위험한 시설을 안전한 시설로 변경한다. : 대치(시설의 변경)
③ 유해물질을 독성이 적은 안전한 물질로 교체한다. : 대치(물질의 변경)
④ 분진이 많을 때 국소배기장치를 통해 배출한다. : 희석환기

작업환경관리 대책

대치 (가장 효과적)	공정의 변경, 시설의 변경, 물질의 변경으로 가장 근본적인 방법
격리와 밀폐	작업장과 유해인자 사이에 물체, 거리, 시간 등으로 차단하는 방법
희석 환기	전체 환기, 국소배기장치
개인 보호조치	보호구 사용
교육	

17

작업자에게 건강장애를 일으킬 수 있는 유해 작업환경에 대한 관리대책으로 가장 근본적인 방법에 해당하는 것은?

① 개인보호구
② 격리(isolation)
③ 대치(substitution)
④ 환기(ventilation)

해설 대치 : 공정의 변경, 시설의 변경, 물질의 변경으로 가장 근본적인 방법

18

산업재해를 나타내는 재해지표 중 강도율 4가 의미하는 것은? 2022. 서울시 · 지방직

① 근로자 1,000명당 4명의 재해자
② 1,000 근로시간당 4명의 재해자
③ 근로자 1,000명당 연 4일의 근로손실
④ 1,000 근로시간당 연 4일의 근로손실

해설 강도율 = (손실작업일수/연 근로시간수)×1,000 = 4
즉 연 근로시간 수 1,000시간당 손실작업일수가 4일이라는 의미

산업재해 통계지표

도수율	재해발생 상황을 파악하기 위한 표준지표 (재해 건수 / 연 근로시간 수) × 1,000,000
강도율	재해에 의한 손상의 정도를 나타냄. (손실작업 일수 / 연 근로시간 수) × 1,000 손실작업일 수 : 영구 전 노동불능 시 또는 사망 시 7,500일로 계산
건수율	산업재해 발생상황을 총괄적으로 파악하는 데 적합하나, 작업시간이 고려되지 않은 것이 결점 (재해 건수 / 평균 실근로자 수) × 1,000
평균작업 손실일수	재해건수당 평균 작업손실 규모가 어느 정도인가를 나타내는 지표 (작업손실 일수 / 재해 건수) × 1,000
기타	㉠ 천인율 = (재해자 수 / 평균 근로자 수) × 1,000 ㉡ 재해백분율 = (재해자 수 / 근로자 수) × 100 ㉢ 사망 만인율 = (사망자 수 / 재해근로자 수) × 10,000 또는 (재해로 인한 사망자 수 / 평균 근로자수) × 10,000 ㉣ 사망 십만인율 = (사망자 수 / 재해근로자 수) × 100,000 또는 (재해로 인한 사망자 수 / 평균 근로자 수) × 100,000

Answer / 13 ③ 14 ① 15 ① 16 ① 17 ③ 18 ④

19 **다음 보기에서 설명하고 있는 산업재해지표는?** 2022. 전남

- 일정 기간 동안의 근로손실일수를 연 근로시간수로 나눈 값
- 재해에 의한 손상 정도를 파악하는데 도움을 준다.

① 건수율 ② 도수율
③ 강도율 ④ 중독률

해설 강도율=재해에 의한 손상의 정도를 나타냄.(손실작업 일수 / 연 근로시간 수) × 1,000

20 **재해지표에서 사람을 분모로 계산하는 지표로 옳지 않은 것은?** 2020. 대구시

① 건수율 ② 도수율
③ 이환율 ④ 재해율

해설 도수율=재해발생 상황을 파악하기 위한 표준지표(재해 건수 / 연 근로시간 수) × 1,000,000

21 **'(근로손실일수/연 근로시간 수)×1,000'으로 산출하는 산업재해 지표는?** 2020. 서울시

① 건수율 ② 강도율
③ 도수율 ④ 평균손실일수

해설 강도율=재해에 의한 손상의 정도를 나타냄.(손실작업 일수 / 연 근로시간 수) × 1,000

22 **산업재해지표에 대한 설명으로 가장 옳은 것은?**

① 재해율은 근로자 100명당 발생하는 재해자 수의 비율이다.
② 강도율은 100만 근로시간당 재해발생 건수이다.
③ 도수율은 1,000 근로시간당 근로손실 일수이다.
④ 사망만인율은 근로자 10,000명당 재해발생 건수이다.

해설 ② 도수율은 100만 근로시간당 재해발생 건수이다.
③ 강도율은 1,000 근로시간당 근로손실 일수이다.
④ 사망만인율은 근로자 10,000명당 사망자 수이다.

23 **근로자가 1,000명 근무하고 있는 공장에서 지난 1년간 10건의 재해가 발생하였다. 지난 1년간 주 40시간 총 50주를 근무하였을 때, 건수율을 구하면?**

① 5 ② 10
③ 5,000 ④ 10,000

해설 건수율 = (재해건수/평균 근로자수)×1,000 = (10/1,000)×1,000 = 10

24 **산업안전보건법 상 다음 상황에서 실시하는 건강진단으로 올바른 것은?** 2022. 경북 의료기술직

- 동일한 유해인자에 노출되는 근로자에게 유사한 질병의 자각 및 타각증상이 발생한 경우
- 직업병 유소견자가 발생하거나 다수 발생할 우려가 있는 경우

① 2차 건강진단 ② 배치전 건강진단
③ 특수 건강진단 ④ 임시 건강진단

해설 건강진단의 종류

1차 건강진단	일반 건강진단	상시 사용하는 근로자에 대해 정기적으로 실시하는 건강진단. 사무직 근로자는 2년에 1회, 일반 근로자는 1년에 1회
	특수 건강진단	㉠ 목적 : 유해인자로 인한 직업병을 조기발견하기 위해 실시 ㉡ 실시 대상 : 특수 건강진단 대상 유해인자는 총 178종으로, 화학적 인자로 유기화합물(108종), 금속류(19종), 산 및 알칼리류(8종), 가스상태 물질류(14종), 허가대상 유해물질(13종)이 해당되며, 분진(6종), 물리적 인자(8종), 야간작업(2종)에 노출되는 업무에 종사하는 근로자가 대상
	배치전 건강진단	㉠ 목적 : 특수 건강진단 대상 업무에 종사할 근로자에 대하여 배치예정 업무에 대한 적합성 평가를 위하여 실시 ㉡ 실시 시기 : 당해 작업에 배치하기 전에 실시
	수시 건강진단	㉠ 목적 : 급성으로 발병하거나 정기적 건강진단으로는 발견하기 어려운 직업성 질환을 조기진단하기 위해 ㉡ 대상자 : 특수 건강진단 대상업무로 인하여 유해인자에 의한 직업성 천식, 직업성 피부염, 그 밖에 건강장해를 의심하게 하는 증상을 보이거나 의학적 소견이 있는 근로자
	임시 건강진단	㉠ 동일부서에 근무하는 근로자 또는 동일한 유해인자에 노출되는 근로자에게 유사한 질병의 자각 및 타각 증상이 발생한 경우 ㉡ 직업병 유소견자가 발생하거나 다수 발생할 우려가 있는 경우 ㉢ 기타 지방노동관서의 장이 필요하다고 판단하는 경우
2차 건강진단		고혈압, 당뇨질환 의심자에 대한 2차 검사가 있고, 상담으로 발생되는 비용은 공단이 전액 부담.
건강진단 결과		㉠ 근로자의 건강진단 결과는 건강진단 기관으로부터 30일 이내에 개별 근로자 및 사업주에게 통보 ㉡ 일반건강진단의 실시결과는 건강진단관리 구분 및 사후관리 조치로 구분 ㉢ 배치 전 건강진단, 특수 건강진단, 수시 건강진단 및 임시 건강진단의 실시결과는 건강진단 관리 구분, 사후관리 조치 및 업무수행 적합 여부로 구분

25 **사무직은 2년에 1회 이상, 일반직은 1년에 1회 이상 필요한 건강검진의 종류는?** 2020. 인천시

① 일반 건강검진 ② 특수 건강검진
③ 배치 전 건강검진 ④ 수시 건강검진

해설 일반건강진단 : 상시 사용하는 근로자에 대해 정기적으로 실시하는 건강진단. 사무직 근로자는 2년에 1회, 일반 근로자는 1년에 1회

Answer 19 ③ 20 ② 21 ② 22 ① 23 ② 24 ④ 25 ①

26 건강검진 결과가 다음과 같다. 건강관리 구분 판정기준으로 올바른 것은? 2020. 광주시

직업병 예방을 위하여 지속적인 관찰이 필요함

① A ② C_2
③ C_1 ④ D_1

해설 건강진단 결과

건강관리구분		
A	정상자	건강관리상 의학적 · 직업적 사후관리 조치 불필요
B		경미한 이상소견이 있으나 의학적 · 직업적 사후관리 조치 불필요
C_1	직업병 요관찰자	직업병 예방을 위하여 적절한 의학적 · 직업적 사후관리 조치 필요
C_2	일반질병 요관찰자	일반질병 예방을 위하여 적절한 의학적 · 직업적 사후관리 조치 필요
CN	질병 요관찰자	질병으로 진전될 우려가 있어 야간작업 시 추적관찰이 필요한 근로자(질병 요관찰자)
D_1	직업병 유소견자	직업병의 소견이 있어 적절한 의학적 · 직업적 사후관리 조치 필요
D_2	일반질병 유소견자	일반질병의 소견이 있어 의학적 · 직업적 사후관리 조치 필요
DN	질병 유소견자	질병의 소견을 보여 야간작업 시 사후관리가 필요한 근로자(질병 유소견자)

업무수행 적합 여부 평가기준	
가	현재의 조건 하에서 현재의 업무가 가능
나	일정한 조건(작업방법 또는 작업환경 개선, 건강상담 또는 지도, 건강진단 주기단축 등) 하에서 현재의 업무가 가능
다	건강장해가 우려되어 한시적으로 현재의 업무를 할 수 없음. 작업환경 또는 근로조건 개선 후 업무복귀 가능
라	건강장해의 악화 또는 영구적인 건강손상이 우려되어 현재의 업무를 할 수 없음

27 특수건강진단을 받아야 하는 근로자는? 2017. 서울시

① 1달에 7~8일간 야간작업에 종사할 예정인 간호사
② 장시간 컴퓨터작업을 하는 기획실 과장
③ 하루에 6시간 이상 감정노동에 종사하는 텔레마케터
④ 당뇨 진단으로 인해 작업전환이 필요한 제지공장 사무직 근로자

해설 특수 건강진단 대상 유해인자(산업안전보건법 시행규칙 [별표 22])

	유해인자 종류	종류
화학적 인자	유기화합물(가솔린 등)	108종
	금속류(구리, 납 등)	19종
	산 및 알칼리류(무수초산 등)	8종
	가스상태 물질류(불소 등)	14종
	산업안전보건법에 의한 허가대상물질	12종
	금속가공유(미네랄 오일 미스트 광물유)	1종
분진	곡물분진, 광물성 분진, 면분진, 나무 분진, 용접 흄, 유리섬유분진, 석면분진	7종
물리적 인자	소음, 진동, 방사선, 고기압, 저기압, 유해광선(자외선, 적외선, 마이크로파 및 라디오파)	8종
야간작업	• 6개월간 밤 12시부터 오전 5시까지의 시간을 포함하여 계속되는 8시간 작업을 월 평균 4회 이상 수행하는 경우 • 6개월간 오후 10시부터 다음날 오전 6시 사이의 시간 중 작업을 월 평균 60시간 이상 수행하는 경우	2종

28 다음 중 근로자 건강진단 건강관리 구분에 대한 설명으로 올바르지 못한 것은?

① A는 건강관리상 의학적 및 직업적 사후관리 조치 불필요
② D_1은 일반질병 예방을 위하여 적절한 의학적 및 직업적 사후관리 조치 필요
③ D_2은 일반질병 소견이 있어 적절한 의학적 및 직업적 사후관리 조치 필요
④ R은 1차 건강진단 실시결과에서 이상소견이 있어 2차 건강진단 실시 필요

해설 ② D_1은 직업병 소견이 있어 적절한 의학적 및 직업적 사후관리 조치 필요

29 산업재해 보상보험의 원리가 아닌 것은? 2019. 서울시

① 사회보험방식 ② 무과실책임주의
③ 현실우선주의 ④ 정액보상방식

해설 산업재해 보상보험의 원리

무과실 책임주의	손해가 발생했을 때 산재근로자가 과실이 있는지, 부주의했는지를 입증하지 않아도 됨. 손해를 일으킨 사람에게 그 책임을 두는 것.
정률보상제도	현물급여인 요양급여를 제외하고 연령, 근무기관과 무관하게 평균임금을 기초로 법률이 정한 비율로 지급한다.
자진신고 및 자진납부원칙	
강제사회보험	
현실 우선주의 원칙	사실혼관계를 인정한다. 노동자의 생사확인이 불가능한 경우 단기 3월의 사망 추정을 인정한다. 불법취업자에게 보험급여를 지급한다.

30 산업재해보상보험 급여의 종류에 대한 설명으로 옳은 것은?

① 요양급여는 업무상 사유로 부상을 당하거나 질병에 걸린 근로자에게 요양으로 취업하지 못한 기간에 대하여 지급
② 장해급여는 근로자가 업무상의 부상 또는 질병으로 진료, 요양을 요하는 경우에 진료비와 요양비를 지급
③ 유족급여는 근로자가 업무상의 사유로 사망했을 경우 유가족에게 연금 또는 일시금 지급
④ 상병보상연금은 근로자가 업무상의 사유로 부상을 당하거나 질병에 걸려 치유된 후 신체 등에 장해가 있는 경우 지급

해설 ① 휴업급여는 업무상 사유로 부상을 당하거나 질병에 걸린 근로자에게 요양으로 취업하지 못한 기간에 대하여 지급
② 요양급여는 근로자가 업무상의 부상 또는 질병으로 진료, 요양을 요하는 경우에 진료비와 요양비를 지급
④ 장해급여는 근로자가 업무상의 사유로 부상을 당하거나 질병에 걸려 치유된 후 신체 등에 장해가 있는 경우 지급

Answer 26 ③ 27 ① 28 ② 29 ④ 30 ③

산재보험급여 종류별 수급요건 및 급여 수준

급여 종류		수급 요건	급여 수준
요양 급여		산재로 인한 부상 또는 질병의 치료를 위하여 요양비를 지불(3일 이내 치유되는 부상, 질병일 경우에는 산재보험급여를 지급하지 않고 근로기준법에 의하여 사용자가 재해보상)	요양비 전액
휴업 급여		산재로 인한 휴일기간 중 지급(요양급여와 같이 '3일 이내'라는 예외규정을 둠)	1인당 평균임금의 70%
장해 급여	연금	산재로 인한 부상, 질병의 치유 후 장해가 남아 있으며 그 정도가 장해등급 1~3급인 경우, 4~7급은 연금 · 일시금 중 선택	329일분(1급)~138일분(7급)
	일시금	위와 같은 사유이며 장해등급 8~14급인 경우, 4~7급은 연금 · 일시금 중 선택	1,012일분(4급)~55일분(14급)
유족 급여	연금	재해노동자 사망 시 유가족에게 연금 또는 일시금으로 지급	47%(유족 1인)를 기본으로 1인당 5% 증가
	일시금		1,300일분
장의비		재해노동자 사망 시 지급	120일분
상병보상 연금		2년 이상 장기요양을 하는 재해노동자가 폐질자로 판정된 경우, 요양급여와 함께 지급(휴업급여와 병급 불가)	장해급여 1~3급과 동일
특별 급여		보험가입자의 고의 · 과실로 인한 재해 시 재해노동자에게 산재보험법에 의한 보상에 더하여 민사배상에 갈음하여 유족특별급여, 장해특별급여 지급	라이프니츠방식으로 산정한 특별급여액을 보험급여에 추가 지급
간병 급여		요양급여를 받은 자가 치유 후 상시 또는 수시로 간병이 필요한 경우	• 상시 간병 : 1일 41,170원 • 수시 간병 : 1일 27,450원
직업재활 급여		제1급~제12급의 산재장해인, 미취업자, 다른 훈련 미해당자	• 직업훈련비용 및 직업훈련수당 • 직장복귀지원금, 직장적응훈련비 및 재활운동비

31 다음에서 설명하고 있는 화학적 유해인자에 해당하는 것은? 2022. 경북 의료기술직

> • 상온에서는 액체상태이나, 강한 휘발성의 성질이 있다.
> • 작업장공기에 증기형태로 오염되어 있기 때문에, 중추 신경계 등 중요기관에 침범하기 쉽다.
> • 염료, 합성세재, 유기안료, 고무 및 가죽가공 등에 매우 널리 사용되고 있다.

① 수은 ② 납
③ 전리 방사선 ④ 유기용제

해설 유기용제

특성		㉠ 물질을 녹이는 성질 ㉡ 실온에서는 액체이며 휘발하기 쉬운 성질, 호흡기로 흡입 가능
중독증상	일반적 증상	㉠ 마취 작용, 눈 · 피부 및 호흡기 점막의 자극 증상 ㉡ 중추신경의 억제 증상 ㉢ 만성독성 뇌병증(정신기질증후군)
	특이증상	벤젠의 조혈 장애, 염화탄화수소의 간 장애, 메타놀의 시신경 장애, 노말핵산 및 MBK의 말초신경 장애, 이황화탄소의 중추신경 장애

구급처치	㉠ 용제가 있는 작업장소로부터 환자를 떼어 놓음. ㉡ 호흡이 멎었을 때는 인공호흡을 실시 ㉢ 용제가 묻은 의복은 벗김 ㉣ 보온과 안정에 유의 ㉤ 의식이 있는 환자에게는 따뜻한 물이나 커피를 마시게 함.
대사과정	㉠ 생전환 과정 ㉡ 포합반응 ㉢ 이 과정을 거침으로써 지용성인 유기물질이 수용성 물질로 전환되어 배설이 용이하게 됨

32 **다음에서 설명하는 물질로 가장 옳은 것은?** 2021. 서울시

> 은백색 중금속으로 합금제조, 합성수지, 도금작업, 도료, 비료제조 등의 작업장에서 발생되어 체내로 들어가면 혈액을 거쳐 간과 신장에 축적된 후 만성중독 시 신장 기능장애, 폐기종, 단백뇨 증상을 일으킨다.

① 비소 ② 수은
③ 크롬 ④ 카드뮴

해설 카드뮴(은백색의 중금속)

직종	카드뮴 정련가공, 도금작업, 합금제조, 합성수지, 도료, 비료제조
특성	은백색, 연질의 금속물질로 부식에 강하다.
증상	㉠ 급성 : 고농도 섭취로 발생하며 구토, 설사, 급성 위장염, 복통, 착색뇨, 간, 신장 기능장애, 단백뇨가 발생 ㉡ 만성 : 폐기종, 신장기능 장애, 단백뇨, 뼈의 통증, 골연화증, 골다공증 등 골격계 장애가 대표적인 증상 ㉢ 만성중독증의 3대 증상 : 폐기종, 신장장애(단백뇨), 골격계 장애

33 **카드뮴(Cd) 중독으로 인한 일본의 환경오염 문제를 사회적으로 크게 부각시킨 것으로 가장 옳은 것은?** 2020. 서울시

① 욧카이치 천식 ② 미나마타병
③ 후쿠시마 사건 ④ 이타이이타이병

해설 ㉠ 일본의 4대 공해병과 원인
- 미나마타병 : 메틸수은
- 니가타 미나마타병 : 수은중독
- 욧카이치 천식 : 아황산가스
- 이따이이따이병 : 카드뮴

㉡ 후쿠시마 원전사고

Answer / 31 ④ 32 ④ 33 ④

34 다음에 해당하는 열중증은?

2020. 복지부

- 같은 말로 열피로, 열탈진 등이 있다.
- 말초혈액 순환의 부전, 피부혈관의 확장, 탈수 등이 원인이다.
- 전신권태, 두통, 현기증, 이명 등의 전구증상이 있고, 탈력감이 있다.

① 열허탈증 ② 열사병
③ 열쇠약증 ④ 열경련

해설 고온에 의한 신체 장애

열사병	원인	체온조절중추 기능장애로 뇌의 온도가 상승하여 생김.
	증상	땀을 흘리지 못해 고열(41~43℃), 두통, 혼수 상태, 피부 건조
	치료	• 치료를 안하면 100% 사망하며 치료를 해도 체온이 43℃ 이상일 때는 약 80%, 43℃ 이하일 때는 40%의 치명률. • 체온하강이 중요. 얼음물에 담가서 체온을 39℃까지 내려줘야 함 • 체열의 생산을 억제하기 위해 항신진대사제를 투여.
열경련	원인	지나친 발한에 의한 탈수와 염분 소실.
	증상	• 특징적 증상은 수의근의 통증성 경련. • 전구 증상 : 현기증, 이명, 두통, 구역, 구토, 체온은 정상
	치료	• 생리 식염수를 공급(1~2L)하거나, 0.1% 식염수를 마시게 함.
열피로 (열허탈증, 열탈진)	원인	말초혈관 운동신경의 조절장애와 심박출량의 부족으로 인한 순환 부전, 특히 대뇌피질의 혈류량 부족이 주원인.
	증상	• 전구 증상으로는 전신의 권태감, 탈력감을 느낌. • 두통, 현기증, 귀울림, 구역질을 호소하다가 완전히 허탈상태에 빠져 의식을 잃기도 함. 이완기 혈압의 하강이 현저함.
	치료	• 시원하고 쾌적한 환경에서 휴식시키고 탈수가 심하면 5% 포도당 용액 정맥주사 • 더운 커피를 마시게 하거나 강심제를 써야 할 경우도 있음.
열쇠약	원인	고열에 의한 만성 체력소모를 말하며, 만성 열중증.
	증상	전신 권태, 식욕 부진, 위장 장애, 불면, 빈혈, 몸이 점차로 수척해짐.
	치료	영양 공급, 비타민 B_1 공급, 휴양 등이 필요.
열실신 (Heat Syncope)	원인	피부 혈관확장으로 인한 전신과 대뇌 저혈압으로 의식소실이 갑자기 나타남.
	증상	㉠ 피부는 차고 습하며 맥박은 약함. ㉡ 수축기 혈압은 통상 100mmHg 이하.
	치료	㉠ 휴식을 취하고, 시원하게 하며 수액 보충이 필요. ㉡ 열실신 발생 이전의 신체질환을 찾아내어 치료하는 것이 필요.

35 산재보상보험법 상 소음성 난청의 업무상 질병 인정기준으로 옳지 못한 것은?

2020. 대구시

① 연속음으로 85dB 이상의 소음에 노출되는 작업장에서 3년 이상 종사한 사람이다.
② 한 귀의 청력손실이 40dB 이상인 감각신경성 난청을 진단받은 경우이다.
③ 고막 또는 중이에 뚜렷한 병변이 없어야 한다.
④ 순음청력검사 결과 기도청력역치와 골도청력역치 사이에 뚜렷한 차이가 있어야 한다.

해설 산업재해보상보험법 시행령 별표3
85데시벨[dB(A)] 이상의 연속음에 3년 이상 노출되어 한 귀의 청력손실이 40데시벨 이상으로, 다음 요건 모두를 충족하는 감각신경성 난청. 다만, 내이염, 약물중독, 열성 질병, 메니에르증후군, 매독, 머리 외상, 돌발성 난청, 유전성 난청, 가족성 난청, 노인성 난청 또는 재해성 폭발음 등 다른 원인으로 발생한 난청은 제외한다.
㉠ 고막 또는 중이에 뚜렷한 손상이나 다른 원인에 의한 변화가 없을 것
㉡ 순음청력검사결과 기도청력역치(氣導聽力閾値)와 골도청력역치(骨導聽力閾値) 사이에 뚜렷한 차이가 없어야 한다.

36 비타민B_1 부족과 함께 고온에서 오래 작업하는 경우 발생하는 직업병으로 올바른 것은?

2020. 인천시

① 열사병 ② 열피로
③ 열쇠약 ④ 열경련

해설 열쇠약

원인	고열에 의한 만성 체력소모를 말하며, 만성 열중증.
증상	전신 권태, 식욕 부진, 위장 장애, 불면, 빈혈, 몸이 점차로 수척해짐.
치료	영양 공급, 비타민 B_1 공급, 휴양 등이 필요.

37 진폐증에 대한 설명으로 옳지 않은 것은?

2020. 울산시

① 진폐증은 폐에 분진이 침착하여 섬유증식증 등의 조직반응을 일으킨 상태를 말한다.
② 진폐증은 0.5~5μm 크기의 분진입자가 폐포 침착률이 높아 큰 문제를 일으킨다.
③ 규폐증은 유리규산과 유기성 분진이 원인이다.
④ 우리나라는 광업의 축소로 탄광부진폐증이 감소하는 반면, 일반제조업에서 발생하는 규폐증이 점차 증가하는 추세이다.

해설 ③ 규폐증은 유리규산과 무기성 분진이 원인이다.
진폐증

정의	분진, 흡입에 의해 폐의 조직반응이 일어나 병리변화가 온 상태. 특히 0.5~5μm 크기(호흡성 먼지)의 분진입자가 폐포 침착률이 높아 큰 문제를 일으킨다.	
종류	규폐증	유리규산 분진에 의해 폐의 만성 섬유증식을 일으킴 채석장 인부, 석공, 도공들에게 많이 발생
	석면폐증	석면섬유 → 석면은 발암물질이 있어 기관지암, 폐암 발생 가능
	탄폐증	석탄, 규토, 규산 분진
	면폐증	면, 아마, 대마, 목재, 곡물(취업 6개월 전후 발생)
증상	㉠ 결절형성이 극심하지 않는 한 일반적으로 자각증상은 없고, 호흡곤란, 기침, 다량의 객담과 객담의 배출곤란, 흉통, 혈담이 나오는 경우도 있음. ㉡ 합병증 : 폐결핵, 기흉, 폐기종, 결핵성 늑막염, 만성 속발성 기관지 확장증/기관지염	

Answer 34 ① 35 ④ 36 ③ 37 ③

38 광명단을 제조하는 공정에서 노출되기 쉽고, 증상에는 얼굴이 창백해지고 빈혈증이 있으며, 손처짐을 동반하는 팔과 손의 마비가 있고, 적혈구의 생존기간이 줄어드는 특징을 보이는 중금속은?

2019. 인천시

① 수은
② 비소
③ 크롬
④ 납

해설 납중독

침입경로	호흡기로 흡수되는 것이 대부분이나 경구 침입(기도의 점막, 위장관계), 피부로도 침입
직종	축전지, 화학과 건축업, 파이프와 케이블 피막, 전기 용접, 페인트, 용접공과 납땜공, 탄약 공장, 유리 제조업자, 도자기 기술자
증상	용해성 인산염으로 혈중농도가 어느 한도 이상 시 증상 발현 ㉠ 위장 장애 : 식욕 부진, 변비, 복부 팽만감, 산통 ㉡ 신경 근육계통 장애 : 사지신근 쇠약, 마비(특히 Wrist Drop 동반), 관절통, 근육통, 연성 마비 ㉢ 중추신경 장애 : 급성 뇌증, 심한 흥분, 정신 착란 ㉣ 만성 중독 : 동맥경화증, 고혈압, 신장 장애 ㉤ 비교적 경한 경우 두통, 현기증, 정신 착란, 불면증, 졸린 상태가 지속되고 정신 장애를 일으킨다. ㉥ 연 중독의 4대 증상 • 혈관 수축이나 빈혈로 인한 피부 창백 • 구강 치은부에 암청회색의 납이 침착(연연)한 청회색선 • 호염기성 과립 적혈구 증가, Hb 감소 • 소변 중 코프로폴피린 검출 – 초기 진단
예방과 관리	㉠ 납 화합물을 보다 독성이 작은 물질로 대치하는 것이 가장 효과적이다. ㉡ 분진 발생을 가능한 한 억제하기 위해 물을 뿌리고 바닥을 항상 축축하게 유지하며, 연페인트 성분을 마른 가루 대신 반죽 형태로 공급하고 습식방법을 이용한다. ㉢ 개인보호구를 착용하고 최소한 주 1회 깨끗이 닦고 갈아 입어야 한다. 개인보호구를 보관하는 별도의 장소가 필요하고 납의 분진이 손에 묻은 채로 담배를 피우거나 음식물을 먹지 않도록 한다. ㉣ 정기 건강진단을 실시하여 조기 발견과 작업 전환을 한다.

39 방사선이 살아있는 조직과 상호작용할 때의 영향으로, 방사선의 종류마다 방사선가중치를 달리 부여하며, 방사선량 단위로 시버트를 사용하는 것은?

2019. 대전시

① 등가선량
② 유효선량
③ 흡수선량
④ 조사선량

해설

구분		국제표준화 단위	의미
방사능		베크렐(Bq)	
방사선량	조사선량	쿨롱/킬로그램(C/kg)	광자로부터의 이온화 방사선(감마선, 엑스선)으로 인해 대기가 이온화된 정도를 측정한 양
	흡수선량	그레이(Gy)	어떤 물체에 방사선의 에너지가 매질에 흡수된 정도를 나타내는 단위(인체를 포함한 모든 물체에흡수된 정도)
	등가선량	시버트(Sv)	방사선 가중계수(가중인자)와 방사선에 대한 장기나 조직의 흡수선량의 곱의 총합(인체에 미치는 영향)
	유효선량	시버트(Sv)	인체의 여러 조직이 방사선에 균일 또는 불균일하게 조사된 경우, 조직별 상대적인 위험도의 차이를 반영하여 전체적 영향을 평가하기 위해 도입된 양

40 전리방사선에 대한 설명으로 옳지 않은 것은? 2019. 경기

① 전리방사선이 물질을 통과할 때 전자를 튕겨내는 전리작용에 의해 양이온과 음이온이 발생한다.

② 전리방사선은 X선, γ선의 전자기방사선과 α입자, β입자, 중성자 등의 입자방사선을 합쳐 부르는 말이다.

③ 입자가 작고 전하량이 낮을수록 전리효과가 크다.

④ 전파 형태의 전자기방사선은 투과력이 크다.

해설 ③ 입자가 작고 전하량이 클수록 전리효과가 크다.

- 방사선의 투과력 : 중성자 > γ선 > X선 > β선 > α선
- 방사선의 전리작용(이온화작용) : 중성자 < γ선 < X선 < β선 < α선
- 입자가 크고 전하량이 클수록 전리효과가 크다. α선은 입자가 크고 전하량이 커서 전리효과가 매우 높지만, 그 대신 투과력이 약해 종이 1장도 뚫지 못하고, 체내에 들어올 수 없다. 하지만 일단 체내에 들어오면 전리효과가 크기 때문에 인체에 영향을 준다.

41 잠함병에 대한 설명으로 옳지 않은 것은? 2019. 광주시

① 고공을 비행하던 여객기의 여압 기능에 문제가 발생하여 갑자기 고공의 저기압 환경에 노출될 때 감압병이 생기는데, 이를 고공 감압병이라고 부른다.

② 수온이 낮을 때, 체내에 이산화탄소의 분압이 높을 때 더 잘 생긴다.

③ 증상 중 제1형은 복통, 흉통, 배부통 등의 통증, 전정기관, 뇌 척수 등의 손상으로 인한 신경학적 증상을 가리킨다.

④ 환자를 다시 고압환경으로 재가압하여 산소호흡을 시키는 고압산소요법이 최상의 치료이다.

해설 잠함병

구분	내용
원인	너무 급격히 감압할 때 혈액과 조직에 용해되어 있던 질소가 산소나 이산화탄소와 함께 체외로 배출되지 않고 혈중으로 용입되어 기포를 형성하여 이들 기포가 순환 장애와 조직 손상을 일으키는 현상
증상	• 4대 증상 : 피부 소양감과 관절통, 내이와 미로의 장애, 뇌내 혈액순환 장애와 호흡기계 장애, 척추증상에 의한 신경마비 • 제1형 : 근골계에만 통증이 있거나 피부에 소양감이나 대리석양 피부증상이 나타나는 형으로 pain-only DCS라고 한다. • 제2형 : 복통, 흉통, 배부통 등의 통증, 전정기관, 뇌 척수 등의 손상으로 신경학적 증상을 보인다. 현기증과 두통부터 운동 및 감각기능 장해, 방광 또는 직장기능에 장해가 온다. 1형과 2형의 발현빈도는 7:3이다.
예방대책	• 고압작업이 끝난 후 감압표에 의한 단계적 감압(1기압 감압에 20분 이상), 고압폭로시간의 단축, 감압 후 적당한 운동으로 혈액순환 촉진, 감압 후 산소공급, 고압작업 시 질소를 헬륨으로 대치한 공기흡입, 고압작업 시 고지질이나 알코올 섭취를 금하도록 함. • 일단 감압증에 걸리면 즉시 치료갑에 넣어서 다시 가압한 다음 아주 서서히 감압 • 채용 전에 적성검사를 실시하여 20세 미만, 50세 이상인 자, 여자, 비만자, 호흡기 또는 순환기 질환자, 골관절 질환자, 출혈성 소인자, 약물중독자 등은 작업에서 제외

Answer 38 ④ 39 ① 40 ③ 41 ③

42 용광로에서 근무하는 사람이 걸리는 백내장과 관련 있는 것은? 2019. 전북

① 적외선 ② 자외선
③ 가시광선 ④ 감마선

해설 용광로에서 근무하는 경우 초자공 백내장(후극성 백내장)이 발생되며 이는 적외선에 의한 것이다.
비전리방사선

자외선	㉠ 범위 : 파장 2,000~4,000Å ㉡ 살균력이 강한 선 : 2,400~2,800Å ㉢ 도노라 선(건강 선, 비타민 선, 생명 선) : 2,800~3,200Å ㉣ 기능 : 비타민 D 형성으로 인한 구루병의 예방, 피부 결핵 및 관절염의 치료작용, 신진대사 촉진, 적혈구 생성촉진, 혈압 하강, 살균작용 ㉤ 장애 증상 : 백내장, 피부암 ㉥ 대책 : 전기 용접공은 검은색 보호안경이나 차광안경을 착용하고, 피부에는 보호용 크림
적외선	㉠ 범위 : 파장 7,800~30,000Å ㉡ 장애 증상 : 열중증, 피부 화상, 망막 화상, 후극성 백내장(초자공 백내장) ㉢ 대책 : 방열판, 방열장치의 설치, 방열복, 방열면, (갈색)보호안경의 착용
가시광선	㉠ 범위 : 파장 4,000~7,000Å ㉡ 가시광선 중 가장 강한 빛을 느끼는 파장 : 5,500Å ㉢ 증상 : 조명 불량 시 안구진탕증, 정신적인 불쾌감, 눈의 피로, 시력 감퇴, 조명 과잉시 광선공포증, 두통

43 자외선에 대한 다음의 설명 중 옳지 못한 내용은? 2018. 지방직

① 비타민 D 생성을 촉진하고 균의 핵단백을 파괴하여 살균작용을 한다.
② 눈을 자극하여 눈물, 통증 등을 동반한 각막염 및 결막염을 일으킨다.
③ 피부에 홍반을 일으키고 심하면 부종, 피부박리 등이 유발된다.
④ 망막을 자극하여 색채 식별을 가능하게 하며, 과다 시 시력장애, 시야협착을 유발한다.

해설 ④는 가시광선의 특징에 해당된다.

44 일광에 장시간 노출된 후 일사병 증상이 나타났다면 주로 영향을 미친 광선은? 2018. 서울시

① 자외선 ② 가시광선
③ 적외선 ④ X-선

해설 적외선에 노출된 후 증상 : 열중증, 피부 화상, 망막화상, 후극성 백내장(초자공 백내장)

45 다음에 해당하는 유해물질로 가장 옳은 것은? 2018. 서울시

> 가. 기름 · 지방 등을 녹이고 휘발성이 강하다.
> 나. 다양한 생활용품 제조에 사용되고 있으며 근로자 뿐 아니라 일반인들도 일상생활에서 빈번하게 노출되는 물질이다.
> 다. 노출되는 경우 일반적으로 신경계 독성이 많이 나타나며 물질에 따라 간독성, 신장독성, 발암성 등을 나타내기도 한다.

① 유기용제 ② 유기인제
③ 중금속 ④ 유해가스

해설 유기용제
㉠ 물질을 녹이는 성질
㉡ 실온에서는 액체이며 휘발하기 쉬운 성질, 호흡기로 흡입 가능

46 직업병을 일으킬 수 있는 직업과의 연결이 옳지 않은 것은? 2018. 지방직

① 잠함병 —잠수작업 ② 직업성 난청 —착암작업
③ VDT증후군 —통신 및 금속가공 ④ 레노아드증후군 —분쇄가공

해설 통신 및 금속가공은 중금속이나 유기용제 중독과 관련이 있다.

47 다음 중 공업중독 물질과 발생원의 연결이 옳은 것은? 2018. 경기

① 크롬 – 도금업 ② 납 – 체온계 제조업
③ 카드뮴 – 농약 제조업 ④ 수은 – 축전지업

해설 ② 납 – 축전지업 ③ 카드뮴 – 도금업 ④ 수은 – 농약 제조업

48 다음 전리방사선 중 인체의 투과력이 가장 약한 것은? 2017. 서울시

① 알파선 ② 베타선
③ 감마선 ④ 엑스선

해설

방사선의 투과력	중성자> γ선>X선> β선> α선 • α선 : 투과력이 매우 약해 피부는 물론 얇은 종이도 투과하지 못함 • β선 : 종이나 피부는 투과하나 알루미늄은 투과하지 못함 • γ선 : 투과력이 매우 높은 편으로 우리 몸을 쉽게 투과하여 암치료에 효과적임

Answer 42 ① 43 ④ 44 ③ 45 ① 46 ③ 47 ① 48 ①

49 다음 글에 해당하는 고온으로 인한 열중증은? 2016. 경기 의료기술직

> • 원인 : 말초혈관 운동신경의 조절장애와 심박출량 부족으로 인한 순환부전
> • 증상 : 체온은 정상이고 맥박은 미약하고 빠르다.
> • 치료 : 강심제와 생리식염수를 투여한다.

① 열경련증 ② 열사병
③ 열쇠약증 ④ 열허탈증

해설 열허탈증 : 말초혈관 운동신경의 조절장애와 심박출량의 부족으로 인한 순환 부전, 특히 대뇌피질의 혈류량 부족이 주원인

50 전리방사선이 인체에 미치는 피해가 아닌 것은? 2016. 경기 의료기술직

① 레이노드병, 폐질환 ② 백혈병, 돌연변이
③ 조혈기능장애, 빈혈 ④ 피부건조, 피부궤양

해설 레이노드병은 국소 진동으로 인한 직업병, 전리방사선은 폐질환과는 관련이 적고 백혈병, 피부암, 골육종 등을 일으킨다.

전리방사선

종류	X-ray, γ선, α입자, β입자, 중성자(neutron)
민감부위	골수>림프구>생식기
증상	조혈기능 장애, 백혈병, 피부암, 골육종, 불임증, 탈모 등의 국부 증상

51 다음 중 아래의 증상을 나타내는 질환으로 올바른 것은?

> 고온다습한 환경에서 육체적 활동을 하는 경우, 체온조절 중추신경에 이상이 생겨 땀 배출이 제대로 이루어지지 않아 심부온도가 40℃까지 상승하여 뇌의 손상이 초래된다.

① 열경련 ② 열피로
③ 열쇠약증 ④ 열사병

해설 열사병 : 온조절중추 기능장애로 뇌의 온도가 상승하여 생김. 땀을 흘리지 못해 고열(41~43℃), 두통, 혼수상태, 피부 건조

52 고온 날씨 건설현장에서 작업하던 인부들이 사지경련, 근육통 증상을 보여 진찰한 결과, 맥박은 높아졌지만 체온과 혈압의 상승은 없었다. 이들에게 의심되는 질환의 원인은?

① 수분과 염분이 결핍된 상태 ② 장시간 열에 노출된 상태
③ 정맥의 순환이 잘 안된 상태 ④ 중추신경계 이상으로 온도조절 불가

해설 ② 열쇠약 ③ 열피로 ④ 열사병

53 **다음 중 청력손실에 대한 설명으로 올바르지 못한 것은?**

① 소음성 난청은 주로 3,000~6,000Hz의 범위에서 발생한다.
② C5-dip 현상이란 4,000Hz 영역에서 청력손실이 현저하게 진행되는 것이다.
③ 청신경의 퇴화에 따른 난청은 노인성 난청이다.
④ 노인성 난청은 주로 저주파 영역에서부터 발생한다.

해설 ④ 노인성 난청은 주로 고주파 영역에서부터 발생한다.

정의	소음으로 인하여 내이에 위치한 감각신경이 피로해지고 퇴화하는 현상
종류	• 일시적 난청 : 4,000~6,000Hz 영역에 2시간 이상 노출시 잘 발생하나, 12~24시간 이내에 회복이 된다. • 영구적 난청
증상	• 초기에 본인이 잘 알아챌 수 없는 것이 특징 • 4,000Hz 근방의 청력이 가장 먼저 손상을 입음(C_5-dip현상)
예방대책	• 보호구 착용 • 120dB 이상일 경우 귀덮개와 귀마개를 동시에 사용

54 **다음 중 소음 · 진동이 인체에 미치는 영향으로 올바르지 못한 것은?**

① 국소진동에 노출되면 레이노드 현상이 온다.
② 소음에 노출되면 맥박상승, 혈압상승, 발한, 전신긴장이 온다.
③ 전신진동에 노출되면 내장하수, 척추경련이 온다.
④ 청력손실은 소음노출 후 2시간부터 나타나고 12~24시간 후에 회복된다.

해설 **소음이 인체에 미치는 영향** : 일과성, 영구성 또는 일과성과 영구성을 겸한 청력 손실, 대화 방해, 급작스런 소음에 대한 생리반응은 경악 반응, 필요 이상의 노력을 하여야 하는 작업 방해가 일어난다. 그 외 소음의 기타 생체반응으로는 혈압 상승, 맥박수 증가, 호흡의 변화, 근육긴장도가 증가한다.

55 **다음 중 레이노드병을 유발하는 가장 큰 물리적 요인은?**

① 국소진동
② 소음
③ 저온
④ 전신진동

해설 진동

증상	㉠ 전신 진동 : 시력 저하, 피부로부터 열발산 촉진, 혈액순환 억제, 위장 장애. ㉡ 국소 진동 : 작업자의 손가락에 있는 말초혈관의 폐색, Raynaud 현상(White Finger, Dead Finger)
예방대책	㉠ 전파경로를 차단하며, 내진성을 높일 수 있는 작업 자세, 작업시간 단축을 실시한다. ㉡ 국소진동 작업 시 한랭의 영향을 고려하여 장갑을 착용한다. ㉢ 흡연자일수록 예후가 좋지 않으므로 금연한다.

Answer 49 ④ 50 ① 51 ④ 52 ① 53 ④ 54 ② 55 ①

56 다음 중 방사선이 인체에 노출이 되었을 때 가장 감수성이 높은 조직부위는?

① 간 ② 골수
③ 근육 ④ 신경

해설 방사선의 민감부위 : 골수 > 림프구 > 생식기

57 방사선에 의한 생물학적 손상정도를 나타내는 전리방사선의 등가선량 단위는?

① Gray(Gy) ② Rad(Rd)
③ Roentgen(R) ④ Sievert(Sv)

해설 등가선량(시버트) : 방사선 가중계수(가중인자)와 방사선에 대한 장기나 조직의 흡수선량의 곱의 총합(인체에 미치는 영향)

58 방사능 세슘(Cs-137)의 생체 내 반감기가 30년이라고 할 때, 10세인 사람의 체내에 20mg의 방사성 세슘이 있다면, 70세가 되었을 때 체내에 남아있는 방사성 세슘의 양(mg)은?

① 1 ② 2
③ 5 ④ 10

해설 반감기란 어떤 물질을 구성하는 성분이 반으로 감소하는데 필요한 기간을 의미한다. 방사능 세슘의 반감기가 30년이라고 하였으니 10세에 20mg → 40세에 10mg → 70세에 5mg이 된다.

59 다음 중 자외선의 인체 내 생물학적 설명과 내용으로 모두 알맞은 것은?

가. 건강선 4,000~7,000Å	나. 비타민 D 형성
다. 안구진탕증	라. 피부암

① 가, 나, 다 ② 가, 다
③ 나, 라 ④ 가, 나, 다, 라

해설 자외선
㉠ 범위 : 파장 2,000~4,000Å
㉡ 살균력이 강한 선 : 2,400~2,800Å
㉢ 도노라 선(건강 선, 비타민 선, 생명 선) : 2,800~3,200Å
㉣ 기능 : 비타민 D 형성으로 인한 구루병의 예방, 피부 결핵 및 관절염의 치료작용, 신진대사 촉진, 적혈구 생성촉진, 혈압 하강, 살균작용
㉤ 장애 증상 : 백내장, 피부암
㉥ 대책 : 전기 용접공은 검은색 보호안경이나 차광안경을 착용하고, 피부에는 보호용 크림

60 **다음 중 유기용제 중독에 대한 내용 중 틀린 것은?**

① 유기용제는 호흡기, 피부, 눈을 자극하며, 식도, 위를 자극해 구토와 설사를 유발시키고 심한 경우 화학성폐렴과 신경장애를 유발할 수도 있으며 사망까지 이를 수 있다.
② 유기용제 중독을 측정하기 위해서는 주말(금요일) 저녁에 한다.
③ 유기용제 취급업종으로는 페인트 같은 도료의 제조배합, 염료, 합성세제, 유기안료, 의약품, 농약, 향료, 조미료, 사진약품, 폭약, 방충제, 잉크 등 광범위한 화학공업제품 제조공장인데 사용목적에 따라 단독 혹은 혼합하여 사용하고 있다.
④ 지용성이며, 상온에서 휘발성인 유기용제는 지방 또는 유지방조직과 친화성이 높아 마취 등의 기능장애 발생을 유발한다.

해설 ② 유기용제 중독을 측정하기 위해서는 노출된지 2시간 이내에 측정하여야 한다.

61 **유해 금속 중독과 관련 장애를 잘못 짝지은 것은?**

① 납중독 – 조혈기능 장애, 중추신경 장애, 악성빈혈
② 망간중독 – 비중격천공, 피부궤양, 접촉성 피부염
③ 카드뮴 중독 – 폐기종, 단백뇨, 골연화증
④ 수은중독 – 시야협착, 구내염, 언어장애

해설 망간 중독
㉠ 망간화합물인 과망간산칼륨은 구강과 위 세척(0.1%)에도 사용된다.
㉡ 일반적으로 노동위생상의 허용농도는 1mL당 5mg이다.
㉢ 산화망간의 분진 등을 흡입하면 호흡기가 자극을 받아 심한 기침과 담이 유발되고 폐렴 증세가 나타난다.
㉣ 만성증상 : 무기력, 무관심, 식욕 감퇴, 불면증 등의 가벼운 정신 증세, 심하면 파킨슨 증후군이라는 신경 증세가 나타난다. 이 외 언어 장애, 수족 경련, 정신 착란 등의 증세가 나타난다.

62 **다음 중 독성물질이 인체에 유입하여 일반적으로 저장되는 곳으로 올바르지 못한 것은?**

① 뇌
② 뼈
③ 간
④ 신장

해설 **혈관–뇌 장벽** : 독성물질이 중추신경계로 이행하는 것을 최대한 억제하는 기능을 한다.

63 **다음 중 광부의 폐질환 유발물질은?**

① Berylliosis
② Byssinosis
③ Rheumatoid Pneumoconiosis
④ Siderosis

해설 탄광부 진폐증(Rheumatoid Pneumoconiosis) : 석탄 광부에서 발생하는 진폐증으로 대부분 증상이 없으며 예후도 양호하다. 흉부사진상 주로 상엽에 석탄 반점이 나타나며, 병변의 정도는 과거 분진노출량과 폐에 침착된 석탄분진의 농도와 비례하여 나타난다. 탄광부 진폐증 환자에서 류머티스양 관절염이 있는 경우 양측 폐에서 큰 괴사 생성결절이 동반된 Caplan증후군이 발생할 수 있다.

Answer 56 ② 57 ④ 58 ③ 59 ③ 60 ② 61 ② 62 ① 63 ③

64 **산업장에서 발생할 수 있는 중독과 관련된 질환에 대한 설명으로 가장 옳은 것은?**

① 수은 중독은 연빈혈, 연선, 파킨슨증후군과 비슷하게 사지에 이상이 생겨 보행장애를 일으킨다.
② 납 중독은 빈혈, 염기성 과립적혈구수의 증가, 소변 중의 코프로폴피린(corproporphyrin)이 검출된다.
③ 크롬 중독은 흡입 시 위장관계 증상, 복통, 설사 등을 일으키고, 만성 중독 시 폐기종, 콩팥장애, 단백뇨 등을 일으킨다.
④ 카드뮴 중독은 호흡기 장애, 비염, 비중격의 천공, 적혈구와 백혈구 수의 감소(조혈장애) 등을 가져온다.

해설 ① 수은 중독은 파킨슨증후군과 비슷하게 사지에 이상이 생겨 보행장애를 일으킨다.
③ 카드뮴 중독은 흡입 시 위장관계 증상, 복통, 설사 등을 일으키고, 만성 중독 시 폐기종, 콩팥장애, 단백뇨 등을 일으킨다.
④ 크롬 중독은 호흡기 장애, 비염, 비중격의 천공 등을 가져온다.

65 **납중독에 가장 걸리기 쉬운 직업은?**

① 비료 제조업 ② 변압기 제조업
③ 페인트 제조업 ④ 체온계 제조업

해설 납중독 직종 : 축전지, 화학과 건축업, 파이프와 케이블 피막, 전기 용접, 페인트, 용접공과 납땜공, 탄약 공장, 유리 제조업자, 도자기 기술자

66 **다음 중 크롬 중독 증상의 하나인 비중격천공의 특징적 증상은?**

① 비점막에 무통성의 궤양을 일으키고 코피가 나며, 콧구멍 사이에 구멍이 생기는 현상
② 염기성 과립 적혈구 수의 증가 현상
③ 잇몸에 염증 또는 감염증이 생김
④ 폐기종, 단백뇨, 신장장애 등이 주요 증상

해설 ② 염기성 과립 적혈구 수의 증가 현상 : 납중독 증상
③ 잇몸에 염증 또는 감염증이 생김 : 수은중독 증상
④ 폐기종, 단백뇨, 신장장애 등이 주요 증상 : 카드뮴중독 증상

67 다음 중 아래 설명에 해당하는 물질은?

> 가. 은백색, 연질의 금속물질, 부식에 강함
> 나. 인체에 미치는 영향은 급성증상으로 구토, 복통, 간손상, 신부전증 등이 있으며, 만성시 단백뇨를 나타냄
> 다. 토양오염지역, 금속광산, 공업지역 또는 오염된 물이 공급되는 지역의 재배식물, 인근 어패류 및 동물에 축적
> 라. 폐금속광산, 금속제련소 등 인근주민에게 노출될 가능성 높음

① 납　　② 수은
③ 카드뮴　　④ 크롬

해설 카드뮴(은백색의 중금속) 증상
㉠ 급성 : 고농도 섭취로 발생하며 구토, 설사, 급성 위장염, 복통, 착색뇨, 간, 신장 기능장애, 단백뇨가 발생
㉡ 만성 : 폐기종, 신장기능 장애, 단백뇨, 뼈의 통증, 골연화증, 골다공증 등 골격계 장애가 대표적인 증상
㉢ 만성중독증의 3대 증상 : 폐기종, 신장장애(단백뇨), 골격계 장애

68 다음 중 '화학물질관리법'에서 유해화학물질을 취급하는 자가 해당 유해화합물의 용기나 포장에 표시하여야 할 사항으로 올바르지 못한 것은?

① 명칭, 유해내용 그림　　② 사용자 정보
③ 위험 및 경고표시 신호　　④ 예방조치 문구

해설 유해화학물질을 취급하는 자는 해당 유해화학물질의 용기나 포장에 다음의 사항이 포함되어 있는 유해화학물질에 관한 표시를 하여야 한다. 제조하거나 수입된 유해화학물질을 소량으로 나누어 판매하려는 경우에도 또한 같다(법 제16조 제1항).
㉠ 명칭 : 유해화학물질의 이름이나 제품의 이름 등에 관한 정보
㉡ 그림문자 : 유해성의 내용을 나타내는 그림
㉢ 신호어 : 유해성의 정도에 따라 위험 또는 경고로 표시하는 문구
㉣ 유해 · 위험 문구 : 유해성을 알리는 문구
㉤ 예방조치 문구 : 부적절한 저장 · 취급 등으로 인한 유해성을 막거나 최소화하기 위한 조치를 나타내는 문구
㉥ 공급자정보 : 제조자 또는 공급자의 이름(법인인 경우에는 명칭을 말한다) · 전화번호 · 주소 등에 관한 정보
㉦ 국제연합번호 : 유해위험물질 및 제품의 국제적 운송보호를 위하여 국제연합이 지정한 물질분류번호

Answer / 64 ② 65 ③ 66 ① 67 ③ 68 ②

69 직업성 질환을 원인별로 분류할 때 가장 옳은 설명은?

① 의사, 간호사, 방사선사의 전리방사선으로 인한 백혈병 발생은 화학적 원인이다.
② 축전지, 납전지, 인쇄 관련 업종의 납으로 인한 빈혈 및 소화기 장해의 발생은 물리적 원인이다.
③ 사무관리자의 스트레스로 인한 뇌졸중 발생은 사회심리적 원인이다.
④ 컴퓨터 프로그래머의 어깨 통증 및 손목굴증후군은 화학적 원인이다.

해설 ① 의사, 간호사, 방사선사의 전리방사선으로 인한 백혈병 발생은 물리적 원인이다.
② 축전지, 납전지, 인쇄 관련 업종의 납으로 인한 빈혈 및 소화기 장해의 발생은 화학적 원인이다.
④ 컴퓨터 프로그래머의 어깨 통증 및 손목굴증후군은 물리적 원인이다.

직종별 직업병

화학적 요인 (공업 중독)	납 중독	축전지, 인쇄, 납 제련, 케이블 제조	골수 침입, 빈혈, 소화기 장해, 정신신경 장애
	수은 중독	계기, 뇌관, 전기 분해, 농약 제조	구내염, 설사, 수전증, 무뇨증, 피부염, 정신 장해
	망간 중독	제강공	신경염, 신장염, 피부점막의 염증, 중추신경 장해
	크롬, 니켈, 알루미늄 중독	도금, 제련	피부 점막의 궤양, 폐암
	금속 증기	제련소	발열, 소화기질환, 신경염, 피부염
	비소 중독	농약	신경염, 소화기질환, 피부염
	인 중독	살충제, 살서제	악골 괴저, 소화기 장해
	초기, 아황산가스 중독	셀룰로이드, 표백, 제지, 비료, 제련	치아 산식증, 순환기 장해, 천식, 폐부종
	황화수소중독, 이황화탄소 중독	인조견사, 셀로판	급성마비, 두통, 불변증, 신경증상
	일산화탄소 중독	화부, 가열공	질식, 시신경 장애, 심장 장해
	청화물 중독	석탄가스 공업, 도금공	안질환, 호흡기질환
	산, 염기	각종 공업	피부염, 궤양, 호흡기질환
	유기용제 중독	탈지, 세척, 도료, 용매	조혈 장해, 재생불능성 빈혈, 백혈병, 피부질환, 마비, 간 장해, 심장 장해, 호흡 장해
	타르, 매연, 아스팔트, 광물유, 파라핀	석탄 및 석유제품 제조	피부염, 피부암
분진에 의한 것	무기분진 유리규산, 석탄, 석면	채석공, 채광부, 요업, 연마공, 야금공	규폐증 석면폐증, 탄폐증
	유기 분진 면 분진, 곡분, 목재 분, 동물의 모발, 골분 및 배설물	방직공, 제분공, 제재공, 골분제조공	면폐증, 농부폐증
	금속 분진	제련공, 화학공	금속열, 호흡기질환, 폐암
생물학적 원인	병원체 오염에 의한 전염병	환자 및 세균 취급자	전염성질환
	동식물 취급	피혁 제조, 축산, 도살, 수의, 제분, 농부	탄저병, 마비저(馬鼻疽), 파상풍, 피부질환

08 환경위생

01 온실가스 감축의무가 있는 국가들에게 온실가스 배출허용총량을 부여한 후 해당 국가들이 최대한 온실가스 배출량을 줄여 배출권 판매 수입을 거두거나, 온실가스 배출량을 줄이는데 비용이 많이 드는 경우에는 상대적으로 저렴한 배출권을 구입하여 감축비용을 줄일 수 있게 하는 제도는? 2020. 경북

① 공동이행제도 ② 배출권거래제도
③ 스마트 그리드 ④ 청정개발체제

해설 교토메커니즘

공동이행제도	선진 38개 국가가 속해 있는 부속서 I (일) 국가들 사이에서 온실감축 사업을 공동으로 수행하는 것은 인정하는 제도
청정개발제도	부속서 I 국가가 부속서 I 에 속하지 않은 국가에 가서 온실가스 감축사업을 수행하면, 달성한 실적을 투자 당사국의 감축분으로 허용하는 제도
스마트 그리드	전기의 생산, 운반, 소비 과정에 정보통신기술을 접목하여 공급자와 소비자가 서로 상호작용함으로써 효율성을 높인 지능형 전력망시스템
탄소 배출권 거래제도	온실가스 감축의무를 보유국가(부속서 B) 안에서 거래할 수 있도록 허용한 제도이다. 이와 반대로 의무를 달성하지 목한 국가는 부족분을 다른 부속서 B 국가로부터 구입할 수 있다.

02 환경보건 분야에 대한 세계회의에 대한 설명으로 옳지 못한 것은? 2020. 대구시

① 스톡홀름회의에서 오직 하나뿐인 지구라는 슬로건을 채택하였다.
② 리우선언에서 환경적으로 건전하고 지속가능한 개방을 실현하기 위한 행동원칙을 구성하였다.
③ 교토의정서에서 미세먼지에 대해 규제하였다.
④ 파리 협정에서 온실가스 감축에 대한 규제기준을 정하였다.

해설 교토의정서는 선진국의 온실가스 감축이 주 내용이었다.

국제환경회의

연도	협약명	규제대상
1972	스웨덴 스톡홀름	113개국 정상들이 에 모여 '인간환경에 관한 UN 회의'를 열고 '인간환경 선언'을 선포하였다. 이 회의에서 '단 하나뿐인 지구'를 보전하자는 슬로건을 채택
1972	런던협약	폐기물의 해양 투기로 인한 해양 오염을 방지하기 위한 국제협약
1973	–	'UN환경계획기구(UNEP)' 창설
1985	비엔나협약	오존층 보호를 위한 국제협약

Answer 69 ③ / 01 ② 02 ③

1989	바젤협약	유해 폐기물의 국가 간 교역통제 협약(바젤 협약)을 채택
1989	몬트리올의정서	오존층 파괴 물질인 염화불화탄소(CFCs)의 생산과 사용을 규제하려는 목적에서 제정한 협약
1992	리우선언	지구환경 질서에 대한 기본 규범
	의제 21	리우 선언의 구체적인 실천계획이다.
	기후변화방지협약	지구 온난화를 일으키는 온실가스 배출량을 억제하기 위한 1기 기후변화 협약
	생물다양성 보존협약	지구상의 생물종을 보호하기 위한 협약
1997	교토의정서	선진국의 온실 가스 감축이 주 내용으로 감축 대상가스는 이산화탄소(CO_2), 메탄(CH_4), 아산화질소(N_2O), 과불화탄소(PFC_S), 수소화불화탄소(HFC), 불화유황(SF_6) 등 → 2기 기후변화 협약(3차 당사국 총회)
2007	발리	3기 기후변화방지 협약 로드맵
2015	파리협약	장기 목표 : "기온 상승폭을 2℃보다 훨씬 낮게, 1.5℃까지" → 5기 기후변화 협약(제21차 당사국 총회)

03 국제환경회의에 대한 설명으로 옳지 않은 것은?

2019. 충북

	개최년도	주제	내용
① 몬트리올의정서	1973	생물멸종위기	멸종위기 야생동식물 거래 규제
② 교토의정서	1997	지구온난화	온실가스 배출량 감축목표 설정
③ 파리협약	2015	지구온난화	지구평균기온 상승폭을 2℃이내 제한
④ 바젤협약	1989	유해 폐기물	유해폐기물 국가 간 수출입 규제

해설 워싱턴 협약(CITES) : 멸종위기에 처한 야생동식물종의 국제거래에 관한 협약

04 교토의정서와 비교할 때 파리협정에 대한 설명으로 맞는 것은?

2019. 세종시

① 목표 불이행시 미달성량의 1.3배를 다음 공약기간에 추가하여 징벌적 성격을 띤다.
② 목표 설정방식이 하향식이다.
③ 선진국은 감축의무를 지는 반면, 후진국은 감축의무가 없다.
④ 국가들이 온실가스 감축 목표(NDC)를 자발적으로 설정하도록 하였다.

해설 교토의정서와 파리협정

	교토의정서	파리협정
목표	온실가스 배출량 감축	1.5℃ 목표달성 노력
의무국가	주로 선진국	모든 당사국
목표 설정	하향식, 비자발적	상향식, 자발적
목표 불이행시 징벌 여부	징벌적(미달성량의 1.3배를 다음 공약기간에 추가)	비징벌적
행위자	국가 중심	다양한 행위자의 참여 독려

05 **2020년 이후 선진 · 개도국 모두 온실가스 감축에 동참하는 신기후체제 근간을 마련하여 기존 교토의정서를 대체하는 협정을 체결한 기후변화협약 당사국 총회는?** 2019. 서울시

① 제19차 당사국 총회(폴란드 바르샤바)
② 제20차 당사국 총회(페루 리마)
③ 제21차 당사국 총회(프랑스 파리)
④ 제22차 당사국 총회(모로코 마라케시)

해설 파리협약 : "기온 상승폭을 2℃보다 훨씬 낮게, 1.5℃까지" → 5기 기후변화 협약(제21차 당사국 총회)

06 **다음 중 유엔관리 세계 3대 환경협약에 해당하지 않는 것은?** 2016. 전북

① 생물다양성협약
② 기후변화협약
③ 람사협약
④ 사막화방지협약

해설 유엔관리 세계 3개 환경협약 : 생물다양성 협약, 기후변화협약, 사막화방지협약

> **사막화 방지협약** : 유엔 사막화 방지 협약(United Nations Convention to Combat Desertification, 약칭 UNCCD)은 사막화를 방지하기 위한 국제적 노력을 도모하는 국제 기구이다. 공식명칭은 '심각한 한발 또는 사막화를 겪고 있는 아프리카 국가 등 일부 국가들의 사막화 방지를 위한 유엔 협약'이다. 기후변화협약(UNFCCC), 생물다양성협약(UNCBD)과 더불어 유엔 3대 환경협약이다. 협약이 처음 채택된 것은 1994년 6월 17일이고, 발효된 것은 1996년 12월 26일부터이다. 사무국은 독일 본에 위치하고 있으며, 회원국은 2011년 1월 기준으로 194개국이다.
> 사막화는 지구의 대기순환이 장기적으로 변하여 생기는 기후적인 요인과 지나친 방목 · 경작 · 연료 채취와 같은 인위적인 요인으로 진행된다. 그러나 지금은 대부분 인위적인 요인으로 사막화가 진행되고 있다. 사막화 방지협약에서는 2000년까지 사막화방지를 최종 목표로 삼았으며, 유엔환경계획은 사막화방지행동계획을 담당할 기관으로 사막화방지행동계획센터를 설치하여 활동하고 있다.

07 **다음 중 국제환경협약에 대한 설명으로 가장 올바른 것은?**

① 기후변화방지협약은 오존층 파괴물질인 염화불화탄소의 생산과 사용규제 목적의 협약
② 람사협약은 폐기물의 해양투기로 인한 해양오염 방지를 위한 국제협약
③ 몬트리올 의정서는 지구온난화를 일으키는 온실가스 배출량을 억제하기 위한 협약
④ 바젤협약은 유해 폐기물의 수출입과 처리를 규제할 목적으로 맺은 협약

해설 ① 몬트리올의정서는 오존층 파괴물질인 염화불화탄소의 생산과 사용규제 목적의 협약
② 런던협약은 폐기물의 해양투기로 인한 해양오염 방지를 위한 국제협약
③ 기후변화방지협약은 지구온난화를 일으키는 온실가스 배출량을 억제하기 위한 협약

Answer 03 ① 04 ④ 05 ③ 06 ③ 07 ④

08 다음 중 국제협약의 내용으로 연결이 올바르지 못한 것은?

① 람사협약 – 유해폐기물의 국가간 수출입과 그 처리 규제
② 런던협약 – 방사성폐기물의 해양투기 금지
③ 몬트리올의정서 – 오존층 보호를 위한 구체적인 부속의정서
④ 스톡홀름회의 – 인간환경선언 선포

해설 ① 스위스 바젤협약 – 유해폐기물의 국가간 수출입과 그 처리 규제

09 다음 중 UN의 기구인 국제연합환경계획(UNEP : United Nations Environment Programme)의 주요 업무나 설명이 아닌 것은?

① 세계 각 나라에 환경기구를 유지 · 관리하는 데 필요한 소요경비를 재정적으로 지원하며 도움을 주는 것을 목적으로 한다.
② 환경과 관련된 다른 국제기구나 국가에 지원과 기술 인력을 지원해 환경보전활동에 도움을 주는 것을 목적으로 한다.
③ 환경에 관한 제반활동을 종합적으로 조정 · 지휘하고 새로운 문제에 대한 국제협력을 추진하는 것을 목적으로 하고 있다.
④ 1972년 스웨덴의 스톡홀름에서 열린 유엔 인간환경회의의 결정에 따라 1973년에 설립되었다.

해설 국제연합환경계획(UNEP : United Nations Environment Programme) : 1973년 UN 산하 국제환경전담기구인 유엔환경계획기구(UNEP)가 창설되었다. UNEP는 1972년 스웨덴의 스톡홀름에서 열린 UN 인간환경회의의 성과를 이어받아 발족된 기구로 UN 내외의 환경문제에 관한 활동의 조정과 촉진이 임무이다. UNEP가 중심이 된 활동은 기상변화 · 대기오염에 의한 인간의 건강 변화 · 해양 오염 등의 정보를 수집하는 지구환경 모니터링 시스템(GEMS), 환경변화요인의 관측데이터를 한 곳에 모아 컴퓨터로 분석하는 지구지리 정보시스템, 공해나 환경에 관한 정보를 제공해주는 국제환경 정보시스템(INFOTERRA), 인간과 인간환경에 영향을 미치는 화학물질에 관한 정보를 수집하고 제공하는 유해물질 등록제도(IRPTC) 등이 있다. UNEP의 사무소는 케냐의 나이로비에 있다.

10 다음 중 환경보존과 관련된 국제적 노력에 대한 설명으로 옳지 않은 것은?

① 1972년 스톡홀름 회의에서 인간환경선언을 선포하였다.
② 1987년 몬트리올 의정서에서 오존층 파괴물질에 대한 생산 및 사용을 규제하였다.
③ 1989년 바젤협약에서 유해폐기물에 대한 국가 간 이동 및 처분을 규제하였다.
④ 1992년 교토의정서에서 "단 하나뿐인 지구"라는 슬로건을 채택하였다.

해설 ④ 1972년 스웨덴의 스톡홀름에서 "단 하나뿐인 지구"라는 슬로건을 채택하였다.

11 기후변화(지구온난화)의 원인이 되는 온실가스 중 배출량이 가장 많은 물질은? 2020. 서울시

① 일산화탄소(CO)
② 메탄가스(CH_4)
③ 질소(N_2)
④ 이산화탄소(CO_2)

해설 온실효과 기여도 : 이산화탄소(55%) > 수소화불화탄소, 과불환탄소, 불화유황(24%) > 메탄(15%) > 아산화질소(6%)

12 최근에 화석원료의 사용량이 증가함에 따라 지구 기온과 해수면의 온도가 상승하는 지구온난화가 문제가 되고 있다. 다음 중 지구온난화에 가장 기여도가 높은 가스는? 2016. 경기 의료기술직

① 메탄
② 아황산가스
③ 오존
④ 이산화탄소

해설 지구온난화와 온실가스
㉠ 지구온난화에 영향을 많이 주는(기여도가 높은) 순위 : CO_2 > CH_4 > CFCs > N_2O > HFCs, PFCs, SF_6, O_3
㉡ 지구온난화지수가 높은 순위 : SF_6 > PFCs > HFCs > N_2O > CO_2

13 다음 온실가스 중 온난화 지수가 가장 높은 것은?

① 메탄(CH_4)
② 아산화질소(N_2O)
③ 육불화황(SF_6)
④ 이산화탄소(CO_2)

해설 GWP(온난화지수) : CO_2를 1로 하여 온실기체가 온실효과를 일으키는 잠재력을 지수로 표현한 것

구분	CO_2	CH_4	N_2O	HFCs	PFCs	SF_6
배출원	화석연료 연소 산업공정, 산림 훼손	쓰레기 매립, 탄광, 가축, 퇴비, 천연가스 생산	자연 발생, 질소비료, 연소장치 등 산업 공정	냉매	전자제품 세척제	전기 절연체
대기농도(ppm)	353	1.72	0.31	0.002		
국내 총배출량(%)	88.6	4.8	2.8	3.8		
대기 체류시간(년)	50~200	20	120	66~130		
증가율/연(%)	0.5	0.9	0.25	40		
온실효과 기여도(%)	55	15	6	24		
GWP	1	21	310	1,300	7,000	23,900

14 다음 중 기후온난화의 주요 원인물질과 기전을 바르게 연결한 것은?

① 먼지 – 태양열 흡수로 기온 상승
② 아황산가스 – 광화학반응으로 기온 상승
③ 이산화탄소 – 온실효과로 기온 상승
④ 질소산화물 – 오존층 파괴로 태양열 투과량 증가

해설 ① 이산화탄소 – 태양열 흡수로 기온 상승
② NO_2 – 광화학반응으로 기온 상승
④ 프레온 가스 – 오존층 파괴로 태양열 투과량 증가

Answer 08 ① 09 ① 10 ④ 11 ④ 12 ④ 13 ③ 14 ③

15 위해성평가를 3단계로 나눌 때 순서가 옳은 것은? 2019. 대구시

① 유해성 확인 – 노출평가 – 위해도 결정
② 위해도 관리 – 위해도 결정 – 유해성 확인
③ 위해도 결정 – 노출평가 – 유해성 확인
④ 유해성 확인 – 위해도 관리 – 노출평가

해설 건강 위해성 평가
㉠ 개념 : 어떤 독성물질이나 위험상황에 노출되어 나타날 수 있는 개인 혹은 인구집단의 건강 피해 확률을 추정하는 과학적인 과정으로 미국 국립연구위원회에서 기틀을 제공하고 있다.
㉡ 단계
• 위험성 확인
• 용량–반응 평가
• 노출 평가
• 위해도 결정

16 다음 중 어떤 독성물질의 용량에 따른 위험도와 노출 정도에 따른 위험도를 시험하는 과정을 모두 일컫는 용어는?

① 건강영향 평가
② 안전성 평가
③ 용량–반응 평가
④ 건강 위해성 평가

해설 **건강 위해성 평가** : 어떤 독성물질이나 위험상황에 노출되어 나타날 수 있는 개인 혹은 인구집단의 건강 피해 확률을 추정하는 과학적인 과정

17 일산화탄소(CO)에 대한 설명으로 가장 옳은 것은? 2018. 서울시

① CO가스는 물체의 연소 초기와 말기에 많이 발생한다.
② CO가스는 무색, 무미, 무취, 자극성 가스이다.
③ Hb과 결합력이 산소에 비해 250~300배 낮다.
④ 신경 증상, 마비, 식욕 감퇴 등의 후유증은 나타나지 않는다.

해설 ② 무색, 무취, 무미의 난용성 기체로 질식성이 있다.
③ 헤모글로빈과의 친화력이 산소보다 200~300배 강하다.
④ 급성으로 중독된 경우 두통, 메스꺼움(식욕감퇴), 호흡곤란, 사망에 이를 수도 있으며 만성으로 경미하게 중독될 경우 어지러움, 건망증, 부정맥, 언어장애 등이 올 수 있다. 자각증상으로는 감각 이상 등의 말초신경 증상, 기억력의 감퇴 증상이 나타난다.

18 다음의 내용에서 알 수 있는 공기의 성분은?

- 성상은 무색, 무미, 무취의 맹독성 가스이며, 비중이 0.976으로 공기보다 가볍고, 불완전 연소 시에 발생한다.
- 헤모글로빈과의 결합력은 산소와 헤모글로빈의 결합력보다 200~300배나 강하다.
- 이것이 헤모글로빈과 결합해 혈액의 산소운반능력을 상실케 하여 조직의 산소부족 질식사를 초래한다.

① SO_2 ② NO_2
③ CO_2 ④ CO

해설 CO(일산화탄소)
㉠ 무색, 무미, 무취의 맹독성 가스이며, 비중이 0.976으로 공기보다 가볍고, 불완전 연소 시에 발생한다.
㉡ Hb 친화력이 산소보다 270~300배 정도 높으며, Hb-Co(카르복시 헤모글로빈)를 형성하여 조직 저산소증을 초래하며 중추신경계 기능을 저하시킨다.
㉢ 허용 기준치
- 실내 기준 : 10ppm(0.001%)
- 실내 주차장 기준 : 25ppm
- 작업장 내에서의 8시간 기준량 : 50ppm
- 대기환경 기준 1시간 평균 : 25ppm

19 다음 중 이산화탄소(CO_2)에 대한 내용으로 적절한 것은?

① 무색, 무취, 맹독성 가스이다.
② 이산화탄소 농도가 5~6%이면 질식상태가 된다.
③ 이산화탄소의 실내 허용농도는 2.5%이다.
④ 실내공기의 오염지표이다.

해설 이산화탄산가스 : 0.03%
㉠ 실내공기 오염지표로 사용되며, 허용 농도는 0.07~0.1%이다. 즉, 0.1% 이상일 때 그 방의 환기가 불량하다고 한다.
㉡ 성인의 안정 시 내쉬는 호흡 중에 4%의 탄산가스가 배출되므로 1시간에 약 20L 배출된다.
㉢ 노동이나 운동에 의해 체내 에너지 대사율이 항진되었을 때 더욱 증가하여 안정 시에 1.5~2.0배에 달한다.
㉣ 적외선의 복사열을 흡수하여 온실효과를 발생시킨다.
㉤ 중독
- 10% 이상 시 질식
- 7% 이상 시 호흡 곤란

20 현재 기온이 30℃, 상대습도가 80%, 같은 기온일 때 포화수증기량이 40g이다. 다음 중 현재 수증기량은 얼마인가?

① 30g ② 32g
③ 34g ④ 36g

해설 상대습도 = {(그 온도에 있어서 공기 중의 현재 수증기량) /(그 온도에 있어서 포화수증기량)} × 100
80 = (x / 40)×100 ∴ x = 32g

Answer 15 ① 16 ④ 17 ① 18 ④ 19 ④ 20 ②

21 다음 중 습도에 관한 설명으로 올바른 것은?

① 보건학적 쾌적습도는 30~60%이다.
② 상대습도가 낮을수록 건구온도와 습구온도의 차가 커진다.
③ 상대습도는 현재 공기 $1m^3$중에 함유된 수증기량 또는 수증기 장력을 뜻한다.
④ 습도표는 세로축이 건구온도를, 가로축이 건구온도와 습구온도의 차로 되어 있다.

해설 ① 보건학적 쾌적습도는 40~70%이다.
③ 절대습도는 현재 공기 $1m^3$중에 함유된 수증기량 또는 수증기 장력을 뜻한다.
④ 습도표는 세로축이 습구온도를, 가로축이 건구온도와 습구온도의 차로 되어 있다.

기습

㉠ 절대습도 : 공기 중의 수증기량을 중량 또는 수증기압으로 표시한 것으로, 현재 공기 $1m^3$ 중에 함유한 수증기량을 말함.
㉡ 포화습도 : 그 온도에 있어서 포화 수증기량
㉢ 비교습도 : 현재 공기 $1m^3$가 포화상태에서 함유할 수 있는 수증기량과 현재 공기 중에 함유하고 있는 수증기량과의 비를 %로 표시한 것.

{(그 온도에 있어서 공기 중의 수증기량) /(그 온도에 있어서 포화수증기량)} × 100

㉣ 포차 = 포화 습도 − 절대 습도
㉤ 쾌적 습도는 40~70%

습도표

㉠ 습도표의 세로축은 습구 온도계의 온도가, 가로축은 건구 온도계와 습구 온도계의 온도 차가 표시되어 있다.
㉡ 공기 중 습도가 낮을 때 젖은 헝겊의 수분은 수증기가 되어 날아가며 주변의 열을 빼앗는다. 그래서 습구 온도계의 온도가 건구 온도계보다 낮게 나온다. 이때 둘의 온도 차와 습구 온도계의 온도로 습도표의 숫자를 찾으면 그것이 바로 습도가 된다. 습도가 낮을 때 젖은 헝겊의 수분 증발이 활발해져 습구 온도계의 온도는 낮아지고, 건구 온도계와의 온도 차가 커진다. 즉, 습구 온도계와 건구 온도계의 온도 차가 클 때 습도가 낮고, 온도 차가 작을 때 습도가 높아진다.

습구 온도(℃)	건구와 습구의 온도 차(℃)						
	0	1	2	3	4	5	6
17	100	91	82	74	67	61	55
18	100	91	83	75	68	62	56
19	100	91	83	76	69	62	57
20	100	91	83	76	69	63	57

22 다음 중 공기의 자정작용으로 올바르지 못한 것은?

① 강우, 강설 등에 의한 세정작용
② 공기 자체의 희석작용
③ 자외선에 의한 살균작용
④ H_2O_2와 O_2의 교환작용

해설 공기의 자정작용
㉠ 희석작용
㉡ 강우, 강설 등에 의한 세정작용
㉢ 산소, 오존, 산화수소 등에 의한 산화작용
㉣ 자외선에 의한 살균작용
㉤ 식물의 탄소동화작용에 의한 CO_2와 O_2의 교환작용
㉥ 중력에 의한 침강작용

23 공기의 자정작용에 관한 설명으로 옳은 것만 묶은 것은?

> 가. 산소, 오존, 과산화수소에 의한 산화작용
> 나. 강우, 강설에 의한 희석작용
> 다. 자외선에 의한 살균작용
> 라. 식물에 의한 여과작용

① 가, 나, 다
② 가, 다
③ 나, 라
④ 라

해설 나. 강우, 강설에 의한 공기 중 수용성 가스나 분진의 세정작용
라. 녹색식물의 광합성에 의한 CO_2와 O_2의 교환작용

24 기후에 대한 설명으로 옳지 않은 것은? 2020. 부산시

① 대륙성기후–일교차 크고, 여름은 고온 저기압을 형성하며, 겨울철 날씨는 맑은 편이다.
② 해양성기후–기온 변화가 육지보다 작고, 고온다습하며, 자외선량과 오존량 많다.
③ 산악기후–풍량이 많고, 자외선은 많고 오존량은 적다.
④ 산림기후–기후가 온화하고 온도 교차가 적으며, 습도가 비교적 높다.

해설 산악기후 – 풍량이 많고, 자외선과 오존량이 많다.

기후형

대륙성기후	일교차가 크고, 여름은 고온 저기압을 형성하며, 겨울철 날씨는 맑은 편
해양성기후	기온변화가 육지보다 작고, 고온 다습하며, 자외선과 오존량이 많음
사막기후	대륙성 기후의 극단 기후
산악기후	풍량이 많고, 자외선과 오존량이 많음
산림성기후	기후가 온화하고 온도 교차가 적으며, 습도가 비교적 높음

25 다음 중 기후순화에 대한 설명으로 올바른 것은?

① 새로운 환경조건에 대해 세포나 기관이 적응하는 것을 대상적 순응이라고 한다.
② 약한 개체가 최적의 기후를 찾아서 순응하는 것을 자극적 순응이라고 한다.
③ 인간이 40℃ 이상 고온환경에 노출되면 땀의 분비속도가 느려지고, 심박동수가 증가하는 것을 고온순화라고 한다.
④ 환경자극에 의해 저하되었던 기능이 회복되어 적응하는 것을 수동적 순응이라고 한다.

해설 ② 약한 개체가 최적의 기후를 찾아서 순응하는 것을 수동적 순응이라고 한다.
③ 인간이 40℃ 이상 고온환경에 노출되면 땀의 분비속도가 빨라지고, 심박동수가 증가하는 것을 고온순화라고 한다.
④ 환경자극에 의해 저하되었던 기능이 회복되어 적응하는 것을 자극적 순응이라고 한다.

Answer 21 ② 22 ④ 23 ② 24 ③ 25 ①

기후 순화 : 인간이 다른 기후대로 이주하여 그 기후대의 기후 환경에 순응하는 과정

분류	개인적 순응성	기후 순화에는 연령, 성별, 생활양식, 인종 및 기질 등의 개인적 차이가 있다.
	민족적 순응성	영국, 프랑스인은 한대에 순응성이 있고, 스페인 및 이탈리아인은 열대에 순응성이 있다. 유대인 및 중국인도 각종 기후에 잘 순응한다.
순화기전	대상적 순응성	새로운 기후환경에 대해 인체의 세포 또는 기관이 그 새로운 기후에 적응하는 것
	자극적 순응성	변화된 기후환경의 자극에 의하여 저하된 인체기능을 정상으로 회복하는 순응
	수동적 순응성	특정 기후환경에 대하여 약한 개체에 대한 최적 기후를 찾아내는 순응

고온순화의 주요 특성 및 생리적 변화

특징	생리적 변화
심혈관계 변화	• 근육에서 최대 산소섭취량 증가 • 심 박출량 및 수축력 증가 • 혈장량 증가 • 심박수 감소
땀 분비 변화	• 땀 배출 시작이 빨라짐 • 땀의 나트륨 농도 감소 • 최대 땀 분비량 증가
신기능 항진	사구체 여과율 증가(20%까지)

26 인체의 체온유지에 중요한 온열요소의 종합작용에 대한 설명으로 가장 옳은 것은? 2021. 서울시

① 실외에서의 불쾌지수는 기온과 기습으로부터 산출한다.
② 계절별 최적 감각온도는 겨울이 여름보다 높은 편이다.
③ 쾌감대는 기온이 높은 경우 낮은 습도 영역에서 형성된다.
④ 기온과 습도가 낮고 기류가 커지면 체열 발산이 감소한다.

해설 ① 실내에서의 불쾌지수는 기온과 기습으로부터 산출한다.
② 계절별 최적 감각온도는 여름이 겨울보다 높은 편이다.
④ 기온과 습도가 낮고 기류가 커지면 체열 발산이 증가한다.

온열조건의 종합작용

감각온도	㉠ 기온, 기습, 기류 3인자가 종합작용을 해 실제 인체에 주는 온도감각으로 체감온도라 함 ㉡ 포화습도(100%), 정지공기(기류 0m/sec) 상태에서 동일한 온감을 주는 기온(℉)
쾌감대	바람이 없는 상태, 의복을 입은 상태에서 쾌감을 느낄 수 있는 조건은 온도 17~18℃, 습도 60~65%(온도와 습도의 관계는 반비례 관계)
불쾌지수	DI = {(건구온도 + 습구온도)℃ × 0.72} + 40.6 = {(건구온도 + 습구온도)℉ × 0.4} + 15 ㉠ 기온과 기습의 영향에 의해 인체가 느끼는 불쾌감을 표시한 것 ㉡ 불쾌지수와 불쾌감의 관계 DI≥70이면, 약 10%의 사람들이 불쾌감을 느낌 DI≥75이면, 약 50%의 사람들이 불쾌감을 느낌 DI≥80이면, 거의 모든 사람들이 불쾌감을 느낌 DI≥85이상이면, 모든 사람들(100%)이 견딜 수 없을 정도의 불쾌한 상태
카타냉각력	기온, 기습, 기류의 세 요소가 종합하여 인체의 열을 빼앗는 힘.
습구흑구온도지수	– 제2차 세계대전 시 열대지방에서 작전하는 미국 병사들의 고온장해를 방지하기 위하여 Minard가 고안함 WBGT(℉) = 0.7tw + 0.2tg + 0.1ta(태양의 직사광선이 있는 옥외) WBGT(℉) = 0.7tw + 0.3tg(태양의 직사광선이 없는 옥외, 옥내) 주) tw : 습구온도, tg : 흑구온도, ta : 건구온도
등가온도	기온, 기류, 기습, 복사열의 종합상태
TGE지수	기온, 복사열(특수 온도), 에너지 대사율로 산출

27 **체온 생산이 두 번째로 높은 신체기관으로 올바른 것은?** 2020. 광주시

① 골격근 ② 신장
③ 심장 ④ 간

해설 체온의 생산 : 골격근(59.5%) > 간장 > 심장 > 호흡
체온의 방산 : 피부의 복사 및 전도(73%) > 피부에서의 증발, 폐포에서의 증발 > 소변, 대변

28 **온열요소의 종합작용에 대한 설명으로 옳지 않은 것은?** 2019. 경북

① 감각온도는 기온, 기습, 기류, 복사열의 종합작용이다.
② 카타냉각력은 기온, 기습, 기류의 종합작용이다.
③ 습구흑구온도지수는 고온장애를 방지하기 위한 실외환경 평가지수이다.
④ 의복착용 시 쾌감대는 기온 17~18℃, 습도 60~65%, 0.2~0.5m/sec 불감기류일 때이다.

해설 감각온도 : 기온, 습도, 기류 속도를 통합하여 결정한 인간의 감각상의 온도
습구흑구온도지수 : 우리나라에서 현재 적용되고 있는 고온작업 환경기준으로 이용하고 있으며 태양복사열의 영향을 받는 옥외환경을 평가하는데 사용되고, 고열작업장을 평가하는 지표로도 많이 이용된다.

29 **다음 중 신체체열, 온도조절에 영향을 주는 4대 요인이 아닌 것은?** 2018. 경기

① 기류 ② 기압
③ 기습 ④ 복사열

해설 온열요소(기후의 4요소) : 인간의 체온조절에 영향을 주는 요소로 기온, 기습, 기류, 복사열이 이에 속한다.

30 **불쾌지수에 대한 설명으로 가장 옳은 것은?** 2018. 서울시

① 불쾌지수가 70이면 약 50%의 사람이 불쾌감을 느낀다.
② 불쾌지수가 82이면 거의 모든 사람이 불쾌감을 느낀다.
③ 지수 산출을 위해 건구, 습구, 흑구 온도계 모두 필요하다.
④ 우리나라 고용노동부에서 적용하고 있는 고온작업에 대한 노출기준이다.

해설 ① 불쾌지수가 70이면 약 10%의 사람이 불쾌감을 느낀다.
③ 지수 산출을 위해 건구, 습구온도계가 필요하다.
④ 우리나라 고용노동부에서 적용하고 있는 고온작업에 대한 노출기준은 습구흑구온도지수(WBGT)이다.

Answer 26 ③ 27 ④ 28 ① 29 ② 30 ②

31 **온열요소인 온도에 관한 설명으로 옳은 것은?** 2017. 서울시

> 가. 실내에서 보건학적 표준온도는 침실은 15±1℃, 병실은 21±2℃이다.
> 나. 습구온도는 온도, 습도, 기류의 종합작용에 의한 것으로 쾌적 상태에서는 건구온도보다 3℃ 정도가 낮다.
> 다. 연교차는 저위도지방이 고위도지방보다 높게 나타난다.
> 라. 상부온도가 지표에 가까운 하부온도보다 높은 경우에 기온역전 현상이 발생한다.

① 가, 나 ② 가, 다
③ 가, 나, 라 ④ 나, 다, 라

해설 나. **습구온도** : 온도, 습도, 기류의 종합작용에 의한 것으로 생물학적으로 의의가 있으며, 쾌적상태에서는 건구온도보다 3℃ 정도가 낮다.
다. 연교차는 고위도지방이 저위도지방보다 높게 나타난다.

32 **다음 중 온열조건의 종합작용에 대한 설명으로 옳지 않은 것은?** 2017. 서울시

① 감각온도는 기온, 기습, 기류 등 3인자가 종합하여 인체에 주는 온감을 말하며, 체감온도, 유효온도, 실효온도라고도 한다.
② 불쾌지수는 기후상태로 인간이 느끼는 불쾌감을 표시한 것인데, 이 지수는 기온과 습도의 조합으로 구성되어 있어 온습도지수라고 한다.
③ 카타(Kata) 온도계는 일반 풍속계로는 측정이 곤란한 불감 기류와 같은 미풍을 카타 냉각력을 이용하여 측정하도록 고안된 것이다.
④ 습구흑구온도지수(WBGT)는 고온의 영향을 받는 실내 환경을 평가하는 데 사용하도록 고안된 것으로 감각온도 대신 사용한다.

해설 **온열평가지수(습구흑구온도지수, WBGT지수)** : 제2차 세계대전 시 열대지방에서 작전하는 미국 병사들의 고온장해를 방지하기 위해 Minard가 고안하였다. 간단하고 직접 수치를 읽을 수 있기 때문에 감각온도 대신 널리 이용되지만, 풍속이 고려되지 않은 결점이 있다.

> WBGT(℉) = 0.7tw + 0.2tg + 0.1ta(태양의 직사광선이 있는 옥외)
> WBGT(℉) = 0.7tw + 0.3tg(태양의 직사광선이 없는 옥외, 옥내)
> 주) tw : 습구온도, tg : 흑구온도, ta : 건구온도

33 **다음 중 온열환경에 대한 설명으로 올바른 것은?**

① 온대지방의 기온은 북반구 기준 7월이 최고이고 연교차가 적다.
② 적도지방의 기온은 춘분과 추분이 최저이고 연교차가 극히 적다.
③ 상대습도란 현재 공기 $1m^3$ 중에 함유한 수증기량을 뜻한다.
④ 포화습도란 일정 공기가 함유할 수 있는 수증기량의 한계에 달했을 때 공기 중의 수증기량을 뜻한다.

해설 ① 온대지방의 기온은 북반구 기준 8월이 최고이고 연교차가 크다.
② 적도지방의 기온은 춘분과 추분이 최고이고 연교차가 극히 적다.
③ 절대습도란 현재 공기 1㎥ 중에 함유한 수증기량을 뜻한다.

34 온열인자들의 복합적인 작용에 의하여 만들어지는 온열지수가 아닌 것은?

① 감각온도
② 불쾌지수
③ 쾌감대
④ 표준온도

해설

감각온도	기온, 기습, 기류의 종합작용
불쾌지수	기온, 기습의 종합작용
쾌감대	기온, 기습, 기류의 종합작용
표준온도	물체의 길이를 측정할 때 온도조건을 고려해야 하는데, 국제 표준화기구에서는 측정시의 '표준온도'를 20℃로 정하고 있다.

35 최소의 에너지 소모로 최대의 생리적 기능을 발휘할 수 있는 온도는?

① 기능적 지적온도
② 물리적 지적온도
③ 생산적 지적온도
④ 주관적 지적온도

해설 최적온도(지적온도)
㉠ 체온조절에 있어서 가장 적절한 온도
㉡ 종류

쾌적감각 온도 (주관적 최적 온도)	감각적으로 인체에서 느끼는 가장 쾌적한 온도
최고생산 온도 (생산적 최적 온도)	생산능률을 가장 최대로 올릴 수 있는 온도
기능적 지적 온도 (생리적 최적 온도)	최소한의 에너지를 이용하여 최소한 생명을 유지하면서 최대의 활동능력을 발휘할 수 있는 온도(18±2℃)

36 다음 중 불쾌지수에 대한 설명으로 올바른 것은?

① {(건구온도 + 습구온도)℃ × 0.4} + 15
② 기류를 포함한다.
③ 처음에 공장, 사무실의 전력소비량을 측정하려고 고안되었다.
④ 70이면 거의 모든 사람이 불쾌감을 느낀다.

해설 ① {(건구온도 + 습구온도)℉ × 0.4} + 15
② 기류는 포함하지 않는다.
④ 80이면 거의 모든 사람이 불쾌감을 느낀다.

Answer 31 ③ 32 ④ 33 ④ 34 ④ 35 ① 36 ③

37 다음 내용은 무엇에 대한 설명인가?

- 미국의 톰(E.C. Thom)이 1959년에 고안하여 발표한 체감기후를 나타내는 지수 값을 구하는 공식은 {(건구온도℃ + 습구온도℃) × 0.72} + 40.6
- 실제로 이 지수는 복사열과 기류가 포함되어 있지 않아 여름철 실내의 무더위 기준으로 사용

① 지적온도　　② 불쾌지수
③ 감각온도　　④ 체감온도

해설 **불쾌지수** : 기온과 기습의 영향에 의해 인체가 느끼는 불쾌감을 표시한 것
DI = {(건구온도 + 습구온도)℃ × 0.72} + 40.6
= {(건구온도 + 습구온도)℉ × 0.4} + 15

38 실내 공기질관리법으로 옳지 못한 것은?

2020. 대구시

① 실내 주차장은 실내 오염 기준에 포함된다.
② 지하철 일산화탄소 농도 25PPM을 기준으로 한다.
③ PM2.5는 기준물질에 포함된다.
④ 산후조리원의 총부유세균은 800을 넘지 않도록 한다.

해설 지하역사의 일산화탄소 농도는 10PPM이다.
※ 실내공기질 유지기준(실내공기질 관리법 시행규칙 별표2)

<table>
<tr><th>오염물질 항목 / 다중이용시설</th><th>미세먼지 (PM-10) ($\mu g/m^3$)</th><th>미세먼지 (PM-2.5) ($\mu g/m^3$)</th><th>이산화 탄소 (ppm)</th><th>포름 알데히드 ($\mu g/m^3$)</th><th>총부유 세균 (CFU/m^3)</th><th>일산화 탄소 (ppm)</th></tr>
<tr><td>가. 지하역사, 지하도상가, 철도역사의 대합실, 여객자동차터미널의 대합실, 항만시설 중 대합실, 공항시설 중 여객터미널, 도서관·박물관 및 미술관, 대규모 점포, 장례식장, 영화상영관, 학원, 전시시설, 인터넷컴퓨터게임시설 제공업의 영업시설, 목욕장업의 영업시설</td><td>100 이하</td><td>50 이하</td><td rowspan="3">1,000 이하</td><td>100 이하</td><td>–</td><td rowspan="2">10 이하</td></tr>
<tr><td>나. 의료기관, 산후조리원, 노인요양시설, 어린이집, 실내 어린이놀이시설</td><td>75 이하</td><td>35 이하</td><td>80 이하</td><td>800 이하</td></tr>
<tr><td>다. 실내주차장</td><td>200 이하</td><td>–</td><td>100 이하</td><td>–</td><td>25 이하</td></tr>
<tr><td>라. 실내 체육시설, 실내 공연장, 업무시설, 둘 이상의 용도에 사용되는 건축물</td><td>200 이하</td><td>–</td><td>–</td><td>–</td><td>–</td><td>–</td></tr>
</table>

※ 실내공기질 권고기준(실내공기질 관리법 시행규칙 별표3)

다중이용시설 \ 오염물질 항목	이산화질소 (ppm)	라돈 (Bq/m³)	총휘발성 유기화합물 (μg/m³)	곰팡이 (CFU/m³)
가. 지하역사, 지하도상가, 철도역사의 대합실, 여객자동차터미널의 대합실, 항만시설 중 대합실, 공항시설 중 여객터미널, 도서관 · 박물관 및 미술관, 대규모점포, 장례식장, 영화상영관, 학원, 전시시설, 인터넷컴퓨터게임시설제공업의 영업시설, 목욕장업의 영업시설	0.1 이하	148 이하	500 이하	-
나. 의료기관, 어린이집, 노인요양시설, 산후조리원, 실내 어린이놀이시설	0.05 이하		400 이하	500 이하
다. 실내주차장	0.30 이하		1,000 이하	-

39 **새집증후군을 유발하는 물질로 옳게 짝지어진 것은?** 2020. 충북

① HCHO, 톨루엔
② 오존, 황화수소
③ 곰팡이, 라돈
④ 이산화탄소, 메탄

해설 새집 증후군을 유발하는 물질에는 포름알데히드(HCHO), 석면, 크실렌, 벤젠, 유기인, 톨루엔 등이 있다.

40 **실내 공기오염에 대한 설명으로 옳지 않은 것은?** 2020. 충북

① 레지오넬라증은 에어컨과 같은 냉방시설의 냉각탑수에 있는 병원성대장균이 원인으로 실내 환경질환에 해당한다.
② 빌딩증후군은 1970년 오일 파동으로 인해 건축방법을 바꾸면서 공기 재순환율이 낮아져서 환기 문제로 인해 발생한다.
③ 빌딩증후군은 눈에 염증을 유발하는 것이 아닌 안구건조 증상도 포함한다.
④ 새집증후군의 유발물질은 포름알데히드와 톨루엔 등 휘발성 유기화학물이다.

해설

구분	내용
레지오넬라증	에어컨과 같은 냉방시설의 냉각탑수에 있는 레지오넬라 균종 그람음성 병원균이 원인으로 실내 환경질환에 해당한다.
빌딩증후군	밀폐된 건물 내에서 근무하는 사람들은 두통, 현기증, 피로, 인후통, 메스꺼움, 졸음, 눈의 자극, 안구건조증, 집중력 감소 등을 호소 보통 사무실 근로자의 20~30%가 경험한 것으로 보고되고 있어, 사무실의 직업병이라 불리움.
새집증후군	㉠ 벽지, 바닥재, 페인트 등에서 나오는 포름알데히드, 벤젠, 톨루엔, 클로로포름, 아세톤, 스티렌 등의 발암물질 등이 원인이 된다. ㉡ 증상 ⓐ 자극 반응 : 눈과 코, 후두점막이 자극을 받아 기침하거나 목이 쉬고 두통이 생기며 쉽게 피로감을 느낌 ⓑ 알러지 반응 : 아토피 피부염, 두드러기, 기관지 천식 ⓒ 오랜 기간 노출 시 호흡기질환, 심장병, 암 등의 유발 ㉢ 예방법 ⓐ 화학물질을 함유하고 있는 마감재 대신 친환경 소재의 사용 ⓑ 적절한 환기와 온도 · 습도의 조절 ⓒ 실내공기 가열방법(Bake out)의 사용 ⓓ 공기정화용품의 사용

Answer 37 ② 38 ② 39 ① 40 ①

41 실내공기질 관리법 시행규칙 상 어린이집의 실내공기질 유지기준으로 옳은 것은? 2020. 경북

① 총부유세균 : 800CFU/m^3 이하
② 미세먼지(PM−10) : 100㎍/m^3 이하
③ 이산화탄소 : 1,500ppm 이하
④ 일산화탄소 : 100ppm 이하

해설 총부유세균 : 의료기관, 산후조리원, 노인요양시설, 어린이집, 실내 어린이 놀이터 800CFU/m^3 이하

42 새집증후군에 관한 설명으로 옳지 않은 것은? 2019.대전

① 신축건물이나 인테리어공사 후에 건축자재나 새 가구 등에서 유해한 휘발성유기화합물이 많이 배출되면서 인체에 나쁜 영향을 주는 현상이다.
② 눈이 따갑거나 천식, 비염 등의 호흡기질환, 두드러기 아토피피부염 등 피부질환, 신경계 질환까지 다양한 증상이 나타나기 때문에 증후군으로 분류된다.
③ 입주 전에 보일러 등으로 실내를 가열한 후 이를 환기시키는 방법으로 새 집을 건조시킴으로써 각종 유해물질이 빠르게 배출되게 하는 방법을 베이크아웃이라 한다.
④ 건물 신축 또는 인테리어공사 직후는 심하지 않지만, 시간이 지날수록 심해지기 때문에 원인물질을 제거하지 않으면 새집증후군이 사라지지 않는다.

해설 건물 신축 또는 인테리어공사 6개월 후 가장 심하며, 3년까지는 그 영향을 미치는 것으로 나타났다.

43 다음 중 휘발성유기화합물(VOCS)에 관한 설명으로 옳지 않은 것은? 2018.경기

① 지구온난화와 오존층 성층권 파괴의 원인물질이다.
② 유기용매를 다루는 곳이나 주유소에서 기름을 넣을 때 발생한다.
③ 자연상태에서도 발생하며 식물에서도 나온다.
④ 기온이 낮을수록 더 많이 발생한다.

해설 휘발성유기화합물(VOCS)

㉠ 대기 중에 휘발되어 악취나 오존을 발생시키는 탄화수소화합물을 일컫는 말로, 피부 접촉이나 호흡기 흡입을 통해 신경계에 장애를 일으키는 발암물질이다. 벤젠이나 포름알데히드, 톨루엔, 자일렌, 에틸렌, 스틸렌, 아세트알데히드 등을 통칭한다.
㉡ 지구온난화와 오존층 성층권 파괴의 원인물질이며 저농도에서도 악취를 유발하며, 화합물 자체로서도 환경 및 인체에 직접적으로 유해하거나 대기 중에서 광화학반응에 참여하여 광화학 산화물 등 2차 오염물질을 생성하기도 한다.
㉢ 배출원
ⓐ 토양과 습지 · 초목 · 초지 등의 자연적 배출원
ⓑ 유기용제 사용시설 · 도장시설 · 세탁소 · 저유소 · 주유소 및 각종 운송수단의 배기가스 등의 인위적 배출원
ⓒ 기온이 높을수록 더 많이 발생한다.
㉣ 배출량은 세계적으로 유기용제 사용시설과 자동차 등의 이동 오염원이 대부분을 차지한다. 환경과 인체에 큰 영향을 끼치므로 대부분의 국가들이 배출을 줄이기 위하여 정책적으로 노력하고 있다.

44 **다음 중 새집증후군에 관한 설명으로 옳지 않은 것은?** 2018. 경기

① 건물을 신축하거나 보수공사한 직후 가장 많이 나타난다.
② 두통, 비중격천공, 구토 등의 증상이 나타난다.
③ 단기간 또는 장기간 노출 시 눈과 코에 영향을 준다.
④ 시간이 지나면 감소하지만 계속 존재할 수도 있다.

해설 새집의 오염물질은 입주 후 6개월 정도에 최고조에 달한다. 또한 크롬도금을 사용하는 경우 비중격천공이 드물게 발생하지만 요즘은 크롬도금을 거의 사용하지 않아서 ①, ②가 복수정답으로 처리되었다.

45 **다음 중 실내오염지표는?**

① 아황산가스 ② 이산화질소
③ 이산화탄소 ④ 일산화탄소

해설 이산화탄소는 실내공기 오염지표로 사용되며, 허용 농도는 0.07~0.1%이다. 즉, 0.1% 이상일 때 그 방의 환기가 불량하다고 한다.

46 **휘발성 유기화합물의 일종으로 무색이면서 자극성 냄새가 나고, 폭발점이 낮아 실내에서 폭발가능성이 높은 실내오염물질은?**

① 라돈 ② 오존
③ 일산화탄소 ④ 포름알데히드

해설 포름알데히드
㉠ 자극성이 강한 냄새를 띤 기체상의 화학물질로 무색이며 폭발가능성이 높은 가장 간단한 알데히드이다.
㉡ 탄소가 포함된 물질이 불완전 연소할 때에 쉽게 만들어진다. 산불이나 담배 연기 또는 자동차 매연에서 발견된다. 공기중에서는 메테인과 다른 탄화수소에 햇빛과 산소가 가해지면서 합성된다.
㉢ 새집 증후군의 원인 물질 중 하나로 아토피성 피부염의 원인 물질 중 하나이다.
㉣ 플라스틱이나 가구용 접착제의 원료, 접착제, 도료, 방부제 등의 성분으로 쓰이며, 가격이 싸기 때문에 건축 자재에 널리 이용된다.

47 **다음 중 아래의 설명에 대해 올바른 것은?**

새로 지은 건축물이나 개보수 작업을 마친 건물 등의 실내공기 온도를 높여 건축자재에서 나오는 유해물질을 배출시키는 방법

① 번 아웃(Burn-out) ② 로크 아웃(Lock-out)
③ 베이크 아웃(Bake-out) ④ 블랙 아웃(Black-out)

해설 Bake out : 새집증후군의 해소를 위해 입주 전 난방 기구로 실내온도를 상승시켜 VOC 물질의 배출을 일시적으로 증가시킨 후 환기를 통해 제거하는 것으로 실내 오염물질의 70%까지 제거가 가능하다는 실험결과가 있다.

Answer 41 ① 42 ④ 43 ④ 44 ①,② 45 ③ 46 ④ 47 ③

48 다음 중 '다중이용시설 등의 실내공기질 관리법'에서 규정하고 있는 실내공기 오염물질로 올바르지 못한 것은?

① 일산화질소
② 포름알데히드
③ 총부유세균(TAB : Total Airborne Bacteria)
④ 휘발성 유기화합물(VOCs : Volatile Organic Compounds)

해설 실내공기 오염물질 : 미세먼지, 이산화탄소, 포름알데히드, 총부유세균, 일산화탄소, 라돈, 총휘발성 유기화합물, 곰팡이

49 빌딩증후군에 관한 설명 중 옳지 못한 것은?

① 근로자 개인의 근무만족도, 작업분위기에 영향을 미친다.
② 근로자의 10%가 증상을 느끼는 경우를 말한다.
③ 미생물, 곰팡이도 작용한다.
④ 사무실직업병이라고도 불리며, 코 · 목 · 기관지 점액의 자극으로 호흡기와 피부질환이 유발된다.

해설 보통 사무실 근로자의 20~30%가 경험한 것으로 보고되고 있다.

50 「환경정책기본법 시행령」상 환경기준의 대기 항목으로 옳지 않은 것은? 2022. 서울시 · 지방직

① 벤젠 ② 미세먼지
③ 오존 ④ 이산화탄소

해설 대기환경 기준(환경정책 기본법)

항목	기준
아황산가스(SO_2)	• 연간 평균치 0.02ppm 이하 • 24시간 평균치 0.05ppm 이하 • 1시간 평균치 0.15ppm 이하
일산화탄소(CO)	• 8시간 평균치 9ppm 이하 • 1시간 평균치 25ppm 이하
이산화질소(NO_2)	• 연간 평균치 0.03ppm 이하 • 24시간 평균치 0.06ppm 이하 • 1시간 평균치 0.10ppm 이하
미세먼지(PM-10)	• 연간 평균치 50㎍/m^3 이하 • 24시간 평균치 100㎍/m^3 이하
초미세먼지(PM-2.5)	• 연간 평균치 15㎍/m^3 이하 • 24시간 평균치 35㎍/m^3 이하
오존(O_3)	• 8시간 평균치 0.06ppm 이하 • 1시간 평균치 0.1ppm 이하
납(Pb)	• 연간 평균치 0.5㎍/m^3 이하
벤젠	• 연간 평균치 5㎍/m^3 이하

51 「환경정책기본법 시행규칙」에 의한 대기환경 기준에서 1시간 및 8시간 평균치만 설정되어 있는 대기오염물질은? 2021. 서울시

① 오존, 아황산가스
② 오존, 일산화탄소
③ 일산화탄소, 아황산가스
④ 아황산가스, 초미세먼지(PM-2.5)

해설 ㉠ 일산화탄소(CO)
- 8시간 평균치 9ppm 이하
- 1시간 평균치 25ppm 이하

㉡ 오존(O_3)
- 8시간 평균치 0.06ppm 이하
- 1시간 평균치 0.1ppm 이하

52 우리나라 대기환경기준에 포함되지 않는 물질은? 2019. 서울시

① 아황산가스
② 이산화질소
③ 이산화탄소
④ 오존

해설 대기환경기준에 포함된 물질 : 아황산가스, 일산화탄소, 이산화질소, 미세먼지, 초미세먼지, 오존, 납, 벤젠

53 다음에서 설명하고 있는 대기오염물질로 올바른 것은? 18. 지방직

> • 주요 배출원은 화력발전소와 주거난방 과정에서 배출된다.
> • 폐나 호흡기의 질환을 유발한다.
> • 부식성이 강한 미스트를 형성하여 산성비의 원인이 된다.

① 일산화탄소
② 질소산화물
③ 황산화물
④ 탄화수소

해설 황산화물(SO_X) : SO_2, SO_3, $MgSO_4$, H_2SO_4

㉠ 각종 연료, 석탄이나 석유 연소 시 발생한다.

㉡ SO_2
- 무색이며 자극성 기체로 경유 사용 차량에서 많이 발생한다. 대기의 습도가 높을 때는 부식성이 높은 황산 mist를 형성하여 산성비의 원인이 된다.
- 석탄과 석유의 연소 과정, 제련 공장, 매연 등에서 다량 발생된다.
- 연간 평균치 0.02ppm 이하, 24시간 평균치가 0.05ppm을 초과해서는 안 된다.
- 노출 시 인후, 비강, 눈 및 호흡기 점막에 일차적으로 궤양을 일으켜 세균의 감염을 받기 쉬운 상태에 도달된다. 장기간 노출되면 세균 감염에 대한 저항력 약화, 체내 항체생성 억제, 기관의 섬모운동의 활성이 저하되거나 소실됨으로써 기관지의 통기 저항이 증대되어 기침, 호흡 곤란 등 호흡기질환을 초래하여 천식으로까지 진전된다.

Answer 48 ① 49 ② 50 ④ 51 ② 52 ③ 53 ③

54 보통 광물질의 용해나 산화 등의 화학반응에서 증발한 가스가 대기 중에서 응축하여 생기는 0.001∼1μm의 고체입자는?

2017. 서울시

① 분진(dust) ② 훈연(fume)
③ 매연(smoke) ④ 액적(mist)

해설 훈연(흄, Fume) : 보통 광물질의 용해나 산화 등의 화학반응에서 증발한 가스가 대기 중에서 응축하여 생기는 0.001∼1μm의 고체입자이다. 납, 산화아연, 산화우라늄 등이 전형적인 훈연을 생성한다.

※ 1차 오염물질의 종류

입자상 물질	분진 (먼지, Dust)	㉠ 강하분진 : 분진 중 10μm 이상의 크기 ㉡ 부유분진 : 입자가 10μm 이하의 크기
	연무(Mist)	가스나 증기의 응축에 의해 생성된 대략 2∼200μm 크기의 입자상 물질
	연기 (Smoke)	「대기환경보전법」에 의하면 배출시설에서 나오는 검댕, 황산화물, 기타 연료의 연소 시에 발생하는 물질
	훈연 (흄, Fume)	보통 광물질의 용해나 산화 등의 화학반응에서 증발한 가스가 대기 중에서 응축하여 생기는 0.001∼1μm의 고체입자
가스상 물질	암모니아, 일산화탄소, 황산화물, 질소산화물, 이산화질소, 황화수소, 염화수소, 탄화수소, 이산화탄소	

55 다음 중 대기환경보전법의 용어의 정의로 올바른 것은?

① 가스 – 물질이 연소 · 합성 · 분해될 때에 발생하거나 물리적 성질로 인하여 발생하는 기체상물질
② 검댕 – 연소될 때에 생기는 유리탄소가 주가 되는 미세한 입자상 물질
③ 매연 – 탄화수소류 중 석유화학제품, 유기용제, 그 밖의 물질
④ 온실가스 – 이산화탄소, 메탄, 아산화질소, 수소불화탄소, 과불화탄소, 이산화황

해설 ① **가스** : 물질이 연소 · 합성 · 분해될 때에 발생하거나 물리적 성질로 인하여 발생하는 기체상물질을 말한다(법 제2조 제3호).
② **검댕** : 연소할 때에 생기는 유리(遊離) 탄소가 응결하여 입자의 지름이 1미크론 이상이 되는 입자상물질을 말한다(법 제2조 제7호).
③ **매연** : 대기 중에 떠다니거나 흩날려 내려오는 입자상물질을 말한다(법 제2조 제5호).
④ **온실가스** : 적외선 복사열을 흡수하거나 다시 방출하여 온실효과를 유발하는 대기 중의 가스상태 물질로서 이산화탄소, 메탄, 아산화질소, 수소불화탄소, 과불화탄소, 육불화황을 말한다(법 제2조 제2호).

56 다음 중 먼지의 단위용량당 인체에 미치는 건강영향이 큰 순서로 올바르게 나열된 것은?

① PM-10 > PM-2.5 > 총부유먼지 ② PM-10 > 총부유먼지 > PM-2.5
③ PM-2.5 > PM-10 > 총부유먼지 ④ 총부유먼지 > PM-2.5 > PM-10

해설 먼지의 단위용량 당 인체에 미치는 건강영향이 큰 순서 : PM-2.5 > PM-10 > 총부유먼지(TSP : 통상적으로 50μm 이하의 모든 부유먼지) > 강하먼지

57 다음 중 아래 대기환경기준에 해당되는 물질은?

가. 1시간 평균치 – 0.1ppm 이하	나. 8시간 평균치 – 0.06ppm 이하

① CO
② NO_2
③ O_3
④ SO_2

해설 오존(O_3) 기준
㉠ 8시간 평균치 0.06ppm 이하
㉡ 1시간 평균치 0.1ppm 이하

58 다음은 어떤 대기오염물질의 대기환경기준인가?

- 연간 평균치 0.02ppm 이하
- 24시간 평균치 0.05ppm 이하
- 1시간 평균치 0.15ppm 이하

① 이산화질소
② 오존
③ 아황산가스
④ 일산화탄소

해설 아황산가스 기준
㉠ 연간 평균치 0.02ppm 이하
㉡ 24시간 평균치 0.05ppm 이하
㉢ 1시간 평균치 0.15ppm 이하

59 우리나라 대기오염물질의 대기환경기준 농도로 옳지 않은 것은?

① 미세먼지(PM10) – 100㎍/m^3 이하 – 24시간 평균치
② 아황산가스(SO_2) – 0.05ppm 이하 – 24시간 평균치
③ 오존(O_3) – 0.1ppm 이하 – 1시간 평균치
④ 일산화탄소(CO) – 25ppm 이하 – 8시간 평균치

해설 ④ 일산화탄소(CO) – 9ppm 이하 – 8시간 평균치

60 대기오염의 주요 기준항목 중 연간 평균치만 적용되는 항목은?

① 벤젠
② CO
③ NO_2
④ PM–2.5

해설 연간 평균치만 적용되는 항목 : 벤젠과 납

Answer 54 ② 55 ① 56 ③ 57 ③ 58 ③ 59 ④ 60 ①

61 우리나라의 법에서 제시하고 있는 링겔만 매연 농도의 기준은? 2020. 인천

① 1도
② 2도
③ 3도
④ 4도

해설 링겔만 매연농도

㉠ 적용범위 : 굴뚝이나 교통기관 등에서 배출되는 매연은 약 3.3m 거리에서 연기 농도와 비교한 링겔만 매연 농도표에 의해 규정된다.

㉡ 측정 방법
- ⓐ 농도표는 측정자의 약 16m에 놓는다.
- ⓑ 측정자와 연돌과의 거리는 200m 이내로 한다.
- ⓒ 연돌 배출구에서 30~45cm 떨어진 곳의 매연 농도를 측정한다.
- ⓓ 매연의 관측은 태양광선을 측면으로 받는 위치에서 연기의 흐름에 수직으로 측정한다.

㉢ 매연 농도의 법적 기준 : 2도 이하

㉣ 링겔만 매연 농도표

chart NO(농도)	검은색의 폭(mm)	흰 부분의 폭(mm)	흰 부분과 비율(%)	매연 농도(%)
0(0도)	완전 백	완전 백	100	0
1(1도)	1.0	9.0	80	20
2(2도)	2.3	7.7	60	40
3(3도)	3.7	6.3	40	60
4(4도)	5.5	4.5	20	80
5(5도)	완전 흑	0	0	100

62 대기 중의 질소산화물, 휘발성유기화합물 등의 전구물질이 태양광선을 받아 화학작용을 일으켜 생성되는 물질은? 2020. 복지부

① 미세먼지
② 오존
③ 일산화탄소
④ 아황산가스

해설 **2차 오염물질** : 배출된 1차 오염 물질들은 물리화학적으로 불안정하므로 화학반응에 영향을 주는 반응물질의 농도, 광합성 정도, 기상학적인 확산력, 지역지세의 영향, 습도 등의 요인에 의하여 다양한 중간 생성물질을 만든다. 2차 오염물질을 만드는 가장 중요한 기전은 광화학적 반응이다. 2차 오염물질의 종류는 오존(O_3), 알데히드(RCHO), PAN(Peroxy Acetyl Nitrate), PBN, NO_2 이며, 특히 오존은 자동차 배출가스에서 발생하는 질소산화물, 탄화수소 등이 강력한 태양광선과 광화학 반응을 일으켜 생성된다.

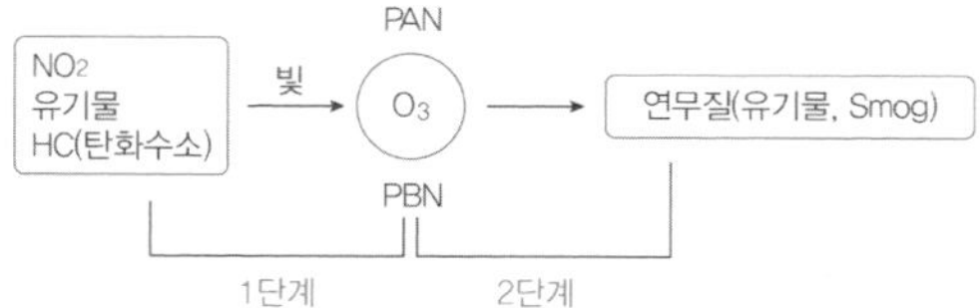

63 런던형 스모그의 특징으로 옳은 것은? 2019. 대전

① 풍속 5m/sec 이하
② 하절기 8~9월에 많이 발생
③ 복사성 역전
④ 주로 낮에 발생

해설 런던형 스모그와 로스앤젤레스형 스모그

항목	런던형 스모그 (흑색 스모그)	로스앤젤레스형 스모그 (백색 스모그)
발생 시 온도	1~4℃	24~32℃
발생 시 습도	85% 이상	70% 이하
기온역전의 종류	복사성 역전	침강성 역전
풍속	무풍	5m/sec
스모그 최성 시의 시계	100m 이하	1.6~0.8km 이하
가장 발생하기 쉬운 달	12, 1월	8, 9월
주된 사용 연료	석탄과 석유계	석유계
주된 성분	SO_X, CO, 입자상물질	O_3, NO_2, CO, 유기물
반응 유형	열적	광화학적, 열적
화학적 반응	환원	산화
최다 발생 시간	이른 아침	낮
인체에 대한 영향	기침, 가래, 호흡기계 질환	눈의 자극

64 런던 스모그(London smog)에 대한 설명으로 가장 옳지 않은 것은? 2019. 서울시

① 석유류의 연소물이 광화학 반응에 의해 생성된 산화형 스모그(oxidizing smog)이다.
② 주된 성분에는 아황산가스와 입자상 물질인 매연 등이 있다.
③ 기침, 가래와 같은 호흡기계 질환을 야기한다.
④ 가장 발생하기 쉬운 달은 12월과 1월이다.

해설 ①은 로스앤젤레스형 스모그를 의미한다.

65 다음 중 현재 런던형 스모그와 로스앤젤레스형 스모그의 기온역전의 종류를 바르게 연결한 것은? 2017. 서울시

① 런던형 – 방사성(복사성) 역전, 로스앤젤레스형 – 전성성 역전
② 런던형 – 방사성(복사성) 역전, 로스앤젤레스형 – 침강성 역전
③ 런던형 – 침강성 역전, 로스앤젤레스형 – 방사성(복사성) 역전
④ 런던형 – 침강성 역전, 로스앤젤레스형 – 이류성 역전

해설 기온역전
㉠ 런던형 스모그 : 복사성 역전
㉡ 로스앤젤레스형 스모그 : 침강성 역전

Answer 61 ② 62 ② 63 ③ 64 ① 65 ②

66 다음 중 주로 계곡지대나 밤이 긴 겨울철에 많이 볼 수 있으며 역전층이 120~250m 낮은 상공에서 일어나는 기온역전 현상은?

① 복사성 역전
② 침강성 역전
③ 전선성 역전
④ 이류성 역전

해설 기온역전의 종류

복사성 역전	낮 동안의 태양복사열이 큰 경우 지표 온도는 높아지나 밤에는 복사열이 적어 지표 온도가 낮아져서 발생
침강성 역전	맑은 날 고기압 중심부에서 공기가 침강해 압축을 받아 따뜻한 공기층을 형성하는 것
전선성 역전	따뜻한 공기가 차가운 공기 위로 이동하는 것을 의미하며, 단위는 1,000km
이류성 역전	따뜻한 기류가 차가운 지표나 공기층 위로 유입되는 것을 뜻하며, 단위는 100km

67 기온역전에 관한 설명으로 옳지 않은 것은?

① 방사성 역전은 밤사이 지표면이 상층보다 빠르게 식으면서 발생한다.
② 이류성 역전은 따뜻한 공기가 차가운 지표면 위로 불 때 발생한다.
③ 침강성 역전은 고기압 중심 부분에서 기층이 서서히 침강할 때 발생한다.
④ 전선성 역전은 차가운 공기가 따뜻한 공기 위를 타고 위로 올라갈 때 발생한다.

해설 ④ 전선성 역전은 따뜻한 공기가 차가운 공기 위를 타고 위로 올라갈 때 발생한다.

68 다음 중 런던스모그와 관련이 있는 것은?

① 습도 90% 이상
② 이른 새벽에 발생
③ 주로 석유연료가 원인
④ 7~8월

해설 런던형 스모그는 이른 새벽에 발생하였고, 로스앤젤레스형 스모그는 낮에 발생하였다.

69 다음 중 아래에서 설명하는 물질과 관련이 없는 것은?

> 질소산화물과 탄화수소류가 빛에너지에 의한 반응으로 생성되는 대기오염물질로 산화력이 강한 특성이 있다.

① 광화학 반응
② 런던스모그 반응
③ 성층권 유해 자외선 흡수
④ 2차 오염물질

해설 빛에너지에 의해 생성되는 산화력이 강한 특성으로 대표적인 것이 오존이므로 설명하고 있는 것은 광화학적 스모그를 의미한다. 오존은 광화학적 반응에 의하여 생성된 2차 오염물질이며, 대류권에의 오존은 성층권에서는 오존층을 형성하여 유해 자외선을 흡수하고 있다.

70 다음 중 역사적인 환경보건 사고와 원인 오염물질의 연결이 옳은 것만을 모두 고른 것은?

가. 이탈리아의 세베소 사고 – 염소가스
나. 인도의 보팔 사고 – 메틸이소시안
다. 일본의 가네미유 사건 – 포름알데히드
라. 미국의 도노라 사건 – 질산성 질소
마. 미국의 스리마일 사건 – 원유 유출

① 가, 나
② 가, 다
③ 나, 라
④ 나, 마

해설 대기오염 사건

대기오염 사건	환경 조건	발생 원인물질
벨기에 뮤즈계곡 (1930.12)	계곡, 무풍지대, 기온 역전, 연무 발생, 공장지대(철공, 금속, 초자, 아연)	공장으로부터 아황산가스, 황산, 불소화합물, 일산화탄소, 미세입자 등
미국 도노라 (1948.10)	계곡, 무풍지대, 기온 역전, 연무 발생, 공장지대(철공, 전선, 아연, 황산)	공장으로부터 아황산가스 및 황산과 미세에어로졸과의 혼합
런던 (1952.12)	하천 평지, 무풍지대, 기온 역전, 연무 발생, 습도 90%, 인구 조밀, 차가운 스모그	석탄연소에 의한 아황산가스, 미세에어로졸, 분진 등
로스앤젤레스 (1954년 이후)	해안 분지, 연중해양성, 기온 역전, 백색연무, 급격한 인구 증가, 차량 급증, 연료	석유계 연료, 산·염화물성 탄화수소, 포름알데히드, 오존
포자리카 (1950.11)	가스공장의 조작 사고, 기온 역전	유화수소(H_2S)
요코하마 (1946년 겨울)	무풍 상태, 진한 연무 발생, 공업지대	불명, 공업지역의 대기오염 물질로 추정
보팔 (1984.12.3)	한밤중, 무풍 상태, 쌀쌀한 날씨, 짙은 안개, 2,500명 사망	메틸이소시아네이트(MIC, 맹독성 농약 원료)
욧가이 천식 (1950년 이후)	천식 등 호흡기질환으로 80여 명 사망	공장 대기배출 물질, 악취
세베소(Seveso) 사건	㉠ 1976년 7월 10일 이탈리아 북부에 위치한 인구 17,000명의 세베소(Seveso)라는 도시의 화학공장(스위스의 제약업체인 호프만 로슈의 자회사로 삼염화페놀 생산공장)에서 반응기 내부의 과압으로 인해 안전밸브가 열렸고, 이로 인해 염소가스를 포함한 다량의 유독성 화학물질이 대기로 방출되었다. 누출된 화학물질 속에는 다이옥신의 하나인 2, 3, 7, 8-tetrachlorodibenzo-p-dioxin(TCDD)이 포함되어 있었고 주변 1,800헥타르의 토양을 오염시켰다. ㉡ 초기 15년 동안에 남성에서 전체 암사망률, 직장암과 폐암 사망률의 상승이 관찰되었다. 여성에게서 당뇨병의 초과 발생이 관찰되었다. 심혈관질환과 호흡기계질환으로 인한 초과 사망도 관찰되었는데, 이는 화학물질 영향과 더불어 사고발생에 따른 스트레스도 관여하였을 것으로 추정되었다.	

Answer 66 ① 67 ④ 68 ② 69 ② 70 ①

71 **오존층 파괴에 대한 다음의 설명으로 옳지 않은 것은?** 2018. 지방직

① 분무기나 냉매제 등의 프레온가스가 성층권에 도달하여 오존층을 파괴한다.
② 비엔나협약은 국제적 차원에서 오존층을 보호하기 위한 기본골격을 정하였다.
③ 교토의정서에서 오존층파괴 물질에 대한 생산 및 사용을 규제하였다.
④ 성층권 오존농도가 감소하면 피부암, 안질환의 발생률이 높아진다.

해설 교토의정서는 지구온난화에 대한 국제회의이다.

72 **오존층의 파괴로 가장 많이 증가하는 것으로 알려져 있는 질병은?** 2017. 서울시

① 알러지 천식 ② 폐암
③ 백혈병 ④ 피부암

해설 오존층이 감소하면 피부암, 안질환의 발생률이 높아진다.

73 **다음 중 오존층과 오존에 대한 설명으로 올바른 것은?**

가. 몬트리올의정서와 관련이 있다.
나. 오존주의보 발령기준은 0.12ppm 이상이다.
다. 오존층 파괴에 CFCs가 가장 큰 영향을 미친다.
라. 오존층 파괴시 적외선량이 많아진다.

① 가, 나, 다 ② 가, 다
③ 나, 라 ④ 가, 나, 다, 라

해설 오존층 파괴시 자외선량이 많아진다.

구분	내용	
오존층 파괴	㉠ 오존층의 파괴 원인 : 염화불화탄소, NOx, 브롬 ㉡ 오존층 파괴의 영향 : 자외선으로 인한 면역의 감소, 피부암 · 백내장 등의 발병 위험 증대, 지구상의 기후변화, 농작물 · 식물의 발육 부진, 생태계의 파괴	
오존	대기환경보전법 시행규칙 별표 7	
	경보단계	발령 기준
	주의보	기상조건 등을 고려해 해당 지역의 대기자동측정소 오존농도가 0.12ppm 이상일 때
	경보	기상조건 등을 고려해 해당 지역의 대기자동측정소 오존농도가 0.3ppm 이상일 때
	중대경보	기상조건 등을 고려해 해당 지역의 대기자동측정소 오존농도가 0.5ppm 이상일 때

74 급속여과법에 대한 설명으로 옳은 것은? 2020 대구

① 역류세척을 통해 여과막을 관리한다.
② 보통침전법으로 영국식이라고도 한다.
③ 경상비용이 적게 소모된다.
④ 탁도와 색도가 높을 때 적용하긴 어렵다.

해설 ② 보통침전법으로 미국식이라고도 한다.
③ 경상비용이 많이 소모된다.
④ 탁도와 색도가 높을 때 적용한다.
※ 급속여과와 완속여과

구분	완속여과법	급속여과법
침전법	보통침전법	약품침전법
여과 속도	3m/일	120m/일
사용 일수	20~60일	12시간~2일
모래층 청소	사면대치	역류세척
탁도, 색도가 높을 때 이끼류가 발생하기 쉬운 장소 수면이 동결하기 쉬운 장소	불리	좋음
면적	광대한 면적	좁은 면적이어도 됨
비용	건설비는 많이 드나 경상비는 적게 듬.	건설비는 적게 드나 경상비가 많이 듬.
세균 제거율	98~99%	95~98%

75 완속여과법의 특징으로 옳지 못한 것은? 2020. 인천

① 넓은 면적이 필요하다.
② 세균제거율이 높다.
③ 사면대치로 모래층 청소가 실시된다.
④ 건설비는 적게 드나 경상비가 많이 든다.

해설 ④ 건설비는 많이 드나 경상비가 적게 든다.

76 상수처리방법에서 급속여과법에 대한 다음의 설명 중 옳은 내용은? 2018. 지방직

① 모래층 청소는 역류세척으로 실시한다.
② 사용일수는 20~60일 걸린다.
③ 광대한 면적이 필요하다.
④ 건설비가 많이 든다.

해설 ② 사용일수는 12시간~2일이다.
③ 좁은 면적에서 여과할 수 있다.
④ 건설비는 적게 드나 경상비가 많이 든다.

Answer 71 ③ 72 ④ 73 ① 74 ① 75 ④ 76 ①

77 염소소독의 장점으로 가장 옳지 못한 것은? 2018. 서울시

① 소독력이 강하다. ② 잔류효과가 약하다.
③ 조작이 간편하다. ④ 경제적이다.

해설 화학적 소독법(염소소득)
㉠ 상수도 소독에 가장 많이 쓰이며 살균력이 좋고 잔류효과도 좋음.
㉡ 염소는 강한 산화력을 갖고 있기 때문에 유기물과 환원성 물질에 접촉하면, 살균력이 소모되므로 잔류염소가 필요한데, 잔류염소란 Break Point가 지날 때까지 염소를 넣어주는 것을 말함. 유리 잔류염소는 0.1ppm 이상, 결합잔류염소는 0.4ppm 이상이면 충분함.(단, 유사시는 유리잔류염소는 0.4ppm 이상, 결합잔류염소는 1.8ppm 이상이어야 함).

장점	단점
㉠ 강한 소독력 : 염소의 살균력은 온도가 높고, 반응시간이 길고, 주입농도가 높을수록 또 낮은 pH에서 강함. 염소는 대장균, 소화기계통의 전염성 병원균(수인성)에 특히 효과가 큼. ㉡ 큰 잔류 효과 ㉢ 값싼 경비 ㉣ 간단한 조작	냄새가 많고 독성(유기물과 결합해 발암물질인 THM 트리할로메탄 생성)이 있음

78 염소소독 시 가장 고농도로 검출되는 소독부산물은? 2018. 대구시

① 클로로포름 ② 브로모포름
③ 크로로디브로모메탄 ④ 브로모디클로로메탄

해설 염소 + 휴민산(부식물질) = THM(클로로포름이 70~80%를 차지)
염소 + 암모니아 = 결합잔류염소(Chloramine)

79 다음 중 물의 염소 소독 시에 발생하는 불연속점의 원인은? 2017. 서울시

① 유기물 ② 클로라민(chloramine)
③ 암모니아 ④ 조류(aglae)

해설 상수처리에서 암모니아를 포함한 물에 염소를 이용하여 소독하게 되면 클로라민의 양은 염소 주입량에 비례하여 증가하다가 일정량 이상으로 염소를 주입하면 클로라민의 양이 급격히 줄어들어 최소농도가 된다. 이 점을 불연속점이라 부르고, 불연속점까지 주입된 염소량을 염소요구량이라고 한다. 그리고 불연속점보다 더 많은 염소를 주입하는 소독법을 불연속점 염소 처리라 하고, 대부분의 상수도에서 염소 살균에 사용된다. 불연속점 이후에는 클로라민은 대부분 없어지고 유리잔류염소가 생성되어 소독이 된다. 즉, 이러한 불연속점의 발생원인은 암모니아라 할 수 있다.

80 정수방법 중 여과법에 대한 설명으로 옳은 것은? 2016. 서울시

① 급속여과의 생물막 제거법은 사면교체이고, 완속여과의 생물막 제거법은 역류 세척이다.
② 원수의 탁도 · 색도가 높을 때에는 완속여과가 효과적이다.
③ 완속여과에 비해 급속여과의 경상비가 적게 든다.
④ 완속여과의 여과속도는 3m/day이고, 급속여과의 여과속도는 120m/day 정도이다.

해설 ① 완속여과의 생물막 제거법은 사면 교체이고, 급속여과의 생물막 제거법은 역류 세척이다.
② 원수의 탁도 · 색도가 높을 때에는 급속여과가 효과적이다.
③ 완속여과에 비해 급속여과의 경상비가 많이 든다. 즉, 급속여과는 건설비가 적게 드는 대신 경상비(유지비)는 많이 든다.

81 다음 중 도시에서 상수의 급수과정이 순서대로 알맞게 연결된 것은?

① 취수 → 도수 → 정수 → 배수 → 송수 → 급수
② 취수 → 도수 → 정수 → 송수 → 배수 → 급수
③ 취수 → 배수 → 정수 → 도수 → 송수 → 급수
④ 취수 → 정수 → 도수 → 배수 → 송수 → 급수

해설 상수의 급수과정 : 취수 → 도수 → 정수 → 송수 → 배수 → 급수

82 상수소독에서 염소의 살균력을 좋게 하기 위한 방법으로 옳지 않은 것은?

① 온도를 상승시킨다.
② 유리잔류염소가 결합잔류염소보다 소독력이 좋다.
③ 접촉시간을 증가시킨다.
④ pH는 높아야 한다.

해설 염소의 살균력은 온도가 높고, 반응시간이 길고, 주입 농도가 높을수록 또 낮은 pH에서 강하다. 또한 대장균, 소화기계통의 감염성 병원균(수인성)에 특히 효과가 크다.

83 다음 중 물의 특수정수법이라고 볼 수 없는 것은?

① 불소주입법
② 석회소다법
③ 염소소독법
④ 황산동으로 조류를 제거하는 생물제거법

해설 물의 특수정수법

경수의 연수화	㉠ 일시 경수 • 중탄산염($Ca(HCO_3)_2$, $Mg(HCO_3)_2$과 탄산염($CaCO_3$, $MgCO_3$)의 형태로 존재 • 중탄산염의 경우 가열하면 다음과 같이 Ca성분이 $CaCO_3$로 침전되어 연수화 ㉡ 영구 경수 • 칼슘, 마그네슘 등이 황산염, 질산염, 염화물 등의 형태로 존재 • $CaSO_4$나 $MgSO_4$ 등이 함유된 경우 끓여도 연수화되지 않음 • 석회소다법, 제올라이트 이온교환법 등으로 연수화
철 및 망간 제거법	㉠ 철분은 침전, 여과로도 제거 ㉡ 망간의 제거도 철의 경우처럼 폭기법이 이용되지만 그 효과가 철분의 경우만큼 효과적이지 못하며, 과망간산칼륨의 주입에 의한 산화법, 망간 제올라이트법, 양이온 교환수지에 의한 교환 처리법 등이 사용된다.

Answer / 77 ② 78 ① 79 ② 80 ④ 81 ② 82 ④ 83 ③

불소주입	㉠ 불소가 부족한 물을 장기 음용하면 치아우식증(충치)이 유발될 수 있는데, 치아형성기의 어린이에게 불소화합물을 함유한 상수를 공급하면 충치를 60~65%나 감소시켰다는 연구결과가 있다. ㉡ 반면에 불소가 과량으로 함유된 물을 음용하면 반상치의 원인이 될 수 있는데, 반상치란 치아에 백반이 생기고 차츰 커지면서 추한 다갈색 또는 흑색 반점이 생기며 법랑질이 침식되는 치아 질환이다.
조류 제거법	조류 제거에는 황산동($CuSO_4$)이나 염소가 사용되는데, 조류의 종류에 따라서 주입량에 차이가 있으나 보통 0.6~1.2mg/L가 적당하다.
취미제거법	폭기나 오존 및 활성탄 처리에 의해 불쾌한 냄새와 물 맛 제거

84 수돗물 수질기준 항목에 포함되는 것은? 2020. 부산

① 총인　② 총질소
③ 알루미늄　④ 클로로필a

해설 수질항목기준

수돗물 수질기준	알루미늄은 0.2mg/L를 넘지 아니할 것
하천 생활환경기준	수소이온농도, 생물화학적 산소요구량(BOD), 총유기탄소량(TOC), 부유 물질량(SS), 용존산소량(DO), 총인(T-P), 총대장균군, 분원성대장균
호소 생활환경기준	수소이온농도, 총유기탄소량(TOC), 부유 물질량(SS), 용존 산소량(DO), 총인(T-P), 총질소(T-N), 크로로필-a, 총대장균군, 분원성대장균
해역 생활환경기준	수소이온농도, 총대장균군, 용매 추출유분

85 먹는물 수질기준에 대한 설명으로 옳지 않은 것은? 20 충북

① 경도, 냄새, 맛, 색도, 탁도는 심미적 영향물질에 관한 기준이다.
② 페놀, 셀레늄, 벤젠, 톨루엔, 에틸벤젠은 휘발성 유기물질에 관한 기준이다.
③ 일반세균, 총대장균군, 살모넬라, 쉬겔라, 여시니아균은 미생물에 관한 기준이다.
④ 불소, 비소, 수은, 유라늄, 브롬산염은 건강상 유해영향 무기물질에 관한 기준이다.

해설 먹는물 수질기준

미생물에 관한 기준	• 일반세균은 1mL 중 100CFU(Colony Forming Unit)를 넘지 아니할 것. • 총 대장균군은 100mL(샘물 · 먹는샘물, 염지하수 · 먹는염지하수 및 먹는해양심층수의 경우에는 250mL)에서 검출되지 아니할 것. • 대장균 · 분원성 대장균군은 100mL에서 검출되지 아니할 것.
건강상 유해영향 무기물질에 관한 기준 ★★★	• 납은 0.01mg/L를 넘지 아니할 것 • 불소는 1.5mg/L(샘물 · 먹는샘물 및 염지하수 · 먹는염지하수의 경우 2.0mg/L)를 넘지 아니할 것 • 비소는 0.01mg/L(샘물 · 염지하수의 경우에는 0.05mg/L)를 넘지 아니할 것 • 셀레늄은 0.01mg/L(염지하수의 경우에는 0.05mg/L)를 넘지 아니할 것 • 수은은 0.001mg/L를 넘지 아니할 것 • 시안은 0.01mg/L를 넘지 아니할 것 • 크롬은 0.05mg/L를 넘지 아니할 것 • 암모니아성 질소는 0.5mg/L를 넘지 아니할 것 • 질산성 질소는 10mg/L를 넘지 아니할 것 • 카드뮴은 0.005mg/L를 넘지 아니할 것 • 붕소는 1.0mg/L를 넘지 아니할 것(염지하수의 경우 적용하지 아니함)

	• 브롬산염은 0.01mg/L를 넘지 아니할 것(수돗물, 먹는샘물, 염지하수 · 먹는염지하수, 먹는해양심층수 및 오존으로 살균 · 소독 또는 세척 등을 해 음용수로 이용하는 지하수만 적용) • 스트론튬은 4mg/L를 넘지 아니할 것(먹는염지하수 및 먹는해양심층수의 경우만 적용) • 우라늄은 30μg/L를 넘지 않을 것[수돗물(지하수를 원수로 사용하는 수돗물), (샘물, 먹는샘물, 먹는염지하수 및 먹는물공동시설의 물의 경우에만 적용)]
건강상 유해영향 유기물질에 관한 기준	• 페놀은 0.005mg/L를 넘지 아니할 것 • 다이아지논은 0.02mg/L를 넘지 아니할 것 • 파라티온은 0.06mg/L를 넘지 아니할 것 • 페니트로티온은 0.04mg/L를 넘지 아니할 것 • 카바릴은 0.07mg/L를 넘지 아니할 것 • 1,1,1-트리클로로에탄은 0.1mg/L를 넘지 아니할 것 • 테트라클로로에틸렌은 0.01mg/L를 넘지 아니할 것 • 트리클로로에틸렌은 0.03mg/L를 넘지 아니할 것 • 디클로로메탄은 0.02mg/L를 넘지 아니할 것 • 벤젠은 0.01mg/L를 넘지 아니할 것 • 톨루엔은 0.7mg/L를 넘지 아니할 것 • 에틸벤젠은 0.3mg/L를 넘지 아니할 것 • 크실렌은 0.5mg/L를 넘지 아니할 것 • 1,1-디클로로에틸렌은 0.03mg/L를 넘지 아니할 것 • 사염화탄소는 0.002mg/L를 넘지 아니할 것 • 1,2-디브로모-3-클로로프로판은 0.003mg/L를 넘지 아니할 것 • 1,4-다이옥산은 0.05mg/L를 넘지 아니할 것
소독제 및 소독 부산물질에 관한 기준 ★★★	• 잔류 염소(유리잔류 염소를 말한다)는 4.0mg/L를 넘지 아니할 것 • 총트리할로메탄은 0.1mg/L를 넘지 아니할 것 • 클로로포름은 0.08mg/L를 넘지 아니할 것 • 브로모디클로로메탄은 0.03mg/L를 넘지 아니할 것 • 디브로모클로로메탄은 0.1mg/L를 넘지 아니할 것 • 클로랄하이드레이트는 0.03mg/L를 넘지 아니할 것 • 디브로모아세토니트릴은 0.1mg/L를 넘지 아니할 것 • 디클로로아세토니트릴은 0.09mg/L를 넘지 아니할 것 • 트리클로로아세토니트릴은 0.004mg/L를 넘지 아니할 것 • 할로아세틱에시드(디클로로아세틱에시드, 트리클로로아세틱에시드 및 디브로모아세틱에시드의 합으로 함)는 0.1mg/L를 넘지 아니할 것 • 포름알데히드는 0.5mg/L를 넘지 아니할 것
심미적 영향물질에 관한 기준★★★	• 경도는 1,000mg/L • 과망간산칼륨 소비량은 10mg/L를 넘지 아니할 것 • 냄새와 맛은 소독으로 인한 냄새와 맛 이외의 냄새와 맛이 있어서는 아니될 것. 다만, 맛의 경우는 샘물, 염지하수, 먹는샘물 및 먹는물공동시설의 물에는 적용하지 아니함. • 동은 1mg/L를 넘지 아니할 것 • 색도는 5도를 넘지 아니할 것 • 세제(음이온 계면활성제)는 0.5mg/L를 넘지 아니할 것 • 수소이온 농도는 pH 5.8 이상 pH 8.5이하이어야 할 것 • 아연은 3mg/L를 넘지 아니할 것 • 염소이온은 250mg/L를 넘지 아니할 것 • 증발잔류물은 수돗물의 경우에는 500mg/L, 먹는염지하수 및 먹는해양심층수의 경우에는 미네랄 등 무해성분을 제외한 증발잔류물이 500mg/L를 넘지 아니할 것 • 철은 0.3mg/L를 넘지 아니할 것. 다만, 샘물 및 염지하수의 경우에는 적용하지 아니함. • 망간은 0.3mg/L(수돗물의 경우 0.05mg/L)를 넘지 아니할 것 • 탁도는 1 NTU(Nephelometric Turbidity Unit)를 넘지 아니할 것 • 황산이온은 200mg/L를 넘지 아니할 것 • 알루미늄은 0.2mg/L를 넘지 아니할 것
방사능에 관한 기준(염지하수의 경우에만 적용)	• 세슘(Cs-137)은 4.0mBq/L를 넘지 아니할 것 • 스트론튬(Sr-90)은 3.0mBq/L를 넘지 아니할 것 • 삼중수소는 6.0Bq/L를 넘지 아니할 것

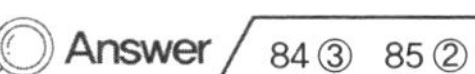
Answer 84 ③ 85 ②

86 먹는물 수질기준 중 소독제 및 소독부산물질이 아닌 것은? 2020. 경북

① 잔류염소
② 트리클로로에틸렌
③ 디브로모클로로메탄
④ 총트리할로메탄

해설 소독제 및 소독부산물질 : 잔류 염소, 총트리할로메탄, 클로로포름, 브로모디클로로메탄, 디브로모클로로메탄, 클로랄하이드레이트, 디브로모아세토니트릴, 디클로로아세토니트릴, 트리클로로아세토니트릴, 할로아세틱에시드, 포름알데히드

87 먹는물(수돗물) 수질기준으로 옳지 않은 것은? 19 강원

① 불소 : 2.0mg/l를 넘지 아니할 것
② 카드뮴 : 0.005mg/l를 넘지 아니할 것
③ 일반세균 : 1mg/l 중 100CFU를 넘지 아니할 것
④ 총 대장균군 : 100ml에서 검출되지 아니할 것

해설 불소는 1.5mg/L(샘물 · 먹는샘물 및 염지하수 · 먹는염지하수의 경우 2.0mg/L)를 넘지 아니할 것

88 다음에서 설명하고 있는 먹는 물 수질 검사항목으로 가장 옳은 것은? 2017. 서울시

> 값이 높을 경우 유기성 물질이 오염된 후 시간이 얼마 경과하지 않은 것을 의미하며, 분변의 오염을 의심할 수 있는 지표이다.

① 수소이온
② 염소이온
③ 질산성 질소
④ 암모니아성 질소

해설 분변의 오염을 의심할 수 있는 지표는 암모니아성 질소이다. 암모니아성 질소는 0.5mg/L를 넘지 아니할 것

89 수질검사에 대한 내용 중 옳은 것을 모두 고른 것은?

> 가. 수질검사에서 대장균군 검출은 다른 병원 미생물이나 분변의 오염을 추측할 수 있으며, 검출방법이 간단하고 정확하기 때문에 수질오염의 지표로서 중요하다.
> 나. 암모니아성 질소(NH_3-N)의 검출은 유기물질의 오염이 있은지 얼마 되지 않은 상태의 물이라는 것을 의미하고, 분변오염을 의심하게 하는 오염지표이다.
> 다. 수중의 과망간산칼륨($KMnO_4$)의 소비량을 검사하는 의미는 수중의 유기물을 양적으로 추측하는 시험이며, $KMnO_4$의 소비량이 많을수록 유기물 오염이 많이 된 것을 의미한다.
> 라. 질산성 질소(NO_3-N)는 수중의 질소화합물이 산화되어 생성된 최종산물로서 암모니아성 질소, 아질산성 질소, 유기성 질소와 연계되어 있음을 의미하기 때문에 유기물의 오염지표로 의미가 있다.

① 가, 다 ② 나, 라
③ 가, 나, 다 ④ 가, 나, 다, 라

해설

대장균군		㉠ 대장균 지수(Coli Index) : 대장균을 검출할 수 있는 최소 검수량의 역수. 즉, 검수 100cc 검체에서 양성이 나왔다면 대장균 지수는 0.01. ㉡ MPN : 검수 100cc 중 대장균군의 최확수(이론상 가장 많이 있을 수 있는 수치). MPN이 5라면 물 100cc 중 대장균이 5개 있다는 의미
질소 화합물	암모니아성 질소	㉠ 동물성 배설물 분해의 첫 단계 화합물 ㉡ 검출 시 비교적 최근에 오염되었고 소화계 전염병 병원균이 생존해 있을 위험이 높음을 의미 ㉢ 위생적으로 중요한 오염의 지표
	아질산성 질소	㉠ 암모니아성 질소의 산화에 의해 생긴 것 ㉡ 물의 오염을 추정하는 유력한 지표
	질산성 질소	㉠ 질소화합물이 산화되어 생성된 최종 분해물 ㉡ 과거의 오염을 나타냄. ㉢ 질산성 질소 함유한 물 또는 음식물을 먹으면 Methemoglobinemia을 일으켜 Blue Baby가 발생
과망간산칼륨 소비량		음용수 중에 함유된 유기물이나 산화되기 쉬운 무기물을 산화하는 데 소모된 과망간산칼륨의 양을 말한다. 이의 소비량이 많다는 것은 하수, 분뇨, 공장폐수 등 유기물이 다량 함유된 오수에 의해 오염되었거나 생물의 관내 또는 물속에 제1철염, 아산화금속, 아황산염, 황화물, 아질산염 등의 무기물이 많다는 것을 의미한다. 통상 COD 1ppm은 과망간산칼륨 소비량 약 4ppm에 해당된다.

90 정수장에서 먹는물의 수질검사 시 매일 검사하는 주요항목이 아닌 것은?

① 냄새, 수소이온농도 ② 대장균, 탁도
③ 색도, 맛 ④ 잔류염소, pH

해설 수질검사의 횟수(먹는물 수질기준 및 검사 등에 관한 규칙 제4조)

구분	검사 대상	횟수
정수장에서의 검사	냄새, 맛, 색도, 탁도(濁度), 수소이온 농도 및 잔류염소에 관한 검사	매일 1회 이상
	일반 세균, 총대장균군, 대장균 또는 분원성 대장균군, 암모니아성 질소, 질산성 질소, 과망간산칼륨 소비량 및 증발잔류물에 관한 검사	매주 1회 이상
	미생물에 관한 기준, 건강상 유해한 무기물질 및 유기물질에 관한 기준, 심미적 영향물질에 관한 기준에 관한 검사	매월 1회 이상
	소독제 및 소독 부산물질에 관한 기준에 관한 검사(다만, 총 트리할로메탄, 클로로포름, 브로모디클로로메탄 및 디브로모클로로메탄은 매월 1회 이상)	매 분기 1회 이상
수도꼭지에서의 검사	일반 세균, 총대장균군, 대장균 또는 분원성 대장균군, 잔류염소에 관한 검사	매월 1회 이상
	정수장별 수도관 노후지역에 대한 일반 세균, 총대장균군, 대장균 또는 분원성 대장균군, 암모니아성 질소, 동, 아연, 철, 망간, 염소이온 및 잔류염소에 관한 검사	매월 1회 이상

Answer 86 ② 87 ① 88 ④ 89 ④ 90 ②

91 다음 중 먹는 물의 수질기준 중에서 수도전의 월간검사 항목에 해당되는 것은?

가. 분원성 대장균	나. 일반 세균
다. 잔류 염소	라. pH

① 가, 나, 다　　② 가, 다
③ 나, 라　　④ 가, 나, 다, 라

해설 수도전의 검사
㉠ 일반 세균, 총대장균군, 대장균 또는 분원성 대장균군, 잔류염소에 관한 검사 : 매월 1회 이상
㉡ 정수장별 수도관 노후지역에 대한 일반 세균, 총대장균군, 대장균 또는 분원성 대장균군, 암모니아성 질소, 동, 아연, 철, 망간, 염소이온 및 잔류염소에 관한 검사 : 매월 1회 이상

92 다음 중 활성오니와 살수여과법의 설명으로 옳지 못한 것은?

① 살수여과는 진보된 형태로 2차 처리법이다.
② 살수여과법은 수량변이에 용이하고 높은 수압을 필요로 한다.
③ 활성오니법은 대도시에서 이용하는 하수처리법이다.
④ 활성오니법은 주로 도시에서 이용하고, 해충이 많이 생긴다는 단점이 있다.

해설 해충이 많이 생기는 것은 살수여상법에 해당된다.

구분		
살수여상법	하수를 여상 위에 살포하면 호기성 세균의 작용으로 생물막을 형성. 생물막의 표면에서는 호기성 세균의 활동이 활발하나, 막의 저부에서는 산소공급이 차단되므로 혐기성 세균이 증식하여 무기물을 분해하는 방법.	
	장점	•수량 변화에 대응 가능하다. •유지비가 적게 든다.
	단점	높은 수압이 필요하며, 파리와 악취가 발생할 우려가 있다.
활성오니법	호기성 균이 풍부한 오니를 25% 첨가해 충분한 산소를 공급함으로써 유기물이 산화작용에 의해 정화되는 방법 ㉠ 1차 처리된 하수의 2차 처리를 위해서 주로 채택되며 하수처리공 법 중 가장 많이 사용되는 방법이다. ㉡ 건설비가 상대적으로 적게 들지만 포기용 동력이 비교적 많이 들고 잉여 오니의 생성량이 많다. ㉢ 주요 공정은 포기조, 침전조, 슬러지 반송설비 등으로 구성되어 있다. ㉣ 살수 여상법보다 경제적이고 적은 처리 면적이 소요되나 고도의 처리 기술이 필요하다.	

93 다음 중 휴민산이 Cl와 반응하여 생기는 부산물로 발암성 물질인 것은?

① 브로모메탄　　② 클로로디브로메탄
③ 클로로포름　　④ 트리할로메탄

해설 염소+암모니아 = Chloramine(결합잔류염소)
염소+휴민산(부식물질) = THM(트리할로메탄)

94 하수처리에서 활성오니법에 대한 설명으로 옳은 것은?

① 고형 오염물질의 침전작용
② 유기성 오염물질의 희석작용
③ 혐기성 세균에 의한 부패작용
④ 호기성 세균에 의한 산화작용

해설 혐기성처리와 호기성 처리방법

혐기성 처리 (혐기성 세균을 이용)	부패조	단순한 Tank에 하수를 넣은 후 산소를 차단해 혐기성 균에 의한 분해가 이루어지게 하고 찌꺼기는 소화되게 하는 방식으로 가스가 발생하므로 악취나는 것이 단점.
	Imhoff Tank	부패실에서 냄새가 역류해 밖으로 나오지 않도록 고안.
	메탄 발효법	혐기성 소화에 가장 많이 이용되는 방법 ㉠ 혐기성 처리의 조건 • BOD 농도가 높고 가능하면 단백질, 지방 함량이 높은 것이 좋다. • 무기성 영양소가 충분히 있어야 한다. • 독성 물질이 없어야 한다. • 높은 온도가 좋다. ㉡ 발생 가스 : 메탄, 탄산가스, 암모니아, 메르캅탄, 황화수소, Indole
호기성 처리 (호기성 세균을 이용)	살수여상법	하수를 여상 위에 살포하면 호기성 세균의 작용으로 생물막을 형성. 생물막의 표면에서는 호기성 세균의 활동이 활발하나, 막의 저부에서는 산소공급이 차단되므로 혐기성 세균이 증식하여 무기물을 분해하는 방법.
	활성오니법	호기성 균이 풍부한 오니를 25% 첨가해 충분한 산소를 공급함으로써 유기물이 산화작용에 의해 정화되는 방법
	산화지법	수중의 유기물은 호기성 세균에 의해 산화 분해되어 CO_2, H_2O 등을 생성한다. 그러면 생성된 CO_2를 조류가 광합성에 이용하여 산소를 생성한다. 따라서 호기성 박테리아와 조류는 수중에서 공생관계를 갖고 있다.
	회전 원판법	수십에서 수백 개의 플라스틱 원판을 물속에 절반 정도 잠기게 해 천천히 회전하면서 생물막이 물에 잠길 때는 미생물이 유기물을 섭취하고, 물 밖으로 나오면 공기 중의 산소를 이용하여 호기성 조건에서 하수가 처리된다.

95 다음 하수처리 중 호기성 방식으로 처리하는 것이 아닌 것은?

① 산화지법
② 살수여상법
③ 소화법
④ 활성오니법

해설 호기성 처리방법 : 살수여상법, 활성오니법, 산화지법, 회전 원판법

96 다음 중 아래의 하수처리 방법은?

> 1893년 영국에서 처음 개발되었으며 폐수를 미생물막으로 덮은 자갈이나 쇄석, 기타 매개층 등 여과재 위에 뿌려서 미생물막과 폐수 중 유기물을 접촉시켜 분해시키는 방법이다.

① 부패조
② 살수여상법
③ 임호프조
④ 층화

해설 폐수를 여과재 위에 뿌린다고 하였으니 살수여상법에 해당된다.

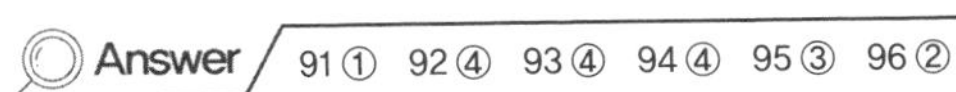

Answer 91 ① 92 ④ 93 ④ 94 ④ 95 ③ 96 ②

97 다음 하수처리법 중 혐기성 처리법의 특징이 아닌 것은?

① 공장배수 처리에는 부적당하고 주로 잉여오니의 처분이나 분뇨처리에 이용된다.
② 땅이나 늪 밑바닥에서 거품이 나오는 경우가 있는데 이것은 자연계에서 행하여지는 methane 발효이다.
③ 주로 BOD가 10,000ppm 이상으로 높은 배수에 이용된다.
④ 혐기성 처리 시 주로 발생하는 가스는 이산화탄소이다.

해설 혐기성 처리 시 주로(70% 이상) 발생하는 가스는 CH_4
※ 호기성 처리법과 혐기성 처리법 비교

호기성 처리	혐기성 처리
반응속도가 빠름.	반응속도가 느림.
최종생성물 에너지 함량 낮음(BOD 낮음)	최종생산물 에너지 함량이 높음(BOD 높음)
슬러지 생산량이 많음.	슬러지 생산량이 적음.
저농도 폐수에 적합.	고농도 폐수에 적합.
냄새가 적음.	냄새가 심함.
시설비가 적게 듬.	시설비가 많이 듬.
소규모에 적합.	대규모에 적합.
산소공급 등 동력을 필요로 해 유지비가 많이 듬	동력이 필요 없으므로 유지비가 적게 듬.
CO_2, SO_2, NO_2 등이 발생.	CH_4, CO_2, H_2S, NH_3 등이 발생.
최종 NO_3-N의 형태로 방출.	최종 NH_3-N의 형태로 방출.

98 다음 중 합류식 하수도의 장점이 아닌 것은?

① 수리 · 검사가 쉽다.
② 시설비가 적게 든다.
③ 우수에 의해 하수관이 자연 청소된다.
④ 천수(비, 눈, 우박 등의 우수)를 별도로 이용할 수 있다.

해설 하수처리 방식의 비교

구분	합류식	분류식
정의	일반 생활하수를 빗물과 함께 모아서 배출하는 방식	빗물과 일반 생활하수를 분리해서 배출하는 방식
장점	• 비용이 적게 들며, 시공이 간편하다. • 하수도의 자연적 청소, 즉 빗물에 의해 하수구가 자연 청소된다. • 관이 크므로 수리, 검사, 청소 등이 용이하다. • 하수가 희석되므로 처리가 용이하다.	대체로 합류식 반대
단점	• 장마가 질 때 외부로 물이 범람한다. • 빗물이 혼입되면 처리 용량이 많아진다. • 가뭄 때에 하수량이 적어서 침전이 생기므로 악취와 각종 위생 해충이 발생한다.	

99 다음 내용으로 알 수 있는 것은?

> 어느 학자의 연구에 의하면 강물을 여과없이 공급하는 것보다 여과하여 공급하는 것이 장티푸스와 같은 수인성 감염병 발생률을 감소시킬 뿐만 아니라 일반 사망률도 감소시킨다는 결과를 가져왔다.

① 밀스-라인케(Mills-Reincke) 현상 ② 하인리히(Heinrich) 현상
③ 스노우(Snow) 현상 ④ 코흐(Koch) 현상

해설 수도열(Hannover fever, water fever)
㉠ 1926년 독일 하노버에서 장티푸스 환자 2,500명이 발생하기 전 10배에 달하는 발열 · 설사 환자가 발생하였다.
㉡ 물을 여과하여 급수한 결과 수도열과 수인성 질병 감소 : Mills-Reincke 현상
ⓐ 1893년 미국의 Mills는 메사추세츠주 로렌스에서 물을 여과하여 공급한 결과 장티푸스, 이질 등과 같은 수인성 질환이 감소한 것을 발견하였다.
ⓑ 독일의 Reincke도 엘베강의 물을 여과하여 함부르크 시민에게 공급한 결과 동일한 효과를 얻게 되었다. 이러한 근거 아래 여과에 의한 정수작용을 Mills-Reincke 효과라고 한다.

100 약간의 오염물질은 있으나 용존산소가 많은 상태의 다소 좋은 생태계로 여과 · 침전 · 살균 등 일반적인 정수처리 후 생활용수 또는 수영용수로 사용할 수 있는 하천의 수질등급은?

① Ia ② Ib
③ Ⅱ ④ Ⅲ

해설 등급별 수질 및 수생태계 상태

매우 좋음	Ia	용존산소(溶存酸素)가 풍부하고 오염물질이 없는 청정상태의 생태계로 여과 · 살균 등 간단한 정수처리 후 생활용수로 사용할 수 있음
좋음	Ib	용존산소가 많은 편이고 오염물질이 거의 없는 청정상태에 근접한 생태계로 여과 · 침전 · 살균 등 일반적인 정수처리 후 생활용수로 사용할 수 있음
약간 좋음	II	약간의 오염물질은 있으나 용존산소가 많은 상태의 다소 좋은 생태계로 여과 · 침전 · 살균 등 일반적인 정수처리 후 생활용수 또는 수영용수로 사용할 수 있음
보통	III	보통의 오염물질로 인하여 용존산소가 소모되는 일반생태계로 여과, 침전, 활성탄 투입, 살균 등 고도의 정수처리 후 생활용수로 이용하거나 일반적 정수처리 후 공업용수로 사용할 수 있음
약간 나쁨	IV	상당량의 오염물질로 인하여 용존산소가 소모되는 생태계로 농업용수로 사용하거나 여과, 침전, 활성탄 투입, 살균 등 고도의 정수처리 후 공업용수로 사용할 수 있음
나쁨	V	다량의 오염물질로 인하여 용존산소가 소모되는 생태계로 산책 등 국민의 일상생활에 불쾌감을 주지 않으며, 활성탄 투입, 역삼투압 공법 등 특수한 정수처리 후 공업용수로 사용할 수 있음
매우 나쁨	VI	용존산소가 거의 없는 오염된 물로 물고기가 살기 어려움

Answer / 97 ④ 98 ④ 99 ① 100 ③

101 수질 오염에 대한 설명으로 가장 옳은 것은? 2021. 서울시

① 물의 pH는 보통 7.0 전후이다.
② 암모니아성 질소의 검출은 유기성 물질에 오염된 후 시간이 많이 지난 것을 의미한다.
③ 물속에 녹아있는 산소량인 용존산소는 오염된 물에서 거의 포화에 가깝다.
④ 생물화학적 산소요구량이 높다는 것은 수중에 분해되기 쉬운 유기물이 적다는 것을 의미한다.

해설 ② 질산성 질소의 검출은 유기성 물질에 오염된 후 시간이 많이 지난 것을 의미한다.
③ 물속에 녹아있는 산소량인 용존산소는 오염된 물에서 거의 제로에 가깝다.
④ 생물화학적 산소요구량이 높다는 것은 수중에 분해되기 쉬운 유기물이 많다는 것을 의미한다.

102 수질오염평가에서 오염도가 낮을수록 결과치가 커지는 지표는? 2020. 서울시

① 화학적 산소요구량(COD)
② 과망간산산칼륨 소비량($KMnO_4$ demand)
③ 용존산소(DO)
④ 생화학적 산소요구량(BOD)

해설

구분	내용	
용존산소 (DO)	물에 녹아있는 산소량을 ppm으로 표시한 것으로 오염도가 낮을수록 수치는 크게 된다.	
	용존산소가 감소되는 경우	용존산소를 증가시키는 조건
	㉠ 오염물질의 농도가 높고 유량이 적을 때 ㉡ 염류농도가 높을수록 ㉢ 분해성 유기물질(오탁물)이 많이 존재할 경우 ㉣ 하천바닥의 침전물이 용출될 경우 ㉤ 조류가 호흡을 할 경우	㉠ 공기방울이 작을수록 ㉡ 기압이 높을수록 ㉢ 수온이 낮을수록 ㉣ 염분이 낮을수록 ㉤ 하천바닥이 거칠수록 ㉥ 수심이 얕을수록 ㉦ 유속이 빠를수록 ㉧ 하천의 경사가 급할수록
생물학적 산소 요구량 (BOD)	세균이 호기성 상태에서 유기물질을 안정화시키는 데 소비한 산소량을 말하며 ㉠ 1단계 BOD(탄소계 BOD) ⓐ 보통 20℃에서 5일간 소비된 산소의 양을 말함. ⓑ 탄소화합물이 산화될 때 소비되는 산소량을 1단계 BOD라고 함. ㉡ 2단계 BOD(질소화합물 BOD = NOD) ⓐ 질소화합물을 호기성 조건에서 미생물에 의해 분해시키는 데 요하는 산소량을 2단계 BOD라고 함. ⓑ 보통 100일 이상이 소요됨.	
화학적 산소 요구량 (COD)	㉠ 수중의 산화되는 물질을 화학적으로 산화시키는 데 필요한 산소량 ㉡ BOD 측정이 약 5일 걸리는 데 비해, COD는 약 2시간이 걸림. ㉢ 공장폐수나 해수의 측정에는 COD가 더 정확함.	
과망간산칼륨 소비량	음용수 중에 함유된 유기물이나 산화되기 쉬운 무기물을 산화하는 데 소모된 과망간산칼륨의 양을 말한다. 이의 소비량이 많다는 것은 하수, 분뇨, 공장폐수 등 유기물이 다량 함유된 오수에 의해 오염되었거나 생물의 관내 또는 물속에 제1철염, 아산화금속, 아황산염, 황화물, 아질산염 등의 무기물이 많다는 것을 의미한다. 통상 COD 1ppm은 과망간산칼륨 소비량 약 4ppm에 해당된다.	

103 DO에 대한 다음의 설명 중 옳지 못한 것은? 2020. 인천

① 공기방울이 작을수록 DO는 증가한다.
② 조류가 호흡할 경우 DO는 감소한다.
③ 염분이 낮을수록 하천 바닥이 거칠수록 DO가 증가한다.
④ 유속이 빠르고 기압이 높으면 DO가 감소한다.

해설 용존산소를 증가시키는 조건
㉠ 공기방울이 작을수록
㉡ 기압이 높을수록
㉢ 수온이 낮을수록
㉣ 염분이 낮을수록
㉤ 하천바닥이 거칠수록
㉥ 수심이 얕을수록
㉦ 유속이 빠를수록
㉧ 하천의 경사가 급할수록

104 BOD의 시약이 아닌 것은? 2019. 경북

① 염화칼슘 ② 염화제이철
③ 황산마그네슘 ④ 과망간산칼륨

해설 BOD의 시약 : 염화칼슘, 염화제이철, 황산마그네슘
COD의 시약 : 과망간산칼륨

105 물속의 유기물질 등이 산화제에 의해 화학적으로 분해될 때 소비되는 산소량으로, 폐수나 유독물질이 포함된 공장폐수의 오염도를 알기 위해 사용하는 것은? 2016. 서울시

① 부유물질량(SS) ② 생물화학적 산소요구량(BOD)
③ 용존산소량(DO) ④ 화학적 산소요구량(COD)

해설 화학적 산소요구량(COD) : 수중의 산화되는 물질을 화학적으로 산화시키는 데 필요한 산소량

106 물 속의 유기물질이 미생물에 의해 분해 산화되어 보다 안정된 무기물질과 가스체로 되는데 필요한 용존산소의 손실량으로 20℃에서 5일간 측정하는 것은? 2016. 경기 의료기술직

① BOD ② COD
③ DO ④ $KMnO_4$

해설 생물학적 산소요구량(BOD) : 세균이 호기성 상태에서 유기물질을 안정화시키는 데 소비한 산소량을 말하며 보통 20℃에서 5일간 소비된 산소의 양을 말함.

Answer 101 ① 102 ③ 103 ④ 104 ④ 105 ④ 106 ①

107 **병원성 미생물을 간접적으로 확인할 수 있는 수질오염지표는?** 2016. 경기 의료기술직

① 대장균군 ② 부유물질(SS)
③ 수소이온농도(pH) ④ 용존산소량(DO)

해설 대장균군
㉠ 대장균 자체가 유해한 경우는 적으나 분변 오염의 지표로서 의의가 있다.
㉡ 저항성이 병원균과 비슷하거나 강해서 대장균 검출시 병원성 미생물 오염을 의심할 수 있다. 즉 병원성 미생물을 간접적으로 확인할 수 있다.
㉢ 검출 방법이 간편하고 비교적 정확하기 때문에 실시한다.
㉣ 대장균 지수(Coli Index) : 대장균을 검출할 수 있는 최소검수량의 역수, 즉 10cc 검체에서 양성이 나왔다면 대장균 지수는 0.1이다.
㉤ MPN : 검수 100cc 중 대장균군의 최확수(이론상 가장 많이 있을 수 있는 수치), MPN이 5라면 물 100cc 중 대장균이 5개 있다는 의미이다.

108 **다음 중 1ppm과 같은 농도는 어느 것인가?** 2016. 경북

① g/L ② mg/L
③ mg/m^2 ④ mg/ton

해설 수질오탁으로는 1L 중에 1mg 오탁물질이 존재하는 경우의 농도를 1ppm으로 나타내지만, 이 경우 1mg/kg과 1mg/L을 동일로 간주한다.

109 **다음 중 BOD, COD, DO에 대한 설명으로 올바르지 못한 것은?**

① 부유물이 증가할수록 DO가 낮아지고, 아가미에 부유물이 끼어 어패류가 폐사한다.
② 폐수가 들어오면 BOD보다 COD가 더 높다.
③ DO가 5ppm 이하이면 물고기가 살 수 없다.
④ DO는 온도가 낮고, 기압이 낮을수록 높다.

해설 ④ DO는 온도가 낮고, 기압이 높을수록 높다.

110 **수중에 포함되어 있는 미생물에 의해서 호기성 분해될 때 필요로 하는 산소량을 mg/L 또는 ppm 단위로 나타낸 것으로서 하천이나 하수, 공장폐수 등 수질오염의 지표가 되는 BOD가 측정하고자 하는 것은?**

① 무기물 ② 부유물질
③ 유기물 ④ 잔류염소

해설 생물학적 산소요구량(BOD) : 세균이 호기성 상태에서 유기물질을 안정화시키는 데 소비한 산소량

111 생물학적 산소요구량의 정의로 맞는 것은?

① 수중에서 이온형태로 존재하는 산소량
② 수중 유기물질을 분해하는데 필요한 산소량
③ 수중 유기물질을 20℃에서 5일간 분해한 후 남은 산소량
④ 질소화합물과 반응하여 존재하는 산소량

해설 생물학적 산소요구량(BOD) : 세균이 호기성 상태에서 유기물질을 안정화시키는 데 소비한 산소량

112 다음 중 하천 수질검사 항목에 포함되지 않는 것은?

① 생물화학적 산소요구량
② 용존산소량
③ 총질소
④ 수소이온농도

해설

하천 생활환경기준	수소이온농도, 생물화학적 산소요구량(BOD), 총유기탄소량(TOC), 부유 물질량(SS), 용존 산소량(DO), 총인(T-P), 총대장균군, 분원성대장균
호소 생활환경기준	수소이온농도, 총유기탄소량(TOC), 부유 물질량(SS), 용존 산소량(DO), 총인(T-P), 총질소(T-N), 크로로필-a, 총대장균군, 분원성대장균
해역 생활환경기준	수소이온농도, 총대장균군, 용매 추출유분

113 대장균이 200CC에서 최초로 발견되었다. 대장균지수는 얼마인가?

① 0.01
② 0.05
③ 0.001
④ 0.005

해설 200CC에서 최초로 발견되었으니 대장균 지수는 역수인 1/200 = 0.005

114 수질 오염에 대한 설명으로 가장 옳은 것은? 2021. 서울시

① 물의 pH는 보통 7.0 전후이다.
② 암모니아성 질소의 검출은 유기성 물질에 오염된 후 시간이 많이 지난 것을 의미한다.
③ 물속에 녹아있는 산소량인 용존산소는 오염된 물에서 거의 포화에 가깝다.
④ 생물화학적 산소요구량이 높다는 것은 수중에 분해되기 쉬운 유기물이 적다는 것을 의미한다.

해설 ② 질산성 질소의 검출은 유기성 물질에 오염된 후 시간이 많이 지난 것을 의미한다.
③ 물속에 녹아있는 산소량인 용존산소는 오염된 물에서 거의 제로에 가깝다.
④ 생물화학적 산소요구량이 높다는 것은 수중에 분해되기 쉬운 유기물이 많다는 것을 의미한다.

Answer 107 ① 108 ② 109 ④ 110 ③ 111 ② 112 ③ 113 ④ 114 ①

115 호소의 부영양화가 진행될 때 발생하는 현상이 아닌 것은?

① 부유물질의 증가
② 심수층 DO농도의 점차적 감소
③ 질소, 인, 탄수화물과 같은 용존물질의 증가
④ 태양광선 침투의 점차적 증가

해설 **부영양화** : 유기성 영양 염류가 가정 하수, 농업 및 공장 폐수에 의해 해양으로 다량 유입되면 해양의 물리, 화학적 환경이 플랑크톤의 성장에 적합한 조건이 되어 플랑크톤이 많이 성장하여 물의 이용 가치가 상실되는 것을 의미한다.

㉠ 부영양화 요인
ⓐ 정체 수역에서 발생하기 쉽다.
ⓑ 부영양화에 관계되는 오염 물질은 질산염, 탄산염, 인산염 등이 있다.
ⓒ 조류 번식에 필요한 물질은 C : N : P = 100 : 15 : 1이다. 부영양화의 한계 인자는 P이다.

㉡ 부영양화를 일으키는 배출원
ⓐ 농지에서 사용하는 비료
ⓑ 합성세제
ⓒ 자연 산림지대에 있는 썩은 식물
ⓓ 목장지역의 축산 폐수
ⓔ 처리되지 않은 가정 하수, 공장 폐수 등의 유입

㉢ 부영양화의 특징
ⓐ 화학적 산소요구량 값의 증가
ⓑ 조류의 분해로 다량의 산소 소비(DO 감소)
ⓒ 어패류 폐사
ⓓ 혐기성 분해로 냄새 발생
ⓔ 부유물질의 증가
ⓕ 질소, 인, 탄수화물과 같은 용존물질의 증가
ⓖ 태양광선 침투의 점차적 감소

㉣ 대책
ⓐ 황산동 등의 화학약품 살포
ⓑ 활성탄 살포
ⓒ 에너지 공급 차단
ⓓ 질소, 인 등의 영양원 공급 차단
ⓔ 유입 하수를 고도 처리
ⓕ 유역 내 무린세제 사용
ⓖ 인을 사용하는 합성세제 사용 제한

116 다음 중 개발사업으로 인한 환경유해인자가 국민건강에 미치는 영향을 평가하기 위하여 환경보건법에서 정하고 있는 제도로 올바른 것은?

① 환경영향평가제도
② 수질오염정량제도
③ 장외영향평가제도
④ 건강영향평가제도

해설 건강영향평가(HIA)

㉠ 목적 : 대상사업의 시행이 야기하는 건강결정요인의 변화로 인해 특정 인구집단의 건강에 미치는 잠재적 영향을 확인하고, 인체건강에 미치는 긍정적인 영향은 최대화하고, 부정적 영향과 건강 불평등은 최소화하여 사업계획을 조정하거나 대책을 마련하도록 의사결정권자에게 정보를 제공하기 위함이다.

㉡ 기능
ⓐ 건강영향평가에 여러 전문가들이 관여하고, 의사결정과정에 공중참여를 용이하게 한다.
ⓑ 당해 사업으로 인해 발생할 수 있는 긍정적 · 부정적 건강영향과 건강 불평등을 확인한다.
ⓒ 사업으로 인한 건강영향을 파악하고 어떤 요인이 건강에 영향을 미치는지를 인식하는 데 도움을 주며, 기관들 사이의 협력 개선을 위한 기초를 제공한다.
ⓓ 취약집단의 건강상태에 초점을 맞추는 데 기여한다.
ⓔ 건강부문에 대한 숨은 비용을 줄일 수 있다.

㉢ 원칙
ⓐ 대상사업의 시행 이전에 실시하는 전향적 평가를 원칙으로 하며 주민에게 알 권리를 보장하고, 정책결정자의 의사결정에 도움을 주기 위해 수행한다.
ⓑ 대상사업의 시행으로 인해 발생될 것으로 예상되는 긍정적인 영향을 최대화하고, 부정적 영향 및 건강상 불평등을 최소화하기 위해 수행한다.
ⓒ 건강결정요인의 변화에 기반을 두며, 건강결정요인에는 개인 및 집단의 건강상태에 영향을 미치는 물리적 요인으로 구성한다.
ⓓ 합리적이고 과학적인 방법을 통한 정량적 · 정성적 분석을 바탕으로 한다.
ⓔ 건강영향평가는 다학제적이고 이해관계자의 참여적 접근을 통해 이루어져야 한다.

㉣ **건강영향평가와 환경영향평가의 차이점** : 우리나라의 경우 건강영향평가의 대상이 환경영향평가대상사업 중 일부로 결정되어 있다. 기존의 환경영향평가는 개발 사업으로 인한 물리적 환경영향을 중심으로 운영되어 왔는데, 이를 보완하여 2010.1.1.부터 건강영향평가를 통해 환경영향평가제도 틀 내에서 환경유해인자가 국민건강에 미치는 영향을 추가하여 검토 평가하게 되었다.

117 다음 중 아래에서 설명하고 있는 원칙으로 올바른 것은?

중대하거나 복구할 수 없는 피해위험이 있는 경우에 과학적 불확실성을 이유로 환경 손상을 방지하기 위한 조치를 미루어서는 안된다.

① 사전주의 원칙
② 환경보전의 원칙
③ 유해성 평가의 원칙
④ 환경영향 평가의 원칙

해설 **사전주의 원칙** : 원인과 결과와의 관련이 비록 과학적으로 충분히 충분히 입증되지 않았어도 건강 또는 환경에 위해를 줄 것으로 판단될 때 사전 조치를 취해야 한다는 원칙이다. 즉, "위해의 증거가 없다"는 것이 "위험이 없다는 증거는 아니다."라는 철학에 근거를 두고 위험성이 나타나기 전에 예방을 강조하는 개념이다.

118 다음 중 분뇨를 250℃의 고온에서 고압의 산소를 뿌려 소각시키는 방법은?

① 분뇨소화 처리법
② 수세식 처리법
③ 습식 산화법
④ 화학적 처리법

해설 분뇨 처리 방법

1차 처리	㉠ 혐기성 소화법(메탄발효법) : 폐하수의 혐기성처리 원리와 같다. ㉡ 습식 산화법 : 고온(170~250℃), 고압(70~80기압)에서 충분한 산소를 공급하여 소각하는 방법이다.
2차 처리	활성오니법, 살수여상법

Answer 115 ④ 116 ④ 117 ① 118 ③

119 폐기물의 재활용에 대한 설명으로 옳지 않은 것은? 2020. 전남 특채

① 종이팩 – 재활용을 목적으로 한 수출
② 페트병 – 폐PET를 사용한 성형제품 제조
③ 형광등 – 크롬은 크롬화합물 형태로 회수할 것
④ 유리병 – 폐유리병을 세척하여 재사용

해설 제품 · 포장재별 재활용의 방법 및 기준(자원의 절약과 재활용촉진에 관한 법률 시행규칙 별표 6)

㉠ 종이팩 : 다음의 어느 하나에 해당하는 방법으로 재활용할 것
ⓐ 화장지, 완충재, 상자 등의 종이제품 제조
ⓑ 재생종이 또는 재생판지의 제조
ⓒ 재활용을 목적으로 한 수출

㉡ 유리병 : 다음의 어느 하나에 해당하는 방법으로 재활용할 것
ⓐ 폐유리병을 세척하여 재사용
ⓑ 폐유리병을 사용한 토목 · 건축자재 또는 유리제품의 제조
ⓒ 폐유리병을 사용한 유리분말 등 재생원료 제조
ⓓ 재활용을 목적으로 한 수출

㉢ 금속캔 : 폐금속캔을 압축하거나 파쇄하여 금속원료를 제조하거나 재활용을 목적으로 수출할 것

㉣ 폴리에틸렌테레프탈레이트(PET)병 : 다음의 어느 하나에 해당하는 방법으로 재활용하되, 폐폴리에틸렌테레프탈레이트를 수출하는 양이 총 재활용량의 20퍼센트 이하일 것
ⓐ 폐폴리에틸렌테레프탈레이트를 사용한 재생원료 제조(다만, 플러프, 플레이크는 세척한 것만 해당한다)
ⓑ 폐폴리에틸렌테레프탈레이트를 사용한 성형제품 제조
ⓒ 재활용을 목적으로 한 수출

㉤ 발포합성수지재질 제품 · 포장재 : 다음의 어느 하나에 해당하는 방법으로 재활용할 것
ⓐ 폐발포합성수지를 사용한 재생원료 제조
ⓑ 폐발포합성수지를 사용한 성형제품 제조
ⓒ 폐발포합성수지를 사용한 내화제품 또는 섬유코팅제품 제조
ⓓ 재활용을 목적으로 한 수출

㉥ 합성수지재질 제품 · 포장재(ⓓ 및 ⓔ는 제외한다): 다음의 어느 하나에 해당하는 방법으로 재활용하되, ⓓ 및 ⓔ의 방법으로 재활용하는 양의 합계가 총 재활용량의 70퍼센트 이하일 것
ⓐ 폐플라스틱을 사용한 재생원료 제조[제품 포장에 사용되는 합성수지재질 포장재의 경우에는 탈유만 한 것도 해당한다]
ⓑ 폐플라스틱을 사용한 성형제품 제조
ⓒ 유류 제조(폐유를 정제연료유로 재활용하는 경우의 기준에 적합한 것이어야 한다)
ⓓ 폐플라스틱을 중량기준으로 60퍼센트 이상 사용한 기준에 적합한 일반 고형연료제품 중 성형제품의 제조[저위발열량은 킬로그램(kg)당 6천킬로칼로리(kcal) 이상이어야 한다]
ⓔ 에너지 회수기준에 적합하게 재활용
ⓕ 재활용을 목적으로 한 수출
ⓖ 용광로 환원제, 코크스(다공질 고체 탄소 연료)로 가스화원료, 가스(수소 및 일산화탄소를 주성분으로 하는 가스를 얻기 위한 시설에서 얻어진 것으로 한정한다) 제조

㉦ 전지류 : 재활용을 위한 수집 · 운반 시 전지류가 폭발하지 않도록 유의하고, 다음의 기준에 따라 재활용할 것
ⓐ 전지의 화학반응을 위하여 사용된 금속물질은 제품 생산 원료 또는 재료로 사용할 수 있도록 재활용할 것. 다만, 리튬전지는 제외한다.
ⓑ 회수 · 재활용한 금속물질을 제외한 잔재물[고철, 합성수지, 전해액, 공정 오니, 분진, 광재(금속을 분리하고 난 찌꺼기를 말한다) 및 리튬전지의 파쇄물 등을 말한다]은 폐기물 공정시험기준에 따른 용출(溶出)시험 결과 다음의 어느 하나에 해당하는 경우 지정폐기물을 매립할 수 있는 시설로서 관리형 매립시설에 매립할 것

물질	용출액 기준
납 또는 그 화합물	1리터당 3밀리그램(3mg/ℓ) 이상
수은 또는 그 화합물	1리터당 0.005밀리그램(0.005mg/ℓ) 이상
카드뮴 또는 그 화합물	1리터당 0.3밀리그램(0.3mg/ℓ) 이상

ⓒ 폐기물분석전문기관을 통하여 나목의 기준에 대한 용출시험을 분기별 1회 이상 실시하고 시험 결과서를 통보일부터 3년간 보관할 것

ⓞ 타이어 : 다음의 어느 하나에 해당하는 방법으로 재활용하되, 바목의 방법으로 재활용하는 양이 총재활용량의 70퍼센트 이하일 것

ⓐ 폐타이어 단순가공제품 제조

ⓑ 폐타이어를 사용한 재생원료(고무분말 등) 제조

ⓒ 폐타이어를 사용한 유류(「폐기물관리법 시행규칙」 별표 5 제4호에 따른 폐유를 정제연료유로 재활용하는 경우의 기준에 적합한 것이어야 한다)제조

ⓓ 폐타이어를 사용한 메탄올 제조

ⓔ 에너지 회수기준에 적합하게 재활용

ⓕ 시멘트 제조시설의 소성로에서 처리하거나 일반 고형연료제품으로 재활용

ⓖ 폐타이어를 매립장의 차수재(遮水材)로 이용

ⓗ 재활용을 목적으로 한 수출

ⓩ 윤활유 : 폐유를 정제연료유로 재활용하는 경우의 기준에 적합한 유류를 제조할 것

ⓒ 형광등 : 재활용을 위한 수집 · 운반 시 형광등이 파손되어 수은이 유출되지 않도록 유의하여 다음의 기준에 따라 재활용할 것

ⓐ 형광등에 들어 있는 수은은 금속수은이나 수은화합물 형태로 회수할 것

ⓑ 형광등에서 회수한 유리, 알루미늄, 플라스틱은 폐기물 공정시험기준에 따른 용출시험 결과 수은 함유량이 용출액 1리터당 0.005밀리그램(0.005mg/L) 미만일 것

ⓒ 폐기물분석전문기관을 통하여 용출시험을 분기별 1회 이상 실시하고 시험 결과서를 통보일부터 3년간 보관할 것

ⓓ 형광등의 유리는 유리분말 등 유리제품 원료를 제조하거나 유리제품의 원료로 사용하는 방법으로 재활용할 것

ⓚ 발광다이오드(LED) 조명 : 발광다이오드칩, 칩 장착용 보드 및 기타 부분품을 구분하여 다음의 방법으로 재활용할 것

ⓐ 유가금속(有價金屬) 등의 회수

ⓑ 압축, 파쇄 등 가공을 통한 재생원료의 제조

ⓒ 재활용을 목적으로 한 수출

ⓣ 그 밖에 환경부장관이 재활용 촉진을 위하여 필요하다고 인정하여 고시하는 재활용의 방법 및 기준에 적합하게 재활용할 것

120 폐기물 관리 방법 중 재사용(reuse)이 아닌 것은? 2018. 전남

① 알뜰시장
② 공병수거
③ 리필제품 사용 촉진
④ 분리수거

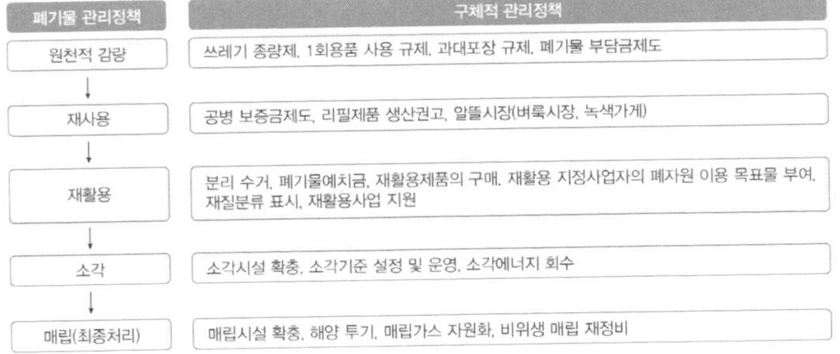

119 ③ 120 ④

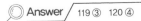

121 다음 중 폐기물 관리방법 중에서 원천적인 감량화 방식이 아닌 것은?

① 공병 보증금제도 ② 과대포장 규제
③ 폐기물 부담금제도 ④ 1회용품 사용규제

해설 공병 보증금 제도는 자원의 재사용을 위한 제도이다.

122 내분비계 교란물질(환경호르몬)과 오염 경로의 연결이 옳지 않은 것은? 2022. 서울시 · 지방직

① 다이옥신 – 폐건전지 ② 프탈레이트 – 플라스틱 가소제
③ DDT – 합성살충제 ④ 비스페놀A – 합성수지 원료

해설 ① 수은 – 폐건전지

세계생태보전기금 분류(67종)	일본 후생성 분류(142종)	내분비계 장애물질 용출 우려가 있는 생활용품
• 다이옥신류 유기염소물질 6종 • DDT, 아미톨 등 유기염소계 농약류 44종 • 펜타 노닐 페놀 • 비스페놀A • 디에틸헥실프탈레이트 등 프탈레이트 8종 • 스틸렌 다이머, 트리머 • 벤조피렌 • 수은 등 중금속 3종 • PCB 등 잔류성 유기할로겐 화합물	• 프탈레이트류 등 가소제 9종 • 플라스틱에 존재하는 물질 17종 • 다이옥신 등 산업장 및 환경 오염물질 21종 • 농약류 75종 • 수은 등 중금속 3종 • DES 등 합성에스트로겐 8종 • 식품 및 식품첨가물 3종 • 식물에 존재하는 에스트로겐 유사 호르몬 6종	• 플라스틱 용기, 음료캔, 병마개, 수도관의 내장 코팅제, 치과치료 시 이용되는 코팅제, 비스페놀A • 합성 세제 : 알킬페놀 • 컵라면 용기 : 스틸렌 다이머, 트리머 • 폐 건전지 : 수은

09 집합소 위생 및 의복, 주택위생

01 보통 작업복의 방한력(CLO)은? 2020. 광주시

① 1.0CLO ② 2.0CLO
③ 2.5CLO ④ 4.0CLO

해설 방한력
㉠ CLO : 의복의 방한력 단위로 기온 70℉(21.1℃), 습도 50% 이하, 기류 10cm/sec에서 신진대사율 50kcal/m^2/hr로 피부온도가 92℉(33.3℃)로 유지될 때의 의복의 방한력을 1CLO라고 한다.
㉡ 방한력이 가장 좋은 의복은 약 4CLO의 보온력을 가지며 방한화는 2.5CLO, 방한장갑은 2, 보통 작업복은 1의 보온력이 있다.
㉢ 1CLO의 보온력은 약 9℃에 해당된다.

02 다음 중 방한화의 알맞은 방한력(CLO)은?

① 1.0CLO ② 2.0CLO
③ 2.5CLO ④ 4.0CLO

해설 방한력이 가장 좋은 의복은 약 4CLO의 보온력을 가지며 방한화는 2.5CLO, 방한장갑은 2, 보통 작업복은 1의 보온력이 있다.

03 다음 중 수영장 수질기준으로 적합하지 않은 것은?

① 과망간산칼륨의 소비량은 12mg/L 이하로 하여야 한다.
② 수소이온농도는 5.8부터 8.6까지 되도록 하여야 한다.
③ 유리잔류염소는 0.4mg/L부터 1.0mg/L(잔류염소일 때는 1.0mg/L 이상)까지 유지하도록 하여야 한다.
④ 탁도는 2.8NTU 이하로 하여야 한다.

해설 수영장

<table>
<tr><th>구분</th><th>탁도</th><th>수소이온농도</th><th>과망간산
칼륨소비량</th><th>유리잔류염소</th><th>총대장균군</th></tr>
<tr><td rowspan="2">수영장</td><td>1.5NTU</td><td>5.8~8.6</td><td>12mg/L</td><td>0.4~1.0mg/L</td><td>10mL
시험대상 욕수 5개
중 양성이 2개 이하</td></tr>
<tr><td colspan="5">수영장의 소독법
㉠ 표면 살포법 : 표백분을 일정한 주기(1시간 간격)로 살포
㉡ 주입식 연속 소독법 : 염소액이나 차아염소산 나트륨 용액 사용
㉢ 염소 사용에 따른 부작용으로 대안적인 방법 요구</td></tr>
</table>

Answer / 121 ① 122 ① / 01 ① 02 ③ 03 ④

04 다음 중 수영장, 목욕장 공통 수질기준이 아닌 것은?

① 과망간산칼륨 ② 대장균군
③ 일반세균 ④ 탁도

해설 수영장, 목욕장 수질기준 비교

구분		색도	탁도	수소이온 농도	과망간산 칼륨소비량	총 대장균군	유리잔류 염소	대장균군
목욕장	원수	5도	1NTU	5.8~8.6	10mg/L	불검출/100mL		
	욕조수		1.6NTU		25mg/L			대장균군 1개/1mL
수영장			1.5NTU	5.8~8.6	12mg/L	10mL 시험대상 욕수 5개 중 양성이 2개 이하	0.4~1.0mg/L	

05 다음 중 자연수영장의 등급을 정하는데 이용되는 것은?

① 냄새 ② 대장균 수
③ 물의 온도 ④ 탁도

해설 자연 수영장의 등급 : MPN 기준으로, C등급부터 수영장의 가능
㉠ A등급 : 50 이하
㉡ B등급 : 51~500
㉢ C등급 : 501~1,000
㉣ D등급 : 1,000 이상

06 주택위생 중 환기에 대한 설명으로 옳지 못한 내용은? 2020. 울산

① 중력환기는 실내외의 온도차에 의하여 이루어지는 자연환기를 의미한다.
② 자연환기의 원동력은 실내외 공기의 밀도차, 실내외의 온도차, 기체의 확산력, 실외의 풍력 등이다.
③ 평형식 환기법은 공기의 온습도를 조정할 수 있고 배기의 오염물을 처리하는 여과시설을 갖추고 있어 가장 이상적인 인공환기 방법이다.
④ 배기식 환기법과 송기식 환기법은 인공환기 방법에 해당한다.

해설 공기조정법은 공기의 온습도를 조정할 수 있고 배기의 오염물을 처리하는 여과시설을 갖추고 있어 가장 이상적인 인공환기 방법이다.

※ 환기법의 종류

자연 환기	중력환기	실내온도가 외부의 온도보다 높을 경우에는 실내외 공기밀도의 차로 인해 압력 차가 생기고, 거실의 하부에서는 공기가 들어오고 상부에서는 나가는 실내 기류현상이 일어나는데, 이런 온도 차에 의한 환기를 말한다.
	풍력환기	창문의 개방에 의한 환기를 효과적으로 하려면 반대쪽의 창문도 열어두는 것이 좋다.
	보조 환기법	지붕이나 천장을 이용한 자연 환기법
인공 환기	공기조정법	공기의 온도, 습도, 기류를 인공적으로 조절하는 방법
	배기식 환기법	선풍기 또는 Fan에 의해 흡입 배기하는 방법
	송기식 환기법	선풍기나 Fan에 의해서 신선한 외부공기를 불어넣는 방법
	평형식 환기법	배기식과 송기식을 병용한 환기방법

07 조명기구에서 반사광으로 비치며, 눈의 피로가 가장 적어 이상적인 조명이나, 조명효율이 낮은 조명의 종류는? 2020. 강원 의료기술직

① 국소조명 ② 간접조명
③ 직접조명 ④ 반간접조명

해설 조명의 방법

직접조명	조명기구에서 직사광으로 비치는 것으로 밝기가 높아 조명효율은 높으나 눈의 피로가 높다.
간접조명	조명기구에서 반사광으로 비치는 것으로 눈의 피로가 적어 이상적이기는 하나 밝기가 낮아 조명효율은 떨어진다.
반간접조명	반사광과 직사광을 병행하여 비치는 조명이다.

※ 자연조명과 인공조명

자연조명	창의 면적	㉠ 창의 면적은 그 방바닥 면적의 1/5 정도가 적당하며 최하 1/12 이하이면 안 된다. ㉡ 창은 폭을 넓히는 것보다 위치를 높이는 것이 좋다. ㉢ 2중창의 내외창의 간격은 5cm 이내이어야 한다.
	창의 방향	남향이 적당하며 주택의 일조량은 하루 최소 4시간 이상
	개각과 입사각	개각은 4~5도 이상이 좋고 입사각은 28도 이상이 좋다.
	차광방법	보통유리를 통과하는 광선의 양이 100이라면 새로 바른 창호지는 50, 맑은 창호지는 30, 흰 커튼은 20, 회색 커튼은 10
인공조명	주광색, 간접 조명이 좋다.	

08 거실의 쾌적상태로 가장 옳은 것은? 2019 전남

① 습도 : 40~70% ② 온도 : 20~25℃
③ 기류 : 2m/sec ④ 중성대 : 발코니 근처

해설 ② 온도 : 18±2℃
③ 실내기류 : 0.2~0.3m/sec
④ 중성대 : 천정 가까이

Answer 04 ③ 05 ② 06 ③ 07 ② 08 ①

09 다음 중 가장 이상적인 주택에 대한 조건으로 올바른 것은?

① 실내온도는 20~26℃를 유지한다.
② 일조시간은 하루 4시간 이상이다.
③ 주택마루는 지면과 20cm 이상을 유지한다.
④ 천정의 높이는 거실의 경우 2.1m 정도가 적당하다.

해설 이상적인 주택의 조건
㉠ 대지
ⓐ 지형은 언덕의 중간에 위치하고 넓어야 한다.
ⓑ 방향은 남향이나 동남향, 동서향 10도 이내이어야 한다.
ⓒ 지반이 견고하여야 하며 매립지의 경우 매립 후 최소한 10년 이상이 경과하여야 한다.
ⓓ 지하 수위는 최소 1.5m 이상이어야 하며 3m 정도인 곳이 좋다.
㉡ 구조
ⓐ 지붕은 방서, 방한, 방수, 방음이 잘 되어야 하고 방열의 목적으로 천장과 지붕의 공간을 넓게 하여야 한다.
ⓑ 벽은 방서, 방한, 방화, 방음이 잘 되어야 하며, 천장은 일반적으로 2.1m 정도가 적당하다.
ⓒ 마루는 통기를 고려하여 지면으로부터 45cm 정도의 간격을 주는 것이 필요하다.
ⓓ 거실, 침실, 어린이 방은 남쪽으로 하고 잘 쓰지 않는 방이나 화장실, 목욕탕, 부엌 등은 북쪽으로 한다.
ⓔ 집안에 햇빛이 들어오는 시간은 최소한 4시간 이상이어야 한다(가장 이상적인 일조시간은 6시간).
ⓕ 일반작업 시 필요한 조도는 100~200lux, 독서 300lux, 정밀작업 300~500lux이다.
ⓖ 거실의 경우 최적온도는 18±2℃이다.

10 다음 중 주택의 위생조건으로 옳지 못한 것은?

① 남향이 좋으나 동남향으로 10도 이내 정도의 편향도 좋다.
② 자연조도는 100~1,000Lux가 좋다.
③ 기저수면과 부지는 높아야 한다.
④ 창문의 크기는 방의 면적의 1/5이 되어야 한다.

해설 기저수면 즉 지하 수위는 부지로부터 최소 1.5m 이상이어야 하며 3m 정도인 곳이 좋다.

11 다음 중 실내의 소요환기량에 관한 설명으로 가장 부적합한 것은?

① 일반거실은 이산화탄소 농도를 기준으로 계산한다.
② 필요환기량은 실의 종류, 재실자 수, 실내에서 발생하는 유해물질 등에 따라 결정된다.
③ 환기 횟수는 실내공기 용적에 대한 1인당 필요공기 용적에 사람을 곱한 값이다.
④ 환기 횟수는 실외 체적을 1시간에 교체된 외기량으로 나눈 값이다.

해설 소요 환기량(환기 횟수) = 필요한 공기 용적 / 실내의 체적
(필요한 공기용적 = 1인당 필요공기 용적 × 인원 수)

12 실내 자연채광 효과를 높이려는 조건으로 옳지 않은 것은?

① 개각 – 4~5도 이상
② 거실의 안쪽 길이 – 창틀 상단높이의 2.5배 이하
③ 입사각 – 28도 이상
④ 창의 면적 – 바닥면적의 1/5 이상

해설 거실의 안쪽 길이는 창틀 상단높이의 1.5배 이하가 적당하다.
※ 조명

자연조명	창의 면적	㉠ 창의 면적은 그 방바닥 면적의 1/5 정도가 적당하며 최하 1/12 이하이면 안 된다. ㉡ 창은 폭을 넓히는 것보다 위치를 높이는 것이 좋다. ㉢ 2중창의 내외창의 간격은 5cm 이내이어야 한다.
	창의 방향	남향이 적당하며 주택의 일조량은 하루 최소 4시간 이상
	개각과 입사각	개각은 4~5도 이상이 좋고 입사각은 28도 이상이 좋다.
	차광방법	보통유리를 통과하는 광선의 양이 100이라면 새로 바른 창호지는 50, 맑은 창호지는 30, 흰 커튼은 20, 회색 커튼은 10
인공조명	주광색, 간접 조명이 좋다.	

13 소독법에 대한 설명으로 옳지 않은 것은? 2020. 울산

① 자외선은 2,500~2,700Å 파장에서 살균력이 강하다.
② 과산화수소는 취기와 독성이 강하고 피부점막에 자극성과 마비성이 있으며 금속을 부식시키기도 한다.
③ 화염멸균법은 유리봉, 백금 루프 등을 불꽃 속에 20초 이상 접촉시켜 표면의 미생물을 멸균시키는 방법이다.
④ 석탄산계수는 지표균인 장티푸스균을 10분 내에 살균할 수 있는 석탄산의 희석배수와 동일한 조건에서 살균 가능한 다른 소독약의 희석배수의 비를 말한다.

해설 과산화수소는 무아포균에 효과적이며 자극성이 적어 구내염, 인후염에 많이 이용된다. 반면 석탄산은 취기와 독성이 강하고 피부점막에 자극성과 마비성이 있으며 금속을 부식시킨다.

14 식품소독이나 식품종사자의 손소독에 많이 이용되는 양이온계면활성제로 올바른 것은? 2020. 울산

① 크레졸
② 알코올
③ 역성비누
④ 석탄산

Answer 09 ④ 10 ③ 11 ④ 12 ② 13 ② 14 ③

해설 소독약의 종류

소독제	사용 농도	특성
석탄산 (phenol, C_6H_5OH)	3% 용액 (방역용)	• 병원환자의 오염 의류 · 용기 · 오물 · 실험대 · 배설물 등 소독 방역용으로 가장 많이 사용 • 고온일수록 강한 소독 효과 • 금속 부식성과 냄새
크레졸 ($CH_3C_6HO_4H$)	3% 용액	• 손 · 식기 · 오물 · 객담 등 소독 • 물에 난용성, 석탄산 계수가 2로 소독력이 강하지만 심한 취기
승홍수 (HgC_{12}, 염화제이수은)	0.1% (1,000배 희석)	• 무색 · 무취로 색소 첨가 후 손 · 발 · 피부 등 소독 • 강한 금속 부식성으로 비금속류 소독(식기류 부적당) • 수은 중독의 위험으로 최근 사용하지 않음
생석회 (CaO)	분말 (물과 발열반응)	• 습기가 있는 분변, 하수, 오수, 오물, 토사물 등 소독 • 공기 중에 장기 노출 시 소독효과 저하
과산화수소 (H_2O_2)	3% 용액	• 자극성이 적어 상처나 구내염 · 인두염 소독, 구강 세척제로 사용 • 무포 자균 살균에 유효, 피부조직에 접촉하면 발생기 산소 발생 • 과산화수소수 또는 옥시풀로 알려져 있음
알코올	메틸 75%, 에틸 70%	• 아포 형성균에는 효과가 없으나 무포 자균에 유효 • 피부 · 기구 소독
머큐로크롬	2%	• 피부 · 점막 · 상처 소독 • 무독성이나 살균력이 낮음
약용비누	비누의 기제에 각종 살균제를 첨가하여 만듬	손, 피부소독 등에 사용
포르말린	35% formaldehyde 수용액	• 균체의 단백응고 작용으로 강한 살균력 • 강한 자극성이 있어 방부제, 선박 등 소독
역성비누	0.01~0.1% 용액	• 보통 비누와 반대로 분자 내 양이온이 활성을 띰 • 식품 소독, 수저, 식기, 행주, 도마, 손 등 소독 • 무독 · 무해 · 무미 · 무자극성이며 강한 침투력과 살균력
표백분 ($CaOCl_2$)	유효염소 30% 이상	• 수영장, 목욕탕, 하수 등 소독
석회유 ($Ca(OH)_2$)	혼탁액	• 건조한 소독대상물 소독 • 생석회(CaO) 분말 : 물 = 2 : 8

15 무색, 무취, 무미하고 자극성이나 독성이 낮아 급식시설에서 식품과 식기류를 소독하는 데 많이 사용되는 소독제로 올바른 것은?

2020. 경기 의료기술직

① 크레졸 ② 알코올

③ 역성비누 ④ 석탄산

해설 역성비누

㉠ 보통 비누와 반대로 분자 내 양이온이 활성을 띰

㉡ 식품 소독, 수저, 식기, 행주, 도마, 손 등 소독

㉢ 무독 · 무해 · 무미 · 무자극성이며 강한 침투력과 살균력

16 자비소독법에 대한 설명으로 올바른 것은? 2020. 경북 의료기술직

① 100℃ 유통증기를 30~60분간 통과시킨다.
② 불꽃 속에 20초 이상 접촉시킨다.
③ 100℃ 끓는 물에서 15~20분간 처리한다.
④ 170℃에서 1~2시간 처리한다.

해설 ① 유통증기멸균법 ② 화염멸균법 ④ 건열멸균법
※ 물리적(이학적) 소독방법

건열멸균법	화염멸균법	알코올 램프, 가스 버너 등을 이용하여 금속류, 유리봉, 백금 루프, 도자기류 등의 소독을 위하여 불꽃 속에 20초 이상 접촉시키는 방법으로 표면의 미생물을 멸균시키는 방법
	건열멸균법	건열 멸균기(dry oven)를 이용하여 유리 기구, 주사침, 분말 금속류, 자기류 등에 주로 사용하며, 보통 170℃에서 1~2시간 처리
습열멸균법	자비멸균법	100℃ 끓는 물에 15~20분간 처리하는 방법으로 아포형성균은 완전 사멸하지 않으나 영양형은 몇 분 안에 사멸
	고압증기멸균법	120℃, 15Lb에서 20~30분간 처리하는 것으로 포자형성균의 완전 멸균에 가장 좋은 방법
	유통증기멸균법	고압증기멸균이 부적당할 때 사용되는데 100℃의 유통증기를 30~60분간 통과(일명 Koch의 솥)
	저온살균법	우유는 65℃에서 30분, 건조 과실은 72℃에서 30분, 아이스크림 원료는 80℃에서 30분, 포도주는 55℃에서 10분간 소독함
	초고온순간 멸균법	멸균처리기간의 단축과 영양물질의 파괴를 줄이기 위하여 고안된 방법으로 우유는 135℃에서 2초간 처리
비가열 처리법	자외선소독법	2,650Å 부근의 자외선은 세포의 DNA에 흡수되어 Pyri- midine Dimers를 형성하게 하고 세포의 돌연변이를 유발하여 세균을 사멸
	초음파살균법	매초 8,800Hz의 음파는 강력한 교반작용(agitation)으로 충체를 파괴
	방사선살균법	미생물 세포 내의 핵의 DNA나 RNA에 작용하여 단시간 내에 살균작용을 하는데 강한 투과력으로 각종 용기, 목재, 플라스틱 제품, 포장상품을 포장을 개봉하지 않고도 중심부까지 멸균할 수 있다. • 살균력이 강한 순서 : γ선 $>$ β선 $>$ α선
	여과법	각종 화학물질이나 열을 이용할 수 없는 시약, 주사제 등 액체상태의 물질을 세균여과기(bacteriologic filter)를 이용하여 살균하는 방법
	무균조작법	미생물의 오염을 방지하는 방법으로 무균 작업대, 무균실 등에서 조작함으로써 이미 멸균된 물체의 오염을 방지하는 것
	희석법	어느 병원균이 질병을 야기하려면 일정 농도 이상의 균주가 있어야 하기 때문에 이로 인해 소독의 효과를 볼 수도 있다.

17 다음에서 설명하고 있는 이화학적 소독방법으로 올바른 것은? 2019. 복지부 특채7급

> 가. 포자를 형성하지 않는 결핵균 살모넬라 살균에 이용
> 나. 아이스크림, 우유, 과일건조, 포도주를 살균하는데 이용한다.

① 고압증기멸균 ② 초고온순간멸균법
③ 저온살균법 ④ 유통증기멸균법

해설 저온살균법 : 우유는 65℃에서 30분, 건조 과실은 72℃에서 30분, 아이스크림 원료는 80℃에서 30분, 포도주는 55℃에서 10분간 소독

15 ③ 16 ③ 17 ③

18 이학적(물리적) 소독법에 해당하는 것들로 옳게 짝지은 것은? 2018. 서울 의료기술직

① 초음파살균법 – 오존살균법 ② 화염멸균법 – 석탄산살균법
③ 방사선살균법 – 오존살균법 ④ 화염멸균법 – 초음파살균법

해설 오존살균법의 경우 물리적 소독법에 분류시키기도 하고 화학적 소독법에 분류시키기도 한다.

19 소독에 관한 설명으로 옳지 못한 것은? 2018. 울산

① 석탄산의 살균기전은 가수분해 작용이다.
② 소독제는 용해성이 높아야 한다.
③ 무가열처리법은 이학적 소독법이다.
④ 소독은 미생물의 생활력을 파괴하여 감염력을 없애는 것이다.

해설 석탄산의 살균기전은 균체 단백응고 작용, 균체효소 불활화 작용, 균체막의 삼투압 변화작용이다.

※ 살균작용에 따른 소독제의 작용

산화작용	염소, 염소유도체, 과산화수소, 과망간산칼륨, 오존
균체 단백응고 작용	석탄산, 알코올, 크레졸, 승홍, 산, 알칼리, 포르말린
가수분해 작용	강산, 강알칼리, 열탕수
균체 효소 불활화작용	석탄산, 알코올, 중금속염, 역성비누
탈수작용	식염, 설탕, 알코올, 포르말린
균체 내 염의 형성 작용	중금속염, 승홍, 질산은
균체막의 삼투압 변화 작용	염화물, 석탄산, 중금속염

※ 용어 정의

소독	병원성 미생물의 생활력을 파괴 또는 멸살시켜 감염 및 증식력을 없애는 조작
멸균	강한 살균력을 작용시켜 모든 미생물의 영양형은 물론 포자까지도 멸살 또는 파괴시키는 조작으로, 멸균은 소독을 의미하지만 소독은 멸균을 의미하지 않는다.
방부	병원성 미생물의 발육과 그 작용을 억제 또는 정지시켜 음식물 등의 부패나 발효를 방지하는 것
작용 강도 순 : 멸균 > 소독 > 방부	

20 소독에 관한 정의로 가장 올바른 것은? 2018. 전남특채

① 병원성 미생물은 사멸시키고 아포는 사멸시키지 못하는 작용
② 병원성 미생물의 발육과 성장을 억제하여 식품의 부패와 발효를 방지하는 작용
③ 모든 미생물의 영양형이나 아포까지 멸살 또는 파괴시키는 작용
④ 병원성 미생물의 표면에 작용하여 미생물을 단시간 내에 살균하는 작용

해설 ② 방부 ③ 멸균 ④ 살균

21 다음 중 살균기전과 소독제가 바르게 연결된 것은? 2018. 서울시 고졸

① 가수분해작용 – 식염, 설탕, 포르말린
② 균체 내 중금속염의 형성작용 – 과산화수소, 과망간산칼륨, 오존
③ 균체막 삼투압의 변화작용 – 승홍, 머큐로크롬, 질산은
④ 균체의 단백응고작용 – 석탄산, 알코올, 승홍

해설 ① 가수분해 작용–강산, 강알칼리, 열탕수
② 균체 내 염의 형성 작용–중금속염, 승홍, 질산은
③ 균체막의 삼투압 변화 작용–염화물, 석탄산, 중금속염

22 소독, 방부, 멸균 중 살균 강도가 높은 순에서 낮은 순으로 나열된 것은? 2018. 군무원

① 멸균 > 방부 > 소독
② 소독 > 멸균 > 방부
③ 멸균 > 소독 > 방부
④ 소독 > 방부 > 멸균

해설 작용 강도 순 : 멸균 > 소독 > 방부

23 초자기구, 의복, 고무, 거즈 등을 완전 멸균할 수 있는 방법은? 2016. 경기 의료기술직

① 건열 멸균법
② 고압증기 멸균법
③ 자비 소독법
④ 저온 살균법

해설 고압증기멸균법 : 120℃, 15Lb에서 20~30분간 처리하는 것으로 포자형성균의 완전 멸균에 가장 좋은 방법

24 다음 중 가장 이상적인 소독제란?

① 독성의 선택성이 낮아야 한다.
② 부식성, 표백성이 없어야 한다.
③ 안정성, 용해성이 높아야 한다.
④ 피소독물로의 투과성이 낮아야 한다.

해설 ① 독성의 선택성이 높아야 한다.
③ 안정성이 있어야 하며, 용해성이 높아야 한다.
④ 피소독물로의 침투성(투과성)이 높아야 한다.

※ 소독제의 이상적 조건 및 살균 기전★★

㉠ 살균력이 강할 것, 즉 높은 석탄산 계수(phenol coefficient)를 가질 것
㉡ 안전성이 있을 것, 대상 미생물에 영향을 미치고 가능하면 다른 생물, 특히 인체에 무해 · 무독할 것, 즉 독성의 선택성이 높아야 한다.
㉢ 부식성, 표백성이 없을 것
㉣ 용해성이 높을 것, 즉 물이나 알코올에 잘 녹아야 하며, 잘 분해되지 않고 지속적으로 살균력을 가지고 있으며, 가격이 저렴하고, 사용방법이 간단할 것
㉤ 냄새가 없고 탈취력이 있을 것
㉥ 생물학적으로 분해가 되어 환경오염을 발생시키지 않을 것
㉦ 침투력이 높을 것
㉧ 가격이 저렴하고, 사용방법이 간단할 것

Answer 18 ④ 19 ① 20 ① 21 ④ 22 ③ 23 ② 24 ②

25 **다음 중 이상적인 소독제의 구비조건 중 옳지 못한 것은?**

① 물에 잘 용해될 것
② 부식성이 없을 것
③ 안정성이 없을 것
④ 표백성이 없을 것

해설 소독제의 이상적 조건 및 살균 기전
㉠ 살균력이 강할 것
㉡ 안전성이 있을 것
㉢ 부식성, 표백성이 없을 것
㉣ 용해성이 높을 것
㉤ 냄새가 없고 탈취력이 있을 것
㉥ 생물학적으로 분해가 되어 환경오염을 발생시키지 않을 것
㉦ 침투력이 높을 것
㉧ 가격이 저렴하고, 사용방법이 간단할 것

26 **다음 중 화학적 소독제에 대한 설명으로 알맞은 것은?**

① 농도가 50%의 메틸알코올이 살균에 효과적이다.
② 붕산은 자극성이 없지만 살균력이 강해 손, 오물, 객담 소독에 사용한다.
③ 질산은($AgNO_3$)은 자극성 물질이어서 의료용으로 사용하지 않는다.
④ 3% 과산화수소는 화농성 창상이나 구강세척제로 사용한다.

해설 ① 농도가 75%의 메틸알코올이 살균에 효과적이다.
② 붕산은 자극성이 없지만 살균력이 약하며 항진균 작용을 한다.
③ 질산은($AgNO_3$)은 자극성 물질이기는 하나 1%는 신생아 눈소독 등 의료용으로 사용하고 있다.

27 **다음 중 파스퇴르가 고안한 저온살균법의 분류를 올바르게 나열한 것은?**

① 물리적, 건열
② 물리적, 습열
③ 화학적, 건열
④ 화학적, 습열

해설 **저온살균법** : 우유는 65℃에서 30분, 건조 과실은 72℃에서 30분, 아이스크림 원료는 80℃에서 30분, 포도주는 55℃에서 10분간 소독

28 **어떤 세균을 20℃에서 10분간에 사멸할 수 있는 순수한 석탄산 희석배율이 40배일 때, 실험하려는 소독약을 80배로 희석한 것이 같은 조건 하에서 같은 살균력을 갖는다면 석탄산계수는?**

① 1.0
② 2.0
③ 3.0
④ 4.0

해설 석탄산 계수 = 소독약의 희석 배수 / 석탄산 희석 배수 = 80/40 = 2
※ **소독제의 살균력(석탄산 계수)** : 순수하고 성상이 안정된 석탄산을 표준으로 시험균주를 5분 이내에 죽일 수 없으나, 10분 이내에 완전히 죽일 수 있는 석탄산의 희석배수와 시험하려는 소독약의 희석 배수의 비로 표시한 것

29 다음 중 자극성이 적고 무포자균에 대한 소독력이 강해 구내염의 소독에 적당한 것은?

① 과산화수소 3% ② 석탄산 3%
③ 승홍수 0.1% ④ 크레졸 3%

해설 ② 석탄산 3% : 방역용
③ 승홍수 0.1% : 손소독용
④ 크레졸 3% : 손, 식기, 오물, 객담소독용

30 다음 중 소독 살균기법으로 옳지 못한 것은?

① 가수분해작용 – 강산, 강알칼리
② 균체 단백응고작용 – 석탄산, 크레졸, 포르말린, 산, 알칼리
③ 산화작용 – 알코올, 승홍
④ 삼투압작용 – 염화물, 석탄산, 중금속염

해설 산화작용 : 염소, 염소유도체, 과산화수소, 과망간산칼륨, 오존

Answer 25 ③ 26 ④ 27 ② 28 ② 29 ① 30 ③

10 식품위생과 보건영양

01 다음 중 식품안전관리인증기준(HACCP)에 대한 설명으로 올바르지 못한 것은?

① 국내에 HACCP 의무적용대상 식품군은 없다.
② 식품 생산과 소비의 모든 단계의 위해요소를 규명하고 이를 중점관리하기 위한 예방적 차원의 식품위생관리방식이다.
③ HACCP 시스템이 효율적으로 가동되기 위해서는 GMP와 SSOP가 선행되어야 한다.
④ 1960년대 미항공우주국에서 안전한 우주식량을 만들기 위해 고안한 식품위생관리방법이다.

해설 HACCP 관리제도(식품안전관리 인증기준)★★

㉠ 식품위생법상 정의 : 식품의 원료, 제조, 가공 및 유통의 전 과정에서 위해물질이 해당 식품에 혼합되거나 오염되는 것을 사전에 막기 위해 각 과정을 중점적으로 관리하는 기준

HA(위해요소)★★	CCP(중점관리기준)
ⓐ 일반 위해 ⓑ 공정 위해 ⓒ 생물학적 위해 ⓓ 화학적 위해 ⓔ 물리적 위해	ⓐ 시설, 설비의 위생 유지 ⓑ 기계, 기구의 위생 ⓒ 종업원의 개인 위생 ⓓ 일상의 미생물 관리체계 ⓔ 미생물의 증식 억제, 온도 관리

㉡ HACCP의 7원칙 12절차(= 준비단계 5단계 + 실행단계 7단계)★★★

ⓐ HACCP팀 구성	ⓑ 제품설명서 작성
ⓒ 제품의 용도 확인	ⓓ 공정흐름도 작성
ⓔ 공정흐름도 현장 확인	ⓕ 위해요소 분석
ⓖ 중요 관리점(CCP) 결정	ⓗ CCP의 한계기준 설정
ⓘ CCP의 모니터링체계 확립	ⓙ 개선조치 방법 설정
ⓚ 검증 절차 및 방법 설정	ⓛ 문서 및 기록 유지방법 설정

㉢ HACCP 지원프로그램 : HACCP시스템이 효과적으로 실행되기 위해서는 식품을 위생적으로 생산할 수 있는 시설 및 설비, 즉 GMP의 여건 하에서 SSOP를 준수해야 한다.

ⓐ HACCP Plan(HACCP 관리계획) : 전 생산 공정에 대해 직접적이고 치명적인 위해요소 분석, 집중관리에 필요한 중요 관리점 결정, 한계기준 설정, 모니터링 방법 설정, 개선조치 설정, 검증방법 설정, 기록유지 및 문서관리 등에 관한 관리계획
ⓑ SSOP(표준위생관리기준) : 일반적인 위생관리 운영 기준, 영업장 관리, 종업원 관리, 용수 관리, 보관 및 운송 관리, 검사 관리, 회수 관리 등의 운영절차
ⓒ GMP(우수제조기준) : 위생적인 식품 생산을 위한 시설 · 설비 요건 및 기준, 건물의 위치, 시설 · 설비의 구조, 재질요건 등에 관한 기준

ⓔ 식품안전관리 인증기준 대상 식품(식품위생법 시행규칙 제62조)

ⓐ 수산 가공식품류의 어육 가공품류 중 어묵 · 어육소시지
ⓑ 기타 수산물 가공품 중 냉동 어류 · 연체류 · 조미가공품
ⓒ 냉동식품 중 피자류 · 만두류 · 면류
ⓓ 과자류, 빵류 또는 떡류 중 과자 · 캔디류 · 빵류 · 떡류
ⓔ 빙과류 중 빙과
ⓕ 음료류[다류(茶類) 및 커피류는 제외한다]
ⓖ 레토르트 식품
ⓗ 절임류 또는 조림류의 김치류 중 김치(배추를 주원료로 하여 절임, 양념 혼합과정 등을 거쳐 이를 발효시킨 것이거나 발효시키지 아니한 것 또는 이를 가공한 것에 한한다)
ⓘ 코코아 가공품 또는 초콜릿류 중 초콜릿류
ⓙ 면류 중 유탕면 또는 곡분, 전분, 전분질 원료 등을 주원료로 반죽하여 손이나 기계 따위로 면을 뽑아내거나 자른 국수로서 생면 · 숙면 · 건면
ⓚ 특수용도 식품
ⓛ 즉석섭취 · 편의식품류 중 즉석섭취식품
ⓜ 즉석섭취 · 편의식품류의 즉석조리식품 중 순대
ⓝ 식품제조 · 가공업의 영업소 중 전년도 총 매출액이 100억 원 이상인 영업소에서 제조 · 가공하는 식품

02 **다음 중 위해요소 중점관리기준(HACCP : Hazard Analysis and Critical Control Points)에 대한 실행과정에서 위생관리의 선행요건이 아닌 것은?**

① 식품영양소의 물리 · 화학적 검사의 실시
② 우수제조기술(GMP) 수립의 프로그램 운영관리
③ 표준위생관리방법의 실시
④ 표준적 제조공정 및 절차 이행

해설 선행요건 : 영업장관리, 위생관리, 제조 · 가공시설 · 설비관리, 냉장 · 냉동시설 및 설비관리, 용수관리, 보관 · 운송관리, 검사관리 및 회수관리

03 **다음 중 식품위생법에서 규정하는 용어의 설명으로 올바른 것은?**

① 기구 – 음식을 먹을 때 사용하거나 담는 것 등으로서 식품 또는 식품첨가물에 직접 닿는 기계, 기구를 말하며, 식품을 채취하는 데에 쓰는 기계, 기구는 제외한다.
② 식품안전관리인증기준 – 식품을 제조, 가공 단계부터 판매 단계까지 각 단계별로 정보를 기록, 관리하여 그 식품의 안전성에 등에 문제가 발생할 경우 그 식품을 추적하여 원인을 규명하고 필요한 조치를 할 수 있도록 관리하는 것을 말한다.
③ 식품첨가물 – 식품을 제조, 가공 또는 보존하는 과정에서 식품에 넣거나 섞는 물질 또는 식품을 적시는 등에 사용되는 물질을 말한다. 이 경우 기구, 용기, 포장을 살균, 소독하는 데에 사용되어 간접적으로 식품으로 옮아갈 수 있는 물질은 제외한다.
④ 집단급식소 – 영리를 목적으로 하면서 특정 다수인에게 계속하여 음식물을 공급하는 급식시설을 말한다.

Answer 01 ① 02 ① 03 ①

해설 ② 식품이력추적관리 – 식품을 제조, 가공 단계부터 판매 단계까지 각 단계별로 정보를 기록, 관리하여 그 식품의 안전성에 등에 문제가 발생할 경우 그 식품을 추적하여 원인을 규명하고 필요한 조치를 할 수 있도록 관리하는 것을 말한다.
③ 식품첨가물 – 식품을 제조, 가공 또는 보존하는 과정에서 식품에 넣거나 섞는 물질 또는 식품을 적시는 등에 사용되는 물질을 말한다. 이 경우 기구, 용기, 포장을 살균, 소독하는 데에 사용되어 간접적으로 식품으로 옮아갈 수 있는 물질은 포함한다.
④ 집단급식소 – 비영리를 목적으로 하면서 특정 다수인에게 계속하여 음식물을 공급하는 급식시설을 말한다.

04 다음 중 부정식품 및 첨가물 제조, 부정의약품 제조, 무면허 의료행위를 했을 때 처벌하는 법으로 올바른 것은?

① 공공보건의료에 관한 법률 ② 국민건강증진법
③ 보건범죄 단속에 관한 특별조치법 ④ 의료법

해설

공공보건의료에 관한 법률	제1조(목적) 이 법은 공공보건의료의 기본적인 사항을 정하여 국민에게 양질의 공공보건의료를 효과적으로 제공함으로써 국민보건의 향상에 이바지함을 목적으로 한다.
국민건강증진법	제1조(목적) 이 법은 국민에게 건강에 대한 가치와 책임의식을 함양하도록 건강에 관한 바른 지식을 보급하고 스스로 건강생활을 실천할 수 있는 여건을 조성함으로써 국민의 건강을 증진함을 목적으로 한다.
보건범죄 단속에 관한 특별조치법	제1조(목적) 이 법은 부정식품 및 첨가물, 부정의약품 및 부정유독물의 제조나 무면허 의료행위 등의 범죄에 대하여 가중처벌 등을 함으로써 국민보건 향상에 이바지함을 목적으로 한다.
의료법	제1조(목적) 이 법은 모든 국민이 수준 높은 의료 혜택을 받을 수 있도록 국민의료에 필요한 사항을 규정함으로써 국민의 건강을 보호하고 증진하는 데에 목적이 있다.

05 식품의 보존방법 중 화학적 보존방법에 해당하는 것은? 2020. 서울시

① 절임법 ② 가열법
③ 건조법 ④ 조사살균법

해설 식품의 보존방법

물리적 처리법	가열법	완전 멸균을 위해서 120℃에서 20분간 가열한다. 저온 살균은 61~63℃에서 30분간 가열하는 것을 말한다.
	냉장법	자기 소화를 억제하는 방법이며 0~10℃에서 저장
	냉동법	0℃ 이하에서 저장하는 법
	건조법	15%이면 적당한 건조법이 된다.
	자외선 이용법	유효 파장은 2,500~2,700Å로 살균 작용을 일으킨다.
	밀봉법	외기와의 접촉을 차단하며 흡습 및 해충을 방지하는 법
	방사선 살균법	방사선 α, β, γ 중 γ선이 가장 살균력이 강하다.

화학적 처리법★	염장법	일반적으로 10%의 식염 농도에서 일반 세균은 억제된다.
	방부제 첨가법	㉠ 허용된 방부제 첨가물 : 데히드로초산(DHA), 소르빈산, 안식향산, 프로피온산나트륨, 프로피온산칼슘 ㉡ 허용된 산화방지제 첨가물 : 디부틸 히드록시 톨루엔(BHT), 부틸 히드록시 아니졸(BHA), 토코페롤(비타민 E), 아스코르빈산(비타민 C)
	당장법	미생물 발육 저지를 위해 일반적으로 50% 당 농도가 필요하다.
	산 저장법	pH 4.9 이하의 초산이나 낙산을 사용하여 곰팡이, 효모 같은 미생물의 발육을 억제함으로써 부패를 막는 방법
물리화학적 처리법	훈연법	연기의 creosote, formaldehyde, 페놀 등 성분을 이용하는 것으로 햄, 베이컨, 조개 저장 시 사용
	가스저장법	호기성 부패 세균을 억제하는 것으로 주로 CO_2, N_2 가스가 이용된다. 어육류, 난류, 채소류 저장 시 사용
	훈증법	훈증 가스($CHCl_3$, NO_2)를 이용하며 곡류 저장 시 사용
생물학적 저장법	인체에 무해한 유용 미생물을 이용하는 법으로 유산균을 이용하여 치즈, 발효 우유를 만들고 있다.	

06 다음 중 식품의 보존방법에 관한 설명으로 옳은 것은? 2018. 경기

① 냉장법은 식품을 0~15℃로 보존하는 방법이다.
② 자외선 살균법은 2,500~2,700Å의 유효파장으로 살균하는 방법이다.
③ 가열법은 120℃에서 20분간 가열하는 방법이다.
④ 건조법은 수분함유량을 20% 이하로 낮추는 방법이다.

해설 ① 냉장법은 식품을 0~10℃로 보존하는 방법이다.
④ 건조법은 수분함유량을 15% 이하로 낮추는 방법이다.

07 다음에서 설명하는 것은? 2018. 경기

> 가. 포자를 형성하지 않는 결핵균, 살모넬라균 살균에 이용한다.
> 나. 아이스크림, 우유, 과일건조, 포도주를 살균하는 데 이용한다.

① 고압증기멸균　② 초고온순간멸균법
③ 저온살균법　④ 유통증기멸균법

해설 저온 살균법
㉠ 프랑스의 세균면역학자 파스퇴르가 고안한 것이며 주로 우유의 살균 소독에 이용되며 이 외 아이스크림, 과일건조, 포도주 원료를 살균하는 데 이용한다.
㉡ 우유 자체에는 최소 영향을 미치며 우유 중 혼입 병원균을 모두 살균 · 처리한다.
㉢ 63~65℃로 30분 동안 습도와 열을 가하면 결핵균, 콜레라균, 연쇄상구균 등 유해한 균들이 사멸된다.
㉣ 영양가를 잃지 않으면서 제맛을 낸다.
㉤ 비병원성인 부패균을 죽이지 못하므로 부패하기 쉬워서 꼭 냉장고에 두어야 한다.

Answer / 04 ③ 05 ① 06 ②,③ 07 ③

08 **식품의 변질 방지를 위하여 사용하는 저장법 중 가열법과 가장 거리가 먼 것은?** 2017. 서울시

① 저온 살균법 ② 고온 단시간 살균법
③ 초고온법 ④ 훈연법

해설 가열법

저온살균법	• 프랑스의 세균면역학자 파스퇴르가 고안한 것이며 주로 우유의 살균 소독에 이용한다. • 우유 자체에는 최소 영향을 미치며 우유 중 혼입 병원균을 모두 살균 · 처리한다. • 63~65℃로 30분 동안 습도와 열을 가하면 결핵균, 콜레라균, 연쇄상구균 등 유해한 균들이 사멸된다.
고온단시간 살균법	• 우유를 급속하게 71.7℃로 가열하여 15초간 유지한 다음 급랭한다.
초고온순간 살균법	• 130~150℃의 고온 가압하에서 1~3초간 살균한다.

09 **식품 변질에 대한 설명으로 가장 옳은 것은?** 2019. 서울시

① 부패 : 탄수화물이나 지질이 산화에 의하여 변성되어 맛이나 냄새가 변하는 것
② 산패 : 단백질 성분이 미생물의 작용으로 분해되어 아민류와 같은 유해물질이 생성되는 것
③ 발효 : 탄수화물이 미생물의 작용을 받아 유기산이나 알코올 등을 생성하는 것
④ 변패 : 유지의 산화현상으로 불쾌한 냄새나 맛을 형성하는 것

해설 ① 변패 ② 부패 ④ 산패
※ 식품의 변질

부패	단백질 식품(질소 유기화합물)이 혐기성 균에 의해 분해되어 악취와 유해 물질을 생성하는 현상을 말한다. 암모니아, 아민, H_2S, mercaptane, 페놀 등이 생성된다.
변패	각종 미생물이 식품에서 증식하면서 탄수화물(당질)이나 지방질을 혐기성 상태에서 분해하여 비정상적인 맛과 냄새가 나도록 하는 현상
산패	지질이 미생물, 산소, 광선, 금속 등에 의하여 산화, 분해되는 현상
발효	탄수화물이 산소가 없는 상태에서 분해되는 현상
숙성 (자기소화)	어류를 방치하면 점차 굳어 사후 강직이 오고 사후 강직이 지나면 근육이 연화되어 향미가 증가되고 식용에 적합해지는 단계

10 **다음은 식품보존방법으로 개선되어야 할 방법은?**

① 육류는 0도이하로 동결저장한다.
② 유류는 60~65도씨 30분간 가열하여 섭취한다.
③ 과일은 50%농도로 설탕에 절여서 저장한다.
④ 채소류는 식품의 수분 50% 낮추어 저장한다.

해설 ④ 채소류는 식품의 수분 15% 낮추어 저장한다.

11 **다음 중 질소가 함유되지 않은 당질이나 지방질의 식품이 미생물에 의해 분해되어 변질되는 현상을 일컫는 말은?**

① 발효
② 변패
③ 부패
④ 산패

해설 변패 : 각종 미생물이 식품에서 증식하면서 탄수화물(당질)이나 지방질을 혐기성 상태에서 분해하여 비정상적인 맛과 냄새가 나도록 하는 현상

12 **캠필로박터 식중독에 대한 설명으로 옳지 않은 것은?** 2022. 서울시 · 지방직

① 피가 섞인 설사를 할 수 있다.
② 원인균은 호기적 조건에서 잘 증식한다.
③ 닭고기에서 주로 발견된다.
④ Guillain–Barre syndrome을 일으킬 수 있다.

해설 캠필로박터 식중독
㉠ 오염된 식품을 섭취하여 발생하는 감염성 식중독으로 미국에서 빈도가 가장 높은 식중독
㉡ 증상 : 설사(혈변), 열, 메스꺼움, 복통, 구토, 감염후유증으로 Gullian–Barre Syndrom, 아주 심한 경우 사망
㉢ 원인 : 이 균은 소, 염소, 돼지, 닭, 개, 고양이 등이 보균한다. 대부분 처리하지 않은 우유나 오염된 음용수가 감염원이고 또한 가금류를 비위생적으로 처리하여 요리한 음식이 원인이다.
㉣ 잠복기 : 2~7일로 다른 식중독보다 긴 것이 특징
㉤ 균의 특징 : 열에 의해 쉽게 파괴된다. 상온에서는 다른 세균들과 경쟁하여 잘 자라지 못하여 며칠밖에 생존하지 못하며, 냉장 온도에서는 성장은 못하지만 생존할 수는 있다.

13 **식중독에 대한 설명으로 가장 옳지 않은 것은?** 2021. 서울시

① 세균성 식중독은 크게 감염형과 독소형으로 분류된다.
② 대부분의 세균성 식중독은 2차 감염이 거의 없다.
③ 노로바이러스는 온도, 습도, 영양성분 등이 적정하면 음식물에서 자체 증식이 가능하다.
④ 살모넬라, 장염비브리오는 감염형 식중독 원인균에 해당한다.

해설 바이러스는 자체 증식이 불가능하며, 그들이 자라고 번식할 수 있는 숙주(인간 및 동물)를 필요로 한다.

14 **다음에서 설명하고 있는 균의 종류는?** 2020. 대구

- 토양을 통하여 달걀이나 새싹같은 식품에 오염된다.
- 사람이나 동물에 전파되는 인수공통질환의 일종이다.
- 장내 세균이며 그람음성간균이다.

① 황색포도상구균
② 장염비브리오균
③ 살모넬라균
④ 캠필로박터균

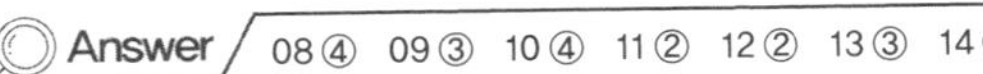
Answer 08 ④ 09 ③ 10 ④ 11 ② 12 ② 13 ③ 14 ③

해설 감염형 세균성 식중독

살모넬라	㉠ 원인균 : Salmonella typhynurium(그람음성 간균으로 아포를 형성하지 않는 통기성 혐기성균) ㉡ 주된 오염 식품은 소고기, 돼지고기, 닭고기 등의 가금류, 우유와 달걀의 동물성 식품 ㉢ 잠복기 : 6~48시간(평균 24시간) ㉣ 증상 : 위장염 증상(복통, 설사, 구토), 고열(38~40℃) ㉤ 예방 ⓐ 예방 백신은 없다. ⓑ 날것 또는 충분히 요리되지 않은 계란, 고기류가 포함된 식품과 소독되지 않은 우유와 낙농 제품을 섭취하지 않도록 해야 한다. ⓒ 교차감염 방지를 위해 요리된 음식과 요리되지 않은 음식이 접촉되지 않도록 해야 한다. ⓓ 저온 저장으로 60℃ 20분간 가열하여 균을 사멸하고 먹기 전에 끓인다(예방 최소 온도는 75℃).
호염균 식중독 (장염 비브리오)	㉠ 원인균 : Vibrio parahemolyticus(해산물, 오징어, 바닷고기) 3~4%에서 잘 자라는 중온균이다. ㉡ 여름철에 집중 발생하고 잠복기는 8~20시간이다(평균 12시간). ㉢ 증상 : 설사, 복통, 구토(콜레라와 유사) ㉣ 예방 : 60℃에서 2분간 가열하면 예방하거나 피부에 상처가 있는 경우 바닷물에 노출되지 않도록 한다.
병원성 대장균 식중독	㉠ 원인균 : 박테리아, E. coli 등 18종 ㉡ 잠복기 : 10~30시간(평균 12시간) ㉢ 증상 : 급성 장염 증세(점액성 또는 농 섞인 설사, 발열, 두통, 복통), 영유아에게는 감염성 설사를, 성인에게는 급성 장염을 유발한다. 특히, 영유아에게는 위험하다.
장구균 식중독	㉠ 원인균 : Streptococcal fecalis(치즈, 소시지, 햄) ㉡ 잠복기 : 4~5시간 ㉢ 증상 : 위장염 증상(설사, 복통, 구토, 발열)

15 우리나라에서 가장 많이 발생하는 포도상구균 식중독에 대한 설명으로 가장 옳은 것은?

2018. 서울시

① 신경계 주 증상을 일으키며 사망률이 높다.
② 다른 식중독에 비해 발열증상이 거의 없는 것이 특징이다.
③ 원인 물질은 장독소로 120℃에 20분간 처리하면 파괴된다.
④ 원인 식품은 밀봉된 식품, 즉 통조림, 소시지 등이다.

해설 ① 신경계 주 증상을 일으키며 사망률이 높은 것은 보툴리누스 식중독에 속한다.
③ 원인 물질은 포도상구균이 내는 장독소로 장독소는 내열성이 크므로 120℃에서 20분간 가열하여도 활성을 잃지 않는다.
④ 원인 식품은 아이스크림, 케이크, 유제 식품 등이다.
※ 독소형 세균성 식중독

황색 포도상구균 식중독	㉠ 원인균 : 포도상구균이 내는 enterotoxin(장독소) 황색 포도상구균은 자연계에 널리 분포되어 있으며, 인간의 입, 코, 인후와 피부에 정상적으로 존재한다. 그러나 특히 감염된 손가락, 베인 부위, 화상, 눈과 비강의 만성 감염의 화농성 배출물에 아주 많이 존재한다. 여드름, 종기, 종창과 감기가 있는 사람은 많이 배출할 수 있다. ㉡ 가공 식품(예 아이스크림, 케이크, 유제 식품) 음식물 관리가 소홀한 봄 · 가을에 흔하다. ㉢ 잠복기 : 0.5~6시간(평균 3시간) ㉣ 증상 ⓐ 갑자기 증상이 나타나는데, 침을 많이 흘리고, 오심, 구토, 복통, 허약함, 설사(구토보다는 덜 나타나기도 함) 등을 보인다. ⓑ 일반적으로 발열과 오한은 거의 나타나지 않는다. ㉤ 예방 : 화농, 편도선염을 가진 사람의 음식취급 금지, 식품은 5℃ 이하로 보관, 조리 후 2시간 이내에 섭취, 식기는 멸균한다.
보툴리누스 중독	㉠ 원인 균 : Clostridium Botulism 균이 내는 외독소, Neurotoxin ㉡ 원인 식품 : 소시지, 육류, 통조림, 밀봉 식품 등 혐기성 상태에서 발생 ㉢ 잠복기 : 18~98시간 ㉣ 증상 : 신경성 증상(시력 저하, 복시, 안검 하수, 동공 확대, 언어 장애, 연하 곤란 등) ㉤ 치명률 : 6~7%로 가장 높다. ㉥ 독소는 80℃에서 몇 분간 가열하면 파괴된다. 균은 120℃에서 5분 이상 가열하면 파괴된다.
웰치균 식중독	㉠ 원인 균 : Clostridium Welchii의 균주가 분비하는 외독소 ㉡ 잠복기 : 12~18시간 ㉢ 임상 증상 : 설사(수양 변으로 드물게 점액 또는 혈액이 섞인다), 복통, 구역과 구토는 드물게 나타난다. 일반적으로 발열, 두통, 오한과 같은 뚜렷한 감염 증상은 보이지 않는다. ㉣ 발병률 : 50~60% ㉤ 예방 : 각종 식품의 오염 방지, 식품 가열 후 즉시 섭취, 급랭시켜 증식을 억제

16 다음에서 식중독의 원인이 되는 미생물에 해당하는 것은? 2018. 서울시

> 가. 일본에서 1950년대 초반에 발생한 식중독의 원인으로 처음 발견되었고, 우리나라에서는 1969년 경북 안동에서 물치라는 생선을 먹고 집단적으로 환자가 발생한 바 있다.
> 나. 자연상태에서는 따뜻한 바닷물에서 흔하게 발견되며, 사람에게 위장관 증세를 일으킨다.
> 다. 굴과 같은 조개류를 날 것으로 또는 잘 요리하지 않고 섭취한 후 24시간 내에 물과 같은 설사를 주 증상으로 복통, 오심, 구토, 열과 오한을 동반한다.

① 살모넬라
② 장염비브리오
③ 황색포도상구균
④ 캠필러박터

해설 장염 비브리오

㉠ 원인균 : Vibrio parahemolyticus(해산물, 오징어, 바닷고기) 3~4%에서 잘 자라는 중온균이다.
㉡ 여름철에 집중 발생하고 잠복기는 8~20시간이다(평균 12시간).
㉢ 증상 : 설사, 복통, 구토(콜레라와 유사)
㉣ 예방 : 60℃에서 2분간 가열하면 예방하거나 피부에 상처가 있는 경우 바닷물에 노출되지 않도록 한다.

 15 ② 16 ②

17 1990년대까지만 해도 소아에게 면역형성이 많이 되어 있었으나 최근 20~30대에게 주로 발생하며 수인성 감염병이자 식품매개감염병은? 2018. 경기

① 파라티푸스 ② 세균성이질
③ A형간염 ④ 장출혈성대장균감염증

해설 최근 A형 간염의 발생 원인으로 깨끗한 환경 속에서 성장한 20~30대의 경우 오히려 면역력이 감소하여 발생하게 되었다고 보고 있다.
※ A형간염 바이러스
㉠ 특징
ⓐ 감염성 간염이라는 간 질환을 일으키며, 감염량은 10~100입자이다.
ⓑ 대표적 원인 식품은 굴, 대합, 샐러드, 고기, 샌드위치, 빵, 찬 음료수 등이다.
ⓒ 최근에는 면역력이 없는 20~30대에게 주로 발생한다.
㉡ 증상 : 갑작스런 발열, 메스꺼움, 구역질, 현기증, 복부 불쾌감, 피로이다. 며칠 후 황달이 나타난다.
㉢ 예방법
ⓐ 수산물을 날것으로 섭취하지 않으며, 조리사는 개인 위생을 철저히 한다.
ⓑ 식품을 다루기 전과 화장실을 다녀온 후에는 손과 손톱을 깨끗이 한다.

18 다음에서 설명하는 대표적인 식중독 원인 바이러스는? 2018. 서울시

- 우리나라 질병관리청에서 1999년부터 검사를 시작하였다.
- 저온에 강하여 겨울철에도 발생한다.

① 장출혈성 대장균 ② 살모넬라
③ 비브리오 ④ 노로 바이러스

해설 노로바이러스
㉠ 특징
ⓐ 매우 적은 양으로도 감염되고 감염력도 강하다. 크기가 작아 식품이나 음료수를 쉽게 오염시킨다.
ⓑ 감염자의 구토물이나 분변에서 발견되며 감염자의 손이나 기구 등을 통해 식품을 오염시킨다.
ⓒ 조개와 굴 등이 대표적인 원인 식품이다.
㉡ 증상
ⓐ 노로 바이러스에 감염되면 구역질, 구토, 설사, 복통 등이 나타나며 대부분 1~3일 지나면 완전히 회복된다.
ⓑ 잠복기는 24~48시간이다.
㉢ 예방법 : 노로 바이러스에 대한 항 바이러스제가 없으므로 감염되지 않도록 예방을 철저히 해야 한다.
ⓐ 조리 전후에 손 씻기를 생활화한다.
ⓑ 과일과 채소는 철저히 씻어야 하며, 굴은 익혀서 먹는 것이 좋다. 85℃에서 1분간 가열하면 불활성화되어 사멸한다.
ⓒ 감염 증상이 있는 사람은 완치 후 3일 이상 조리업무 종사를 금지한다.
ⓓ 소독제로는 차아염소산 나트륨을 사용한다.

19 다음은 어떤 식중독에 대한 설명인가? 2017. 서울시

> • 통조림, 소시지 등이 혐기성 상태에서 A, B, C, D, E형이 분비하는 신경독소
> • 잠복기 12~36시간이나 2~4시간 이내 신경증상이 나타날 수 있음
> • 증상으로 약시, 복시, 연하곤란, 변비, 설사, 호흡곤란
> • 감염원은 토양, 동물의 변, 연안의 어패류 등

① 살모넬라 식중독
② 포도알균(포도상구균) 식중독
③ 보툴리누스 식중독
④ 독버섯 중독

해설 보툴리누스 중독
㉠ 원인 균 : Clostridium Botulism 균이 내는 외독소, Neurotoxin
㉡ 원인 식품 : 소시지, 육류, 통조림, 밀봉 식품 등 혐기성 상태에서 발생
㉢ 잠복기 : 18~98시간
㉣ 증상 : 신경성 증상(시력 저하, 복시, 안검 하수, 동공 확대, 언어 장애, 연하 곤란 등)

20 다음 중 감염형 세균성 식중독에 해당하는 것은?

> 가. 보툴리누스
> 나. 살모넬라
> 다. 포도상구균
> 라. 장염비브리오
> 마. 노로바이러스
> 바. 세레우스 식중독

① 가, 다
② 나, 라
③ 라, 바
④ 마, 바

해설 감염형 세균성 식중독 : 살모넬라, 장염 비브리오, 병원성 대장균, 장구균

21 다음 중 독소형 식중독으로 올바르게 조합된 것은?

> 가. 살모넬라 식중독
> 나. 포도상구균 식중독
> 다. 장염비브리오 식중독
> 라. 보툴리누스 식중독

① 가, 나, 다
② 가, 다
③ 나, 라
④ 가, 나, 다, 라

해설 독소형 세균성 식중독 : 황색 포도상구균, 보툴리누스, 웰치균

Answer 17 ③ 18 ④ 19 ③ 20 ② 21 ③

22 다음 중 독소형 식중독으로서 치명률이 높으며 햄, 소시지 등을 통해 감염되고 시력저하, 복시, 동공확대와 같은 신경계 증상을 나타내는 식중독은?

① 보툴리누스 식중독 ② 살모넬라 식중독
③ 장염비브리오 식중독 ④ 포도상구균 식중독

해설 보툴리누스 중독
㉠ 원인 균 : Clostridium Botulism 균이 내는 외독소, Neurotoxin
㉡ 원인 식품 : 소시지, 육류, 통조림, 밀봉 식품 등 혐기성 상태에서 발생
㉢ 잠복기 : 18~98시간
㉣ 증상 : 신경성 증상(시력 저하, 복시, 안검 하수, 동공 확대, 언어 장애, 연하 곤란 등)

23 다음 중 내열성 장독소가 원인물질이고 유제품에 의하여 많이 발생하며 잠복기가 짧고 심한 구토와 탈수를 일으키는 식중독은?

① 보툴리누스 ② 살모넬라
③ 장염비브리오 ④ 포도상구균

해설 포도상구균 식중독 : 가공 식품(예 아이스크림, 케이크, 유제 식품) 음식물 관리가 소홀한 봄 · 가을에 흔하다.

24 할머니가 잔칫집에 다녀와서 2시간이 지난 후부터 복통, 설사 증상을 보이고 있다. 가장 유력한 식중독은?

① 포도상구균 식중독 ② 노로바이러스
③ 보툴리누스 식중독 ④ 웰치균 식중독

해설 잠복기가 2시간으로 짧은 편이니 포도상구균식중독을 의심해 볼 수 있다.

25 살모넬라 식중독에 대한 설명으로 옳은 것은?

① 가열해도 사멸하지 않으므로 식품저장에 유의한다.
② 급성위장염, 발열, 오한이 나타나며, 1주일이면 증상이 소멸된다.
③ 혐기성 상태의 야채, 과일, 식육, 어육, 유제품 등이 감염원이다.
④ 잠복기는 원인균의 양에 따라 다르나 평균 3시간 미만이다.

해설 ① 가열해도 사멸하지 않으므로 식품저장에 유의한다. → 포도상구균 식중독
③ 혐기성 상태의 야채, 과일, 식육, 어육, 유제품 등이 감염원이다. → 보툴리누스 식중독
④ 잠복기는 원인균의 양에 따라 다르나 평균 3시간 미만이다. → 포도상구균 식중독

26 다음 중 노로바이러스의 예방대책으로 가장 올바른 것은?

① 독감 예방접종을 한다.
② 식품을 급속 냉동 보관한다.
③ 어패류를 조리할 때에는 담수에 충분히 씻는다.
④ 증상이 있는 조리종사자를 조리과정에 참여시키지 않는다.

해설 노로 바이러스에 대한 항 바이러스제가 없으므로 감염되지 않도록 예방을 철저히 해야 한다.
㉠ 조리 전후에 손 씻기를 생활화한다.
㉡ 과일과 채소는 철저히 씻어야 하며, 굴은 익혀서 먹는 것이 좋다. 85℃에서 1분간 가열하면 불활성화되어 사멸한다.
㉢ 감염 증상이 있는 사람은 완치 후 3일 이상 조리업무 종사를 금지한다.
㉣ 소독제로는 차아염소산 나트륨을 사용한다.

27 다음 중 아래 보기에서 설명하는 식중독으로 올바른 것은?

> 가. 잠복기는 보통 12~36시간이나 2~4시간에 신경증상이 나타나는 경우도 있음.
> 나. 신경계의 주증상으로는 복시, 동공산대, 언어장애, 연하곤란, 호흡곤란 등
> 다. 비교적 치명률이 높은 편임

① 클로스트리듐(Clostridium Botulinus)
② 황색포도상구균(Staphylococcus aureus)
③ 캠필로박터균(Campylobacter jejuni)
④ 예르시니아균(Yersinia enterocolitica)

해설 웰치균 식중독
㉠ 원인 균 : Clostridium Welchii의 균주가 분비하는 외독소
㉡ 잠복기 : 12~18시간
㉢ 임상 증상 : 설사(수양 변으로 드물게 점액 또는 혈액이 섞인다), 복통, 구역과 구토는 드물게 나타난다. 일반적으로 발열, 두통, 오한과 같은 뚜렷한 감염 증상은 보이지 않는다.

28 자연독에 의한 식중독의 원인식품과 독소의 연결이 옳지 않은 것은? 2022. 서울시 · 지방직

① 바지락 – venerupin
② 감자 – solanine
③ 홍합 – tetrodotoxin
④ 버섯 – muscarine

해설 자연독에 의한 식중독

동물성 자연독	복어중독	㉠ 독 성분은 tetrodotoxin으로 복어의 난소(제일 강함), 간, 고환, 위장 등에 많이 함유되어 있다. ㉡ 100℃에서 4시간 가열하여도 파괴되지 않는다. ㉢ 주 증상 : 중독 증상은 빠르면 30분 이내 늦어도 4~5시간 내에 나타난다. 구순 및 혀의 지각마비, 청색증, 운동 마비, 언어 장애, 호흡근 마비 등으로 사망률이 높다. ㉣ 예방법 : 전문조리사가 취급, 유독한 장기 제거 후 요리할 것

Answer 22 ① 23 ④ 24 ① 25 ② 26 ④ 27 ① 28 ③

	굴(바지락) 중독	㉠ 독 성분은 venerupin으로 100℃에서 1시간 가열하여도 파괴되지 않는다. ㉡ 주 증상 : 섭취하고 8~24시간 내에 발생하는 경우가 많다. 전신 권태, 발열, 구역, 구토, 변비, 두통, 피하 출혈, 반점, 황달, 의식 혼탁 등으로 사망률이 높다.
	조개 중독 (대합 조개)	㉠ 독 성분은 saxitoxin으로 100℃에서 30분 가열하여도 절반만 파괴된다. ㉡ 주 증상 : 섭취 30분 후부터 말초신경의 마비와 복어독 비슷한 증상이 나타나며 중증인 경우 호흡 장애로 사망하기도 한다. ㉢ 플랑크톤이 생성한 독소를 조개가 섭취하여 체내에 축적이 된 것이다.
식물성 자연독	독버섯	㉠ 독 성분은 Muscarine, Cholin, Neurin 등이다. ㉡ 주 증상 : 섭취 2시간 후에 발생하며 부교감신경의 말초를 흥분시켜 각종 분비물을 증진시키고, 위장 장애를 일으켜 황달, 혈뇨 등도 나타난다. 중추신경계 침범 시 발한, 환각, 경련, 혼수 등이 나타난다.
	감자중독	㉠ 독 성분은 Solanine으로 감자의 눈과 녹색 부분에 있다. ㉡ 예방법 : 감자 껍질(특히, 눈)을 제거하여야 한다.
	청매(매실) 중독	amygdalin
	맥각중독	㉠ 독 성분은 ergotoxin으로 맥류의 개화기에 발생하는 맥각 균의 기생에 의하여 월동성 이 강한 균핵이 생긴다. ㉡ 주 증상 : 교감신경계에 작용하여 구토, 설사, 복통, 경련 등을 일으키며, 임산부에게는 유산을 일으킨다. 혈관 수축제나 자궁 수축제로 이용되기도 한다.
	독 미나리	Cicutoxin : 구토, 두통, 경련 등을 일으킨다.
	면실유(목화씨)	Gossypol
	독 보리	Temulin
	땅콩, 콩 류	간장, 된장 담글 때 발생 가능한 곰팡이 중독 : Aflatoxin으로 간암을 유발시킨다. ㉠ 곰팡이는 pH 4인 식품에서 잘 번식한다. ㉡ 최적 습도는 80~85%, 최적 온도는 25~30℃이다.
	은행	Bilobol, 메틸피리독신, Ginkgoic acid
	고사리	Ptaquiloside
	벌꿀	Andromedotoxin

29 자연독에 의한 식중독의 원인이 되는 독성분이 아닌 것은? 2020. 서울시

① 테트로도톡신(tetrodotoxin) ② 엔테로톡신(enterotoxin)
③ 베네루핀(venerupin) ④ 무스카린(muscarine)

해설 엔테로톡신은 화농성 포도상 구균 등의 세균이 장이나 식품 속에서 번식하여 만드는 독소이다.

30 자연성 식중독과 유발 원인인자가 틀리게 연결된 것은? 2020. 경남 보건직

① 독버섯-무스카린 ② 감자-솔라닌
③ 독미나리-삭시톡신 ④ 고사리-프타키로시드

해설 삭시톡신은 대합 조개의 독 성분이다.

31 자연성 식중독과 유발 원인인자를 옳게 짝지은 것은? 2018. 서울시

① 감자 중독 – 테트로도톡신(tetrodotoxin)
② 복어 중독 – 에르고톡신(ergotoxin)
③ 바지락 중독 – 솔라닌(solanine)
④ 독버섯 중독 – 무스카린(muscarine)

해설 ① 감자 중독–솔라닌
② 복어 중독–테트로도톡신
③ 바지락 중독–베네루핀

32 다음 중 식중독을 일으키는 식품과 원인물질이 맞게 짝지어진 것은? 2016. 서울시

① 고사리 – 아미그달린
② 독미나리 – 시큐톡신
③ 목화 – 프타퀼로시드
④ 청매 – 솔라닌

해설
- 고사리 – 프타퀼로시드
- 목화 – 고시폴
- 청매 – 아미그달린
- 감자 – 솔라닌

33 다음 중 식물성 식품과 그 자연독의 연결로 올바르지 못한 것은?

① 감자 – Solanine
② 청매 – Amygdaline
③ 독미나리 – Gossypol
④ 고사리 – Ptaquiloside

해설 독미나리–시큐톡신

34 다음 중 복어독소로 올바른 것은?

① cicutoxin
② ptaquiloside
③ rongalite
④ tetrodotoxin

해설 복어 독소–테트로도톡신

35 유해 식품첨가물 연결이 잘못된 것은? 2020. 부산

① 유해 감미료–로다민
② 유해 착색료–아우라민
③ 유해 표백제–롱갈리트
④ 유해 감미료–둘신

Answer 29 ② 30 ③ 31 ④ 32 ② 33 ③ 34 ④ 35 ①

해설 불량 첨가물

유해감미료	Cyclamate	인공 감미료로 사용되었으나 발암 물질로 밝혀져 사용 금지
	Toludine	㉠ 색소의 원료로 감미가 설탕의 200배이나 독성이 강함 ㉡ 식중독 사고 다발, 살인당으로 불림
	Dulcin	식품 첨가물로 사용되었으나 혈액독 등 독성이 강해 사용 금지
유해 인공착색료	Auramine	황색(단무지)
	Rhodamine B	적색(과자류, 빙과류)
	공업용 색소	식중독의 원인

36 다음 식품첨가제 중 그 짝이 옳지 않은 것은? 2018. 경기

① 보존료 – 소르빈산, 디하이드로초산 ② 감미료 – 아스파탐
③ 산화방지제 – BHT, 프로피온산나트륨 ④ 착색료 – 피크린산

해설

감미료	㉠ 유해 감미료 : Dulcin, Toludine, Cyclamate, ethylene glycol, peryllartine, glucin ㉡ 허용 감미료 ⓐ Saccharin Sodium : 제한적 사용 ⓑ 글리실리진산2 나트륨 : 된장, 간장에만 사용 가능 ⓒ D 소르비톨, 자일리톨, 만니톨, 말티톨 ⓓ 아스파탐 : 아미노산계 감미료 ⓔ 스테비올배당체
착색료	㉠ Auramine ⓐ 단무지, 과자, 카레 가루, 빈대떡 가루 등에 이용 ⓑ 다량 섭취하면 20~30분 후에 두통, 구토, 사지 마비, 심계 항진, 의식 불명 등이 나타난다. ㉡ Rhodamine B ⓐ 어묵, 과자, 토마토케첩, 얼음과자의 착색에 이용 ⓑ 오심, 구토, 설사, 복통 등이 나타난다. ㉢ 피크린산 ⓐ 탁주 · 약주의 쏘는 맛, 노란빛, 상쾌감 및 방부력 등이 생긴다. ⓑ 독성이 강하여 위통, 구토, 설사, 신장 장애, 용혈성 황달 등이 일어난다.
보존료 (방부제)	㉠ 데히드로초산 나트륨[DHA-S(Sodium Dehydroacetate)] : 치즈, 버터, 마가린에 사용 ㉡ 소르빈산, 소르빈산 칼륨, 소르빈산 칼슘 ㉢ 안식향산, 안식향산 나트륨, 안식향산 칼륨, 안식향산 칼슘 : 과실 및 채소 음료, 청량 음료, 유산균 음료에 사용 ㉣ 파라옥시안식향산 에틸, 파라옥시안식향산 메틸 ㉤ 프로피온산, 프로피온산 나트륨, 프로피온산 칼슘 : 빵과 생과자에 사용 ㉥ 유해 보존료 : 붕산(Boric acid), 포름알데히드(Formaldehyde), 불소 화합물, 승홍, 살리실산, hexamine
산화 방지제	㉠ 지용성 ⓐ 디부틸히드록시 톨루엔(BHT) ⓑ 부틸히드록시아니졸(BHA) ⓒ 비타민 E ㉡ 수용성 : 비타민 C(L-아스코르빈산)
발색제	㉠ 아질산 나트륨, 질산 나트륨, 질산 칼륨은 육제품의 발색제로 사용 ㉡ 장점 : 발색, 풍미 증진, 방부, 보툴리누스 식중독 예방 ㉢ 단점 : 니트로스아민의 발암성 물질 생성 ㉣ 허용량 : 햄 소시지의 경우 2.7g/d/BW · kg(체중이 50kg 이상인 경우 135g/d 이하로 제한하고 있다.)

37 다음 중 포름알데히드에 산성아황산나트륨을 축합 · 환원하여 만든 것으로, 아황산의 표백작용 외에 상당량의 포름알데히드가 유리되어 나오기 때문에 유해 식품첨가물로 지정된 물질로 올바른 것은?

① 둘신(dulcin)　　② 롱갈리트(rongalite)
③ 시클라메이트(cyclamate)　　④ 아우라민(auramine)

해설 롱갈리트
㉠ 환원 표백제인 술폭실산 포름알데히드염의 상품명이다.
㉡ 환원 작용으로 섬유 속의 색소 불순물을 분해하거나 녹게 하여 탈색하는 데 사용한다.
㉢ 불량 과자류나 사탕에도 사용되었으며 신선한 것은 냄새가 나지 않지만, 시간이 경과되면 이상한 냄새를 띤다.
㉣ 규범 표기는 '론갈리트'이다.

38 아래 보기는 가공육에 첨가되는 질산염 계통의 발색제에 대한 장단점을 설명한 것이다. 다음 중 올바른 것은?

가. Clostridium botulinum 식중독의 억제효과가 있다.
나. nitrosamine이라는 발암물질을 체내 대사 중에 생성한다.
다. 육색을 고정시켜 주며 햄이나 소시지의 풍미를 좋게 하는데 도움이 된다.
라. 일일 섭취허용량은 135g/day이며, 유통기한을 늘려주는 효과가 있다.

① 가, 다　　② 나, 라
③ 가, 나, 다　　④ 가, 나, 다, 라

해설 발색제
㉠ 아질산 나트륨, 질산 나트륨, 질산 칼륨은 육제품의 발색제로 사용
㉡ 장점 : 발색, 풍미 증진, 방부, 보툴리누스 식중독 예방
㉢ 단점 : 니트로스아민의 발암성 물질 생성
㉣ 허용량 : 햄 소시지의 경우 2.7g/d/BW · kg(체중이 50kg 이상인 경우 135g/d 이하로 제한하고 있다.)

39 다음 중 새로운 영양섭취기준(DRIs)의 구성이 아닌 것은?

① 평균필요량　　② 권장섭취량
③ 충분섭취량　　④ 하한섭취량

해설 영양섭취 기준

구분	내용
평균필요량 (EAR)	• 영양소의 필요량에 대한 과학적 근거가 충분한 경우 설정 가능 • 건강한 사람들의 일일 영양소 필요량의 중앙값으로부터 산출한 수치 • 에너지의 경우, 개인의 에너지 필요량 측정이 제한적이므로 에너지 소비량을 통해 추정하므로 '에너지필요추정량(EER)' 용어 사용
권장섭취량 (RNI)	• 영양소의 필요량에 대한 과학적 근거가 충분한 경우 설정 가능 • 인구집단의 약 97~98%에 해당하는 사람들의 영양소 필요량을 충족시키는 섭취 수준

Answer 36 ③ 37 ② 38 ① 39 ④

충분섭취량 (AI)	• 대상 인구집단의 건강을 유지하는데 충분한 양을 설정한 수치 • 영양소의 필요량을 추정하기 위한 과학적 근거가 부족할 경우, 실험연구 또는 관찰연구에서 확인된 건강한 사람들의 영양소 섭취량 중앙값을 기준으로 설정
상한섭취량 (UL)	• 인체에 유해한 영향이 나타나지 않는 최대 영양소 섭취수준 • 과잉섭취로 인한 건강문제 예방을 위해 설정하므로 과량 섭취의 유해 영향에 대한 과학적 근거 확보 시 설정 가능
만성질환위험 감소 섭취량 (CDRR)	• 건강한 인구집단에서 만성질환의 위험을 감소시킬 수 있는 영양소의 최저수준의 섭취량 • 영양소 섭취와 만성질환 간 인과적 연관성과 만성질환의 위험을 감소시킬 수 있는 구체적 섭취 범위를 고려하여 설정
에너지적정비율 (AMDR)	• 각 영양소를 통해 섭취하는 에너지양이 전체 에너지 섭취량에서 차지하는 비율의 적정범위 제시 • 에너지 공급 영양소(탄수화물, 지질, 단백질)에 대한 에너지 섭취비율과 건강 간 관련성에 대한 과학적 근거에 따라 설정

40 다음 중 한국인 영양섭취기준에 대한 설명으로 올바르지 못한 것은?

① 권장섭취량은 대다수 사람의 필요영양 섭취량을 말하는 것으로 평균필요량에 2배의 표준편차를 더해서 계산된 수치이다.
② 상한섭취량은 인체 건강에 독성이 나타나지 않는 최대섭취량이다.
③ 충분섭취량은 권장섭취량에 안전한 양을 더한 값이다.
④ 평균필요량은 건강한 사람들의 50%에 해당하는 사람들의 1일 필요량을 충족시키는 값이다.

해설 충분섭취량(AI)
㉠ 대상 인구집단의 건강을 유지하는데 충분한 양을 설정한 수치
㉡ 영양소의 필요량을 추정하기 위한 과학적 근거가 부족할 경우, 실험연구 또는 관찰연구에서 확인된 건강한 사람들의 영양소 섭취량 중앙값을 기준으로 설정

41 영양상태의 평가방법 중 간접적 방법에 해당하는 것은? 2017. 서울시

① 임상적 검사　② 식품섭취 조사
③ 신체계측 조사　④ 생화학적 검사

해설 국민영양상태 평가법
㉠ 직접 평가 : 생리적 기능 측정, 섭취 열량 분석, 발육 평가, 생화학적 측정
㉡ 간접 평가 : 식량 생산과 분배 자료, 식생활의 비율, 인구동태 자료 분석 등

42 다음 중 국민건강 · 영양조사의 목적으로 가장 잘 조합된 것은?

가. 가족의 식품섭취량 파악	나. 국민의 건강상태 파악
다. 지역별 식생활상태의 추세 파악	라. 식량정책에 필요한 자료 확보

① 가, 나, 다　② 가, 다
③ 나, 라　④ 가, 나, 다, 라

해설 국민건강 영양조사의 목적 : 국민의 건강수준, 건강행태, 식품 및 영양섭취 실태에 대한 국가 및 시도단위의 대표성과 신뢰성을 갖춘 통계를 산출하는 것이며, 이를 통해 국민건강증진 종합계획의 목표 설정 및 평가, 건강증진 프로그램의 개발 등 보건정책 기초자료로 활용되고 있다.

43 **기초대사율에 대한 설명 중 옳지 못한 것은?** 2020. 대구

① 생명을 유지하는 데 필요한 최소한의 에너지량이다.
② 나이 성별 영양 상태에 따라 달라질 수 있다.
③ 아침 식사 후 30분 뒤에 측정한다.
④ 호흡 및 혈액순환 체온유지를 위해 필요한 에너지량이다.

해설 기초 대사량(BMR)
㉠ 생명을 유지하기 위한 에너지 대사량으로 아침 공복 후 누워서 20℃에서 30분 동안 측정한다.
㉡ 특징
ⓐ 체표 면적이 클수록 열량이 크다(남자 > 여자).
ⓑ 발열이 있는 사람의 소요 열량이 크다(영아 > 성인).
ⓒ 기온이 낮으면 소요 열량이 커진다(겨울 > 여름).
ⓓ 체온 1℃↑ → 10%↑
ⓔ 수면 시 약 10% 감소
ⓕ 연령, 성별, 영양 상태, 체격 조건에 따라 상이하다.
- 연령 : 연령이 많아짐에 따라 기초 대사량이 감소된다.
- 여성의 경우 생리 중에 최저가 되며 이후 증가되어 생리 2~3일 전에 최고가 된다.
- 체격조건 : 근육질 형인 경우 기초 대사량이 크며, 지방이 많은 비만 형이나 골격이 발달한 마른 형인 경우 기초 대사량이 작게 된다.

ⓖ 항일성
ⓗ 연령↑, BMR ↓

44 **기초대사량에 대한 설명으로 옳지 않은 것은?**

① 체격과 신체조건에 따라 달라진다.
② 아침식사 전 공복상태에서 편안한 상태에서 측정한다.
③ 일반적으로 남자는 20~40세 사이에서는 기초대사량이 유사하며, 20℃에서 최저를 나타낸다.
④ 일반적으로 성인 남녀의 하루 기초대사량은 약 2,000~3,000kcal이다.

해설 인체의 소비에너지 총량

기초대사량 (휴식대사량)	총 에너지 소비량의 60~70%를 차지하며 보통 남자의 경우 1,400~1,800kcal/kg · hr · 20℃ 여자의 경우는 1,000~1,400Kcal/kg · hr · 20℃이다.
활동대사량	활동 수행에 필요한 근육의 수축과 이완 등을 위해 소비되는 에너지
식사성 발열효과	특이동적 작용
적응대사량	인체가 스트레스에 노출되었을 때 적응을 위해 소비되는 에너지

Answer 40 ③ 41 ② 42 ③ 43 ③ 44 ④

45 식품섭취에 따른 대사항진은?

① 작업대사작용 ② 기초에너지대사작용
③ 특이동적작용 ④ 비교에너지대사작용

해설 식사성 발열 효과(TEF, 특이동적 작용)
㉠ 음식물을 섭취한 후 영양소의 소화, 흡수, 운반, 대사, 저장 등에 소모되는 에너지로서 대부분 식후 2시간에 증가하게 된다. 전체 소비열량의 10~15%를 차지한다.
㉡ 단백질 섭취 16~30% > 탄수화물 섭취 4~9% > 지방 섭취 4%
㉢ 혼합해서 섭취 시 10%를 차지하게 된다.

46 다음 중 특이동적작용에서 가장 많은 부분을 차지하는 영양소는?

① 단백질 ② 무기질
③ 비타민 ④ 탄수화물

해설 단백질 섭취 16~30% > 탄수화물 섭취4~9% > 지방 섭취 4%

47 영양소의 3대 작용으로 구성된 것은?

① 신체의 발달 – 신체의 열량공급 – 신체의 생리기능 조절
② 신체의 발달 – 신체의 열량공급 – 신체의 조직구성
③ 신체의 조직구성 – 신체의 발달 – 신체의 생리기능 조절
④ 신체의 조직구성 – 신체의 열량공급 – 신체의 생리기능 조절

해설 영양소의 기능

열량소	활동에 필요한 에너지를 공급하고 몸을 따뜻하게 유지시키는 영양소이다. 탄수화물, 단백질, 지방으로 구성되었다.
구성소	필요한 물질을 재합성하고 조직 등을 구성하며, 소모된 물질을 보충하는 영양소이다. 단백질, 지질, 무기질이 있다.
조절소	생리 기능과 대사를 조절하는 물질이며, 인체가 항상 정상 상태를 유지할 수 있도록 도와주는 작용을 하는 무기질, 비타민, 물이다.

48 영양소의 인체작용에 대하여 옳은 것으로만 묶은 것은?

가. 인체의 열량공급 작용 나. 인체의 특이동적 작용
다. 인체의 조직구성 작용 라. 인체의 단백질 합성 작용

① 가, 나, 다 ② 가, 다
③ 나, 라 ④ 가, 라

해설 영양소의 인체작용 : 신체의 조직구성, 신체의 열량공급, 신체의 생리기능 조절

49 **다음 중 조절소 역할을 하는 영양소는?**

① 단백질 ② 비타민
③ 지방 ④ 탄수화물

해설 **조절소** : 생리 기능과 대사를 조절하는 물질이며, 인체가 항상 정상 상태를 유지할 수 있도록 도와주는 작용을 하는 무기질, 비타민, 물이다.

50 **다음 중 신체조직을 구성하는 영양소 비율로 알맞은 것은?**

① 단백질이 16%이다. ② 물이 90%이다.
③ 비타민은 1%이다. ④ 지방이 5%이다.

해설 **신체의 조직 구성** : 수분 65%, 단백질 16%, 지방 14%, 무기질 5%, 탄수화물 소량

51 **트랜스 지방에 관한 설명으로 옳은 것은?**

① 고밀도지단백 콜레스테롤(HDL)을 증가시킨다.
② 많이 섭취할수록 건강이 좋아진다.
③ 불포화지방에 불소를 첨가시켜 만든다.
④ 포화지방처럼 작용한다.

해설 ① 고밀도지단백 콜레스테롤(HDL)을 감소시킨고 저밀도지단백 콜레스테롤(LDL)을 증가시킨다.
② 많이 섭취할수록 심장병, 당뇨, 동맥경화증, 유방암 발생이 증가된다.
③ 불포화지방에 수소를 첨가시켜 만든다.

52 **다음 중 단백질-열량 영양불량(PEM : Protein Energy Malnutrition)의 하나로 기존의 질병과 복합적으로 작용하는 콰시오커(Kwashiorkor)라는 영양불량 상태의 증세가 아닌 것은?**

① 피부의 각질화 현상 ② 근육위축 및 전신경련
③ 머리털의 변색과 성장 저지 ④ 간의 지방 침윤

해설 **콰시오커** : 에너지는 어느 정도 섭취하고 있지만 단백질이 부족하여 발생하는 영양불량. 아프리카 원주민 중, 특히 1~3세의 소아에게서 관찰된다. 성장률은 정상이나 단백질 합성 저해로 인하여 정신장애가 생기며 신체 일부의 세포분열 지연으로 피부에서의 색소 침착, 배만 부르는 현상, 피부질환, 빈혈 등이 수반됨
㉠ 식욕부진
㉡ 무표정
㉢ 간의 지방 침윤으로 인한 배의 심한 부종(복수)
㉣ 정신황폐, 그 밖에 상처가 잘 아물지 않고, 머리가 잘 빠지며, 설사, 빈혈, 신경감각계 이상, 간장의 지방 침윤 괴사 섬유증을 동반한다.
㉤ 외관 상 사지는 말랐으나 큰 머리와 불룩 튀어나온 배를 가지며 검사를 통해 혈청 알부민 수치가 낮음을 확인할 수 있다.
㉥ 피부 각질화 현상(비늘모양의 피부)
㉦ 단백질 부족으로 인해 근육량 감소
㉧ 머리털의 변색

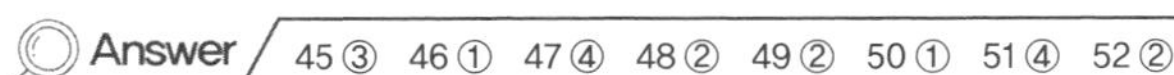
Answer 45 ③ 46 ① 47 ④ 48 ② 49 ② 50 ① 51 ④ 52 ②

53 옥수수를 주식으로 하면 생기는 펠라그라병은 다음 중 어떤 아미노산이 결핍되어 생기는가?

① 발린 ② 아르기닌
③ 페닐알라닌 ④ 트립토판

해설 나이아신을 만드는 필수아미노산인 트립토판의 결핍으로 인해 펠라그라병이 발생된다.
※ 주요 비타민의 종류 및 특성

종류		1일 소요량	함유 식품	결핍증	비고
지용성	Vit A	5mg	간유, 버터, 우유, 채소	야맹증, 각막 건조증	열에 약함
	Vit D	20mg	간유, 계란, 표고버섯	뼈의 발육불량, 골연화증, 곱추병	자외선 작용으로 체내에서 형성
	Vit E	미량	식물의 배젖	불임증	항산화제
	Vit K	1~5mg	녹색식물 잎	혈액응고 안 됨	–
	Vit F	–	–	발육 정지, 피부 건조	–
수용성	Vit B_1	1~2mg	효모, 겨, 콩깻묵	각기병, 다발성 신경염	열에 약함
	Vit B_2	3mg	우유, 간, 효모, 차	구순염, 설염, 눈 충혈	자외선에 약함
	Nicotin acid (Niacin)	10~20mg	겨, 간, 효모	펠라그라병 → 3D	Diarrhea(설사), Dermatitis(피부염), Dementia(치매)
	Vit B_6	10mg	쌀겨, 효모, 간	피부염	열에 약함
	Vit B_{12}	1mg	간, 김, 파래	악성 빈혈	–
	Vit C	90mg	야채, 과일	괴혈병	항산화제

54 다음 중 지용성 비타민에 속하지 않는 것은? 2020. 인천

① 비타민 A ② 비타민 E
③ 비타민 C ④ 비타민 D

해설 지용성 비타민 : 비타민 A, D, E, K, F

55 지용성 비타민에 대한 다음의 설명 중 옳은 내용은? 2018. 지방직

① 소변으로 쉽게 배설된다. ② 필요량을 매일 공급하여야 한다.
③ 결핍증세가 서서히 나타난다. ④ 필요 이상 섭취 시에 배설된다.

해설 수용성 비타민과 지용성 비타민

구분	수용성 비타민	지용성 비타민
저장 장소	체내 저장되지 않음	액체 상태로 체내 저장
흡수 정도	음식으로 체내에 흡수되고 흡수속도가 빠름	체내로 흡수가 어려움
배설 정도	비타민이 체내에 과할 경우 소변으로 쉽게 배출됨	수용성 비타민에 비해 체외로 쉽게 배출되지 않음
결핍 정도	지용성 비타민에 비해 빠르게 결핍됨	장시간에 걸쳐 서서히 발생
신체 필요량	매일매일 식이를 통해 규칙적으로 공급해 주어야 함	간헐적으로 공급
전구체 유무	없음	있음
독성	없음	있음

56 다음 중 보통 항구루병 비타민이라고 하는 것은?

① 비타민 A
② 비타민 C
③ 비타민 D
④ 비타민 K

해설 항구루병 비타민 : 비타민 D

57 다음 중 항산화작용을 수행하는 비타민은?

① 비타민 A
② 비타민 B
③ 비타민 D
④ 비타민 E

해설 항산화작용 비타민 : 지용성 비타민 E, 수용성 비타민 C

58 다음 중 펠라그라를 유발하는 원인물질은?

① 단백질
② 무기질
③ 비타민
④ 탄수화물

해설 수용성 비타민 니아신이 부족하면 펠라그라병에 걸리기 쉽다.

59 다음 중 영양소의 결핍과 그에 따른 인체의 영향이 잘못 연결된 것은?

① 비타민 A – 야맹증
② 비타민 C – 괴혈병
③ 비타민 D – 구루병
④ 비타민 K – 불임증

해설 비타민 K 부족 : 혈액응고 장애

60 하루의 섭취량이 포화상태를 초과하면 체내에 저장되며, 결핍 시 혈액응고 장애를 유발하는 것은?

① 비타민 A
② 비타민 D
③ 비타민 E
④ 비타민 K

해설 비타민 K 부족 : 혈액응고 장애

61 다음 중 노인에게 있어서 항악성 빈혈증의 외적 인자로 가장 올바른 것은?

① 비타민 B_1
② 비타민 B_{12}
③ 비타민 B_6
④ niacin

해설 비타민 B_{12}가 혈액으로 이동하는데 필요한 내적인자와 위산의 부족으로 악성빈혈이 발생됨

Answer 53 ④ 54 ③ 55 ③ 56 ③ 57 ④ 58 ③ 59 ④ 60 ④ 61 ②

62 다음 중 비타민 결핍증으로 올바른 것은?

① 비타민 B_1 – 구내염
② 비타민 C – 골연화증
③ 비타민 E – 야맹증
④ 비타민 K – 혈액응고 지연

해설 ① 비타민 B_1 – 각기병
② 비타민 C – 괴혈병
③ 비타민 E – 불임증

63 무기질의 종류와 기능에 대한 설명으로 틀린 것은?

① 나트륨(Na) – 산과 염기의 평형 조절
② 요오드(I) – 갑상선호르몬 구성 성분
③ 철(Fe) – 혈액의 색소성분 구성
④ 칼륨(K) – 뼈와 치아 생성

해설 뼈와 치아 생성은 칼슘의 기능

※ 무기질의 기능

구분	주요 기능
칼슘	• 뼈, 치아를 단단하게 해줌 • 심장 박동 및 혈압 조절 • 신 경전달 기능
철분	• 헤모글로빈을 생성시키고 빈혈 방지 • 근육에너지 생성 • 해독 작용과 감염증에 대한 저항력 증가
아연(Zn)	• 성장 및 골격발육을 촉진하고, 생식 기능을 활성화 • 인슐린 호르몬의 요소
망간(Mn)	• 혈액 형성에 관여 • 결핍 시 난소 및 고환의 기능이 감소하고 불임 유발
구리(Cu)	• 헤모글로빈을 합성시키는 촉매 역할을 담당 • 결핍 시 백혈구 감소, 심장기능 장애, 부종 등을 유발
셀레늄(Se)	• 심장, 혈관 등 인체기관 필수 구성 성분, 심장기능 부전에 밀접한 영향 • 황산화효소 구성 성분 – 산화로부터 세포와 세포막을 광범위하게 보호
코발트(Co)	• 코발트가 일정량 존재하면 조직 내에서 비타민 B_{12} 합성 • 헤모글로빈 형성
마그네슘(Mg)	• 신경 전달과 근육 수축 작용 • 결핍 시 눈꺼풀 떨림 현상, 신경 질환
불소(F)	• 치아의 에나멜질을 굳게 하고 치아를 보호 • 결핍 시 충치 유발, 과잉 시 반상치 유발
인(P)	• 칼슘과 함께 뼈의 구성 성분 • 결핍 시 골연화증, 골절
나트륨(Na)	• 체액의 등장성 유지와 체내 수분 함량 조절에 중요 • 결핍 시 구토, 설사, 저혈압
염소(Cl)	• 소화작용 증진을 돕고 산/염기의 평형을 유지하며 심장박동 조절에 도움 • 결핍 시 성장속도 지연, 식욕 감퇴
칼륨(K)	• 혈액, 근육 및 장기 등의 주요 고형성분을 구성 • 결핍 시 심근, 내장근, 골격 등 근육의 악화
요오드(I)	• 갑상선 호르몬인 티록신이 주 성분 • 결핍 시 아동에게는 크레틴병, 성인에게는 점액 수종을 유발
황(S)	탄수화물과 결합해 연골과 건의 형성에 관여하고 모발의 형성을 도와줌

64 다음 중 무기질과 역할이 잘못 연결된 것은?

① 식염 – 항산화 기능
② 요오드 – 갑상선 기능유지
③ 인 – 뼈, 뇌신경 구성
④ 철분 – 혈액의 구성

해설 식염(염화나트륨, NaCl)
㉠ 식염은 근육 및 신경의 자극, 전도, 삼투압의 조절 등의 기능을 한다.
㉡ 식염 1g = 염소 600mg + 나트륨 400mg
㉢ 1일 필요량은 5g이다.

Answer 62 ④ 63 ④ 64 ①

11 위생해충 및 기생충 질환

01 **구충구서의 일반적 원칙으로 옳지 못한 것은?** 2018. 강원 의료기술직

① 광범위하게 순차적으로 실시한다. ② 발생 초기에 실시한다.
③ 발생원 및 서식처를 제거한다. ④ 생태습성에 따라 실시한다.

해설 구충 구서의 일반적인 원칙
㉠ 발생원 및 서식처 제거
㉡ 발생 초기에 실시
㉢ 생태 습성에 따른 구제
㉣ 동시에 광범위하게 실시

02 **다음 중 유해곤충 방제의 가장 근본이 되는 것은?**

① 살충제 이용 ② 트랩 설치
③ 천적 이용 ④ 환경 정비

해설 위생해충의 구제방법

물리적 방법	환경관리법	특히 바퀴벌레, 파리, 쥐, 모기 등의 방제에 이상적이며 항구적인 방법
	트랩이용법	실내나 창고 등의 좁은 공간에서 소규모적 해충 구제에 적용할 수 있는 방법
	온도 처리법	가열법, 냉각법의 2가지가 있으나 가열법에 의한 방제를 주로 사용
	방사선 처리법	저농도의 방사선에 노출되면 불임이 되거나 돌연변이를 일으킬 수 있음
화학적 방법	해충구제에는 살충제가 가장 많이 사용된다. ㉠ 살충제의 조건 ⓐ 인축에 대한 독성이 낮거나 없어야 한다. ⓑ 방제 대상 해충에는 살충 효과가 커야 한다. ⓒ 환경 오염 및 악취가 없어야 한다. ⓓ 살충 작용의 범위가 좁아야 한다. ⓔ 살충제의 물리적 성질이 양호해야 한다. ㉡ 살충제의 적용 방법 ⓐ 독 먹이 법 ⓑ 공간 살포	
생물학적 방법	㉠ 불임 웅충 방산법 : 인위적으로 생식능력을 잃게 한 수컷을 대량 번식시킨 후 일정 지역에 방산하여 암컷과 짝짓게 함으로써 무정란을 산란하게 하는 방법 ㉡ 천적 생물과 병원성 미생물의 이용	
통합적 방법	약제 사용과 병행하여 여러 가지 방제법을 실시함으로써 해충의 밀도를 경제적 또는 보건학적인 피해를 발생하게 하는 수준 이하로 유지하는 것이 바람직하다.	

03 다음 중 위생해충이 인체에 미치는 위생적 피해가 아닌 것은?

① 인체의 독성물질 주입에 의한 피해
② 체외기생에 의한 피해
③ 피부 교자에 의한 2차적 감염
④ 피부에 기계적 외상

해설 위생해충이 인체에 미치는 위생적 피해
㉠ 인체의 독성물질 주입에 의한 피해
㉡ 체내기생에 의한 피해
㉢ 피부 교자에 의한 2차적 감염
㉣ 피부에 기계적 외상

04 질병과 매개체의 연결이 가장 옳은 것은?

① 발진티푸스 – 벼룩
② 신증후군출혈열 – 소, 양, 산양, 말
③ 쯔쯔가무시병 – 파리
④ 지카바이러스 감염증 – 모기

해설 ① 발진티푸스 – 이
② 신증후군출혈열(유행성출혈열) – 등줄쥐
③ 쯔쯔가무시병 – 털진드기
※ 매개 곤충과 질병

매개 곤충		감염병	전파 방식
모기	작은빨간집 모기	일본뇌염	증식형
	중국얼룩날개 모기	말라리아	발육 증식형
	토고숲 모기	사상충병	발육형
	열대이집트숲모기	황열, 뎅기열	증식형
	빨간집모기 지하집모기 금빛숲모기 일본숲모기	웨스트나일열	
파리	집 파리	장티푸스, 파라티푸스, 세균성 이질, 아메바성 이질, 콜레라, 폴리오 등의 소화기계 질환	
	체체 파리	수면병	발육 증식형
진드기	참 진드기	록키산홍반열, Q열	경란형
	공주 진드기	진드기매개재귀열	
	털 진드기	쯔쯔가무시병	
쥐	시궁쥐	페스트, 발진열, 렙토스피라, 살모넬라	
	등줄쥐	유행성 출혈열	
바퀴벌레		결핵, 소아마비, 화농성 질환	
이		발진티푸스, 재귀열, 참호열	증식형
벼룩		페스트, 발진열	

Answer 01 ① 02 ④ 03 ② 04 ④

05 다음 중 위생곤충에 의해 전파되는 감염병으로 올바르지 못한 것은?

① 일본뇌염, 발진티푸스 ② 발진열, 말레이사상충
③ 페스트, 재귀열 ④ 질트리코모나스, 말라리아

해설 질트리코모나스

병원체	원충류에 속하는 질트리코모나스(여성의 질강과 남성의 요도에서 발견)
전파	남성이 매개체로 알려져 있고, 일종의 제2성병이라 할 수 있다.
증상	질벽의 충혈과 소양감, 백대하, 무증상인 경우도 있다.
예방	㉠ 변기는 석탄산이나 크레졸로 소독한다. ㉡ 내의는 삶거나 일광욕으로 건조한다. ㉢ 부부는 함께 치료하도록 한다.

06 다음 중 매개곤충과 질병의 연결이 바른 것은?

① 모기 – 발진열 ② 벼룩 – 황열
③ 진드기 – 재귀열 ④ 파리 – 발진티푸스

해설 ① 쥐벼룩 – 발진열 ② 모기 – 황열 ④ 이 – 발진티푸스

07 다음 중 모기가 매개하는 유형과 질병이 옳지 못한 것은?

① 열대숲모기 – 황열 ② 작은빨간집모기 – 일본뇌염
③ 중국얼룩날개모기 – 말라리아 ④ 토고숲모기 – 뎅기열

해설 토고숲모기 – 사상충, 열대이집트숲모기 – 뎅기열

08 다음 감염병 중 모기를 매개체로 한 감염병으로 옳지 못한 것은? 2017. 서울시

① 뎅기열 ② 황열
③ 웨스트나일열 ④ 발진열

해설 발진열은 벼룩에 의해 감염된다.

09 다음 중 쥐에 의해 옮겨지는 감염병이 아닌 것은?

① 렙토스피라 ② 발진열
③ 서교열 ④ 재귀열

해설 재귀열은 이에 의해 옮겨지는 감염병

10 다음 중 불완전 변태를 하는 위생해충은?

① 모기 ② 바퀴
③ 벼룩 ④ 파리

해설

모기의 생활사 및 습성	㉠ 모기는 완전 변태를 하는 곤충으로 '알 → 유충 → 번데기 → 성충'의 네 시기를 거친다. ㉡ 미성숙 시기에는 수서 생활을 하고, 성충이 되면 육서 생활을 한다. ㉢ 산란 시마다 흡혈한다(수놈은 구강구 조상 온혈동물을 흡혈하지 못함). 암컷은 흡혈 후 2~3일의 휴식을 필요로 한다. ㉣ 흡혈활동 시간 : 야간 활동성(집 모기, 학질 모기, 늪 모기), 주간 활동성(숲 모기)
파리의 생활사 및 습성	㉠ 파리류는 모두 완전 변태를 하는 곤충의 알 → 부화 → 유충 → 2회 탈피 → 번데기(5~10일) → 성충 → 5~10일 후 산란으로 발육한다.★ ㉡ 집 파리는 음식물을 좋아하고, 금 파리는 생선을 좋아하며, 침 파리는 흡혈을 한다. ㉢ 발육하기 좋은 곳에 한 번에 50~150개, 일생 동안 5~6번을 산란한다.
바퀴벌레의 생활사 및 습성	㉠ 식당, 여관, 아파트, 과자점, 일반 가정 등에 집단 군거성, 거주성 ㉡ 주간엔 구석진 곳에 숨어 있다가 야간 활동성, 질주성 ㉢ 다리 흡판으로 벽이나 천장 또는 미끄러운 곳에서도 활동하며 고온(28~33℃) 선호성 ㉣ 전분질, 감미질, 지방질이 많은 식품 선호의 잡식성 ㉤ 불완전 변태 : 알 → 유충 → 성충, 바퀴유충과 성충의 서식처가 같다. ㉥ 식성 : 잡식성, 필요 영양물질은 단백질, 탄수화물, 비타민, 콜레스테롤 및 무기염 등
벼룩의 생활사 및 습성	㉠ 성충은 암수 모두 기생성으로 포류 또는 조류를 흡혈한다. 수컷은 영양물질로 혈액을 섭취하고 암컷은 먹이로써 필요할 뿐 아니라 난 발육에도 필수적이다. ㉡ 완전 변태를 하여 알→ 유충 → 번데기 → 성충으로 발육한다. ㉢ 암컷은 산란할 때가 되면 숙주 몸에서 떨어져 숙주동물의 서식처에 흩어져 있는 부스러기나 먼지에 알을 낳는다. 옥내에 서식하는 벼룩은 마루 틈이나 카펫밑에 산란한다. 알은 겨우 육안으로 볼 수 있을정도의 크기로 0.5mm정도이며 원형내지 난형으로 백색 또는 황백색이다. ㉣ 숙주 선택성은 그렇게 엄격하지 않아서 굶주렸을 때는 어떤 동물이나 서슴없이 공격한다. 주로 쥐를 흡혈하지만 쥐가 주위에 없을 때는 사람을 공격한다. 또한 숙주동물이 죽으면 즉시 다른 동물로 옮겨가므로 흑사병 유행속도를 높인다. ㉤ 숙주동물의 체온에서 발산되는 열기를 감지하면 그 방향으로 튀어 오르는데 높이 15cm 거리 30cm까지 점프할 수 있다.

11 식품 관련 기생충질환 중 올바른 것은?

2020. 인천

① 돼지고기 – 유구조충 ② 간흡충 – 가재
③ 요코가와흡충 – 물벼룩 ④ 폐흡충 – 담수어

해설 ② 간흡충 – 우렁이, 담수어
③ 요코가와흡충 – 다슬기, 담수어
④ 폐흡충 – 다슬기, 민물게
※ 기생충의 종류와 감염경로

종류		감염원	감염 방식			중간 숙주		종말 숙주
			경구	경피	자가	제1	제2	
선충류	회충	채소	○					사람
	십이지장충	채소	○	○				사람
	편충	채소	○					사람
	요충	채소	○		○			사람

Answer 05 ④ 06 ③ 07 ④ 08 ④ 09 ④ 10 ② 11 ①

	동양모양선충	채소	○	○				사람
	선모충	돼지고기	○			돼지		사람
	유극악구충	어류	○			물벼룩	담수어(가물치, 메기, 뱀장어 등)	개, 고양이
	아니사키스	어류	○			새우류	해산어(대구, 오징어, 청어 등)	돌고래류
흡충류	간흡충	어류	○			우렁이	담수어(피라미, 붕어, 잉어 등)	사람
	폐흡충	갑각류	○			다슬기	민물 게 또는 가재	사람
	요코가와흡충	어류	○			다슬기	담수어(특히 은어)	사람
조충류	광절열두조충	어류	○			물벼룩	담수어(송어, 연어 등)	사람
	무구조충	쇠고기	○			소		사람
	유구조충	돼지고기	○	○		돼지		사람

12 왜우렁이를 중간숙주로 갖는 기생충질환은?

2020. 광주시

① 간흡충
② 폐흡충
③ 기생충
④ 요코가와흡충

해설 간흡충의 제1 중간숙주 – 왜우렁이, 제2 중간숙주 – 담수어

13 기생충의 생물형태학적 분류로 연결이 옳은 것은?

2018. 지방직

① 원충류 – 사상충, 이질아메바
② 선충류 – 편충, 요충
③ 흡충류 – 요코가와흡충, 트리코모나스
④ 조충류 – 유구조충, 말라리아원충

해설 기생충의 분류

원충류	극족충류	이질아메바, 대장아메바, 기타 아메바
	편모충류	람블편모충, 질편모충(트리코모나스), 장세모편모충, 주혈편모충, 리슈만편모충
	섬모충류	대장섬모충
	포자충류	말라리아, 톡소포자충, 폐포자충, 사람등포자충, 와포자충
윤충류	선충류	회충, 요충, 구충(십이지장충), 편충, 동양모양 선충, 분선충, 선모충, 말레이사상충, 반크롭트사상충, 기타 사상충, 아니사키스, 유극악구충, 기타 선충류
	흡충류	간흡충, 폐흡충, 요코가와흡충, 이형흡충, 간질, 비대흡충, 주혈흡충, 극구흡충
	조충류	유구조충, 무구조충, 광절열두조충, 왜소조충, 쥐조충, 위립조충

14 다음 중 기생충의 분류와 이에 해당하는 기생충들의 연결이 바르지 않은 것은? 2017. 서울시

① 흡충류 – 요코가와 흡충, 만손주혈충
② 선충류 – 고래회충, 트리코모나스
③ 조충류 – 광절열두조충, 왜소조충
④ 원충류 – 말라리아 원충, 리슈마니아

해설 선충류 : 회충, 요충, 구충(십이지장충), 편충, 동양모양 선충, 분선충, 선모충, 말레이사상충, 반크롭트사상충, 기타 사상충, 아니사키스, 유극악구충, 기타 선충류

15 민물고기를 중간 숙주로 하는 기생충끼리 묶인 것은? 2016. 경기 의료기술직

① 갈고리촌충, 무구조충
② 광절열두조충, 간흡충
③ 말레이사상충, 아니사키스충
④ 폐흡충, 동양모양선충

해설 ② 민물고기 생식 감염가능 기생충 : 광절열두조충, 간흡충, 요코가와흡충

16 다음 중 질병을 전파하는 매개체로 중간숙주의 연결이 잘못된 것은?

① 광절열두조충 – 고등어, 오징어
② 유극악구충 – 가물치, 메기
③ 무구조충 – 쇠고기
④ 선모충 – 돼지

해설 광절열두조충 – 송어, 전어 등의 민물고기

17 기생충의 특성이 나머지와 다른 것은?

① 구충
② 원충
③ 요충
④ 회충

해설 선충류 : 회충, 요충, 구충(십이지장충), 편충, 동양모양 선충, 분선충, 선모충, 말레이사상충, 반크롭트사상충, 기타 사상충, 아니사키스, 유극악구충, 기타 선충류. 나머지는 모두 윤충류 중 선충류에 속한다.

18 다음 중 우리나라에서 가장 많이 감염되는 기생충은?

① 간흡충
② 십이지장충
③ 편충
④ 폐흡충

해설 간 디스토마(간 흡충, clonorchiasis, chinese liver fluke) : 낙동강, 영산강, 금강, 한강 등의 강 유역 민물고기를 생식하는 지역주민이 많이 걸린다. 현재 우리나라 1위 기생충 감염에 해당된다.

Answer 12 ① 13 ② 14 ② 15 ② 16 ① 17 ② 18 ①

병원체	Clonorchis Sinensis ㉠ 수명은 약 6~8년이고, 크기는 10~25mm이다. ㉡ 병원소 : 환자, 돼지, 개, 고양이
전파	㉠ 간에서 모충이 산란하면 난자가 담관과 소장을 통해 대변으로 배설된다(기생장소 : 담관). ㉡ 난자는 수중에서 부화되어 유충이 되어 제1 중간숙주인 왜우렁이 속에 들어가서 성장하여 수중에 나와 제2 중간숙주인 참붕어, 피라미, 모래무지 등의 근육에 들어가서 피낭유충이 되며, 사람이 물고기를 생으로 먹으면 소장을 뚫고 간에 집합 기생한다. ㉢ 배설된 충란이 사람에게 감염되는 데는 3개월 걸린다. ㉣ 특징 : 우리나라 5대강 유역에 분포하며 사람, 개, 고양이 등이 종말 숙주이다.
증세	㉠ 초기에는 소화 불량, 설사, 식욕 부진, 피로 등이 나타나고 이어서 간장 비대, 비장 비대, 복수, 소화 장애, 황달 등이 나타난다. ㉡ 심각한 경우에는 간경화증을 일으켜 사망에 이를 수 있다.
예방	㉠ 민물고기를 생식하지 말고, 민물고기 조리 후 조리기구를 깨끗이 씻고, 생수를 마시지 않고, 인분을 철저히 처리한다. 개 · 고양이 등 디스토마가 있는 동물을 잘 관리한다. ㉡ 치료에는 Praziquantel 제제를 사용한다.

19 다음 중 우리나라에서 제일 많이 발생하는 기생충의 중간숙주는?

① 가재, 게 ② 붕어, 잉어
③ 연어, 송어 ④ 은어, 황어

해설 ① 가재, 게 : 폐디스토마 ② 붕어, 잉어 : 간 디스토마
③ 연어, 송어 : 긴촌충 ④ 은어, 황어 : 요코가와 흡충

20 다음 중 간흡충 유충이 성장하는 이행순서로 알맞은 것은?

① Bulimus – miracidium – cercaria – sporocyst – redia – metacercaria
② Bulimus – miracidium – sporocyst – redia – cercaria – metacercaria
③ Bulimus – redia – miracidium – cercaria – sporocyst – metacercaria
④ Bulimus – sporocyst – miracidium – redia – cercaria – metacercaria

해설 간 디스토마와 폐 디스토마의 감염 경로 : 피낭 유충(metacercaria) 충란 → miracidium(유모 유충) → sporocyst(포자낭 유충) → redia(redi유충) → cercaria(유미 유충) → metacercaria(피낭 유충) 형태로 인체에 침입

21 어떤 사람이 회식자리에서 민물고기를 먹고 간비대와 간부종이 나타났다. 우리나라 낙동강, 영산강, 섬진강 유역에서 주로 발생하는 기생충 감염질환은?

① 간흡충 ② 무구조충
③ 유구조충 ④ 폐흡충

해설 간 디스토마(간 흡충, clonorchiasis, chinese liver fluke) : 낙동강, 영산강, 금강, 한강 등의 강 유역 민물고기를 생식하는 지역주민이 많이 걸린다. 현재 우리나라 1위 기생충 감염에 해당된다.

22 다음 중 제1중간숙주가 다슬기이고, 제2중간숙주가 게, 가재인 것은?

① 간흡충 ② 긴촌충
③ 요코가와흡충 ④ 폐흡충

해설 ① 간흡충 : 우렁이 – 담수어
② 긴촌충 : 물벼룩 – 연어, 송어, 농어
③ 요코가와흡충 : 다슬기 – 담수어

23 회충에 관한 설명으로 옳지 않은 것은?

① 성충은 암수 구별이 가능하지만 충란은 불가능
② 유충은 심장, 폐포, 기관지를 통과
③ 장내 군거생활
④ 폐포로 갈 때 증상 시작

해설 소장에 장착할 때부터 증상 시작
※ 회충(ascaris lumbricoides, roundworm)*

병원체	㉠ 크기는 20~30cm이며 주로 소장에 기생 ㉡ 암놈 1마리가 하루 10~20만개의 알을 낳는다. ㉢ 소장에 기생하여 감염 후 산란 시까지 약 60~75일 걸린다.
전파	㉠ 알은 대변으로 나와서 채소밭에 뿌리면 여름에는 2~3개월 만에 부화해서 유충이 된다. ㉡ 채소를 통해 침입하며, 위를 거쳐 소장에 들어가 장벽을 뚫고 폐에 모이기도 한다. ㉢ 장벽의 혈관 계통이나 림프관 계통을 거쳐 폐에 집합하여 어느 정도 성장한 다음 기관지 → 기관 → 후두 → 인후 식도를 거쳐서 소장에 내려와 기생한다. 이 때부터 증상이 나타나기 시작한다. ㉣ 감염 경로 : 경구(포장란) → 위(부화) → 심장 → 폐 → 기관지 → 식도 → 소장(성충) → 정착
증세	㉠ 위장 증상으로 구토, 오심, 설사, 복통, 소화 불량, 이미증 ㉡ 신경 증상으로 두통, 어지러움, 실신, 경련, 시력 장애, 청력 장애, 야맹증, 기억력 감퇴 ㉢ 의료적 증상으로 장천공, 복막염, 장폐기증, 충양돌기염 등
예방	㉠ 채소를 흐르는 물에 여러 번 흔들어 씻으면 회충란은 어느 정도 떨어지며, 10분 이상 가열하면 사멸된다. ㉡ 채소는 잎을 펴서 흐르는 물에 여러 번 씻은 후, 열탕에 1분 정도 처리하여야 한다. ㉢ 화장실은 수세식으로 하고, 인분을 비료로 사용하려면 2~3개월간 충분히 부식시켜야 한다. ㉣ 용변 후와 식사 전에 손을 깨끗이 씻고 손톱을 짧게 깎는다. ㉤ 변을 검사하여 환자를 발견하고 구충제를 복용시킨다.

24 다음 중 회충에 대한 설명으로 올바른 것은?

① 감염 후 25~35일이면 성충이 된다.
② 돼지고기 섭취가 원인이다.
③ 병원충은 Ascaris Lumbricoides이다.
④ 항문 주위 소양증으로 습진이 생긴다.

해설 ① 감염 후 60~75일이면 성충이 되어 산란이 가능해진다.
② 돼지고기 섭취가 원인이다. : 선모충 또는 유구조충
④ 항문 주위 소양증으로 습진이 생긴다. : 요충

Answer 19 ② 20 ② 21 ① 22 ④ 23 ④ 24 ③

25 **회충에 대한 설명으로 옳지 못한 내용은?**

① 유충은 심장, 폐포, 기관지를 통과한다.
② 장내 군서생활을 한다.
③ 충란은 산란 즉시 감염된다.
④ 충란은 암수 구별이 안된다.

해설 충란은 그대로 배출되며, 대부분 유충으로 감염된다.

26 **밭에 인분을 사용하는 지역에 많으며, 경피침입을 통해 감염되므로 예방법으로 밭에서 맨발로 작업하는 것을 금해야 하는 기생충은?**

① 회충 ② 편충
③ 요충 ④ 십이지장충

해설 구충증(십이지장충증, hookworm disease) : 십이지장충과 아메리카구충이 있는데 우리나라에서는 2가지 다 유행한다.

병원체	㉠ 십이지장충(ancylostoma duodenale)과 아메리카 구충(necator americanus)이 있으며, 1cm 정도로 십이지장에 붙어서 한 마리가 하루 0.1~0.8mL의 피를 빤다. ㉡ 하루 10,000~20,000개의 알을 낳는다.
전파	경구 감염과 경피 감염이 있다.★ ㉠ 감염 경로 : 충란 → 분변과 함께 배출 → 부화(유충) → 탈피(유충) → 사상 유충(감염형) → 인체 침입(경구 및 경피 감염) → 혈류, 임파류 → 폐, 기관지, 기관, 식도 → 소장 → 성충 ㉡ 기생 장소 : 소장, 갈고리 모양으로 예리한 이빨 2쌍이 장벽에 교착하고 있어서 이동성은 없다.
증세	㉠ 경피 감염은 염증, 습진이 생기고 가렵고 붓고 발적이 생기며 세균에 감염되어 화농이 생기기도 한다. ㉡ 경구 감염은 목이 가렵고 기침이 나고 숨이 가쁘고 호흡이 곤란하다. 침입 초기에 기침, 구역, 구토가 나며, 성충이 되면 빈혈, 소화 장애, 토식증, 다식증이 있다. ㉢ 어린이가 심하게 걸리면 신체와 지능 발육이 저하되고 저항력이 떨어져 질병에 걸리기 쉽다. ㉣ 특징 : 농촌에서 맨발 작업 시 경피 감염되며 채독증(분변독)을 발생시킨다. 유충에 의한 증상을 채독증이라 한다.
예방	㉠ 알은 회충알보다 약하여 저온에서도 죽으며, 6일간 방치하면 발육하지 않는다. ㉡ 직사 광선이나 소독제에도 약하다. ㉢ 알은 분변 속에서 겨울에는 13~14일 동안 산다. 다른 계절에는 75일 정도 살고, 긴 것은 130일 정도 산다. ㉣ 분뇨를 2~3개월간 방치하면 알은 모두 죽는다.

27 **다음 중 야채를 섭취한 후 잘 발생하여 갈고리모양으로 생긴 기생충은?**

① 회충 ② 요충
③ 촌충 ④ 편충

해설 회충 : 채소를 통해 침입하며, 위를 거쳐 소장에 들어가 장벽을 뚫고 폐에 모이기도 한다.

28 **다음 중 기생충에서 민촌충에 관한 문제로 옳지 못한 것은?**

① 민촌충은 불쾌감이나 상복부 둔통, 식욕부진 등 주로 소화기계 증상이 나타난다.
② 민촌충은 주로 돼지나 개에 의해서 감염이 된다.
③ 주로 민촌충의 중간숙주를 날로 먹었을 때 감염이 된다.
④ 주로 인분에 의해서 민촌충 충란이 오염된 풀을 중간숙주가 먹게 된다.

해설 ② 민촌충은 주로 소에 의해서 감염이 된다.
※ 민촌충(무구조충, beef tape worm)★

병원체	Taenia Saginata ㉠ 머리에 4개의 빨판이 있고, 끝에 홈이 있다. ㉡ 7~8m이지만 40m짜리도 있다. 길이 16~20mm인 마디 1,000~2,000개로 되어 있다. ㉢ 20년 정도 살며 1마리씩 기생하지만, 16마리가 기생한 예도 있다.
전파	㉠ 떨어진 마디가 인분으로 배출되어 터져서 알이 풀에 묻어서 중간숙주인 소가 먹으면 장관에서 부화하여 유충이 되어 장벽을 뚫고 들어가 3~6개월 후에 무구낭충이 된다. 이런 소의 고기를 생식하면 사람 소장 상부에서 탈낭하여 2개월 내에 성충이 된다. ㉡ 감염 경로 : 분변과 함께 충란 체외 배출 → 소(중간 숙주) → 육구유충 → 무구낭충(허리, 엉덩이, 혀, 심장 등 근육) → 사람(종말 숙주) 경구감염 → 성충(소장 상부) ㉢ 기생 장소 : 소장
증세	㉠ 소장에 기생하여 변을 눌 때뿐 아니라 걷거나 잘 때도 마디가 떨어져 나와 불쾌감을 준다. ㉡ 상복부 둔통, 식욕 부진, 소화 불량, 빈혈 등이 생긴다.
예방	㉠ 소고기를 완전히 익혀 먹고, 환자는 빨리 구충하고, 소가 먹는 풀에 분변을 버리지 않는다. ㉡ 포낭유충은 71℃에서 5분이면 죽는다. −10℃ 이하에서는 2~3일 만에 죽는다. 그러나 0℃에서는 4일까지 살아 있다.

29 **다음 중 톡소플라즈마(Toxoplasma)에 대한 설명이 아닌 것은?**

① 동물에서의 기계적 전파가 가능하고 해당 매개동물의 증상이 심하다.
② 야생설치류가 중간숙주가 된다.
③ 자연계에 살포되어 있는 Oocystes의 섭취로 인체감염이 된다.
④ 톡소플라즈마 감염시 약 15일간 분변을 통해 Oocystes가 배출되기 때문에 분변으로 검사 시 충낭이 배출되는 15일간 검사가 유효하다.

해설 ② 고양이의 분변에 의해 감염된다.
톡소플라즈마
㉠ 중간 숙주 : 포유동물(예 고양이, 돼지, 토끼 등), 조류
㉡ 사람에게 감염은 고양이의 분변(Oocyst)에 오염된 음식물에 의함.
㉢ 증세
ⓐ 선천성 톡소플라즈마 : 임신 초기에 선천적으로 감염된 태아는 사망, 유산, 조산, 기형이 유발하는 경우가 많음
ⓑ 후천성 톡소플라즈마 : 오한, 두통, 발열, 폐염, 초생아는 뇌수막염, 소아는 뇌염 등이 유발

Answer 25 ③ 26 ④ 27 ① 28 ② 29 ②

30 다음 중 집단감염이 잘되고 어린이에게 흔히 볼 수 있는 기생충은?

① 십이지장충 ② 요충
③ 유구조충 ④ 편충

해설 요충(Seal Worm Disease)***

병원체	Enterobius Vermicularis* ㉠ 4~8mm 크기이며 백색이다. ㉡ 소장 하부, 맹장 등에 기생한다.
전파	㉠ 알이 손이나 음식물을 통해 들어와 소장 상부에서 부화하여, 맹장의 점막에서 성충까지 발육하고, 직장 내에서 기생하다가 45일 전후면 항문 주위로 나와 산란하고, 다시 직장으로 돌아간다. ㉡ 알은 건조한 실내에도 오래 살기 때문에 같이 침식을 하는 사람은 모두 감염된다. 어린이가 많이 감염된다. ㉢ 감염 경로 : 항문 밖에 나와서 산란 → 감염성 충란 → 손을 거쳐 직접 경구 감염, 충란으로 오염된 음식물, 식기 등을 통한 간접 경구 감염
증세	㉠ 알을 낳기 위하여 항문으로 나오기 때문에 항문 주위나 회음부에 소양증이 생겨서 가렵다. ㉡ 손으로 긁어서 묻은 알이 입으로 들어가고, 심하게 긁으면 상처나 습진이 생기며 불면증, 신경쇠약, 신경증, 외음부의 충혈과 염증, 여자는 백대하증 등이 일어나며 어린이는 오줌을 싼다. ㉢ 기생 수가 많으면 장카타르나 충수염을 일으킨다. ㉣ 대도시 감염, 가족 감염, 자가감염, 충란 감별법(스카치테이프법 95%, 분변법 5%)
예방	㉠ 집단 구충을 하고, 내의와 손, 침실을 깨끗하게 한다. ㉡ 내의를 자주 갈아입고 항문이 가려워도 맨손으로 긁지 않는다. ㉢ 채소 감염은 회충과 같은 방법으로 예방한다.

31 다음 중 가족 중의 한사람에게 감염되면 전 가족에게 집단감염될 가능성이 있는 기생충 질환은?

① 구충 ② 요충
③ 편충 ④ 회충

해설 요충 : 몸길이는 암컷 10~13mm, 수컷 3~5mm이다. 쌍선충류에 속하며 사람의 맹장 부위에 기생하며 세계적으로 분포하며 한국의 감염률도 높은 편이고 가족 중 한 사람에게 감염되면 전 가족이 감염될 수 있다.

32 다음 중 기생충의 중간숙주로 옳은 것은?

① 간흡충 – 제1중간숙주(물벼룩), 제2중간숙주(민물고기)
② 광절열두조충 – 제1중간숙주(새우), 제2중간숙주(해수어)
③ 요코가와흡충 – 제1중간숙주(다슬기), 제2중간숙주(은어)
④ 폐흡충 – 제1중간숙주(왜우렁이), 제2중간숙주(가재, 게)

해설 ① 간흡충 – 제1중간숙주(우렁이), 제2중간숙주(민물고기)
② 광절열두조충 – 제1중간숙주(물벼룩), 제2중간숙주(민물고기)
④ 폐흡충 – 제1중간숙주(다슬기), 제2중간숙주(가재, 게)

33 민물고기를 중간숙주로 하는 기생충끼리 묶인 것은?

① 갈고리촌충, 무구조충
② 광절열두조충, 간흡충
③ 말레이사상충, 아니사키스충
④ 폐흡충, 동양모양선충

해설 민물고기를 중간 숙주로 하는 기생충 : 유극악구충, 간흡충, 요코가와흡충, 광열열두조충

34 민물고기의 섭취를 통하여 감염되는 기생충은?

① 무구조충
② 유구조충
③ 동양모양선충
④ 광절열두조충

해설 ① 무구조충 : 소고기, ② 유구조충 : 돼지고기, ③ 동양모양선충 : 채소

Answer / 30 ② 31 ② 32 ③ 33 ② 34 ④

12 보건행정

01 다음 중 보건행정의 특성으로 맞는 것은? 2018. 경기

① 최소 비용과 노력으로 최대 효과를 만든다.
② 소극적 규제
③ 이윤중심 모형
④ 지역주민의 주도적인 업무 관장

해설 보건행정은 적극적 억제, 최소비용과 노력으로 최대 효과를 얻는 효율성이 원칙이며, 국가 및 지방자치단체가 주도적으로 업무를 관장한다.

02 다음 중 보건정책 의제의 설정순서가 알맞게 순서대로 연결된 것은?

① 사회문제 – 공중의제 – 정부의제 – 사회이슈
② 사회문제 – 사회이슈 – 공중의제 – 정부의제
③ 사회이슈 – 공중의제 – 사회문제 – 정부의제
④ 사회이슈 – 사회문제 – 공중의제 – 정부의제

해설 정책의제설정과정
㉠ 개념 : 문제의 정부 귀속화, 문제를 정부가 채택하는 과정
㉡ 과정

정책의제 설정과정	문제의 정부 귀속화, 문제를 정부가 채택하는 과정 개별적인 사건 → 이슈화 → 사회문제 → 사회적 이슈화 → 공중의제 → 정부의제
정책결정 과정	
정책집행 과정	결정된 정책이 실시되어 정책결과로 전환되는 과정
정책평가 과정	모든 정책과정이 정책의도나 목적을 잘 실현시키고 있는가를 판단하는 과정
정책종결 과정	정부의 정책활동을 의도적으로 종식시키거나 중지하는 것

03 다음 중 우리나라에서 시행되고 있는 보건행정의 특징으로 가장 올바르지 못한 것은?

① 공공성과 사회성
② 봉사성
③ 집중성과 정확성
④ 조장성과 교육성

해설 보건행정의 성격(특성)

공공성 및 사회성	국민의 건강유지와 증진을 위한 조직적인 행정이므로 당연히 공익을 위한 성격을 지님
봉사성	넓은 의미에서 국민에게 적극적으로 서비스하는 기능을 가지고 있음
조장성 및 교육성	지역사회 주민의 자발적인 참여 없이는 그 성과를 기대하기 어려우며, 교육을 중요한 수단으로 사용하고 있음
과학성 및 기술성	발전된 근대과학과 기술의 확고한 기초 위에 수립된 행정
건강에 관한 개인적 가치와 사회적 가치의 상충	생명의 유일함에 대한 무한대의 서비스 욕구를 추구하는 개인의 가치와 한정된 서비스를 분배하려는 사회적 형평성이 상충하는 경우가 발생
행정 대상의 양면성	소비자 보건을 위한 규제와 보건의료산업 보호를 위한 자율을 함께 고려하여야 하는 양면성이 존재

04 **국민의 70%가 코로나19 예방접종으로 집단면역이 형성된다면 나머지 30%는 접종하지 않아도 코로나19 감염으로부터 안전할 수 있다는 보건의료서비스의 특성으로 옳은 것은?**

2022. 서울시 지방직

① 정보의 비대칭성 ② 수요의 불확실성
③ 치료의 불확실성 ④ 외부효과성

해설 보건의료서비스의 사회경제적 특성

질병의 예측 불가능성	• 건강보험을 통해 미래의 불확실한 큰 손실을 현재의 확실한 작은 손실로 대처하여 질병발생의 예측 불가능성에 대비
외부효과	• 확산효과, 이웃효과라고도 함. • 예방접종을 실시하여 감염위험은 감소
생활필수품으로서의 보건의료	• 보건의료는 의식주 다음의 제4의 생활필수품
공공재적 성격	• 공공재란 모든 소비자에게 골고루 편익이 돌아가야 하는 재화나 서비스 • 비배제성, 타인의 소비로 자기의 소비가 지장을 받지 않는 비경합성
정보의 비대칭성	• 질병관리에 관한 대중의 지식수준이 거의 무지상태 • 공급자 위주의 시장, 전문가 지배, 공급유인 수요현상을 초래
비영리적 동기	• 보건의료분야는 영리추구에 우선순위를 두고 있지 않음.
경쟁제한 (공급자의 독점성)	• 보건의료서비스는 제도적으로 경쟁이 제한되어 독과점이 형성 • 생산권이 한정된 면허권자에게만 제한되어 보건의료 공급은 가격 인상에 매우 비탄력적(가격 탄력성이 zero)이다. • 이를 위해 국가의 규제와 간섭이 필요하게 된다.
소비적 요소와 투자적 요소의 혼재	노동자의 질병은 비노동 연령자에게 행하는 보건의료서비스와 비교할 때 투자적 성향이 존재
노동집약적인 인적 서비스	• 인간에 대한 인적서비스인 보건의료서비스는 노동집약적인 성격
치료의 불확실성	• 질병의 진행성과 증상 및 반응의 다양성 때문에 명확한 결과를 측정하기가 곤란.
공동생산물로서의 보건의료와 교육	보건의료서비스와 교육 · 연구가 분리되지 않고 밀접하게 관련되어 함께 생산됨으로써 의료의 질 향상

Answer 01 ① 02 ② 03 ③ 04 ④

05 Myers(1969)는 지역사회 또는 사회적 수준에서 요구되는 바람직한 보건의료의 조건으로 4가지를 제시하였는데, 이 중 치료과정에서 최소의 자원을 투입하여 건강을 빨리 회복시키는 것을 의미하는 것은?

2021. 서울시

① 형평성
② 접근성
③ 효과성
④ 효율성

해설 효율성 : 최소의 자원으로 최대의 건강효과를 얻어내고자 하는 의미
※ Myers가 제시한 적정 보건의료서비스의 요건

구성 요소	주요 내용
접근 용이성	개인적 접근성, 포괄적 서비스, 양적인 적합성, 형평성
질적 적정성	전문적인 자격, 개인적 수용성, 질적인 적합성
계속성(지속성)	개인 중심의 진료, 중점적인 의료 제공, 서비스의 조정
효율성	평등한 재정, 적정한 보상, 효율적인 관리

06 버스정류장을 금연 구역으로 지정하는 것과 관련된 보건의료의 사회경제학적 특성은?

2019. 서울시

① 불확실성
② 외부 효과
③ 공급의 독점성
④ 정보의 비대칭성

해설 외부 효과 : 전염의 전파를 차단하는 경우 얻는 효과는 질병에 걸려 치료를 하는 경우 얻는 효과보다 몇 배를 사회가 획득하게 되는 것을 말한다.

07 보건의료체계의 개념과 구성요소에 대한 설명으로 가장 옳지 않은 것은? 2019. 서울시

① 보건의료체계는 국민에게 예방, 치료, 재활 서비스 등 의료서비스를 제공하기 위한 종합적인 체계이다.
② 자원을 의료 활동으로 전환시키고 기능화시키는 자원 조직화는 정부기관이 전담하고 있다.
③ 보건의료체계의 운영에 필요한 경제적 지원은 정부 재정, 사회 보험, 영리 및 비영리 민간 보험, 자선, 외국의 원조 및 개인 부담 등을 통해 조달된다.
④ 의료 자원에는 인력, 시설, 장비 및 물자, 의료 지식 등이 있다.

해설 자원을 의료 활동으로 전환시키고 기능화시키는 것은 "보건의료서비스 전달"에 해당된다.

※ 보건의료체계의 구성요인

보건의료자원의 개발	인적 자원 개발, 물적 자원 개발, 지적 자원 개발, 장비 및 물자의 개발
자원의 조직화	㉠ 국가 보건의료당국 ㉡ 건강보험 프로그램 ㉢ 비정부기관(NGO) ㉣ 독립적 민간부문
경제적 재원	㉠ 공공 재원 : 중앙 정부, 지방 자치단체, 의료보험 기구 ㉡ 민간 기업 : 기업주의 일부 부담 및 근로자에 대한 서비스 제공 ㉢ 조직화된 민간 기관 : 자선 단체, 민간 보험 ㉣ 지역사회에 의한 지원 : 기부나 자원봉사 활동 ㉤ 외국의 원조 : 정부나 자선단체 차원의 원조(종교 단체) ㉥ 개인 지출 : 의료 이용 시 국민에 의한 직접 부담 ㉦ 기타 재원 : 복권 판매 수익금, 기부금
보건행정	㉠ 의사 결정 ㉡ 기획 및 실행 ㉢ 감시 및 평가 ㉣ 정부 지원 ㉤ 법규 ㉥ 지도력
보건의료서비스의 전달	㉠ 1차 예방 : 건강 증진, 예방 ㉡ 2차 예방 : 치료 ㉢ 3차 예방 : 재활

08 보건의료서비스의 특성 중 다음에 해당하는 것은?

2018. 서울시

> 올해 전원 독감예방접종을 맞은 우리 반은 작년에 비해 독감에 걸린 학생이 현저히 줄었다.

① 치료의 불확실성
② 외부효과성
③ 수요의 불확실성
④ 정보와 지식의 비대칭성

해설 외부효과성 : 전염의 전파를 차단하는 경우 얻는 효과는 질병에 걸려 치료를 하는 경우 얻는 효과보다 몇 배를 사회가 획득하게 되는 것을 말한다.

09 현대 보건의료가 갖는 경제적 특성이라고 볼 수 없는 것은?

2016. 경기 의료기술직

① 보건의료서비스의 제공에는 소비자의 무지가 존재한다.
② 어느 때, 어떤 질병이 발생할지 모르고 질병 발생시 비용도 막대하다.
③ 양질의 의료서비스에 대한 국민의 욕구는 치료의 확실성에서 비롯된다.
④ 보건의료서비스에는 소비적 요소와 투자적 요소가 혼재되어 있다.

해설 보건의료 서비스는 질병의 진행성과 증상 및 반응의 다양성 때문에 명확한 결과를 측정하기가 곤란하다.

10 다음 중 보건의료의 경제적인 측면에서 가격탄력성이 0인 것은 무엇 때문인가?

① 공급자의 독점성
② 서비스 투자한 만큼 산출되므로
③ 소비자의 무지
④ 외부효과성

해설 보건의료는 생산권이 한정된 면허권자에게만 제한되어 보건의료 공급은 가격 인상에 매우 비탄력적(가격탄력성이 zero)이다.

Answer 05 ④ 06 ② 07 ② 08 ② 09 ③ 10 ①

11 다음 중 바람직한 의료의 조건으로 보기 어려운 것은?

① 각 개인에 대한 전인적인 치료
② 의과학에 근거한 합리적인 의료행위
③ 의료행위자와 주민간의 긴밀한 지적 협조
④ 치료를 강조
⑤ 환자와 의사간에 긴밀하고 지속적인 인간관계의 유지

해설 바람직한 의료의 조건

Lee & Jones의 양질의 보건의료★★★	미국 의학한림원이 제시한 바람직한 보건의료가 갖추어야 할 특성★
㉠ 의과학에 근거한 합리적인 의료 ㉡ 예방의료 ㉢ 의사와 환자 간의 긴밀한 협조 ㉣ 전인적 진료 ㉤ 의사와 환자 간의 지속적이고 긴밀한 인간관계의 유지 ㉥ 사회복지사업과의 긴밀한 연계 ㉦ 다양한 보건의료서비스의 협조 ㉧ 필요 충족에 요구되는 모든 보건의료서비스의 제공	㉠ 효과성 ㉡ 안전성 ㉢ 환자 중심성 ㉣ 적시성 ㉤ 효율성 ㉥ 형평성

12 보건의료가 갖추어야 할 조건 중 다음의 내용에 해당하는 것은?

> 가. '농어촌 등 보건의료를 위한 특별조치법'을 만들고 공중보건의 제도를 도입한다.
> 나. 보건진료원 제도를 통해 간호사를 훈련시켜 의사의 지도 · 감독하에 의료서비스를 제공한다.

① 접근 용이성 ② 효율성
③ 질적 적정성 ④ 지속성

해설 Myers가 제시한 적정 보건의료서비스의 요건

㉠ **보건의료에의 접근의 용이성(Accessibility)** : 보건의료 수요자가 보건의료 공급자와 보건의료 공급기관에 쉽게 접근할 수 있어야 양질의 보건의료라고 할 수 있다. 즉, 국민이 적절한 시기에, 편리한 장소에서 보건의료에의 접근이 가능해야 한다.

㉡ **좋은 보건의료의 질(Quality)**
ⓐ 의료공급자들의 전문적인 기술 · 지식 수준이 높아야 한다.
ⓑ 보건의료 수요자들의 보건의료를 받아들일 수 있을 수준의 의료서비스가 이루어져야 한다. 즉, 보건의료의 최저 수준이 보장되어야 한다.
ⓒ 질적 보건의료의 구성 요건
- 의학적 적정성 : 지식과 기술에 대한 의료제공자의 전문적 능력을 의미한다.
- 사회적 적정성 : 국가나 사회의 최소 수준을 보장하는 것으로 일정 수준의 질을 보장하기 위해서 사회적 통제 기전이 마련되어야 한다.

㉢ **의료서비스의 계속성(Continuity)** : 환자의 계속적인 진료를 위하여 각종 의료서비스 간의 상호 조정과 계획이 있어야 하고, 서로 관련된 의료서비스 및 보건의료 영역 간의 연계성을 높이기 위한 조정이 필요하다. 즉, 보건의료의 계속성이 유지되어야 한다.
ⓐ 전인적 보건의료 : 환자 개별적 요구에서 한걸음 더 나가서 전인적 · 종합적 관점에서 보건의료가 있어야 한다.
ⓑ 보건의료서비스 부문 간의 상호 연계 조정이 이루어져야 한다.

㉣ 보건의료의 효율성(Efficiency) : 양질의 보건의료가 되기 위해서는 다음과 같은 효율성이 충족되어야 한다.
ⓐ 질병 예방과 치료가 적절한 시기에 이루어져야 한다.
ⓑ 보건의료 공급자에게 충분하고 적절한 수준의 보상이 이루어져야 한다.
ⓒ 효율적 관리(Efficiency Administration), 즉 인력 관리, 자재 관리, 서비스의 지역 간 적절한 조정 관리 등이 효율적으로 이루어져야 한다.

13 버스정류장을 금연구역으로 지정하는 것과 관련된 보건의료의 사회경제학적 특성은?

① 불확실성
② 외부효과
③ 공급의 독점성
④ 정보의 비대칭성

해설 금연구역을 정함으로써 간접흡연에 의한 폐암발생의 예방효과를 얻게 되므로 이는 외부효과에 해당된다.
※ 외부효과
㉠ 확산효과, 이웃효과라고도 한다.
㉡ 전염의 전파를 차단하는 경우 얻는 효과는 질병에 걸려 치료를 하는 경우 얻는 효과보다 몇 배를 사회가 획득하게 된다.
㉢ 예방 접종을 실시하여 질병의 면역성을 획득함으로써 추가적인 비용 부담 없이 타인의 감염 위험은 감소하게 된다.

14 보건의료의 사회 경제적 특성에 대한 설명으로 옳지 않은 것은?

① 보건의료는 타 재화에 비해 외부효과가 크다.
② 보건의료에 대한 수요발생은 예측이 불가능하다.
③ 의료인력 및 시설의 증가로 의료공급은 탄력적이다.
④ 보건의료 서비스는 소비자의 무지로 공급이 수요를 창출한다.

해설 보건의료서비스는 생산권이 한정된 면허권자에게만 제한되어 독과점이 형성되며 이로 인하여 보건의료 공급은 가격 인상에 매우 비탄력적이다.

15 다음 중 보건의료의 사회 · 경제적 특성 중 의료보험이 필요한 특징에 해당하는 것은?

① 보건의료산업의 노동집약적 성격
② 보건의료의 수요 불확실성
③ 보건의료의 외부적 효과
④ 보건의료에 대한 소비자 지식결여

해설 질병의 예측 불가능성 때문에 건강보험을 통해 미래의 불확실한 큰 손실을 현재의 확실한 작은 손실로 대처하여 질병발생의 예측 불가능성에 대비해야 한다.

16 다음 중 규제와 간섭과 관련이 깊은 보건의료서비스의 사회 · 경제적 특성은?

① 공급과 수요 일치성
② 공급자의 독점성
③ 저장 불가능성
④ 측정 곤란성

해설 보건의료는 생산권이 한정된 면허권자에게만 제한되어 보건의료 공급은 가격 인상에 매우 비탄력적(가격탄력성이 zero)이다. 이를 위해 국가의 규제와 간섭이 필요하게 된다.

Answer 11 ④ 12 ① 13 ② 14 ③ 15 ② 16 ②

17 다음 중 보건의료제도의 하부체계에서 주요 구성요소가 아닌 것은?

① 의료수요 ② 의료서비스
③ 의료자원 ④ 조직

해설 의료수요는 상부체계에 해당한다.

18 보건의료체계의 운영을 위한 것으로 기획, 행정, 규제, 법률제정으로 분류할 수 있는 것은?

① 관리 ② 경제적 지원
③ 의료서비스 제공 ④ 자원의 조직화

해설 보건행정(관리) : 의사 결정, 기획 및 실행, 감시 및 평가, 정부 지원, 법규, 지도력

19 다음 중 보건의료를 지역화하고 단계화하여야 한다는 주장은 국가보건의료체계의 기능 중 어떠한 기능을 개선하기 위한 것인가?

① 보건의료서비스의 제공 ② 보건의료재원의 배분
③ 보건의료재원의 사용 ④ 보건의료재원 조달

해설 보건의료전달체계(지역화, 단계화)의 목적
㉠ 의료 이용의 편의 제공과 의료자원의 효율성 도모
㉡ 지역 간, 의료기관 간의 균형적인 발전
㉢ 국민의료비 억제 및 의료보장의 재정 안정 도모

20 다음 중 의료전달체계의 특징이 아닌 것은?

① 보건의료서비스 제공의 차이를 두어 이를 구분한 제도
② 의료기관의 전국 분포가 일정하다는 개념의 전제하에 이용하는 제도
③ 의료이용의 효율을 극대화하기 위한 제도
④ 최신 의료기술의 발전과 보급을 위한 제도

해설 WHO의 정의 : 합리적 의료전달체계란 의료의 지역화가 합리적으로 이루어진 상태이며, 합리적인 의료지역화의 요건은 다음과 같다.
㉠ 진료권의 설정
㉡ 필요한 의료자원의 공급
㉢ 의료기관 간 기능의 분담과 억제
㉣ 환자 후송 의뢰체계의 수립을 제시

21 다음 중 Roemer의 국가보건체계의 유형이 아닌 것은?

① 개발도상국형 ② 사회보장형
③ 자유기업형 ④ 저개발국가형

해설 Roemer의 보건의료체계(1976)★★★

자유기업형	㉠ 의료비의 개인 책임 ㉡ 공공 의료 취약, 대부분 민간 의료 ㉢ 비교적 역사가 짧은 자본주의 국가로, 고도로 산업화되어 있는 나라에서 주로 볼 수 있다. 예 미국
복지국가형	㉠ 사회 보험이나 조세에 의한 재원 조달 ㉡ 국가가 의료 자원이나 의료비에 대한 관리와 통제 전제 ㉢ 프랑스, 독일, 스웨덴, 일본, 이스라엘이 속한다.
저개발국형	㉠ 일부 지배계급에 현대 의료를 제공한다. ㉡ 전통 의료나 민간 의료에 의존하는 경향이 있다. ㉢ 경제적 낙후로 인해 인구의 대부분이 보건의료비 지출 능력이 없는 아시아 및 아프리카 저개발국가가 여기에 속한다.
개발도상국형	㉠ 소득수준 향상으로 의료에 대한 관심이 증가한다. ㉡ 보건의료에 대한 우선순위는 경제개발 논리에 밀려 낮지만 경제개발이 진행되면서 보건의료자원에 대한 개발이 활발하고 투자도 증가된다. ㉢ 아시아와 남미의 개발도상국가들이 이에 해당된다.
사회주의형	㉠ 국가의 전적인 책임으로 의료를 제공한다. ㉡ 모든 의료인은 국가에 고용되어 있으며, 보건의료시설은 국유화되어 있다. ㉢ 구소련 등 동구권, 쿠바, 북한 등이 속한다.

22 일정액까지는 피보험자가 비용 지불하고 그 이상의 비용만 보험 급여로 인정하는 것은?

2020. 인천

① 정액수혜제 ② 정액부담제
③ 급여 상한제 ④ 비용 공제제

해설 비용 공제제 : 의료비가 일정 수준에 이르기까지는 전혀 보험급여를 해 주지 않는 방법
※ 본인일부부담제

본인부담 정률제		제3자 지불단체가 의료비의 일정 비율을 지불해 주고 본인이 나머지를 부담하는 제도
소액 정액제	정액부담제	의료이용 내용과 관계없이 이용하는 의료서비스 건당 일정액만 소비자가 부담하고 나머지는 보험자가 부담하는 제도
	정액수혜제	이용하는 의료서비스 건당 일정액만을 보험자가 부담하고 나머지는 환자가 지불하는 제도
비용 공제제		의료비가 일정 수준에 이르기까지는 전혀 보험급여를 해 주지 않는 방법으로, 일정액까지는 피보험자가 비용을 지불하고 그 이상의 비용만 보험 급여로 인정하는 것
급여 상한제		일정수준을 초과하는 보검진료비에 대해서는 보험급여를 해 주지 않는 제도
혼합제		공제제와 정액제를 병용하여 본인부담액을 결정하는 제도

Answer 17 ① 18 ① 19 ② 20 ④ 21 ② 22 ④

23 **다음에서 설명하는 본인 일부부담제의 유형으로 옳은 것은?** 2018.4. 경기

가. 연간 일정 한도까지는 본인이 부담하게 하고 그 이상에 해당하는 의료비만 의료보험 급여 대상으로 하는 제도이다.
나. 소액인 경우 불필요한 의료이용을 줄일 수 있고, 의료수요를 억제하는 기능이다.

① 급여 상한제 ② 정액 수혜제
③ 포괄수가제 ④ 일정액 공제제

해설 일정액 공제제 : 의료비가 일정 수준에 이르기까지는 전혀 보험급여를 해 주지 않는 방법으로, 일정액까지는 피보험자가 비용을 지불하고 그 이상의 비용만 보험 급여로 인정하는 것

24 **다음 중 의료비용의 한도액을 정한 후 일정액 이하의 급여는 제공하지 않고 일정액 이상을 의료비 급여대상으로 인정해 의료남용 등 이용자의 도덕적 해이를 해결하는 제도는?**

① 비용 공제제 ② 급여부담제
③ 급여상한제 ④ 정률제

해설 일정액(비용) 공제제 : 의료비가 일정 수준에 이르기까지는 전혀 보험급여를 해 주지 않는 방법으로, 일정액까지는 피보험자가 비용을 지불하고 그 이상의 비용만 보험 급여로 인정하는 것

25 **의료비 절감이 어려운 진료비 지불보상제도로 올바른 것은?** 2022. 경북 의료기술직

① 포괄수가제 ② 총액계약제
③ 인두제 ④ 행위별 수가제

해설 행위별수가제
㉠ 의사의 진료행위마다 일정한 값을 정하여 진료비를 결정하는 것으로 가장 흔한 지불방법이다.
㉡ 장점 : 의사의 재량권이 커지고, 양질의 서비스를 충분히 제공할 수 있다.
㉢ 단점
ⓐ 과잉 진료, 의료 남용의 우려
ⓑ 의료비 상승 우려
ⓒ 행정적으로 복잡
ⓓ 의료인, 보험자 간의 마찰 요인
ⓔ 보건의료 수준과 자원이 지역적 · 사회계층적으로 불균등 분포
㉣ 한국, 일본, 미국의 개업 의사

26 **진료비 지불제도에 대한 설명으로 가장 옳은 것은?** 2018. 서울시

① 행위별 수가제는 행정적 비용이 상대적으로 적게 든다.
② 총액 예산제는 사후 보상제도의 대표적인 예이다.
③ 진료단위가 포괄화될수록 보험자의 재정적 위험이 줄어드는 경향이 있다.
④ 인두제에서는 위험 환자를 회피하려는 유인이 적다.

해설 ① 행위별 수가제는 행정적 비용이 가장 많이 든다.
② 행위별 수가제는 사후 보상제도의 대표적인 예이다.
④ 인두제는 위험환자를 회피하려는 유인이 많다.

27 우리나라에서 의료보수 지불방식을 포괄수가제로 전환하기 위해 1997년 시범사업을 시작한 이후 꾸준히 확대하고 있는데, 이러한 제도 확대의 가장 큰 이유는? 2017. 경기 의료기술직

① 의료비 절감
② 의료의 질 보장
③ 예방서비스의 체계적 제공
④ 의료서비스의 접근도 향상

해설 포괄수가제의 도입 목적은 의료비 절감과 재원일수 감소라고 할 수 있다.

28 다음 중 진료 보수 지불제도에 대한 설명으로 가장 옳지 않은 것은?

① 포괄수가제 – 질병별로 단일 수가를 적용하는 방식으로 과잉진료행위를 없앨 수 있는 장점이 있으나 의료인의 자율성이 감소된다.
② 인두제 – 의료인이 맡고 있는 일정지역의 주민 수에 일정금액을 곱하여 이에 상응하는 보수를 의료인 측에 지급하는 방식이다.
③ 행위별 수가제 – 진료행위가 타당했다면 비용을 보상받는 관계로 의료발전을 들 수 있으며 일본에서 실시되고 있다.
④ 총액계약제 – 보험자측과 의사단체 간의 계약을 사전에 체결하는 방식으로 총진료비의 억제가 가능하며 대표적 국가는 영국이다.

해설 총액계약제의 대표적인 국가는 독일이며, 영국은 인두제를 실시하고 있다.

※ 진료비 지불보상제도

분류	방식	장점	단점
행위별 수가제	• 제공된 의료서비스의 단위당 가격에 서비스의 양을 곱한 만큼 보상하는 방식 • 의사의 시술내용에 따라 값을 정하며 의료를 공급하는 것 • 진료행위 자체가 기준	• 의료서비스의 양과 질의 확대 • 의료인의 재량권 확대(의료인의 자율보장) • 첨단 의·과학기술의 발달 유도 • 전문적인 의료수가 결정에 적합 • 가장 현실적이고 합리적임 • 원만한 의사, 환자관계 유지	• 의사의 수입과 행위가 직결되므로 과잉진료·의료남용 우려 • 의료비 지급에서는 과잉진료를 막기 위해 심사, 감사 또는 기타 방법을 동원하게 되어 행정적으로 복합적인 문제 발생 • 의료인과 보험자 간 갈등요인 소지 • 예방보다는 치료에 치중 • 기술지상주의 팽배 가능성 • 상급병원 후송 기피
봉급제	• 제공된 서비스의 양이나 사람 수에 관계없이 일정 기간에 따라 보상하는 방식	• 의사의 수입이 안정되고, 불필요한 경쟁 억제 가능 • 행정관리 용이 • 조직의료에 적합	• 진료 형식화, 관료화 우려 • 과소 서비스 공급 • 낮은 생산성 • 의료인의 자율성 저하

Answer 23 ④ 24 ① 25 ④ 26 ③ 27 ① 28 ④

인두제	• 등록된 환자 또는 주민 수에 따라 일정액을 보상받는 방식	• 진료의 계속성이 증대되어 비용이 상대적으로 저렴 • 예방에 보다 많은 관심 • 행정적 업무절차 간편 • 의료남용을 줄일 수 있음 • 의료인 수입의 평준화 유도	• 환자의 선택권이 제한 • 서비스양을 최소화하는 경향 • 환자 후송 · 의뢰 증가 경향 • 고위험 · 고비용 환자 기피 • 고도의 전문의에게 적용 곤란 • 과소치료 경향
포괄수가제	• 환자의 종류당 총 보수단가를 설정하여 보상하는 방식	• 경제적인 진료 수행을 유도 • 병원업무의 표준화 (진료의 표준화) • 예산통제 가능성 큼 • 부분적으로 적용 가능	• 서비스가 최소화되는 경향 • 서비스가 규격화되는 경향 • 의료행위에 대한 자율성 감소 • 합병증 발생 시 적용 곤란 • 과소진료의 우려 • 신규 의학기술에는 적용 어려움
총괄계약제	• 지불자 측과 진료자 측이 진료보수 총액의 계약을 사전에 체결하는 방식 • 주로 독일에서 시행	• 총진료비의 억제가 가능하며, 과잉진료에 대한 자율적 억제 가능	• 매년 진료비 계약을 둘러싼 교섭의 어려움으로 의료제공의 혼란을 초래할 우려가 있으며, 새로운 기술의 도입 지연
상대 가치수가제	• 우리나라에서 시행 • 진료행위별 금액으로 표시되어 있는 현재의 수가체계를 진료행위별 점수화하여 요양급여에 소요되는 시간 · 노력 등 업무량 측정 • 요양급여의 위험도를 고려하여 산출한 가치를 각 항목 간에 상대적 점수로 나타냄	미국의 Harvard 대학에서 고안된 투입자원에 근거한 행위별수가 산정 모형인 자원기준 상대가치체계를 우리나라 사정에 맞도록 재고안한 것으로 의료행위를 분류할 때 의료서비스의 난이도를 고려하여 상대가치에 그 환산지수를 곱하여 수가를 산정하는 방식 ㉠ 업무량 시간 : 의료행위를 수행하는 데 실제로 소요되는 시간 ㉡ 업무량 강도 : 육체적 노력 및 의료적 기술, 정신적 노력, 스트레스의 세 가지 요소	

29 제공하는 의료서비스별로 점수를 매겨 의료서비스 공급자의 이익이 큰 의료비 지불제도는?

① 인두제
② 행위별수가제
③ 총액계약제
④ 포괄수가제

해설 행위별 수가제 : 제공된 의료서비스의 단위당가격에 서비스의 양을 곱한 만큼 보상하는 방식

30 의료인이 맡고 있는 일정 지역의 주민 수에 일정 금액을 곱하여 이에 상응하는 보수를 의료인에게 지급하는 방식은?

① 인두제
② 총액계약제
③ 포괄수가제
④ 행위별수가제

해설 인두제 : 등록된 환자 또는 주민 수에 따라 일정액을 보상받는 방식

31 다음 중 현재 우리나라 건강보험에서 전면적으로 실시하고 있는 보수지불제도는?

① 인두제
② 총괄계약제
③ 포괄수가제
④ 행위별수가제

해설 우리나라 건강보험의 특성

㉠ 모든 국민을 보험법에 근거하여 강제로 가입시킴으로써 가입과 탈퇴의 자유선택권이 없다.
㉡ 보험료는 경제적인 능력에 비례하여 부과하는 반면에, 보험급여는 모든 국민에게 동일하게 주어지도록 형평성을 유지하고 있다.
㉢ 보험료 부과방식은 근로소득자와 자영업자로 이원화되어 있다.
㉣ 모든 의료기관을 건강보험 요양기관으로 강제 지정하여 국민들의 의료에의 접근을 쉽게 하고 있다.
㉤ 진료 보수의 경우 행위별 수가제도를 적용하며, 제3자 지불 방식으로 운용하고 있다.
㉥ 단기 보험(1회계년도 기준의 보험료 계산)이다.★
㉦ 예방보다 치료 중심의 급여제도이다.
㉧ 단일 보험자체계(통합주의)이다. ↔ 조합주의
㉨ 보건의료제도의 특징
　ⓐ 의료공급 방식 : 민간 주도형
　ⓑ 의료비 부담 방식 : 혼합형(가계, 사용자, 정부 등 제3자 지불 방식)
　ⓒ 관리통제 방식 : 자유방임형
　ⓓ 사회보장 형태 : NHI(사회보험 방식)
㉩ 전통 의료와 현대 의료와의 상호 관계 : 병존형

32 다음 중 과잉진료를 최소화할 수 없는 진료비 지불방법은?

① 인두제
② 총괄계약제
③ 포괄수가제
④ 행위별수가제

해설 행위별 수가제 : 의사의 시술내용에 따라 값을 정하며 의료를 공급하는 것

33 다음 중 의료서비스가 증가될 수 있는 조건은 무엇인가?

① 봉급제
② 인두제
③ 총괄계약제
④ 행위별수가제

해설 행위별 수가제 : 의사의 시술내용에 따라 값을 정하며 의료를 공급하는 것으로 의사의 수입과 행위가 직결되므로 과잉진료 · 의료남용 우려가 있다.

34 다음 중 DRG란 무엇인가?

① 미국의 의료보험 명칭
② 의약품의 명칭
③ 진단명 기준 환자군
④ HMO

해설 DRG

㉠ 입원 환자를 DRG라는 여러 개의 질병진단군으로 분류하여, 실제의 입원 일수 및 제공된 보건의료서비스의 양에 관계없이, 사전에 정한 금액을 병원에 지불하는 제도이다.
㉡ 질병 진료에 소요되는 실제 비용과는 상관없이 사전에 규정된 비용만 지불하기 때문에 효율적인 진료서비스를 제공하는 병원은 이윤을 남길 수 있지만 그렇지 못한 병원은 손실을 보게 된다.

Answer 29 ② 30 ① 31 ④ 32 ④ 33 ④ 34 ③

35 **우리나라에서 의료보수지불방식을 포괄수가제로 전환하기 위해 1997년 시범사업을 시작한 이후 꾸준히 확대하고 있는데, 다음 중 가장 큰 이유는?**

① 의료비 절감
② 의료의 질 보장
③ 예방서비스의 체계적 제공
④ 의료서비스의 접근도 향상

해설 **포괄수가제** : 환자의 종류당 총 보수단가를 설정하여 보상하는 방식. 이 방식을 채택하는 이유는 의료비를 절감하기 위한 것이다.

※ 포괄 수가제의 연혁
㉠ 1977년 포괄 수가제 시범사업 실시
㉡ 2002년 1월 1일 포괄 수가제 본 사업 실시
㉢ 2003년 9월 1일 포괄 수가제 대상에서 정상분만 제외
㉣ 2009년 4월 1일 신포괄 수가제 시범사업 실시
㉤ 2013년 7월 1일부터 모든 의료기관으로 포괄 수가제 확대 시행

36 **지역사회에서 의원을 운영하는 의사 A는 자신에게 등록된 환자의 수에 따라 일정액을 보상받고 있다. 다음 중 A에게 적용되는 진료비 지불제도와 관련된 내용으로 올바른 것은?**

① 진단명 별로 수가가 결정되는 방식이다.
② 의사는 예방보다 치료에 집중하는 경향이 있다.
③ 환자에게 과잉진료가 제공될 가능성이 있다.
④ 1차 의료기관에 적합한 방식이다.

해설 문제에서 설명하고 있는 보수지불방식은 인두제이며 인두제는 1차 의료기관에 적합한 방식이라 할 수 있다. 반면 ①은 포괄수가제, ②, ③은 행위별수가제를 의미한다.

37 **다음 중 행위별 수가제(fee-for-service)에 대한 설명 중 틀린 것은?**

① 경제적 차별화가 심하다.
② 사후지불제도로 결과내역을 치료 후에 알 수 있다.
③ 전문적인 수가나 의료에 적합한 지불제도로 의사의 생산성이 높고 의학발전에 기여한다.
④ 행정적으로 간편하여 지불내역의 계산이 간단하다.

해설 행위별 수가제는 의료비 지급에서는 과잉진료를 막기 위해 심사, 감사 또는 기타 방법을 동원하게 되어 행정적으로 복합적인 문제가 발생한다.

38 **보건소의 기능 중 보건의료서비스에 해당하는 것으로 올바르게 조합된 것은?** 2022. 경북 의료기술직

가. 모성과 영유아의 건강유지 · 증진
나. 지역주민에 대한 진료, 건강검진 및 만성질환 등의 질병관리에 관한 사항
다. 국민건강증진 · 구강건강 · 영양관리사업 및 보건교육
라. 난임의 예방 및 관리

① 가, 나　　② 나, 다
③ 가, 다, 라　　④ 가, 나, 다, 라

해설 보건소는 해당 지방자치단체의 관할 구역에서 다음의 기능 및 업무를 수행한다(지역보건법 제11조 제1항).
㉠ 건강 친화적인 지역사회 여건의 조성
㉡ 지역보건의료정책의 기획, 조사 · 연구 및 평가
㉢ 보건의료인 및 보건의료기관 등에 대한 지도 · 관리 · 육성과 국민보건 향상을 위한 지도 · 관리
㉣ 보건의료 관련기관 · 단체, 학교, 직장 등과의 협력체계 구축
㉤ 지역주민의 건강증진 및 질병예방 · 관리를 위한 다음 각 목의 지역보건의료서비스의 제공
ⓐ 국민건강증진 · 구강건강 · 영양관리사업 및 보건교육
ⓑ 감염병의 예방 및 관리
ⓒ 모성과 영유아의 건강유지 · 증진
ⓓ 여성 · 노인 · 장애인 등 보건의료 취약계층의 건강유지 · 증진
ⓔ 정신건강증진 및 생명존중에 관한 사항
ⓕ 지역주민에 대한 진료, 건강검진 및 만성질환 등의 질병관리에 관한 사항
ⓖ 가정 및 사회복지시설 등을 방문하여 행하는 보건의료 및 건강관리사업
ⓗ 난임의 예방 및 관리

39 우리나라 보건행정조직에 대한 설명으로 가장 옳지 않은 것은?

① 「지역보건법」에 기반하여 보건소와 보건지소가 설치되어 있다.
② 「보건소법」은 1995년 「지역보건법」으로 개정되었다.
③ 보건진료소는 보건의료 취약지역에 설치되며, 보건진료소장은 보건진료 전담공무원이 맡는다.
④ 건강생활지원센터는 시 · 군 · 구 단위로 설치되고 감염병 관리 및 치료 기능을 담당하고 있다.

해설

지역 보건법	1956년 보건소법 제정 1962년 보건소법 전면개정 1995년 지역보건법으로 법명을 개정	
	법 제14조	(건강생활지원센터의 설치) 지방자치단체는 보건소의 업무 중에서 특별히 지역주민의 만성질환 예방 및 건강한 생활습관 형성을 지원하는 건강생활지원센터를 대통령령으로 정하는 기준에 따라 해당 지방자치단체의 조례로 설치할 수 있다.
	시행령 제14조	(건강생활지원센터의 설치) 법 제14조에 따른 건강생활지원센터는 읍 · 면 · 동(보건소가 설치된 읍 · 면 · 동은 제외)마다 1개씩 설치할 수 있다.
농특법	제15조	(보건진료소의 설치 · 운영) ㉠ 시장[도농복합형태의 시의 시장을 말하며, 읍 · 면 지역에서 보건진료소를 설치 · 운영하는 경우만 해당] 또는 군수는 보건의료 취약지역의 주민에게 보건의료를 제공하기 위하여 보건진료소를 설치 · 운영한다. ㉡ 보건진료소에 보건진료소장 1명과 필요한 직원을 두되, 보건진료소장은 보건진료 전담공무원으로 보한다. ㉢ 보건진료소의 설치기준은 보건복지부령으로 정한다.

Answer / 35 ① 36 ④ 37 ④ 38 ④ 39 ④

40 국민의료비 상승 억제를 위한 수요측 관리방안으로 가장 옳은 것은?

① 고가 의료장비의 과도한 도입을 억제한다.
② 의료보험 하에서 나타나는 도덕적 해이를 줄인다.
③ 의료서비스 생산비용 증가를 예방할 수 있는 진료비 보상방식을 도입한다.
④ 진료비 보상방식을 사전보상방식으로 개편한다.

해설 국민의료비 억제 방안

구분		내용
단기적 방안	수요 측 억제방안	• 도덕적 해이현상을 감소시키기 위해 본인부담률 인상 • 보험급여 범위 확대를 억제하여 의료에 대한 과잉 수요를 줄임
	공급 측 억제방안	• 의료 수가 상승을 억제 • 고가 의료기술의 도입 및 사용을 억제하여 도입된 장비의 공동사용 방안 등을 강구하면서 의료비 증가 폭을 줄임 • 행정 절차의 효율적 관리 운영으로 의료비 상승 억제 • 보험 급여의 질적 적절성 평가(의료 이용도 조사, 질 평가 등)
장기적 방안	지불보상제도의 개편	사전 결제방식의 형태로 개편
	보건의료전달체계의 확립	공공 부문 의료서비스의 확대 및 의료의 사회화, 공공성의 확대
	의료대체 서비스 및 인력 개발 및 활용	다양한 보건의료 전문가의 양성으로 효율적인 인력 관리

41 다음 중 국민의료비 상승을 억제하는 방법이 아닌 것은?

① 공공의료 이용을 강화한다.
② 본인부담률을 상승하거나 본인부담제를 강화한다.
③ 포괄수가제를 전면 실시한다.
④ 행위별수가제를 공급자 위주로 전환한다.

해설 행위별수가제를 공급자 위주로 전환하면 국민의료비 상승이 심화된다. 보험자(소비자) 위주로 전환하면 상승 억제효과를 얻을 수 있다.

42 국민의료비에 관한 설명 중 옳은 것은?

① 보건의료와 관련하여, 개인이 소비한 총 지출을 의미한다.
② 전 국민의 질병의 진료 · 치료 · 예방, 그리고 건강을 유지 · 증진시키기 위해 지출되는 총비용을 의미한다.
③ 의료비 지출이 증가하면 후생수준도 반드시 높아진다.
④ 국민의료비를 산출할 때 개인의료비는 제외된다.

해설 ① 보건의료와 관련하여, 개인의료비, 집합보건의료비, 투자의료비의 총 지출을 의미한다.
③ 의료비 지출이 증가하면 후생수준이 높아질 수 있다.
④ 국민의료비를 산출할 때 개인의료비는 포함된다.

※ 국민의료비의 구성 : 새로운 SHA매뉴얼에서는 국제 비교에 경상 의료비를 사용하기도 한다.

경상 의료비	개인 의료비	개인에게 직접 주어지는 서비스 내지 재화에 대한 지출을 의미 = 치료서비스 + 재활서비스 + 장기요양서비스(보건) + 보조서비스(타 기능에 미포함) + 의료재화(타 기능에 미포함)
	집합 보건 의료비	공중을 대상으로 하는 보건의료 관련 지출로 크게 예방 및 공중보건 사업이나 보건행정 관리비로 구분 = 예방서비스 + 거버넌스, 보건체계, 재정관리 + 기타 보건의료서비스
자본형성 (투자 의료비)		공장과 기계, 건물 등 고정자본과 원료 재고품 등을 포함한 것을 의미하며, 특히 건물 등 고정자본의 증가만을 가리켜 '고정자본 형성'이라고도 한다.

43 다음 중 우리나라에서 국민의료 이용량 증가에 가장 큰 영향을 미친 요인은?

① 경제력 증가 ② 고가장비 도입
③ 노인인구 증가 ④ 의료보험 도입

해설 국민의료비 증가요인

의료 수요의 증가 (Demand – Pull Inflation)	㉠ 소득의 증가 : 소득 증가에 따른 의료수요 증가는 U자형을 그리면서 변화한다. ㉡ 건강보험의 확대에 따른 경제적 장벽의 제거 : 건강보험의 확대로 경제적 장벽이 제거되면 의료 이용은 자연히 증가하게 되며, 심지어 의료 이용을 남용하기까지 한다. 따라서 의료 수용 증가의 가장 큰 원인이 되었다. ㉢ 인구구조의 변화 : 의료비 증가를 가속화시키고 있는 인구학적 요인은 절대 인구의 증가와 인구의 노령화를 들 수 있다. ㉣ 사회 간접시설의 확충 : 교통과 통신의 발달은 소비자의 의료에 대한 접근을 용이하게 해주고 있다.
의료 생산비용의 증가 (Cost – Push Inflation)	㉠ 임금의 상승 ㉡ 보건의료서비스 생산에 투입되는 요소 가격의 상승
의학기술의 발전	의료는 인간의 생명과 직결되기 때문에 비용 절약적인 성격을 거의 가지고 있지 않은 고도의 기술이나 고급 의료장비 등이 많다. 따라서 투입되는 시설이나 장비, 재료비 등의 상승은 의료의 생산 비용을 증가시키고 결국 의료 가격의 인상을 초래한다.

44 NHI와 NHS에 대한 설명으로 올바른 것은?

2022. 경북 의료기술직

① NHI : 영국, 그리스, 이탈리아에서 실시하고 있는 방식이다.
② NHI : 재원의 90%는 일반 세금으로 구성된다.
③ NHI : NHS보다 의료의 질 저하 가능성 높다.
④ NHS : 주로 예방 중심적 급여가 실시된다.

Answer 40 ② 41 ④ 42 ② 43 ④ 44 ④

해설 NHS와 NHI의 비교

구분	NHS	NHI
적용대상 관리	전 국민을 일괄 적용	국민을 임금 소득자, 공무원, 자영업자 등으로 구분 관리
재원 조달	정부 일반조세	보험료, 일부 국고 지원
의료 기관	• 공공 의료기관 중심 • 의료의 사회화 전제	• 일반 의료기관 중심 • 의료의 사유화 전제
급여 내용	예방 중심적	치료 중심적
의료보수 산정방법	• 일반개원의는 인두제 • 병원급은 봉급제	의료기관과의 계약에 의한 행위별수가제
관리 기구	정부 기관(사회보험청 등)	보험자(조합 또는 금고)
해당 국가	영국, 스웨덴, 이탈리아, 캐나다, 덴마크 등	독일, 프랑스, 네덜란드, 일본, 한국 등
기본 철학	• 국민의료비에 대한 국가책임 견지 • 전 국민 보편 적용(국민의 정부의존 심화)	의료비에 대한 국민의 1차적 자기책임 의식 견지(국민의 정부의존 최소화)
국민의료비	의료비 통제효과 강함	의료비 억제기능 취약
보험료 형평성	• 조세에 의한 재원조달로 소득재분배효과 • 조세체계가 선진화되지 않은 경우 소득역진 초래	• 보험자 간 보험료 부담의 형평성 부족 • 보험자 간 재정불균형 파생
의료서비스	• 의료의 질 저하, 입원대기환자 급증 • 민간보험 가입경향 증가로 국민의 이중부담 초래	• 상대적으로 양질 의료 제공 • 첨단 의료기술 발전에 긍정적 영향
관리 운영	• 정부기관 직접 관리 • 관리운영비 절감	• 조합 중심 자율 운영 • 상대적으로 관리운영비 많이 소요

45 사회보험(social insurance)에 대한 설명으로 가장 옳은 것은? 2020. 서울시

① 보험료는 지불능력에 따라 부과한다.
② 주로 저소득층을 대상으로 한다.
③ 가입은 개인이 선택하는 임의가입 방식이다.
④ 급여는 보험료 부담수준에 따라 차등적으로 제공한다.

해설 ② 의료급여의 경우 주로 저소득층을 대상으로 한다.
③ 가입은 강제가입 방식이다.
④ 급여는 보험료 부담수준과 관계없이 균등하게 제공한다.

46 우리나라 사회보장 기본법에서 규정하고 있는 사회보장으로 옳지 않은 것은?

① 질병 ② 소득
③ 예방 ④ 실업

해설 사회보장기본법 제3조 : "사회보장"이란 출산, 양육, 실업, 노령, 장애, 질병, 빈곤 및 사망 등의 사회적 위험으로부터 모든 국민을 보호하고 국민 삶의 질을 향상시키는 데 필요한 소득 · 서비스를 보장하는 사회보험, 공공부조, 사회 서비스를 말한다.

47 사회보험과 민간보험을 비교한 것이다. ㉠~㉣을 올바른 내용으로 나열한 것은?

	민간보험	사회보험
목적	개인적 필요에 따른 보장	기본적 수준 보장
가입방식	㉠	㉡
수급권	㉢	㉣
보험료 부담방식	주로 정액제	주로 정률제

	㉠	㉡	㉢	㉣
①	임의가입	강제가입	법적 수급권	계약적 수급권
②	임의가입	강제가입	계약적 수급권	법적 수급권
③	강제가입	임의가입	계약적 수급권	법적 수급권
④	강제가입	임의가입	법적 수급권	계약적 수급권

해설 사회보험과 민간보험

구분	사회보험	민간보험(사보험)
제도의 목적	최저 생계 또는 의료 보장	개인적 필요에 따른 보장
보험가입	강제가입	임의가입
부양성	국가 또는 사회 부양성	없음
수급권	법적 수급권	계약적 수급권
독점 · 경쟁	정부 및 공공기관의 독점	자유 경쟁
공공부담 여부	불완전자조체계	완전자조체계
재원 부담	능력비례 부담	개인의 선택
보험료 부담방식	정률제	정액제
보험료 수준	집단율(평균율)	위험률(경험률)
보험자의 위험선택	할 수 없음	할 수 있음
급여 수준	균등급여	기여 비례보상
보험사고 대상	주로 대인보험	주로 대물보험
성격	집단보험	개별보험
인플레이션 대책	가능	취약

48 다음 중 우리나라에서 5대 사회보험이 시작된 순서로 바르게 나열된 것은?

① 건강(의료)보험 → 고용보험 → 국민연금 → 산재보험 → 노인장기요양보험
② 건강(의료)보험 → 산재보험 → 국민연금 → 고용보험 → 노인장기요양보험
③ 산재보험 → 건강(의료)보험 → 고용보험 → 국민연금 → 노인장기요양보험
④ 산재보험 → 건강(의료)보험 → 국민연금 → 고용보험 → 노인장기요양보험

해설 ④ 산재보험(1964년) → 건강(의료)보험(1977년) → 국민연금(1988년) → 고용보험(1995년) → 노인장기요양보험(2007년)

Answer 45 ① 46 ③ 47 ② 48 ④

49 다음 중 의료보장제도의 기능으로 적절하지 못한 것은?

① 필수의료 확보
② 소득재분배기능의 수행
③ 위험분산기능의 수행
④ 진료기능의 적시성

해설 진료기능의 적시성은 보건의료전달체계의 기능에 속한다.
※ 의료보장의 기능
㉠ 일차적 기능 : 국민이 경제적 어려움을 느끼지 않는 범위 내에서 필수 의료를 확보해 주는 기능
㉡ 이차적 기능
ⓐ 사회 연대성 제고 기능
ⓑ 소득재분배 기능
ⓒ 비용의 형평성 기능
ⓓ 급여의 적정성 기능
ⓔ 위험 분산의 기능

50 OECD의 의료보장제도 분류 중 국민건강보험(NHI)과 국가보건서비스(NHS)를 비교하여 볼 때, 국민건강보험(NHI)에 대한 설명으로 가장 옳은 것은?

① 적용대상 관리는 전 국민을 구분하지 않고 일괄 적용하고 있다.
② 재원조달은 정부 일반조세로 하고 있다.
③ 국민의료비에 대한 통제효과가 강하다.
④ 의료비에 대한 국민의 1차적 책임의식을 견지하고 있다.

해설 국민건강보험은 의료비에 대하여 국민이 1차적으로 책임지도록 하고 있다.

51 다음 중 사회보험방식(NHI)과 비교했을 때 국가보건서비스 방식(NHS)의 특징으로 올바른 것은?

① 재원조달이 전부 일반조세이다.
② 진료보수 산정방법이 행위별수가제 또는 총액계약제이다.
③ 의료비 억제기능이 취약하다.
④ 가입자간의 연대의식이 강하다.

해설 국가보건서비스 방식은 전부 조세로 재원을 조달한다.

52 다음 중 사회보장형 체제의 장점이 아닌 것은?

① 각 지역의 형평성
② 국민의료비의 안정
③ 의료의 계획성과 자원의 효율성
④ 조세저항

해설 사회보장형의 대표적인 국가는 영국으로 보기 ①, ②, ③은 장점이나 ④는 단점에 해당된다.
※ John Fry의 보건의료체계 중 사회보장형
㉠ 정치적으로는 자유민주주의여서 개인의 자유를 존중하는 한편, 사회적으로 교육, 의료, 실업 등 사회보장을 중요시하여 국가에서 전 국민을 대상으로 소외계층 없이 일체의 보건의료서비스를 무료로, 강력한 정부주도형으로 실시하는 제도이다.

ⓛ 영국이나 캐나다, 스칸디나비아 등의 선진국이 여기에 속한다.
ⓒ 의사, 약사, 간호사는 봉급이나 인두제에 의한 보수를 받는다.
ⓔ 주로 정부주도 하에 이루어진다.
ⓜ 보건교육을 통한 자기건강관리 능력 배양 혹은 국민의 질병 발생률이 감소하게 된다.
ⓑ 장점
 ⓐ 보건의료서비스의 기회가 균등하므로 형평성이 높다.
 ⓑ 국민 개인의 자기의사 선택권이 어느 정도는 부여된다.
 ⓒ 치료와 예방을 포함하는 포괄적인 의료서비스가 제공된다.
 ⓓ 보건 기획 및 자원의 효율적 활용을 기할 수 있다.
ⓢ 단점
 ⓐ 의료 제공의 비효율성 : 대규모 의료조직으로 인하여 관료적이며 행정 체계가 복잡하다.
 ⓑ 보건의료의 질적 하락 : 의료인에 대한 보상이 일률적이거나 미약하다.
 ⓒ 의료 수준과 사기 · 열의가 상대적으로 낮다.
 ⓓ 조세저항 현상이 발생한다.

53 다음 중 최초 사회보험제도를 시행한 나라와 창시자는?

① 독일, 베버리지
② 독일, 비스마르크
③ 영국, 베버리지
④ 영국, 비스마르크

해설 **독일의 비스마르크의 3대 사회보험법** : 1883년 근로자 질병보험법, 1884년 노동재해보험법, 1889년 노령, 폐질, 유족연금 보험법
1942년 영국의 베버리지보고서(요람에서 무덤으로)

54 다음 중 우리나라에서 가장 오래된 사회보험은?

① 국민연금
② 산업재해보상보험
③ 의료보험
④ 의료보호

해설 ① 1988년 ② 1964년 ③ 1977년 ④ 1977년

55 다음 중 사회보험과 공공부조에 대한 설명으로 올바르지 못한 것은?

① 사회보험은 보험료 지불능력이 있는 전 국민을 대상으로 한다.
② 공공부조와 사회보험은 보험료를 갹출하여 재원을 마련한다.
③ 공공부조는 원칙적으로 그 필요성에 입증된 사람에 한하여 최저 필요범위에 한정하여 지급한다.
④ 사회보험은 자격요건을 구비한 사람들에게 하나의 권리로서 급여를 지급한다.

해설 공공부조는 보험료 갹출금없이 조세로 이루어진다.

Answer 49 ④ 50 ④ 51 ① 52 ④ 53 ② 54 ② 55 ②

※ 공공부조와 사회보험

구분	공공 부조	사회 보험
기원	빈민법에서 기원	공제조합에서 기원
목적	빈곤의 완화	빈곤을 예방하고 모든 계층의 경제적 비보장을 경감
재정 예측성	곤란	용이
자산 조사	반드시 필요	불필요
지불 능력	보험료 지불능력이 없는 국민	보험료 지불능력이 있는 국민
개별성	의료, 질병, 실업, 노동 재해, 폐질 등을 종합하여 하나의 제도로 행함	의료, 질병, 실업, 노동 재해, 폐질 등을 개별적으로 제도화
재원	조세로 재정 확보	가입자의 보험료
대상	일정 기준 해당자(적음)	모든 참여자(많음)
급여 수준	필요한 사람에게 지급하되 최저 필요 범위 한정	자격을 갖춘 사람에게 급여 지급
사회보장에서의 위치	사회보장의 보완 장치	사회보장의 핵심

56 우리나라 국민건강보험제도의 유형으로 옳은 것? 2022. 서울시 · 지방직

① 변이형 ② 현금배상형
③ 관리의료형 ④ 제3자 지불제형

해설 우리나라 국민건강보험제도의 특성

강제성	일정한 요건에 해당하는 사람은 누구나 의무적으로 가입하여야 한다.
형평성	대상자의 성, 연령, 직업, 거주지 등 개인적 여건에 관계없이 수요에 따라 급여가 제공되는 것
예산의 균형성	단기 보험이기 때문에 1회계연도를 기준으로 수입과 지출을 예정하여 보험료를 계산하며 지급 조건과 지급액도 보험료 납입 기간과는 상관이 없고 지급 기간이 단기이다.
수익자 부담 원칙	비용은 수익자가 부담하고 이익도 수익자에게 환원된다는 원칙
부담의 재산 소득비례 원칙	재원 조달은 수익자의 재산 · 소득에 따른 정률제를 택하고 있다.
급여 우선의 원칙	건강보험 급여는 인간의 생명과 고통에 직결되므로 그 발생 과정이나 요인이 어떠하든 간에 급여 시행을 우선적 실시
적정급여의 원칙	의료는 인체의 생명과 직결되므로 가장 필요하고 적정한 급여가 제공
사후치료의 원칙	적극적 의미의 건강 관리, 즉 질병 예방이 아닌 사후 치료적 영역에 속한다.
3자 지불의 원칙	급여 시행자, 급여 수령자, 비용 지급자가 상이한데, 이러한 3자 관계의 성립에 따라 급여 비용 심사제도가 나타나게 된다.
발생주의 원칙	건강보험 대상자의 자격 취득과 상실은 현실적으로 사후 확인에 의해 그 권리 행사가 가능하지만 근본적으로 확인 행위 이전에 자격을 취득하였다고 보아야 한다.

57 **우리나라 국민건강보험의 특성에 해당하지 않는 것은?** 2021. 서울시

① 강제 적용
② 보험료 차등 부담
③ 차등 보험 급여
④ 단기 보험

해설 우리나라 국민건강보험의 특성
㉠ 모든 국민을 보험법에 근거하여 강제로 가입시킴으로써 가입과 탈퇴의 자유선택권이 없다.
㉡ 보험료는 경제적인 능력에 비례하여 부과(보험료의 차등 부담)하는 반면에, 보험급여는 모든 국민에게 동일하게 주어지도록(균등 급여) 형평성을 유지하고 있다.
㉢ 보험료 부과방식은 근로소득자와 자영업자로 이원화되어 있다.
㉣ 모든 의료기관을 건강보험 요양기관으로 강제 지정하여 국민들의 의료에의 접근을 쉽게 하고 있다.
㉤ 진료 보수의 경우 행위별 수가제도를 적용하며, 제3자 지불 방식으로 운용하고 있다.
㉥ 단기 보험(1회계연도 기준의 보험료 계산)이다.
㉦ 예방보다 치료 중심의 급여제도이다.
㉧ 단일 보험자체계(통합주의)이다.

58 **우리나라 국민건강보험에 대한 설명으로 가장 옳지 않은 것은?** 2018. 서울시

① 건강보장을 보험의 형식으로 운영하는 사회보험이다.
② 급여목록 체계와 비급여목록 체계 모두를 적용하고 있다.
③ 보험료 운영방식은 적립 방식을 적용하고 있다.
④ 국민건강보험법상 한국희귀 · 필수의약품센터는 요양기관이다.

해설 우리나라의 건강보험료는 부과 방식을 적용하고 있다.
※ 부과방식의 개념
㉠ 일정기간에 지출될 급여를 동일 기간의 보험료 수입으로 충당하는 재정 방식
㉡ 매년 전체 가입자가 낸 갹출료로 당해 연도 연금 지불액을 충당하는 방식

59 **다음 중 건강보험제도의 특성에 대한 설명으로 옳지 않은 것은?** 2017. 서울시

① 일정한 법적 요건이 충족되면 본인 의사에 관계없이 강제 적용된다.
② 소득수준 등 보험료 부담능력에 따라 차등적으로 부담한다.
③ 부과 수준에 따라 관계 법령에 의해 차등적으로 보험 급여를 받는다.
④ 피보험자에게는 보험료 납부 의무가 주어지며, 보험자에게는 보험료 징수의 강제성이 부여된다.

해설 보험료 부과 수준에 관계없이 관계 법령에 의하여 보험급여가 균등하고 획일적으로 적용된다.

60 **다음 건강보험급여 중 현금급여가 아닌 것은?**

① 건강검진
② 본인부담보상금
③ 요양비
④ 장제비

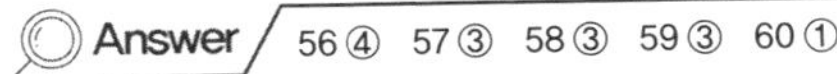
Answer 56 ④ 57 ③ 58 ③ 59 ③ 60 ①

해설 건강검진은 현물급여에 해당된다.

※ 건강보험급여의 종류

구분 \ 내용	종류	급여방법	수급권자
법정급여	요양급여	현물급여	가입자 및 피부양자
	건강검진	현물급여	가입자 및 20세 이상 피부양자
	요양비	현금급여	가입자 및 피부양자
	장애인 보장구 급여비	현금급여	등록장애인
	본인부담환급금	현금급여	가입자 및 피부양자
	본인부담보상금	현금급여	가입자 및 피부양자
임의급여	임신 · 출산 진료비	이용권	가입자 및 피부양자

61 다음 중 건강보험급여가 중단되는 경우가 아닌 것은?

① 교도소 안에서 수감 중일 때
② 국외에 체류하는 경우
③ 자기 잘못으로 인한 상해
④ 처벌을 받아야 할 만큼의 죄를 지었을 때

해설 건강보험급여의 중단

급여의 제한	㉠ 고의 또는 중대한 과실로 인한 범죄행위에 기인하거나 고의로 사고를 발생시킨 때 ㉡ 고의 또는 중대한 과실로 공단이나 요양기관의 요양에 관한 지시에 따르지 않은 때 ㉢ 고의 또는 중대한 과실로 문서 기타 물건의 제출을 거부하거나 질문 또는 진단을 기피한 때 ㉣ 업무 상 또는 공무 상 질병 · 부상 · 재해로 인하여 다른 법령에 의한 보험급여나 보상 또는 보상을 받게 되는 때
급여의 정지	㉠ 국외에 체류하는 경우 ㉡ 「병역법」의 규정에 의한 현역병(지원에 의하지 아니하고 임용된 하사를 포함), 전환복무된 사람 및 무관후보생 ㉢ 교도소 기타 이에 준하는 시설에 수용되어 있을 때

62 다음 중 건강보험체계에서 보험자는?

① 건강보험심사평가원
② 국민건강보험공단
③ 보건복지부
④ 보건소

해설 국민건강보험법 제13조(보험자) 건강보험의 보험자는 국민건강보험공단(이하 "공단"이라 한다)으로 한다.

63 다음에서 설명하는 노인장기요양보험의 급여는?

2018. 경기

> 하루 중 일정시간동안 장기요양기관에 보호하여 신체활동 지원 및 심신기능의 유지 향상을 위한 교육훈련을 제공한다.

① 단기보호
② 방문요양
③ 주 · 야간보호
④ 방문간호

해설 노인장기요양급여의 종류

<table>
<tr><td rowspan="6">재가급여</td><td>방문요양</td><td>장기요양요원이 수급자의 가정 등을 방문하여 신체활동 및 가사활동 등을 지원하는 장기요양급여</td></tr>
<tr><td>방문목욕</td><td>장기요양요원이 목욕설비를 갖춘 장비를 이용하여 수급자의 가정 등을 방문하여 목욕을 제공하는 장기요양급여</td></tr>
<tr><td>방문간호</td><td>장기요양요원인 간호사 등이 의사, 한의사 또는 치과의사의 지시서에 따라 수급자의 가정 등을 방문하여 간호, 진료의 보조, 요양에 관한 상담 또는 구강위생 등을 제공하는 장기요양급여</td></tr>
<tr><td>주야간보호</td><td>수급자를 하루 중 일정한 시간 동안 장기요양기관에 보호해 신체활동 지원 및 심신기능의 유지 · 향상을 위한 교육 · 훈련 등을 제공하는 장기요양급여</td></tr>
<tr><td>단기보호</td><td>수급자를 보건복지부령으로 정하는 범위 안에서 일정 기간 동안 장기요양기관에 보호하여 신체활동 지원 및 심신기능의 유지 · 향상을 위한 교육 · 훈련 등을 제공하는 장기요양급여</td></tr>
<tr><td>기타 재가급여</td><td>수급자의 일상생활 · 신체활동 지원 및 인지기능의 유지 · 향상에 필요한 용구를 제공하거나 가정을 방문하여 재활에 관한 지원 등을 제공하는 장기요양급여로써 대통령령으로 정하는 것</td></tr>
<tr><td>시설급여</td><td colspan="2">장기요양기관에 장기간 입소한 신체활동 지원 및 심신기능의 유지 · 향상을 위한 교육 · 훈련 등을 제공하는 장기요양급여</td></tr>
<tr><td rowspan="3">특별 현금급여</td><td>가족요양비</td><td>가족장기요양급여</td></tr>
<tr><td>특례요양비</td><td>특례장기요양급여</td></tr>
<tr><td>요양병원 간병비</td><td>요양병원장기 요양급여</td></tr>
</table>

64 다음 중 우리나라의 장기요양보험제도에 대한 설명으로 올바른 것은?

① 보험신청 대상자는 65세 이상 노인에 한한다.
② 급여는 장기요양기관에서 제공되는 시설급여만 인정된다.
③ 등급판정은 조사요원의 기능상태 평가결과에 의해 최종 결정된다.
④ 보험료는 국민건강보험료와 구분하여 통합 징수하되 독립회계로 관리운영한다.

해설 ① 65세 이상 노인과 64세 이하의 노인성질환을 가진 자로서 6개월 이상 일상생활을 하지 못할 때 장기요양보험 대상자로 신청할 수 있다.
② 급여는 장기요양기관에서 제공되는 시설급여, 재가급여, 특별현금급여이다.
③ 등급판정은 등급판정위원회의 기능상태 평가결과에 의해 최종 결정된다.

65 장기요양급여는 다음 중 몇 개월 이상 동안 혼자서 일상생활을 수행하기 어렵다고 인정되는 사람에게 실시하는 것인가?

① 1개월 ② 3개월
③ 4개월 ④ 6개월

해설 장기요양급여 : 6개월 이상 동안 혼자서 일상생활을 수행하기 어렵다고 인정되는 자에게 신체활동 · 가사활동의 지원 또는 간병 등의 서비스나 이에 갈음하여 지급하는 현금 등을 말한다(노인장기요양보험법 제2조 제2호).

Answer 61 ③ 62 ② 63 ③ 64 ④ 65 ④

66 노인장기요양보험에 관한 설명으로 옳은 것은?

① 장기요양급여에는 재가급여와 시설급여가 있다.
② 재원은 보험료, 정부지원금, 본인이용료이다.
③ 주 · 야간보호, 단기보호는 시설급여의 일종이다.
④ 65세 이상 노인 또는 만성퇴행성 질환을 가진 65세 미만인 사람이 대상이다.

해설 ① 장기요양급여에는 재가급여와 시설급여, 특별현금급여가 있다.
③ 주 · 야간보호, 단기보호는 재가급여의 일종이다.
④ 65세 이상 노인 또는 노인성 질환을 가진 65세 미만인 사람으로 6개월 이상 일상생활을 하지 못할 때 신청 대상이다.

67 노인장기요양보험 신청 절차로 옳은 것은?

① 등급판정 → 장기요양인정신청 → 방문조사 → 표준장기요양이용계획서 발부 → 장기요양급여 시작
② 등급판정 → 방문조사 → 장기요양인정신청 → 표준장기요양이용계획서 발부 → 장기요양급여 시작
③ 장기요양인정신청 → 방문조사 → 표준장기요양이용계획서 발부 → 장기요양급여시작
④ 장기요양인정신청 → 방문조사 → 등급판정 → 표준정기요양이용계획서 발부 → 장기요양급여 시작

해설 서비스 이용절차 : (공단 각 지사별 장기요양센터)에 신청 → (공단직원) 방문조사 → (등급판정위원회) 장기요양 인정 및 등급판정 → (장기요양센터) 장기요양인정서 및 표준장기요양이용계획서 통보 → (장기요양기관) 서비스 이용

68 「노인장기요양보험법」에서 규정한 장기요양급여 중 재가급여가 아닌 것은?

① 단기보호
② 방문간호
③ 가족요양비
④ 주 · 야간보호

해설 재가급여 : 방문요양, 방문목욕, 방문간호, 주야간보호, 단기보호, 기타 재가급여

69 다음 중 공적부조에 관한 설명으로 모두 알맞은 것은?

가. 국가재정에 의존한다.
나. 기여금이 기본 재정이다.
다. 국가의 모든 사람에게 제공하는 서비스이다.
라. 의료급여가 공적부조의 일종이다.

① 가, 나 ② 나, 다
③ 다, 라 ④ 가, 라

해설 공공부조

<table>
<tr><td>특징</td><td>㉠ 공적 프로그램
㉡ 선별적 프로그램 : 엄격한 자산 조사와 상황 조사를 거쳐 선별
㉢ 보충적 제도 : 사회보험은 제1차적인 사회안전망 역할을 하며, 공공 부조는 제2차적 사회안전망 역할
㉣ 최저 생활을 유지할 수 있도록 보호해 주는 제도
㉤ 일반 조세 수입으로 충당
㉥ 구분 처우 : 근로 능력이 있는 자와 없는 자를 구분
㉦ 사회불안의 통제 역할 : 사회적 불안기에 수혜 대상자를 증가시켜 불만 계층의 욕구를 해소시켜 주어 사회적 불안을 통제한
㉧ 빈곤의 함정 : 대상자에서 제외될 때 수입이 증가되지 않는다. 즉, 낭떠러지 효과(소득 증가로 급여가 감소되는 현상)가 나타난다.</td></tr>
<tr><td>기본원리</td><td>㉠ 국가책임의 원리
㉡ 자립 보장의 원리(자활 조성의 원리) : 대상자들이 자력으로 사회생활에 적응하도록 조력한다.
㉢ 최저 생활 보장의 원리 : 최소한의 욕구가 충족되도록 보호해야 한다.
㉣ 생존권 보장의 원리 : 건강하고 문화적인 최소한의 생활을 보호해야 한다.
㉤ 보충성(보완성)의 원리 : 일차적으로는 개인이 책임지고 국가는 이를 보충해 주는 정도에 그쳐야 한다.
㉥ 무차별(평등)의 원리 : 빈곤의 원인, 성별, 인종, 종교 등에 관계없이 평등하게 지원하여야 한다.
㉦ 국가부담의 원리
㉧ 보장청구권의 원리</td></tr>
<tr><td>국민기초생활 보장법 제7조</td><td>(급여의 종류)
㉠ 생계급여 ㉡ 주거급여 ㉢ 의료급여
㉣ 교육급여 ㉤ 해산급여(解産給與) ㉥ 장제급여(葬祭給與)
㉦ 자활급여</td></tr>
<tr><td>국민기초생활 보장과 의료급여</td><td>
<table>
<tr><th>구분</th><th>국민 기초생활 보장 : 생활보장제도</th><th>의료 급여 : 의료보장 제도</th></tr>
<tr><td>근거법</td><td>1961. 생활보호법
1999. 국민기초생활보장법</td><td>1977. 의료보호법
2001. 의료급여법</td></tr>
<tr><td>급여</td><td>생계 급여, 의료 급여, 자활 급여, 교육 급여, 해산 급여, 주거 급여, 장제 급여</td><td>진찰, 치료, 처치, 수술, 분만, 약제 또는 치료 재료 급부, 의료시설에의 수용, 간호, 이송 등</td></tr>
<tr><td>전달체계</td><td>국가(보건복지부) → 시 · 도 → 시 · 군 · 구 → 읍 · 면 · 동 → 수급권자</td><td>국가(보건복지부) → 시 · 도 → 시 · 군 · 구 → 읍 · 면 · 동 → 수급권자</td></tr>
<tr><td>재원</td><td>국고</td><td>국고 및 지방비(의료급여 기금 : 시도)</td></tr>
</table>
</td></tr>
</table>

Answer 66 ② 67 ④ 68 ③ 69 ④

김희영의 공중보건 알Zip 기출예상문제

초판인쇄 2023년 03월 10일
초판발행 2023년 03월 17일
편저자 김희영
펴낸이 노소영
펴낸곳 도서출판 마지원
등록번호 제559-2016-000004
전화 031)855-7995
팩스 02)2602-7995
주소 서울 강서구 마곡중앙로 171

http://blog.naver.com/wolsongbook

ISBN | 979-11-92534-10-7 (13510)

정가 19,000원